纺织服装高等教育"十四五"部委级规划教材

DESIGN AND PRODUCTION OF FUNCTIONAL TEXTILES

功能纺织品设计与生产

◎ 沈兰萍 杨建忠 编 著

U0377582

东华大学出版社
·上海·

内 容 简 介

本书是有关功能性纺织品设计与生产的专业书籍。本书从功能性纤维品种、实现功能的原理、功能性纺织品的生产方法入手,深入阐述了功能性纺织品的开发思路、功能作用原理和设计生产方法,并列举了大量设计生产实例。内容主要包括安全防护功能纤维、卫生保健功能纤维、高强功能纤维、舒适功能纤维、特殊功能纤维、安全防护功能织物的设计与生产、卫生保健功能织物的设计与生产、舒适功能织物的设计与生产以及特殊功能织物的设计与生产。

本书通俗易懂,具有较强的理论性、知识性、专业性、实用性和可读性,可作为纺织院校相应课程的教材,也可作为各类纺织企业产品设计人员、生产技术人员及生产管理人员的参考用书。

图书在版编目(CIP)数据

功能纺织品设计与生产/沈兰萍,杨建忠编著.—
上海:东华大学出版社,2021.10
　ISBN 978-7-5669-1692-1

　Ⅰ.①功… Ⅱ.①沈… ②杨… Ⅲ.①功能性纺织
品-设计②功能性纺织品-生产工艺 Ⅳ.①TS1

中国版本图书馆 CIP 数据核字(2019)第 279104 号

责任编辑 张 静
封面设计 魏依东

出　　　版:东华大学出版社(上海市延安西路 1882 号,200051)
出版社网址:http://dhupress.dhu.edu.cn
天猫旗舰店:http://dhdx.tmall.com
出版社邮箱:dhupress@dhu.edu.cn
营 销 中 心:021-62193056　62373056　62379558
印　　　刷:句容市排印厂
开　　　本:787 mm×1092 mm　1/16
印　　　张:19.25
字　　　数:480 千字
版　　　次:2021 年 10 月第 1 版
印　　　次:2021 年 10 月第 1 次印刷
书　　　号:ISBN 978-7-5669-1692-1
定　　　价:99.00 元

前　言

近年来,功能性纤维的不断研发生产,为功能性纺织产品的设计生产提供了有力的保障,给纺织产品的设计开发和纺织品的生产技术提出了更高的要求。与此同时,给纺织企业带来了新的生机,让消费者对纺织产品的功能性需求产生了更高的追求。在这种形势下,为适应新的挑战,纺织院校需要培养新的人才,纺织企业需要开发功能更新更好的产品。这些都迫切需要相应的教科书和参考书作为功能性纺织产品设计开发的工具书和参考书。为此,我们编写了《功能纺织产品设计与生产》一书。该书从功能性纤维品种、功能原理、生产方法入手,阐述了功能性纺织品的开发思路、作用原理和设计生产方法,并列举了大量设计生产实例,以期读者能更好地理解、掌握功能纤维,同时可以根据工作、生活,以及运动中对纺织品的功能性要求,运用功能纤维设计生产出理想的功能性纺织产品,满足人们对纺织产品越来越高的功能性需求。

本书内容全面,通俗易懂,可作为纺织工程专业研究生和本科生学习专业课的相关教材或参考教材,也可作为纺织企业工程技术人员和产品设计人员的参考书。

本书分上、下两篇。上篇为纤维材料,包括第一章"安全防护功能纤维"、第二章"卫生保健功能纤维"、第三章"高强功能纤维"、第四章"舒适功能纤维"、第五章"特殊功能纤维"等五章内容,由西安工程大学杨建忠老师编写;下篇为产品开发,包括第六章"安全防护功能织物的设计与生产"、第七章"卫生保健功能织物的设计与生产"、第八章"舒适功能织物的设计与生产"和第九章"特殊功能织物的设计与生产"等四章内容,由西安工程大学沈兰萍老师编写。全书最后由沈兰萍老师统稿。

限于编者的水平,本书内容可能存在不够确切、完整之处。恳请读者指正。

编著者

2021 年 5 月

目　录

上篇　纤维材料

下篇　产品开发

上篇

纤维材料

随着社会进步和生活水平提高,人们对纺织品的要求越来越高,不只是满足于纺织品的基本功能,而是更加注重纺织品的内涵,希望当前纺织品具有健康、舒适、安全、环保等功能。为此,《功能纺织品设计与生产》一书的上篇共编写了五章内容:第一章"安全防护功能纤维"涉及防紫外线纤维、防电磁辐射纤维、静电防护纤维、高温防护纤维、高反射野外防护纤维和环境保护纤维(离子交换纤维等)的功能原理、纤维性能及生产方法;第二章"卫生保健功能纤维"涉及远红外纤维、负离子纤维、竹碳纤维、抗菌纤维和空气净化纤维的功能原理、纤维性能及生产方法;第三章"高强功能纤维"涉及碳纤维、PBO纤维和超高相对分子质量聚乙烯纤维的功能原理、纤维性能及生产方法;第四章"舒适功能纤维"涉及超吸湿纤维、超疏水纤维、调温纤维和防水透湿纤维的功能原理、纤维性能及生产方法;第五章"特殊功能纤维"涉及仿生纤维、形状记忆纤维、变色纤维和智能纤维的功能原理、纤维性能及生产方法。

第一章　安全防护功能纤维

第一节　防紫外线纤维

紫外线是一种比可见光的波长更短的电磁波,具有一定的能量,对人类来说,它是一把锋利的双刃剑。适量的紫外线照射可促进人体维生素 D 的合成,有利于人体对钙的吸收,促进骨骼健康发育,并能抑制病毒,起到消毒和杀菌的作用。但过量的紫外线照射会降低人体的免疫功能,使免疫系统紊乱,脱氧核糖核酸出现异常,从而引起一些严重疾病,如皮肤癌、白内障等。

一般认为到达地面的阳光的波长为 290~3000 nm,其中紫外线辐射(UVR)占 6%。紫外线是波长为 200~400 nm 的电磁波,一般分为三个组成部分,且各部分对人体皮肤的危害程度不同。紫外线辐射具有累积效应,因此人体受到的紫外线辐射越多,所发生的危害作用越大。

(1) 短波紫外线(UVC)。短波紫外线是波长在 200~290 nm 的紫外线,又称超短紫外光。因为它能被臭氧层全部吸收,不能到达地面,所以对人类的危害较小。但是近年来,温室效应造成大气中的臭氧层严重破坏,所以 UVC 对人体的伤害逐渐增加。

(2) 中波紫外线(UVB)。中波紫外线是波长在 290~320 nm 的紫外线,又称远紫外光。UVB 对人体皮肤的伤害比较大,尤其会使真皮内的纤维破坏,使血管扩张、色素沉着,严重时会导致皮肤癌的发生。人们应注意对这一波段的紫外线的防护。

(3) 长波紫外线(UVA)。长波紫外线是波长在 320~400 nm 的紫外线,又称近紫外光。UVA 可以到达皮肤的真皮层,使皮肤中的弹性纤维逐渐破坏,从而导致皮肤松弛,进而增加 UVB 对皮肤造成的损坏程度,使色素沉着、皮肤老化。

一、防紫外线功能原理

从光学原理讲,光线照射到物体上,一部分被物体表面反射,一部分被物体吸收,其余部分透过物体。同样地,紫外线照射到织物上,也是一部分被反射,一部分被吸收,其余部分透过织物。因此,织物反射和吸收的紫外线越多,透过织物的紫外线就越少,对紫外线的防护性就越好。因此,防紫外线纺织品的制备和加工原理通常是对纤维或织物添加紫外线屏蔽剂,进行混合或后处理,以提高纤维或织物对紫外线的吸收和反射能力。

对紫外线的屏蔽一般可以通过物理反射、吸收或散射实现,由此可将紫外线屏蔽剂分为紫外线吸收剂和紫外线散射剂,前者一般为有机化合物,后者为无机氧化物。

1. 有机类紫外线屏蔽剂

有机类紫外线屏蔽剂主要通过其分子结构中具有的能吸收波长小于 400 nm 的紫外光的发色团,如—N＝N—、＝C＝N—、＝C＝O—、—N＝O 等,吸收紫外线,从而实现紫外线的屏蔽功能。因此常用紫外线吸收剂主要包括水杨酸系、二苯甲酮系及苯并三唑系等。

水杨酸系化合物由于熔点较低,易升华,吸收系数较低,而且在强烈紫外光照射下会引起色变,故应用较少。二苯甲酮系化合物具有共轭结构和氢键,吸收紫外线后能转化成热能、荧光、磷光,同时产生氢键互变异构,而此结构能够吸收光能但不会导致链断裂,且能使光能转变成热能,在一定程度上是很稳定的,具有多个羟基,对纤维有较好的吸附能力,是棉纤维良好的抗紫外线整理剂。苯并三唑系由于对近紫外线有很大范围的吸收,成为首选的紫外线吸收剂。但是,该类化合物本身不带有反应性基团,一般以单分子状态吸附在纤维表面。它们的熔点高,毒性小,在高温下有一定的水分散性。这类化合物由于其分子结构和分散染料很近似,可采用高温高压法处理,故对涤纶纤维有较高的吸收系数。

2. 无机类紫外线屏蔽剂

无机类紫外线屏蔽剂也常称为紫外线反射剂,主要利用无机氧化物对紫外线的反射作用达到阻挡紫外线的效果。无机类紫外线屏蔽剂具有高效性、安全性、持久性,用于纤维时不会影响织物的风格,越来越受到人们的重视。常用的无机类紫外线屏蔽剂有 ZnO 和 TiO_2。关于两者的紫外线屏蔽性能比较,不同的报道有不同的结果。对于 TiO_2 的两种常见晶型而言,金红石型比锐钛矿型有更好的紫外线屏蔽性能。

二、防紫外线纤维性能

天然纤维中,羊毛的紫外线防护因子(UPF)值较高,棉纤维的 UPF 值较低,麻纤维和蚕丝的 UPF 值介于羊毛和棉纤维之间。这主要和纤维的化学结构有关。羊毛、蚕丝等蛋白质纤维分子中含有氨基酸,对波长小于 300 nm 的光有一定的吸收性。麻纤维具有沟状空腔且管壁多空隙,对声波和光波有一定的消除功能,因而也有较好的防紫外线功能。对合成纤维来说,腈纶纤维大分子中的—CN 基能吸收紫外线,并将其转化为热能而散发出来,所以传导到纤维中的能量很少,因而腈纶纤维具有优良的防紫外线性能;聚酯纤维的 UPF 值也较高,这和它分子中的芳香环结构与皮肤的黑色素结构类似,对紫外线的吸收系数高有关。黏胶纤维、锦纶和弹性纤维的 UPF 值较低。

将紫外线屏蔽剂(如氧化锌、氧化钛、碳化锆、氧化锆或陶瓷微粒)掺入纺丝液,可制备防紫外线纤维。采用防紫外线涤纶纤维织造而成的织物,其紫外线透过率约为棉织物的 1/15、普通涤纶织物的 1/6。

(一)防紫外线纤维的类型

除腈纶以外,大多数合成纤维的防紫外线能力较差,在成纤高聚物中添加少量紫外线屏蔽剂可纺制成防紫外线纤维。紫外线屏蔽剂主要有二氧化钛、氧化锌、滑石粉、陶土、碳酸钙等。这些无机物具有较高的折射率,能使紫外线发生散射,从而防止紫外线入侵皮肤,其中二氧化钛、氧化锌的紫外线透过率较低,为大多数防紫外线纤维所选用。如利用纳米粉体的量子尺寸效应,可以使其对某种波长的光吸收产生"蓝移现象",以及其对各种波长的吸收产生"宽化现象",导致对紫外光的吸收效果显著增强,保证产品的紫外线屏蔽效果。常用的可吸收紫外线的纳米材料有尺寸为 $30\sim40$ nm 的 TiO_2,它对波长400 nm 以下的紫外线有极强的屏蔽能力。

(二)防紫外线纤维的制备

选择一种合适的紫外线吸收剂与成纤高聚物的单体共聚,制得防紫外线共聚物,然后纺制成防紫外线纤维。防紫外纤维及其制品在生产成本、产品风格及耐洗涤性上都具有优势,因此发展较快。一般采用聚酯为基材的较多,有长丝和短纤纱。这些具有良好防御紫外线功能的长丝或短纤纱可单独成布,也可以与其他纱线交织,还可对这些织物进行后整理,进一步提高其防护效能。

仓敷人丝公司利用氧化锌及陶瓷微细粉末掺入聚酯共混纺丝,所生产的异截面短纤或皮芯长丝直接制成织物,紫外线遮蔽率达 90%;尤尼契可公司开发研究的双组分涤纶长丝,能阻断 60% 的紫外线;国内天津石油化工公司研究所用微细陶瓷粉研制出防紫外线涤纶短纤维和网络低弹丝。

防紫外线聚酯纤维的制备:采用至少一种芳香族二羧酸,在原料中或二羧酸的乙二酯中添加二价苯酚类化合物(二羟基二苯甲酮等),通过常规的直接酯化或酯交换后缩聚的方法制得防紫外线性能良好的线型聚酯,再通过常规的熔融纺丝法纺制成防紫外线聚酯纤维,它能有效吸收波长小于 400 nm 的紫外线。

(三)紫外线防护性能的评价

防紫外线性能的测量方法有许多标准,如澳大利亚和新西兰的 AS/NZS 4399,中国的 GB/T 18830,美国的 AATCC 183,英国的 BS 7914、BS 7949。中国国家标准规定将 UPF 值与 UVA 透射比一起作为防紫外线性能的评价指标,要求 UPF 值大于 30、UVA 透射比不大于 5%。

由澳大利亚国家辐射实验室出具的织物检测报告指出,当织物的 UPF 值大于 50 时,该产品才有资格做防紫外线功能的广告宣传。日本提出紫外线屏蔽率与紫外线透过量减少率相结合的评价标准,首先要满足紫外线透过量减少率达到 50% 的要求,然后再根据紫外线屏蔽率划分等级,一般分为 A、B、C 三个级别:A 级的紫外线屏蔽率大于 90%;B 级的紫外线屏蔽率在 80%~90%;C 级的紫外线屏蔽率在 50%~80%。

常用紫外线防护性能的评价指标有以下几个:

(1)紫外线透射比。紫外线透射比(透过率、光传播率)是指有试样时的 UV 透射通量与无试样时的 UV 透射通量之比,也有人将其描述为透过织物的紫外线通量与入射到织物上的紫外线通量之比,通常分为 UVA 透射比和 UVB 透射比。紫外线透射比越小越好。它以数据表或光谱曲线的形式给出,一般情况下给出的波长间隔为 5 nm 或 10 nm。

使用透射比不但能直观地比较织物防紫外线性能的优劣,而且还可用公式计算,以评价织物的紫外线透射比是否低于允许紫外线透射比,从而判断在特定的条件下,织物是否可以避免紫外线对皮肤的伤害。

(2)紫外线防护因子(UPF)和防晒因子(SPF)。UPF 用于纺织行业,SPF 用于化妆品行业。UPF 也称为紫外线遮挡因子或抗紫外线指数。SPF 值是指某防护品被采用后，紫外线辐射使皮肤达到某损伤（如红斑）的临界剂量所需时间阈值，与不使用防护品时达到同样伤害程度的时间阈值之比。如在正常情况下，裸露皮肤可接受某强度紫外线辐射量为 20 min，而使用 UPF 值为 5 的纺织品后，可在该强度紫外线下暴晒 100 min。

UPF 是指皮肤无防护时计算出来的紫外线辐射平均效应与皮肤有织物防护时计算出来的紫外线辐射平均效应的比值。

UPF 是国外采用较多的评价织物防紫外线性能的指标。UPF 值越高，织物的防紫外线性能越强。我国国家标准中对纺织品的 UPF 值最高的标识是 50＋，也就是 UPF＞50，因为 UPF 值大于 50 时，紫外线对人体的影响完全可以忽略不计。由于没有引入使用条件的限制，可以用 UPF 值评价不同织物防紫外线性能的优劣。

（3）其他测试指标。

① 紫外线屏蔽率。屏蔽率又称阻断率、遮蔽率、遮挡率。其计算公式为"屏蔽率＝1－透射比"。用屏蔽率评价防紫外性能，更直观，也更易被消费者接受。从屏蔽率的计算公式可以看出，紫外线透射比和紫外线屏蔽率是从两个不同的角度进行描述的，但实质是相同的。

② 紫外线透过量减少率。紫外线透过量减少率等于传统织物紫外线透过量与防紫外线织物透过量的差值与传统织物紫外线透过量的百分比。

③ 穿透率。穿透率为 UPF 的倒数。

④ 紫外线反射率。此指标应用不多，但对于经防紫外线处理织物和未经防紫外线处理织物进行对比测量，其数据仍有一定的意义。

⑤ A、B 波段平均透射率的对数。利用纺织品对 UVA、UVB 的平均透射率的对数可表征其防紫外线能力。其绝对值越大，防紫外线能力越强，并且用数值代替透射率曲线，应用方便。分别采用 UVA、UVB 两个数值，是由于两个波段的防护目的和数量级不同。

三、生产方法

防紫外线纤维兴起于功能纤维迅速发展的时期。借助其他功能纤维成功的经验，防紫外线纤维几乎与防紫外线后整理技术同时进入开发阶段。防紫外线纤维织物在风格、耐洗涤性和工艺成本方面比后整理织物有更大的优势，所以受到很多大型纺织化纤企业的青睐。可乐丽公司捷足先登，较先开展这方面的研究，开发出著名的"埃斯莫（ESMO）"纤维，于 1991 年投放市场。这是一种把超微细氧化锌粒子掺入聚酯纺成的纤维，具有很高的紫外线遮蔽率和热辐射遮蔽率。棉织物是使用非常广泛的服装面料，但是棉织物与羊毛、麻等纤维织物相比，防紫外线性能较差。因此，关于对天然纤维进行防紫外线处理的报道多集中在棉织物方面，如我国的华普镀银抗菌抗紫外线复合功能棉布。但是棉纤维不易与无机防紫外线颗粒形成化学键，颗粒与纤维的结合很不牢固，因此对棉织物进行防紫外线处理，可以采用有机类紫外线屏蔽剂。

纤维织物的紫外线屏蔽加工一般包括共混、复合纺丝及后处理三种方法。

1. 共混法

对于熔融共混纺丝法制备具有紫外屏蔽性的纤维制品而言,所采用的共混紫外屏蔽原料一般有共聚型母粒、共混型母粒及直接混入紫外屏蔽剂等三种。共聚型母粒是在单体的聚合过程中加入抗紫外屏蔽剂,最后对聚合物切片造粒。共混母粒是将抗紫外屏蔽剂同原料切片熔融共混后制成母粒。以共混方法引入的紫外屏蔽剂能在基体中均匀地分布,所得产品具有紫外屏蔽持久性,同时可以改进成品纤维的耐洗涤性能。如日本可乐丽公司生产的紫外线屏蔽纤维织物"ESMO",是将粒径在 $0.1~\mu m$ 左右的 ZnO 微粉混在聚酯中,然后通过熔融纺丝制成了防紫外线聚酯短纤维。

2. 复合纺丝法

复合纺丝法所得的复合纤维一般为皮芯结构,其芯层含有紫外线屏蔽剂,皮层为常规聚合物材料。由于具有皮芯结构,紫外线屏蔽剂只分布于纤维的芯层,与共混法相比,可以减少功能添加剂的加入量,从而减少因紫外线屏蔽剂的加入而对纤维力学及服用性能的影响。由于此方法需采用两台螺杆及皮芯型复合喷丝组件,所以成本高,技术较复杂。

3. 后处理法

后处理法一般通过浸渍或涂覆处理的方式,用含紫外线屏蔽剂的溶胶对成品纤维及织物进行后处理,从而赋予纤维及织物紫外线屏蔽性能。一般由该方法制得的纤维及织物的紫外线屏蔽持久性及耐洗涤性较差,同时存在一定的环境污染问题。此法的优点是技术简单,容易实施。因为采用不同的紫外线屏蔽剂,整理液浓度及处理工艺条件也各异,所以可以采用多种有机紫外线吸收剂或有机、无机配合使用的方式。

抗紫外线织物后整理的方式与产品的最终用途有关。作为服装面料,考虑到夏季穿着时对柔软性和舒适性的要求,对于涤纶、氨纶等合成纤维织物,可选择合适的紫外线吸收剂,并与分散性染料一起,进行高温高压染色,使紫外线吸收剂分子融入纤维内部。对于棉、麻类织物,可用浸轧法,经烘干和热处理后,将紫外线吸收剂固着在织物表面。对于装饰用、产业用纺织品,可选用涂料印花或涂层法,将具有抗紫外线效果的反光陶瓷材料黏合剂涂印在织物表面,形成一层防护薄膜;也可用紫外线屏蔽剂或紫外线吸收剂对织物表面进行精密涂层,经烘干和热处理后,在织物表面形成一层薄膜。涂层剂可选用PVC(聚氯乙烯)、PA(聚酰胺)、UP(不饱和聚酯)等,也可与陶瓷微粉共混涂层。此外,应用纳米技术及微胶囊技术,也可增强织物的抗紫外线功能。

第二节 防电磁辐射纤维

人类发现的电磁波已构成一个连续的谱线。按照电磁波谱分析,波长小于 1.0×10^{-7} m 的电磁波为电离辐射,其中依波长从大到小分为 X 射线、γ 射线、快中子射线。波长大于 1.0×10^{-7} m 的电磁波为非电离辐射,如紫外线、可见光、红外线、微波段电磁波、射频段电磁波、工频段电磁波等。对于不同种类的射线辐射,危害各异,因而其防护方法不同,防护材料也各种各样,但都以屏蔽率作为防护标准。

针对辐射的危害,防辐射材料是一种高新技术材料。防护用品层出不穷,国际竞争异常激烈。基于对人体的防护,在开发防辐射板材的基础上又开发了一系列纤维材料。这些新纤维有一定强度和弹性,易于织造、裁剪和缝制,可以制成罩布和服装,防护性能好,质量轻,柔性好,使用非常方便,因而备受推崇。近 20 年来,随着现代科技的发展,防辐射问题已提上议事日程。各类防辐射纤维相继问世,归纳起来有防电磁辐射纤维、防微波辐射纤维、防远红外线纤维、防紫外线纤维、防 X 射线纤维、防 γ 射线纤维、防中子辐射纤维等新材料,防激光纤维、防宇宙射线纤维也在开发之中。

最早开发的防 X 射线纤维是铅纤维,即在特定设备上熔融金属铅进行熔喷纺丝而制成短纤维,一般直径为 150 μm,这种纤维可通过树脂黏合而构成非织造布,两面可以分别粘上织物或塑料薄膜。20 世纪 80 年代前苏联开发聚丙烯腈防 X 射线纤维,取得成功。日本产品新兴人化成公司开发的 XBR 纤维是以含硫酸钡的人造丝为基材按常规共混纺丝方法纺制的。用 XBR 纤维制成非织造布进行 X 射线屏蔽率对比试验,70 g/m² 普通人造丝非织造布几乎没有屏蔽作用,而使用 230 g/m² 的 XBR 非织造布,对于低能量 X 射线有较好的屏蔽效果。据中国纺织网介绍,2002 年美国防辐射技术公司又开发出 Demrom 防辐射布料,其目的是替代含铅防 X 射线背心,减轻质量,不仅可防 X 射线,还能防 α 射线、β 射线和 γ 射线,据称制出了第一款真正用于防护核辐射的服装。

1983 年日本宣布研制成功防中子辐射纤维,产品由东丽公司推出,是一种皮芯结构复合纤维。芯部为掺入白色溴化锂粉末或黑色碳化硼粉末的聚合物,皮层为纯高聚物,可以分别纺出白色或黑色纤维。所得的纤维经干热或湿热拉伸可得 30 dtex 纤维,可制成针织物、机织物或非织造布。我国对防中子辐射材料的研究亦有所进展,天津工业大学在开发防辐射透明板材的基础上也曾研究开发过防中子辐射纤维,1985 年宣告成功。这种纤维是皮芯结构复合纤维,芯部掺入偶联剂和中子吸收物质的粉末,将其制成机织布或非织造布,放置于原子反应堆旁,进行中子屏蔽率测试,所使用机织布和非织造布的屏蔽效果相同。

防电磁辐射纤维是防护电磁辐射的主要材料,自从 20 世纪 90 年代开始一直是研究的热点,发达国家都投入了大量的财力,各种专利竞相涌现,各类产品相继投入市场。这些技术归纳起来主要有五种方法:第一种是将金属丝和纱线编织在一起;第二种是将金属纤维纺入纱线内部;第三种是使用金属化纤维;第四种是把导电性物质粉末纺入纤维中;第五种是开发本体导电性单体和聚合物。防辐射纤维正在发展之中,有着较好的应用前景。

一、防电磁辐射功能原理

电磁辐射是物质的一种运动形式,是能量以电磁波形式由源发射到空间的现象,或解释为能量以电磁波形式在空间传播。电磁屏蔽就是以金属隔离的原理来控制电磁波由一个区域向另外一个区域感应或传播的方法。电磁场屏蔽的原理主要是基于电磁波穿过金属屏蔽体时产生波反射和波吸收的机理,对于任何电磁干扰,屏蔽作用由三种机理构成,即入射波的一部分在屏蔽体的前表面反射,另一部分被吸收,还有一部分在后表面反射,如图1-1所示。

通常情况下用屏蔽效能（Shielding Effectiveness，SE，又称衰减水平）和吸收率作为表征电磁波辐射屏蔽性能的指标,它们又分别对应于电磁波屏蔽技术的电磁波辐射防护和吸收防护技术的电磁波辐射防护。屏蔽效能指的是用对数表示的功率、电压、电流等电量大小之比的量,单位为 dB(分贝),也可以指

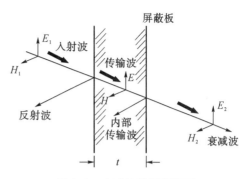

图 1-1　电磁波的屏蔽原理

没有屏蔽时空间某个位置的电场强度 E_1 或磁场强度 H_1 与有屏蔽时该位置的电场 E_2 或磁场 H_2 的比值。

电磁波辐射危害人体的机理主要是致热效应、非热效应和累计效应等。致热效应是高频电磁波对生物机体细胞的加热作用,会直接影响人体器官正常工作;非热效应是低频电磁波产生的影响,会干扰和破坏人体固有的微弱电磁场。

电磁波屏蔽原理纺织材料对电磁波的屏蔽,主要采用以下两种方法:

（1）当电磁波的频率较高时,利用低电阻率的金属材料中产生的涡流,产生与外界电磁场方向相反的感应磁场,从而与外界电磁场相抵消,达到对外界电磁场的屏蔽效果。这就要求纺织材料具有良好的导电性。

（2）当电磁波的频率较低时,要采用高磁导率材料,使电磁能转化为其他形式的能量,由此达到吸收电磁辐射的目的。这就要求纺织材料具有较强的导磁性。基于以上原理,电磁屏蔽用材料一般要求具有一定的导电性。对普通纺织品,通常都要添加具有一定导电能力的物质,如金属片、金属粉末或金属纤维、非金属(石墨、炭黑)粉末及镀金属的碳纤维、玻璃纤维等。

金属纤维由于具有较大的长径比,容易在聚合物中形成导电网络,因而得到较为广泛的应用。常用的金属粉末或金属纤维中,银具有优良的导电性能和突出的屏蔽效果,但由于价格昂贵,只适合作特殊场合的屏蔽原料;铜的导电性能良好,但不易在聚合物基体中分散,且易氧化,影响电磁屏蔽效果;镍粉电导率较低,常将金属铜、镍或银混合使用,如在铜粉上敷一层镍或在铜粉上镀银,可达到理想的屏蔽效果。还可以采用综合性能较优的不锈钢纤维。

石墨、炭黑具有成本低、分散性好等特点,但需较高的纤维含量才能达到电磁屏蔽效果,但这会导致纤维物理性能显著下降,并且纤维显黑色,影响产品的外观。

二、防电磁辐射纤维性能

1. 防电磁辐射纤维种类

（1）金属纤维。金属纤维主要用作混纺或交织织物,占现有屏蔽纺织品的 50% 左右。金属纤维主要有镍纤维和不锈钢纤维两种,直径为 $4~\mu m$、$6~\mu m$、$8~\mu m$ 和 $10~\mu m$。最早开发

的金属纤维是美国生产的 Brunsmet。它是由一种不锈钢丝反复穿过模具精细拉制而成的纤维,其纤维直径为 $4 \sim 16~\mu m$。此外,日美等公司还开发出铝系和铜系纤维,更加柔软纤细,外观酷似棉花等天然纤维。一般情况下,金属纤维的混纺比例是 $5\% \sim 20\%$,但是由于金属纤维和纺织纤维的力学性能相差很大,与其他纤维混纺、交织难以匀化,所以限制它们在纺织加工中的应用。另外,金属纤维混纺产品还有尖端放电和刺人现象,对浅色和深色织物会影响色泽。

德国是最早研究电磁辐射防护材料的国家,开发的 Smowtex 织物用聚酯纤维或聚酰胺纤维与铜、不锈钢或其他金属合金混纺后织制而成。美国制造了由极细不锈钢纤维制成的织物,用于发射天线附近的工作人员防护。莫斯科纺织材料研究院开发出极细的含镍合金丝交织针织物,对视频终端设备散发电磁波的屏蔽效能为 40 dB(相当于强度减小 100 倍)。瑞士的研究机构采用非常细的镀银铜丝,外覆聚亚胺酯膜或一种特殊的银合金,再在外层包覆一层棉或聚酯纤维,开发出能提供有效电磁防护的薄型织物,屏蔽效能可达 50 dB。

(2)金属镀层纤维。所谓金属镀层纤维,就是在合成纤维上沉积厚 $0.02 \sim 2.5~\mu m$ 的金属层,使纤维比电阻降低。表面金属常用的有镍、铜、银等。

20 世纪 70 年代初,首先出现镀银织物,其保护效果好,轻而薄,服用性能较好。随后国内外又研制成功化学镀铜或镍织物,用来代替镀银织物,其性能相似,价格较低廉。为改善纤维表面金属层摩擦脱落性能,帝人公司在聚酯的聚合过程中加入 $2\% \sim 16\%$ 有机磺酸化合物,同时加入 $0.5\% \sim 5\%$ 的微孔成孔剂,然后纺出中空结构的改性聚酯纤维,再采用碱减量处理方法将大部分微孔成孔剂除去,并在纤维表面化学沉积金属层,得到表面有微孔的金属纤维,最后对纤维进行聚氨酯树脂处理,以提高纤维表面金属层的附着耐久性。

(3)涂覆金属盐纤维。采用金属络合物处理纤维,可制成比电阻在 $1~\Omega \cdot cm$ 以下的纤维。方法是利用聚丙烯腈纤维大分子链上的氰基和铜盐,借助还原剂、硫化剂等,发生螯合形成的。从形成的金属化合物来看,主要是银、铜、锡等金属的硫化物和碘化物,属于具有 P 型半导体性质的导电体。

20 世纪 80 年代初,日本研制出含 Cu_9S_5 的导电腈纶。方法是将腈纶浸渍在二价铜溶液中,利用有机或无机含硫还原剂将其还原为一价铜离子,并与氰基(—CN)发生强烈配合,从而在纤维表面生成 Cu_9S_5 的导电通道。日本三菱人造丝公司将此法推广到聚酯纤维。国内采用腈氯纶为基材,先用硫酸铜溶液,然后采用含硫还原剂制得导电纤维。另外,国内还开发出以 Cu_9S_5 为导电成分的金属配合物纤维,以及含 CuS 和 CuI 的导电腈纶。

(4)共混纤维。将具有电磁屏蔽功能的无机粒子或粉末与普通纤维切片共混后进行纺丝,可制备具有良好导电性和铁氧性的纤维,这样可使纤维保持原有的强度、延伸性、耐洗性和耐磨性。共混法制得的材料具有成本低、寿命长、可靠性高等优点,但屏蔽性能不高,特别是对高频电磁波的屏蔽性能会下降,而增加屏蔽填料的用量将影响纤维纺丝成形,损失材料的机械性能。与用同样纳米粉体进行表面镀膜的材料相比,电磁波防护性明显不足。现已实现在 $100 \sim 1000$ mHz 的频率范围内有 25 dB 的屏蔽效果,且具有较好的柔软性、耐洗性和可染性。

(5)本征型导电聚合物纤维。这是 20 世纪 70 年代以后开发的,它是用 AsF_5、I_2、BF_3

等物质以电化学掺杂的方法制得的,具有导电功能的共轭聚合物,如聚乙炔类、聚吡咯类、聚苯胺类、聚杂环类等。由于材料本身刚度大,难溶、难熔,成形、成纤都较为困难,导电稳定性、重复性差,成本极高,难以用作纺织纤维。将本征型导电聚合物分散于其他高分子物质中,制成具有电磁屏蔽性能的共混纤维,如聚苯胺与 PA11 共混的导电纤维,是可行的,将此纤维纯纺或混纺,可加工成具有抗电磁辐射性能的织物。

(6)碳纤维。碳纤维具有高强、高模、化学稳定性好、密度小等优点,但碳纤维的导电能力不能满足电磁屏蔽的要求,需在纤维表面形成一层金属导电膜。

2. 不锈钢纤维含量、屏蔽性能和应用场合

由于职业防护的需要,我国在 20 世纪 70 年代初就开始研制防电磁辐射服。最早采用的是柞蚕丝和铜丝混纺技术,但服用性能较差,易氧化;20 世纪 70 年代末研制在织物上采用化学镀铜或银技术,实现了较好的屏蔽作用,但是织物透气性较差,镀的铜或银易脱落。目前,应用广泛的主要是金属纤维及金属镀层纤维、导电腈纶纤维等。一种是以金属纤维和普通纺织纤维混纺,另一种是在织物或纺织纤维上镀金属离子,如银离子等。随着工艺的不断创新,应用离子技术、纳米技术、碳纤维、碳化硅纤维等具有较好的屏蔽性。不锈钢纤维混纺织物从 20 世纪 80 年代开始研制,主要用于职业防护。原因有二,一是屏蔽效能高,二是屏蔽效能的耐久性、耐洗涤性和耐腐蚀性。

衡量屏蔽织物屏蔽性能的指标是 SE。SE 指相同电磁场环境和检测位置下,没有屏蔽时测出的平均功率密度 Pd_0 与屏蔽后测出的平均功率密度 Pd_1 比值的分贝值,以对数表示,即 $SE = 10 \times lg(Pd_0/Pd_1)$。

屏蔽效能还可用线性方式表示,指电磁波功率密度衰减的百分比。

决定屏蔽效能的因素主要有三个:一是屏蔽纤维的电性能,包括屏蔽纤维的电导率、屏蔽纤维的磁导率、屏蔽纤维束的紧密度;二是屏蔽纤维的占空比,包括屏蔽纤维束的直径、屏蔽纤维网的密度;三是屏蔽纤维网的结构,应符合电磁兼容理论。

(1)纤维占空比。根据电磁兼容理论,提出了纤维占空比概念,即以部分或全部电磁波屏蔽纤维织成的织物,在单位面积中屏蔽纤维所占的比例,以百分数表示。在屏蔽纤维性能(包括材质、直径)已确定的状态下,屏蔽纤维占空比越大,织物的屏蔽效能越高。

(2)不锈钢纤维的含量。当电磁波到达电磁屏蔽材料表面时,电磁波的波阻抗与屏蔽材料的特征阻抗不相等,因而产生波反射。未被反射进入屏蔽材料内部的电磁波一部分会产生涡流并形成一个反磁场抵消原干扰磁场,涡流在屏蔽材料内流动产生热损耗,从而引起吸收损耗,另一小部分则在屏蔽材料内部发生多次反射。20 世纪 90 年代,防辐射服中不锈钢纤维的含量一般为 8%~13%,用于大强度的电磁辐射场所时其含量提高到了 25%。后来,随着电磁环境的不断恶化,加之公众对电磁防护认知的提高,不锈钢纤维的含量不断增加。织物中不锈钢纤维的含量对织物的电磁波屏蔽效能影响很大,一般来说,织物的屏蔽效能随不锈钢纤维含量的增加而增大,不锈钢纤维含量为 15% 时,屏蔽效能为 19 dB;含量为 25% 时,屏蔽效能为 34 dB。因为屏蔽原理是利用不锈钢纤维对电磁波的反射作用,织物中不锈钢纤维多,反射回去的电磁波也多,此织物的屏蔽效能自然也好。但在实际使用过程中,并不是都需要高含量不锈钢纤维织物,见表 1-1。

表 1-1　不锈钢纤维含量、织物屏蔽效能和制品应用场合

不锈钢纤维含量(%)	屏蔽效能(dB)	产品名称	应用场合
0.5～1	—	防静电工作服	有静电危害场所
1～5	—	防静电过滤布 防雷达侦察遮障布	过滤带电粉尘 坦克、大炮伪装
5～15	5～15	电磁辐射防护服 屏蔽用贴墙布、仪器罩	人体保护 防止外来信号干扰、防止敌方侦察
15～25	10～30	电磁波辐射防护服 假雷达靶子	人体保护 迷惑敌人
25～40	30～40	高压带电作业服	不停电检修输电线路
100	30～100	密封袋 除尘袋 过滤布 热工件传送带、隔热带 屏蔽布	高温气体粉尘密封 高温烟气净化 高温气体、酸碱液体及污水处理过滤材料 高温隔热材料 抗电子干扰、高效屏蔽体、机要保密室

三、生产方法

目前的屏蔽材料可以分为三大类：以反射损耗为主；反射损耗和吸收损耗相结合；低反射、高吸收。根据产品最终用途，可以考虑有所侧重。目前服装用纺织品市场上销售的防电磁辐射产品，以反射类型居多，低反射、高吸收类型产品几乎很难见到。反射类型的屏蔽机理主要是利用金属纤维或金属化纤维，如镍、不锈钢、铜等的导电功能，这些导电性很好的金属对电磁波具有强烈的反射功能。

电磁波辐射防护服的制作主要包括纤维表面金属化和将金属纤维掺入织物中两大类。纤维表面金属化主要是指化学镀、涂层、真空镀、溅镀涂层及硫化铜等，目前市场上销售的防电磁辐射纺织品主要是金属丝防电磁辐射织物。金属丝主要有铜丝、镍丝和不锈钢丝。

(一) 纤维表面金属化

纤维表面金属化主要依靠金属薄膜镀到纤维上实现，所以金属密度很高，防护效果很好，多用于重点部位的重点防护。但金属与纤维间的结合力较小，所以加工性差，耐洗涤和耐腐蚀性也较差。此外，这种面料屏蔽量大，透气性差，手感差，易折皱，不耐洗涤，服用性能不好。用这种薄膜做防护服装时，金属膜一旦大面积磨损，该服装也就失去屏蔽作用了。

(二) 金属纤维

将金属纤维掺入织物中制备电磁辐射防护服的方法是最灵活、最有效的。金属纤维可以与基体纤维以混纤、混纺、交捻、交编、交织等方式使用，可以根据不同频率的屏蔽要求选择不同的防电磁辐射纤维。最近的就是把金属丝通过冷拉抽成纤维状，与纤维混纺成纱，再织成布，所选用的金属纤维主要是镍纤维和不锈钢纤维两种，金属纤维的混合比例一般控制在 5%～30%。这种织物手感柔软，色谱较多，透气性好，轻巧舒适，比较耐洗涤，使用

寿命长,而且服装的屏蔽效能与环境温度、湿度无关,防护作用可靠。

(三)实例

本文选用的屏蔽织物中棉纤维含量 50%,不锈钢纤维含量 30%,涤纶纤维含量 20%。采用直径 8 μm 的不锈钢纤维组成的短纤维束与棉、涤纶混纺成 18 tex 纱,屏蔽织物中不锈钢纤维网密度达 558 目/cm²。采用平纹织法,使不锈钢纤维在织物中构成密集、结构符合电磁兼容理论的金属网。屏蔽织物厚度 250 μm,燃烧后金属网的密度不变,厚度 70 μm,单位面积质量 192 g/m²。

1. 常规条件下织物的屏蔽效能

经常规条件下测试可知,屏蔽织物在 900 MHz、2450 MHz、7900 MHz 条件下的电磁波屏蔽效能分别为 41.20 dB、40.00 dB 和 39.08 dB,电磁波功率密度衰减百分比分别为 99.992%、99.990% 和 99.988%。

2. 屏蔽效能的耐洗涤性

一般屏蔽材料洗涤后造成屏蔽效能下降的原因有几个方面。一是功能纤维发生质变,如洗涤液造成屏蔽纤维氧化、硫化等,使织物电导率降低;二是功能纤维发生量变,如脱落、失重、屏蔽纤维占空比下降;三是功能纤维断裂,使纤维网的完整性受到破坏;四是织物结构松弛变形,有违电磁兼容理论。经测试可知,屏蔽织物洗涤 100 次后在 900 MHz、2450 MHz、7900 MHz 条件下的电磁波屏蔽效能分别为 36.89 dB、34.85 dB 和 36.81 dB,电磁波功率密度衰减百分比分别为 99.980%、99.967% 和 99.979%。在目前的标准中,GB/T 23326—2009 未做要求,而 GB/T 23463—2009 规定:微波防护服应能耐受维护保养(包括直接洗涤、脱卸洗涤或揩擦)而不明显影响其屏蔽效能,根据产品规定的维护保养方法维护保养 10 次后,防护服屏蔽效能的量值变化应小于 5%。

3. 屏蔽效能的耐久性

作为功能性防护用品,屏蔽功能的耐久性十分重要,然而关于屏蔽效能的耐久性国家标准尚未规定。试验中对 2010 年生产的防辐射服进行了测试和对比分析,其出厂检测报告见表 1-2。通过对比数据,研究屏蔽效能随时间发生的变化。防辐射服使用 9 年后,测得在频率 900 MHz 时屏蔽效能为 36.88~38.43 dB;在频率 2450 MHz 时屏蔽效能为 34.59~34.76 dB;在频率 7900 MHz 时屏蔽效能为 32.34~36.92 dB。可以看出,使用 9 年后的防护服屏蔽效能保持稳定,说明防护服的屏蔽效能具有优良的耐久性。

表 1-2 2010 年生产的某防辐射服出厂检测数据

频率(MHz)	屏蔽效能(dB)	电磁波功率密度衰减百分比(%)
10	38.6	99.986
30	37.9	99.984
100	36.5	99.978
300	35.4	99.971
1000	34.4	99.964
3000	32.2	99.940

第三节　静电防护纤维

在纺织加工过程及织物服用过程中,纺织材料与导纱器、罗拉等机件接触,纤维间相互接触摩擦,纤维受到压缩和拉伸,热风干燥,纺织品在带电体的电场中的感应都会产生静电。织物产生和积累静电,导致织物易吸尘、沾污,透气性差。不但使该织物穿着舒适性差,而且还可引起电击,甚至造成严重灾害。随着现代科技产业的迅猛发展,对防静电洁净服面料的要求越来越高,需求量也越来越大。20 世纪 90 年代以来,我国的防静电服面料发展迅猛,但相比国外产品档次低、功能单一,目前我国的高档洁净服面料大多进口于日本和欧美国家。高档洁净服面料不但要满足防静电、洁净等功能性要求,同时要尽量满足人体穿着舒适的要求,即要具有良好的透气透湿性,以避免穿着时感到闷热。如今,我国防护用品正处于结构调整和产业升级的关键时期,随着国家劳动保护和安全生产立法的日益完善,防护用品迎来了快速发展的机遇,尤其是 GB 12014—2009 强制性国家标准的贯彻实施,以绿色环保、安全防护、舒适健康为特征,为防静电服进行结构调整和技术升级创造了难得的发展机遇。

一、静电防护功能原理

不同物质的原子束缚电子的能力不同。在外界因素的影响下,例如在两个物体接触摩擦的过程中,受原子核吸引力较小的外层电子会从一个物体转移到另一个物体上,从而打破了原来每一个物体的电性平衡。失去电子的物体因缺少电子而带正电,得到电子的物体因有了多余电子而带负电。例如丝绸与玻璃摩擦,玻璃的一些电子转移到丝绸上,玻璃因而失去电子而带正电,丝绸因得到电子而带负电。硬橡胶棒与毛皮相互摩擦时,毛皮的一些电子转移到硬橡胶棒上,使硬橡胶棒带负电,而毛皮带等量的正电。当两种纤维相互摩擦时,排在正端的纤维带正电荷,排在负端的纤维带负电荷。纤维与纤维或纤维与其他固体摩擦,都会产生静电。但不同的纤维织物表现出不同的带电现象,这主要是由于各种纤维的表面电阻不同,产生静电荷以后的静电排放不同造成的。

纺织材料通常是电的绝缘材料,比电阻高。吸湿性较差的涤纶、腈纶等合成纤维在一般大气条件下,质量比电阻高达 10^{13} $\Omega \cdot g/cm^2$ 以上。在加工织物和服装穿着过程中,尤其在比较干燥的环境中,由于各种摩擦产生静电,使纤维带电。抗静电的途径有:

(1)控制静电荷的产生。主要通过减少摩擦机会,降低摩擦压力和速度。采用一些能减少静电产生的材料或使用两种在静电序列中位置相近的材料使产生的电荷相互抵消。

(2)消除静电。首先采用接地法,使静电泄露;其次提高周围环境的相对湿度,使材料的表面电阻下降;最后是采用增加材料的电导率。该种方法还采用抗静电剂,对材料表面改性或与导电材料混合等。

抗静电的作用原理、防静电作用、防止静电的方法见表 1-3。

表 1-3 作用原理、防静电作用、防止静电的方法

作用原理	防静电作用	防止静电的方法
防止产生静电	利用不同的电荷	将带不同电荷的物体一起应用
	降低摩擦	应用润滑油剂
	纤维间隙中物质的介电性能	提高纤维间隙中物质的介电性能
导去已产生的电荷	表面电导、表面电阻	纤维表面形成导电性膜层(抗静电油剂、抗静电树脂),增加环境的相对湿度,降低纤维的介电性能
	体积电导	提高导电性
	空气中放电	利用电晕放电、利用放电性物质或放射线
	接地	将导电性能物质接地,以泄漏电荷

二、静电防护纤维性能

随着工业生产的高速发展,纺织工业大量采用合成纤维作为原料,但是合成纤维的憎水性和绝缘性,使其在纺织加工和服装穿着过程中产生带电现象,给生产或生活带来一些麻烦和困难,严重时影响生产的正常进行,甚至造成意外事故。特别是电子、医药、精密仪器等工业的飞速发展,为了使仪器精确动作和保证操作的安全,都要求纤维和织物有较高的抗静电或导电水平。

(一) 导电纤维的分类

通常把电阻率小于 $10^7 \ \Omega \cdot cm$ 的纤维定义为导电纤维。用于纺织品的导电纤维应有适当的细度、长度、强度和柔曲性,能与其他普通纤维良好抱合,易于混纺或交织,具有良好的耐摩擦、耐屈曲、耐氧化及耐腐蚀能力,能耐受纺织加工和使用中的物理机械作用;不影响织物的手感和外观;导电性能优良,且耐久性好。

导电纤维的现有品种类型:金属导电纤维、碳纤维和有机导电纤维。这些导电纤维从其结构可分为导电成分均一型、导电成分被覆型、导电成分复合型三类。

1. 金属导电纤维

金属导电纤维是指由某些金属材料通过特定的方法加工成的适宜用于纺织生产的纤维。金属纤维的性能主要取决于所采用的材料的性质与其加工方法和工艺。

最早问世的金属导电纤维是美国 Brunswick 公司生产的不锈钢纤维 Brunsmet,它是由不锈钢丝反复穿过模具精细拉伸制成的纤维。目前纺织用金属纤维主要有不锈钢纤维、铜纤维、铅纤维等。金属材料的纤维化方法包括拉伸法(单丝拉伸法、集束拉伸法)、熔融纺丝法、切削法、结晶析出法等。金属纤维属导电成分均一型的导电纤维,具有优良的导电性、耐热性、耐化学腐蚀性、柔软性,但密度大,抱合力小,可纺性较差,制成的高线密度纤维价格昂贵,成品色泽也受到一定的限制。

(1) 不锈钢纤维。不锈钢纤维拉拔丝是长丝束,每束含数千根至数万根不锈钢纤维。在金属纤维中不锈钢纤维是应用最广泛的一种,其柔韧性好,直径 $8 \ \mu m$ 的不锈钢纤维的柔韧性与直径 $13 \ \mu m$ 的麻纤维相当;并有良好的机械性能和耐腐蚀性,完全耐硝酸、磷酸、碱和有机化学溶剂的腐蚀;耐热性好,在氧化气氛中,$600 \ ℃$ 高温下可连续使用,是性能良好的

耐高温材料。由不锈钢纤维织成的织物电阻随温度的提高而降低,具有很好的纺织应用性能。

(2)铜纤维。铜纤维具有十分优良的导电性能和导热性能,电阻率非常小,但线密度较大,目前使用的铜丝线密度在4000 dtex左右。铜纤维织制抗静电织物可用于工作服等,有一定的开发价值。

(3)铅纤维。铅纤维质地柔软、体积质量大,有较广的用途。铅纤维非织造材料在蓄电池上的使用取得了成功。经过非织造工艺黏合而成的铅板可以取代传统蓄电池中的填满海绵状铅的铅板,作为电极使用。用该铅纤维非织造材料制成的板栅组装的样品电池储备容量达118 min,远高于国家标准GB/T 5008规定的指标。这种材料应用于铅酸蓄电池,在车辆动力电池领域内有广阔的应用前景。

2. 碳纤维

碳纤维主要指含碳量高于90%质量分数的无机高分子纤维,其中含碳量高于99%质量分数的称为石墨纤维。碳纤维属于导电成分均一型导电纤维,其轴向强度和模量高,无蠕变,比热及导电性介于非金属和金属之间,热膨胀系数小,耐药品性好,纤维的密度小,X射线透过性好;缺点是耐冲击性较差,容易损伤,在热强酸作用下发生氧化,缺乏韧性,不耐弯折。碳纤维及其织物是电阻的负温度系数导体,相对湿度对其导电性能的影响也不大,碳纤维的电阻传感灵敏度高于不锈钢纤维,但碳纤维织物的电阻传感灵敏性反而不及不锈钢纤维织物。因碳纤维具有模量高、缺乏韧性、不耐弯折、无热收缩能力,其纺织应用领域相对狭窄。

3. 有机导电纤维

有机导电纤维的制造方法主要有三种类型,即导电物质涂层型、导电高分子直接纺丝型和导电物质与高聚物共混或复合纺丝型。其中,以复合型导电纤维的综合性能指标最好。

(1)导电物质涂层型纤维。镀金属、碳等导电物质的涂层型有机导电纤维的导电物质暴露在纤维的外层,因此导电效果好。但是这类纤维的耐磨和耐洗涤性差,且不耐弯折,使用一段时间后导电粒子易脱落等,这些缺陷影响了纤维的使用性能。

(2)导电高聚物纤维。用聚乙炔、聚苯胺、聚吡咯、聚噻吩等导电高聚物可以直接纺制成有机导电纤维。但这些高分子主链中的共轭结构使其分子链僵直,难于溶解和熔融,纺丝成形和后加工都比较困难。另外,其中有些高分子中的氧原子容易与水发生反应,有些高分子单体毒性较大。这些缺点大大增加了合成工艺和成形加工的生产成本。但目前利用掺杂、吸附或湿法纺丝等方法已使其中的一些导电高分子取得了成功。

(3)共混或复合纺丝型纤维。采用炭黑、金属氧化物等导电物质与普通高聚物进行共混纺丝或复合纺丝,可以制成性能优异的有机导电纤维。将炭黑TiO、SnO、ZnO、CuI等导电微粒与常规纤维材料复合而得到。它比其他类型的导电纤维具有较好的成纤性能和持久的导电性。复合纺丝所产生的导电纤维一般有导电成分露出型、三层同心圆型、并列型、芯鞘型和海岛型等五种主要结构。它们的截面形状如图1-2所示。

五种类型导电纤维的性能如下:

导电成分露出型:导电成分分布并露出纤维表面,放电非常快,抗静电效果好。这种形

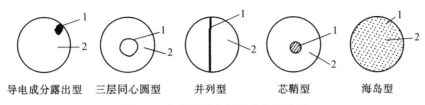

图1-2 复合型导电纤维的截面形状

态的纤维虽然抗静电效果好,但因为导电层裸露在外,洗涤及摩擦会使导电粒子流失而降低导电性能。导电成分容易损耗。

三层同心圆型:这是一种将导电成分夹在中间层的复合纤维。非导电成分和导电成分比例在80∶20～60∶40。非导电成分过大,导电性下降;过小,纺丝性变差。这种夹层结构使导电成分既接近表面附近又包覆在中间,所以白度增加且耐洗涤和摩擦,导电效果好又兼具耐久性。

并列型:这是将纤维分成两层、三层或更多层并列,使导电成分贯穿纤维横截面并在两端露出,所以电荷能导通到纤维的另一面,使垂直于纤维轴向的导电效果增加。此种纤维的导电部分不宜超过30%,以免使纤维的导电耐久性、耐摩擦性和耐洗涤性下降,可以通过增加并列的层数提高导电性。

芯鞘型:这类纤维可分为两类。一类是以导电成分为芯,非导电聚合物为鞘,一般的比例为50∶50。这种纤维的白度好,耐洗涤,耐摩擦、耐久性好,但导电效果较差。另一类是以导电成分为鞘,非导电聚合物为芯。这种纤维导电效果佳,但导电成分裸露在外,使纤维的颜色、洗涤性、摩擦性等受到影响。

海岛型:纤维的"海"为非导电聚合体,"岛"为导电成分,"岛"的直径小于$0.5\ \mu m$,"岛"的直径越小,开始电晕放电的电压越低,残留的带电荷的量越少,可以避免因静电引起的爆炸及火灾。在此成分中"岛"的成分要与"海"的成分互容,一般成分比在30∶70或70∶30。

(二)有机导电纤维性能

在纺制过程中,导电组分外漏型的复合型有机导电纤维纺丝困难,且要求导电组分与高聚物有良好的黏和度。否则,织物在使用过程中两组分容易分离,而导电组分在纤维内部的内藏型或海岛型复合导电纤维则具有优良的可纺性和耐磨、耐弯折性,导电成分不易脱落,且易于染色,但其导电性能相对较低,所以适合用于对导电要求较低的场合。在使用时既要考虑到其导电性又要考虑到其服用性。

有机导电纤维的选用原则:有机导电纤维的类型、型号、规格繁多,必须以基础织物的物性和成品的抗静电性能要求作为选用依据,寻求技术指标适当的导电纤维。

有机导电纤维的主要技术指标包括基体材质(如PET基、PA66基等),导电物质种类(炭黑、金属氧化物、金属碘化物等)和含量,结构形式(涂敷型、复合型等),以及色泽、电阻率、细度、长度、断裂强度、断裂伸长率、模量、沸水收缩率、卷装大小等。

导电纤维的基体在理论上以与基础织物所用纤维材质一致时为好,以便于染色加工。导电物质的种类、含量和结构形式决定了导电纤维的色相和电阻率。以炭黑为导电物质时,其电阻率通常低于金属化合物导电纤维,但色泽较深,且随含碳量的增加,电阻更小、色泽更深。导电物质涂敷型导电纤维的电阻率小,但耐久性差,而导电物质复合型则往往与之相反。故应根据产品的抗静电性能和色相合理选用。

由于导电长丝的细度在 15～35 dtex,无法直接使用,必须与普通纤维复合后方可使用,故其强度只要能满足复合加工即可。导电纤维本身的断裂强度和断裂伸长率通常能满足使用要求。由于导电纤维在织物中的含量极低,故其模量的差异不至于引起织物手感的变化。

导电纤维细度较细,延伸性能较好,即使其沸水收缩率与基础织物的其他纤维有差异,也不会造成布面不平或自身断裂,故沸水收缩率指标通常无严格要求。

导电短纤的细度和长度显然应与基础织物所用的纱线类型相适应。导电长丝的细度和卷装大小是与生产成本和效率密切相关的技术经济指标。有机导电长丝通常价格较贵,在可顺利加工的前提下,选用纤度小、卷装大的纤维,有利于降低成本、提高效率。

三、生产方法

(一) 抗静电纺织品性能要求

抗静电纺织品已在服用纺织品、装饰用纺织品和产业用纺织品中的诸多领域得到广泛应用。不同用途的静电防护织物,抗静电性能的要求不同,一般民用织物,性能要求较低;产业用织物,性能要求较高。

(1) 对普通民用服装来说,以不吸尘、不贴肤、无静电刺激为标准,当织物的电阻率达到 $10^7 \sim 10^8$ Ω·m(相对湿度为 40%)水平时,外衣或内衣的摩擦带电电压达到 3 kV 以下,即能达到普通生活用织物对消除静电干扰、不被尘埃污染和卫生舒适的要求。

(2) 电子、仪表、食品等行业的防静电工作服应以防尘为标准,一般要求静电压小于 1.5 kV、半衰期小于 10 s、摩擦带电电荷密度小于 7 μC/m²,在使用时不产生尘埃,能有效消除静电,防止吸附尘埃和细菌。

(3) 用于石油、化工、煤矿、国防等易燃易爆场合的防静电纺织品,以防燃防爆为标准。其工作服一般要求静电压在 2～3 kV、半衰期小于 10 s、织物的电阻率在 10^7 Ω·m 左右。

(4) 用于变电站等场合的纺织品以导电为标准,其工作服要求具有良好的导电、屏蔽与电学性能。如变电站巡视服要求纺织品的电阻小于 300 Ω、全套衣服整体电阻小于 2000 Ω、屏蔽效率大于 30 dB、人体电流小于 50 μA、巡视服内电场强度小于 15 kV/m。

(二) 原料的选用

随着高科技产业的迅猛发展,微电子、生物制药、精密加工等高科技行业对洁净服面料的要求越来越高,不但要求面料具有优良持久的防静电性能,而且要求面料对人体散发的大量尘粒起到良好的屏蔽和过滤作用,同时面料本身不能成为发尘源。为减少微尘的形成和脱落,洁净服面料均采用合成纤维长丝为原材料。因涤纶的强度较高,伸长适中,初始模量高,耐磨性好,故选用涤纶作为原材料较为适合。该产品在满足洁净功能的同时,采用了人性化设计,考虑到人体的穿着舒适性,即面料的柔软性和透气、透湿性,同时兼顾生产加工的可操作性。防静电高密织物要求导电耐久性好,导电介质不易脱落且织造性能良好,强度及热学性能与基本原料一致。江苏省纺织研究所有限公司研发的涤纶基复合纺丝型导电纤维,是将导电组分与熔融状涤纶基材料混合后,再经特殊喷丝孔纺丝而成的,导电组分内置于涤纶基材中,耐久耐洗,不易脱落,完全符合产品要求。在选取组织结构时,防静电面料一般采用平纹或斜纹组织。斜织物在其耐磨性及外观上较平纹织物为优,并且宜于高密织物,使得面料更易发生电晕放电,有利于提高产品的防静电性能。用于防静电面料生产的经丝都需经上浆或加捻工序以便于织造,而加捻丝会影响高密织物的手感及面料的滤尘效果,因此在研究开发防静电高密洁净服面料时,采用经丝上浆工艺路线。

(三)防静电纺织品应用及测试方法

防静电纺织品现已在航空航天、国防、石油、采矿、化工、电子、纺织、轻工、食品、建筑、出版、医疗卫生、农业以及涉及人们日常生活的诸多方面得到广泛应用。

在所有表征纺织材料带电性能的物理指标中,电量是最基本的指标,因为其他参数都是由于电荷的存在或移动而产生的,因而电荷面密度是对纺织材料防静电性能评价的一个重要指标。织物电荷面密度是织物经规定方法摩擦后单位面积的带电量。其他的诸如电阻类指标(体积比电阻、质量比电阻、表面比电阻、泄露电阻、极间等效电阻等)、静电电压及其半衰期、吸灰实验,以及吸附金属片实验等测试方法得到的相应指标。

我国现行测试方法标准,根据 GB/T 12703《纺织品静电测试方法》,有半衰期法、摩擦带电电压法、电荷面密度法、脱衣时的衣物带电量法、工作服摩擦带电量法和极间等效电阻法等。半衰期法可用于评价静电织物的衰减特性,但含导电纤维的试样在接地金属平台上的接触状态无法控制,导电纤维与平台接触良好时电荷快速泄露,而接触不良时其衰减速率与普通纺织品相似,同一试样在不同条件下得出的结果差异极大,故不适合于含导电纤维织物的评价。摩擦带电电压法因试样尺寸过小,对嵌织导电纤维的织物而言,导电纤维的分布会随取样位置的不同而产生很大的差异,故也不适合导电纤维纺织品的抗静电性能测试评价。电荷面密度法适合于评价各种织物,包括含导电纤维织物经摩擦积聚静电的难易程度,所测结果与式样的吸灰程度有较密切的相关性。脱衣时的衣物带电量法测试对象限于服装,且对内衣材质未作规定,摩擦手法难以一致,缺乏可比性。工作服摩擦带电量法适用于服装的摩擦带电量测试。极间等效电阻法因为含导电纤维织物与导电胶板接触时会引起导电纤维暴露的局部区域之间的短路,难以测得真实的等效电阻。主要检测对象为纤维。比较现有纺织工业国家标准和行业标准,电荷面密度法是测试含导电纤维织物抗静电性能的最适宜方法。

(四)实例

有机导电纤维在纺织性能上优于金属纤维,适于混纺、交织、染整加工,模量、弹性、伸长、触感等力学性能与普通纺织纤维相近,服用舒适,并具有耐久的导电性能,目前受到服用面料市场的追捧。以有机导电纤维与羊毛混纺为实例,考察静电防护性能。

采用有机导电纤维——尼龙基炭黑导电纤维(单纤细度 0.33 tex,长度 96 mm,电阻值为 10^8 Ω/10 mm)与羊毛(澳毛,0.33 tex,主体长度 100 mm)混纺,研究混纺比与纱线电阻、织物中导电纤维含量与织物表面摩擦电荷密度的关系及织物组织、纱线纤度对织物抗静电性能的影响。

1. 导电纤维含量与纱线电阻值的关系

对纱线线密度相同,导电纤维含量不同的一组纱线进行纱线电阻值的测定,测试结果见表1-4。

表1-4　不同导电纤维含量纱线的电阻值

编号	纱线线密度(tex)	导电纤维含量(%)	电阻(Ω/10 cm)
1	20.8×2	0	$> 10^{14}$
2	20.8×2	1	$\geqslant 5.0 \times 10^{13}$
3	20.8×2	3	3.0×10^{13}
4	20.8×2	5	1.3×10^{13}

1号试样的电阻$> 10^{14}$ Ω/(10 cm),2号试样的电阻在$5.0 \times 10^{13} \sim 1.0 \times 10^{14}$ Ω/(10 cm),确定它的值$\geqslant 5.0 \times 10^{13}$ Ω/(10 cm),其余为测试均值。由表1-4可见,随着导电纤维含量的增加,纱线的电阻变小,导电性能提高。

2. 导电纤维含量对织物抗静电性能的影响

将导电纤维含量分别为0、1%、3%、5%,纱线线密度为20.8 tex×2的一组色纱在针织横机上采用平针组织制成布片,织物横密为65列/(10 cm),纵密为88行/(10 cm)。测试织物的表面摩擦电荷密度,测试结果见表1-5。测试结果表明,随着织物中导电纤维含量增加,织物的摩擦电荷密度减小,织物的抗静电性能提高。

表1-5　不同导电纤维含量针织物的表面电荷密度

编号	纱线线密度(tex)	导电纤维含量(%)	电荷密度($\mu C/m^2$)
1	20.8×2	0	7.58
2	20.8×2	1	6.02
3	20.8×2	3	3.55
4	20.8×2	5	2.98

由表1-6可见,当织物中导电纤维含量从0提升到3%时,织物的电荷密度迅速下降,反映了织物中添加导电纤维后,对织物抗静电性能具有明显的作用。而在导电纤维含量从3%提升到5%时,织物电荷密度下降趋缓,表明当织物中导电纤维含量达到一定值时,继续增加导电纤维含量,对织物的抗静电性能的提升作用较小。

3. 组织结构对织物抗静电性能的影响

织物的抗静电性能除了与组成织物的纤维性能或织物中导电纤维含量有关外,还受其他因素的影响,如纱线的捻度、织物表面的平整度、纤维在织物中排列的整齐度等。本实验采用3组纱线,分别织成机织物与针织物,探讨织物组织对织物抗静电性能的影响。3组纱线6个织物试样的织物规格及表面摩擦电荷密度测试结果见表1-6。

表 1-6 样品织物规格及电荷密度

编号	织物品种	线密度(tex)	导电纤维含量(%)	织物密度(列(行)(根)/10 cm)		电荷密度(μC/m²)
				横密(经密)	纵密(纬密)	
1-1	罗纹针织物	27.8×2	1.5	42	33	5.2
1-2	2/1 斜纹机织物	27.8×2	1.5	110	105	1.7
2-1	平针针织物	62.5×2	3	19	26	1.8
2-2	2/1 斜纹机织物	62.5×2	3	34	30	1.4
3-1	平针针织物	62.5×2	5	19	26	1.7
3-2	2/1 斜纹机织物	62.5×2	5	34	30	1.3

由表 1-7 可得,纱线相同,仅织物组织不同,织物的表面摩擦电荷密度值也不同,反应了织物组织对织物抗静电性能具有明显的影响。第 1 组纱线导电纤维含量为 1.5%,罗纹组织的电荷密度为 5.2 μC/m²,采用机织斜纹组织,电荷密度下降明显,仅为 1.7 μC/m²,为前值的 1/3,表明了罗纹组织结构比机织斜纹组织结构的抗静电性能明显差。第 2 与第 3 组组织均采用针织平针与机织斜纹,测试结果差异相对较小,但也表明了机织斜纹组织要比针织平针组织的抗静电效果要好。测试值差异小,一方面反映了这两种组织结构对织物表面摩擦电荷密度影响差异小,另一方面,因为这两组织物导电纤维含量高,针织平针结构织物的表面电荷密度值已经比较小,下降的空间就比较小。

4. 纱线线密度对织物抗静电性能的影响

采用两组导电纤维含量相同、线密度不同的色纱,均织成针织平针布片,测试织物的表面摩擦电荷密度,比较不同线密度对织物表面摩擦电荷密度的影响。

两组纱线的导电纤维含量分别是 3%、5%,各纺成 62.5 tex×4、20.8 tex×2 的纱线;62.5 tex×4 纱平针织物横密为 38 列/(10 cm),纵密为 51 行/(10 cm);20.8 tex×2 纱平针针织物的横密为 65 列/(10 cm),纵密为 88 行/(10 cm)。测试结果见表 1-7。

表 1-7 不同纱线线密度织物表面的电荷密度

编号	纱线线密度(tex)	导电纤维含量(%)	电荷密度(μC/m²)
1-1	62.5×4	3	1.8
1-2	20.8×2	3	3.55
2-1	62.5×4	5	1.7
2-2	20.8×2	5	2.98

由表 1-7 可见,纱线线密度越小,织物表面的电荷密度越大。导电纤维含量为 3% 的一组纱线的测试结果值相差一倍左右,线密度的影响显著,而另一组的提高值也有 75%。这个试验结果表明,材料表面越粗糙,摩擦静电现象越小,表面越细密,摩擦静电现象越大。

第四节　高温防护纤维

一、高温防护功能原理

在医学上,人体皮肤在 44 ℃以上出现烧伤,最先发生创痛形成一度烧伤,继而起泡,出现二度烧伤。在 55 ℃时,一度烧伤维持 20 s 后二度及三度烧伤相继出现,当温度上升到 72 ℃时,则完全烧焦。对人体造成伤害的热源有:火花、熔融金属喷射物、接触热、火焰(对流热)、辐射热等。在高温环境中,穿着热防护服可降低人体皮肤的升温速率,并延长穿着者反应及逃离的时间,以避免或减轻热源对人体的伤害。

例如,消防员在消防过程中主要的热伤害是由于辐射造成的,一般能达到 40 kW/m²。训练过程中,在燃烧房屋中的测试显示如图 1-3 所示,消防员作业环境中的流量主要为 5～10 kW/m² 的辐射热。然而在某些点处的热载荷会骤升。例如,火灾现场曾测得 42 kW/m² 的热流量。在高度为 1 m 时,温度达到 10～190 ℃,甚至高达 278 ℃。

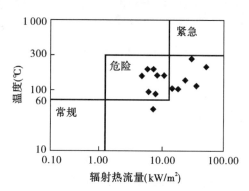

图 1-3　消防员所处的环境

(◆—研究测试点)(对数尺度)(根据 Hosehke,1981)

高温防护热量传递机理为:热源、热量转移的方式对热防护性能有很大影响。一般来说,热对流、热传导、热辐射及以上三种方式相结合统称为热量传递的方式。(1)热对流是指热量由热蒸汽和各种高温气体的方式传递,且织物的重量、密度、透气量的大小也对织物防热对流性能造成不同程度的影响。一般来说,增加织物厚度、平方米质量,可延长引起皮肤二度烧伤需要的时间。因此,复合多层防护系统相较于单层织物具有更好的防热对流效果。(2)热传导是指热量以火花、熔融金属喷射物等为载体,通过服装传递到皮肤表面,从而对人体造成灼伤的现象。对于由防火外层、防水透湿层、隔热层和舒适层组成的多层结构热防护系统来说,隔热层决定了复合多层系统织物防热传导性能。同时,随着热源温度和热源与织物接触时压力的增加,热防护服的热传导性能会有所上升。而水分含量和水分在服装中所处的位置决定了热防护服的含湿率对热传导性能的影响程度。(3)热辐射是指热由物体沿直线向外辐射出去。热辐射的本质是物体由于温度而引起的热量辐射,而火焰燃烧的能量中包含高达 80% 的热辐射。织物防热辐射性能与织物重量、厚度、密度呈正相关,即厚重织物具有较好的防热辐射性能。

总的来说,高温防护主要是通过隔热、反射、吸收、碳化隔离等屏蔽作用来实现防护目的的。

二、高温防护纤维性能

随着社会的发展和人民生活水平的提高,高温防护面对的高温环境更加复杂多变,采用阻燃整理获得的阻燃面料已远不能满足高温防护的要求。采用永久阻燃耐高温纤维制成的阻燃面料,由于耐高温纤维在高温(180 ℃以上)环境下能维持基本物理性能或使用较长时间后仍具有最低限度的物理性能,主要表现:具有永久的阻燃性能,热分解温度高,极限氧指数较大,不易发生熔滴现象;软化点及熔点高,高温下尺寸稳定性好;具备一般纤维所具有的物理机械性能,如柔软性、可纺性、可加工性能。

目前主要的高性能阻燃纤维有以下几种:

(一) 芳纶 1313 纤维

芳纶 1313 纤维,其化学名称为聚间苯二甲酰间苯二胺(PMIA),是分子链排列呈锯齿状的间位芳香族聚酰胺纤维。芳纶 1313 纤维最早于 1960 年由美国杜邦公司研制,商品名"Nomex"。它是一种柔软蓬松,富有光泽,物理机械性能优良,外观与普通化纤相似,但具有独特性能的纤维。芳纶 1313 纤维具有较好的耐高温性能,其 T_g 大约为275 ℃,375 ℃开始热降解;可在 200 ℃高温下长期使用,纤维强度能保持原来的 90%;在 260 ℃的热空气中可以连续使用 1000 h 以上,且能保持原强度的 65%~70%。只有在370 ℃以上的高温下才开始分解,400 ℃左右开始炭化。该纤维具有较好的尺寸稳定性和耐化学稳定性,其在250 ℃时收缩率仅为 1%,表现出高温下高度的稳定性。芳纶 1313 纤维的极限氧指数达到28%~31%,属于难燃纤维,在空气中不燃烧,更不会助燃,有自熄性,因此有"防火纤维"之美称。由 93% Nomex® 纤维、5%Kevlar® 纤维和 2%导电纤维制成的面料,具有优良的耐高温阻燃性、良好的抗静电性,并且面料的强力和耐磨牢度较好,在热防护服、防火服、抗辐射防护服等方面有广泛的应用。

(二) 芳纶 1414 纤维

芳纶 1414 纤维,化学名称为聚对苯二甲酰对苯二胺(PPTA),是分子链排列呈直线状的对位芳香族聚酰胺纤维,主要产品有美国杜邦公司的 Kevlar® 纤维、俄罗斯的 Terlon® 纤维、日本帝人公司的 Technora® 纤维、荷兰的 Twaron® 纤维等。由于其分子链几乎处于完全伸直状态,使纤维具有很高的强度和模量,芳纶 1414 的断裂强度能达到钢材的 5 倍以上,模量是钢材或玻璃纤维的 2~3 倍,而重量仅为钢材的 1/5。纤维的热分解温度高达560 ℃,因而具有很好的耐高温性能,且极限氧指数(%)达到 26~28,比芳纶 1313 纤维稍低。同时芳纶 1414 纤维还表现出良好的耐疲劳性、耐摩擦性、电绝缘性等。纤维优良的性能,使其在消防服、高性能轮胎帘子线、强力传送带、防弹衣、纤维增强复合材料等有一定的应用。

(三) 聚苯硫醚纤维

聚苯硫醚(PPS)的结构式为 $\left[\text{—}\langle\bigcirc\rangle\text{—}S\right]_n$,是在苯环对位连接硫原子形成的大分子刚性主链线型高结晶性高相对分子质量聚合物,具有优异的阻燃、耐高温、耐化学腐蚀、电绝缘等特点,且机械强度高。其极限氧指数能达到 35%以上,因而在大气条件下其制品很难燃烧。它在 200 ℃的环境下能保持其原有强度的 60%以上,在 250 ℃的环境下,能保持其原有强度的 40%以上,且其断裂伸长基本不变,可在 200~220 ℃高温下长期使用。其优异的耐化学腐蚀性(在 200 ℃下无溶剂可溶),仅次于聚四氟乙烯(PTFE)。聚苯硫醚纤维的断裂伸长率≥20%,断裂强度可达 4.0 cN/dtex,具有较好的加工性能。主要用于特种功能性材料,如耐高温辐射织物、耐腐蚀材料、增强复合材料、隔离材料等。

（四）聚苯并咪唑纤维

聚苯并咪唑纤维，简称 PBI（英文名为 Polybenzimidazole）纤维，纤维的分子链主要由杂环芳香族链构成，其结构较稳定，纤维强度、刚度较大，熔融温度较高，且氢元素含量低。PBI 纤维具有突出的耐高温性能，在 300 ℃的温度下暴露 1 h，能保持原有 100％的强度；在 350 ℃下放置 6 h，能保持其原质量的 90％以上；在 600 ℃下 PBI 耐高温时间可长达 5 s；即使温度高达 815 ℃，PBI 也可以承受短时间的热流；长时间处于高温环境下，如在 230 ℃下暴露 8 周，PBI 纤维能保留 66％的原有强度；热收缩率较小，比一般玻璃纤维、聚芳酰胺纤维更小，沸水收缩率为 2％，300 ℃空气中收缩率为 0.1％，400 ℃空气中收缩率小于 1％，500 ℃时收缩率为 5％～8％，其织物在高温下甚至炭化时仍保持尺寸稳定性、柔软性和完整性。PBI 在高温条件下不会产生有害气体，产生的烟雾也比较少。同时，PBI 纤维的耐低温性能相当突出，即使在 -196 ℃下，也有一定韧性，不发脆。

（五）聚苯撑苯并双噁唑纤维

聚苯撑苯并双噁唑纤维，简称 PBO（英文名为 Ploy-phenylene benzobisoxazole）纤维，是一种溶致性结晶杂环聚合物纤维，主要以对苯二甲酸和 4,6-二氨基间苯二酚盐酸盐两种单体聚合，通过液晶纺丝技术制成。PBO 纤维通常具有以下主要性能：纤维力学性能优异，拉伸强度可达 5.8 GPa（37 cN/dtex），拉伸模量高达 270 GPa（1720 cN/dtex），其模量被认为是直链高分子化合物的极限模量；纤维热分解温度高达 650 ℃，没有熔点，在高温下不会熔融，热稳定性比芳纶纤维、PBI 纤维更强，是迄今为止耐高温性能最好的有机纤维，可以在 300 ℃的温度下长期使用；极限氧指数（LOI）高达 68％，在有机纤维中仅次于聚四氟乙烯（PTFE 纤维，LOI 为 95％），优于芳纶纤维、PBI 纤维，表现出良好的阻燃性；尺寸稳定性好，高模 PBO 纤维在 50％断裂载荷下 100 h 的塑性形变不超过 0.03％，并且蠕变值是同样条件下对位芳纶的 2 倍。当然，PBO 纤维也存在缺点，如抗压强度低、抗紫外线性能较差等。PBO 纤维作为一种高性能纤维，在产业用耐高温纺织品和纤维增强材料中有广泛的应用前景，如消防服、冶炼防护服及防护手套、太空飞船复合材料等。

三、生产方法

（一）芳纶纤维的制备与生产

芳纶 1313 纤维具有优异的耐高温和阻燃性能、良好的可纺性和尺寸稳定性及较好的力学性能，是目前技术比较成熟、使用较广泛的阻燃纤维，其消费总量居特种纤维的第二位。目前，商业化的芳纶 1313 纤维有美国 DuPont（杜邦）的 Nomex、日本 Teijin（帝人）的 Conex 和 Unitika（尤尼吉卡）的 Apyeil、俄罗斯的 FeIlilon 纤维等，而其市场基本上由美国 DuPont 和日本 Teijin 两家公司控制。

芳纶 1313 纤维可以采用干法纺丝、湿法纺丝或干喷湿纺等方法制备。

1. 干法纺丝

将界面缩聚产物溶解在二甲基酰胺或二甲基乙酰胺中，经过滤后进入喷丝孔纺丝。初生纤维因带有大量无机盐，需经多次水洗后在 300 ℃左右条件下进行 4～5 倍的拉伸，或经卷绕后先进入沸水浴拉伸、干燥，再于 300 ℃下张紧 1.1 倍。干法纺丝产品有长丝和短纤维两种。

2. 湿法纺丝

将纺前原液温度控制在 22 ℃左右,进入密度为 $1.366\ g/cm^3$、含二甲基乙酰胺和 $CaCl_2$ 的凝固浴中,浴温保持 60 ℃。得到的初生纤维经水洗后,在热水浴中拉伸 2.73 倍,接着在 130 ℃下进行干燥,然后在 320 ℃的热板上拉伸 1.45 倍,制得成品。

3. 干喷湿纺

美国孟山都公司提出了干喷湿纺工艺。采用这种工艺,纺丝拉伸倍数大,定向效果好,耐热性高。如湿纺纤维在 400 ℃下的热收缩率为 80%,而干喷湿纺纤维的小于 10%;湿纺纤维的零强温度为 440 ℃,干纺纤维的为 470 ℃,干喷湿纺纤维的可达到 515 ℃。

Teijin 公司和德国 Hoechst 公司也发表了相关专利。他们提出的干湿法纺丝工艺使用了两个凝固浴,纺丝液出喷丝头后经过空气隙先进入含有机溶剂的水溶液中凝固,然后再进入 $CaCl_2$ 水溶液的第二个凝固浴,之后经过水系热水拉伸、干燥和干热拉伸,可得到强度大于 4 cN/dtex 的纤维。

台湾工业技术研究所有专利认为,在干湿法纺丝中,从凝固浴中出来的纤维应充分地溶剂化以保证好的拉伸性能,提出了一种以低温的无盐有机溶剂的水溶液作为凝固浴,而且有 60% 的拉伸是在低温的拉伸浴中进行的干湿法纺丝工艺。

美国 DuPont 公司的工艺流程:溶液聚合→中和→干法纺丝、水洗→拉伸→热处理。

日本 Teijin 公司的工艺流程:界面聚合→聚合物分离→聚合物溶解→湿法纺丝、水洗→拉伸、热处理。

消防服是保护一线消防队员人身安全的重要装备。传统的消防服一般采用后处理阻燃布料,将织物在防火剂中浸泡,但这种处理只能暂时阻燃,经不起时间和洗涤的考验,而且防火剂对人体有毒害,会造成污染环境,在欧盟 25 个成员国已全面禁用。芳纶 1313 纤维是一种永久性的阻燃纤维,它的阻燃性是建立在其内部分子结构之上的固有特性,不会因反复洗涤而降低,并且无毒无害。芳纶 1313 纤维还是一种柔性高分子材料,纺织加工性能良好,手感柔软,穿着舒适,是世界公认的耐高温防护服的优良材料。

(二) PBI 纤维的制备与生产

聚苯并咪唑(PBI)纤维是一种溶致性液晶杂环聚合物,通常由芳香族二元羧酸和芳香族胺或其衍生物缩聚而制得。大分子链具有高度的芳香性,具有优异的热稳定性,以及耐强酸、强碱等特性,通常在汽车工业、航空航天、微电子等领域被用作膜材料、导电材料和阻燃材料。其分子结构式:

1. PBI 纤维的制备

1959 年 Brinker 等用四胺、二元酸反应制备了第一种聚苯并咪唑。两年后,Vogel 等合成出芳香族聚苯并咪唑,此后新的高性能 PBI 相继在美、日、俄等国研制出来。1983 年,Hoechst Celanese 公司将 PBI 纤维商品化,年产量为 500 吨,开始批量生产聚 2,2 -间苯撑-

5,5-二苯并咪唑(简称聚苯并咪唑)纤维,用来制造防护服和阻燃材料。

PBI 纤维通过干法或湿法纺丝制成,PBI 的纺丝溶剂主要有二甲基甲酰胺(DMF)、硫酸水溶液、二甲基亚砜(DMSO)和二甲基乙酰胺(DMAc),其中 DMAc 较为理想。美国制法是将 3,3'-二氨基联苯胺和间苯二甲酸二苯酯在 DMAc 中缩聚而成,反应生成的低分子(水和苯酚)残留在聚合物中形成气泡,经粉碎后在 375～400 ℃下加热 2～3 h,将低分子化合物充分蒸发。然后溶解在含有少量氯化锂的 DMAc 溶剂中配成质量分数为 20%～30%的纺丝原液。纺丝原液经过滤后从喷丝孔挤出,高温干法纺丝制成纤维,固化后在 400～500 ℃下拉伸,丝束再用质量分数为 2%硫酸-磺酸盐处理成为稳定的 PBI 结构,磺化后于 500 ℃下热处理以改进在高温或火焰中的收缩性,再经过拉伸、酸洗、水洗等一系列处理,最后卷绕成丝筒。俄罗斯采用二氯邻苯二甲酸酐和苯并咪唑系列的二胺,在 DMAc 中缩聚后直接湿纺而得 PBI 纤维。

2. PBI 纤维的性能与应用

PBI 纤维作为一种高性能纤维,除具有良好的基本性能外,还具有一系列优良的特殊性能,如阻燃性能、耐高温性能、耐化学腐蚀性能、服用舒适性能等。

(1)阻燃性能。在纺织上应用的阻燃材料一般有两大类。一类是在非阻燃纤维中加入阻燃添加剂或对非阻燃织物进行阻燃整理,如使用光敏剂[磷酸蜜胺(MPP)和二苯甲酮(BP)]在棉织物表面发生接枝聚合,对棉织物进行阻燃整理,棉织物阻燃性能有很大提高。该类阻燃材料成本较低,但阻燃性不稳定,一般随着使用年限和洗涤次数的增加而逐渐降低或消失。另一类是不需要任何处理本身具有阻燃性的材料,如采用芳纶、PBI、PBO 等纤维的织物。

极限氧指数(LOI)是评价纤维阻燃性常用的指标,根据极限氧指数的大小可分为易燃(LOI≤20%)、可燃(21%≤LOI≤26%)、难燃(27%≤LOI≤34%)、不燃(LOI≤35%)四个等级。几种纤维的极限氧指数见表 1-8。

表 1-8　几种纤维的极限氧指数

纤维	LOI 值(%)	纤维	LOI 值(%)
棉	17～19	蚕丝	23
羊毛	24～26	Kevlar	29
Nomex	28～30	聚苯硫醚	34～35
PBI	41	PBO	68

从表 1-8 可看出,PBI 纤维的极限氧指数达到了 41%,属于不燃纤维,具有极好的阻燃性能,在空气中不燃烧,也不熔融或形成熔滴。

(2)耐高温及耐低温性能。PBI 纤维的分子链主要是由杂环芳香族链构成,其结构较稳定,纤维强度、刚度较大,熔融温度较高,且氢元素含量低。PBI 纤维具有突出的耐高温性能,在 300 ℃的温度下暴露 1 h,纤维仍能保持 100%的原有强度;在 350 ℃下放置 6 h,能保持其原重的 90%以上;在 600 ℃下 PBI 耐高温时间可长达5 s;即使温度高达 815 ℃,PBI 也可以承受受短时间的热流;对长时间的高温环境,如在 230 ℃下暴露 8 周,PBI 纤维仍能保留 66％的原有强度;热收缩率较小,比一般玻璃纤维、聚芳酰胺纤维更小,沸水收缩率为2％,300 ℃空气中收缩率为 0.1％,400 ℃空气中收缩率小于 1％,500 ℃时收缩率为 5％～8％,其织物在高温下甚至炭化时仍保持尺寸稳定性、柔软性和完整性。PBI 在高温条件下不会产生有害气体,产生的烟雾也比较少。同时 PBI 纤维的耐低温性能相当突出,即使在－196 ℃下,也有一定韧性,不发脆。

(3) 服用舒适性能。PBI 纤维呈金黄色,经一定量酸处理后纤维密度从 1.39 g/cm³ 提高到 1.43 g/cm³;纤维断裂强度与和伸长率与黏胶纤维相近;具有较高的回潮率(约 15％),吸湿性强于棉、丝及普通化学纤维,因而在加工过程中不易产生静电,具有优良的纺织加工性能,其织物具有良好的服用舒适性。

(4) 耐酸碱性能。PBI 纤维对化学试剂的稳定性优异,对硫酸、盐酸、硝酸都有较强的耐受性。天津工业大学的肖长发对 PBI 在无机酸和碱液中的浸渍后的强度保持率进行了实验,试验结果表明:用无机酸、碱处理 PBI 纤维后其强度保持率在 90％左右,经 400 ℃以上硫酸高温蒸气处理,PBI 纤维强度仍可保持原有强度的 50％,而一般的有机试剂对其强度基本无影响。

PBI 纤维优良的耐高温性能,使它在飞行器内饰、宇航服、耐高温过滤织物、防护服等方面有着重要应用。PBI 纤维优异的阻燃耐高温性能,使其在救生服、赛车服、消防服、防火服,以及玻璃、钢铁等制造行业工作服等方面有广泛的应用。PBI 纤维在高温环境下完全不燃,且无毒无烟,可用于高速列车、潜艇、飞机等的内饰材料,如座椅布、地毯、窗帘、盖布及各种装饰物等。在工业生产方面,利用 PBI 纤维阻燃耐高温、耐化学试剂的特性,制成的工业滤布和织物可用于高温或腐蚀性物料的传输、烟道气和空气过滤、工业产品过滤、粉土捕集等。

目前,由 Southern Mills 公司设计生产的采用 PBI® 40％和 Kevlar® 60％混纺所得到的 Kombat450 在消防服上得到广泛应用。

聚苯并咪唑纤维的不足:PBI 纤维也有其自身的缺点,苯并咪唑能吸收可见光而发生材料降解,特别是在有氧环境中这种现象更加突出,所以 PBI 纤维耐光性较差;PBI 纤维染色性能不好,常规方法染色效果较差,通常采用原液染色,且色谱不全。

(三) 高温防护的应用与实例

1. 高温防护纤维在消防服中的应用

消防服是消防作业中最基本的防护装备,是保护消防人员身体免受伤害的防护用具。因此,设计制作适合火灾救助现场穿着的消防服就显得尤为重要。

根据消防人员处置的对象和外部环境的不同,研究人员设计了各类消防服,以对消防人员进行更好的保护。主要的消防服种类有:

(1) 消防避火服。消防避火服是专门为消防队员较短时间进入火焰区或短时间穿越火区进行救人、抢救贵重物资等危险环境中穿着而设计的防护服装。它通常有永久阻燃耐高温外层、阻燃隔热层、防水层、舒适层组成,能耐火焰温度 1000 ℃,防辐射温度 1300 ℃,并能够有效防护高温水蒸气的喷溅。

(2) 消防隔热服。消防隔热服主要是针对消防队员或其他在高温场所作业的工作人员提供隔热保护的服装。它主要由阻燃面料和外层铝箔复合而成的防火层、舒适层组成,耐辐射温度达到900℃,具有耐高温、防水、质轻、柔软等优点。

(3)防火衣。防火衣是专门为消防队员较长时间进入火场区进行抢险救援或穿越火区时而设计的防护服装。一般由铝箔和阻燃面料复合而成的外层、阻燃隔热层、舒适层组成。耐火焰温度达900℃,防辐射温度1000℃,具有灵活、轻便、密封性好等优点。

(4)防火防化服。防火防化服主要是供消防人员在处置化学危险品或具有腐蚀性物质的事故现场或在火灾进行抢险救援、灭火战斗时所穿的一种防护装备。它主要是由阻燃防化层、防火隔热层、舒适层等组成,现代防火防化服通常还具有即时通信联络的功能。

(5)消防战斗服和指挥服。消防战斗服和指挥服是为消防队员在火场进行灭火战斗时保护自身而设计的一种防护装备。它集隔热、阻燃、防水、透湿于一体,可有效保护消防队员在抢险救援时的人身安全。为使消防服具有以上特性,普遍采用多层织物复合而成,通常由外及内依次为:外层、防水透气层、隔热层和舒适层,如图1-4所示。其中,外层织物直接与火源接触,阻燃性是外层织物的基本要求;防水透气层主要起到防水或防止其他有害物质透入,又能使人体产生的汗和湿气透出的作用;隔热层要求具备良好的隔热、防热辐射性能;舒适层可以直接与身体接触,提供接触舒适性。PBI纤维面料、芳纶面料等可作为消防战斗服和指挥服的外层使用。

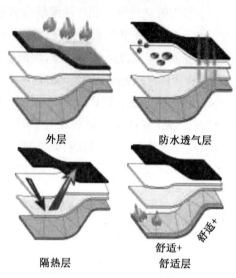

外层　　　　防水透气层

隔热层　　　舒适+舒适层

图1-4　消防服的多层结构组成

2. 实例

消防服外层面料选择两种典型的PBI纤维面料,并选择两种芳纶、阻燃棉面料作为对比。具体的面料规格见表1-9。

表1-9　消防服面料规格

编号	成分	颜色	织物组织	密度[根/(10 cm)]	面密度(g/m²)
1-1	阻燃棉	黑色	2/1斜纹	276/214	200
1-2	NomexⅢ	宝蓝色	平纹	226/200	150
1-3	NomexⅢ	橙色	2/1斜纹	390/234	200
1-4	PBI(国产)	黄色方格	平纹	214/194	200
1-5	PBI(进口)	黄色方格	平纹	208/172	200

(1)面料的阻燃性能测试及结果。面料的阻燃性能主要通过测试极限氧指数、垂直燃烧来评定。极限氧指数是从纺织品的材料性能出发,测试在特定体积比例的氧/氮浓度下

的燃烧情况。而垂直燃烧法是测试面料阻燃性能最常用的方法,能客观评价织物面料在空气中燃烧的情况,如损毁长度、续燃时间等。

采用 LFY-605 自动氧指数测试仪,按照 GB/T 5454《纺织品 燃烧性能试验 氧指数法》规定进行试验。面料的极限氧指数见表 1-10。

表 1-10 面料的极限氧指数

编号		1-1	1-2	1-3	1-4	1-5
极限氧 指数(%)	经向	21.4	30.6	33.2	42.2	41.4
	纬向	20.9	29.8	30.8	41.7	40.8
	平均值	21.2	30.2	32.0	42.0	41.1

由表 1-10 中的数据可看出,对于 1-1 阻燃棉型织物,通过阻燃整理获得阻燃性,其极限氧指数最小,而其他四种面料是由阻燃纤维制成的,极限氧指数较大。1-2 织物和 1-3 织物由芳纶纤维制成,其极限氧指数在 30%～32%,达到难燃(27%～34%)等级。PBI 纤维面料的极限氧指数最大,在 41%～42%,达到不燃(≥35%)等级。

采用 LLY-07A 型织物阻燃性能测试仪,按照 GB/T 5455《纺织品 燃烧性能试验 垂直法》规定进行试验。

消防服外层织物的损毁长度对比如图 1-5 所示。由 5 种织物损毁长度对比可看出:阻燃棉织物的燃烧长度最大,为 109 mm,按照 GB/T 8965.1《防护服装 阻燃防护 第 1 部分:阻燃服》规定,损毁长度属于 C 级;两种 Nomex Ⅲ 织物的损毁长度为 85 mm 左右,损毁长度达到 B 级;两种 PBI 织物的损毁长度最小,为 10 mm,损毁长度达到 A 级。

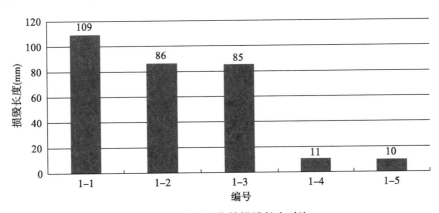

图 1-5 外层织物的损毁长度对比

(2) 织物热防护性能测试及结果。将总热通量定在 $(83\pm2)kW/m^2$。样品测试为接触式或非接触式,可根据需要进行选择,打开百叶窗,开始试验,当传感器的值达到人体二级烧伤忍耐极限时(传感器温度上升 35～40 ℃),关闭百叶窗。试验中,从反应曲线和人体组织耐受曲线相交点读出二度烧伤时间(精确到 0.1 s)和相应的暴露热通量,根据式(1-1)计算出热防护系数,取三次测试结果的平均值。

$$TPP = F \cdot T \tag{1-1}$$

式中：TPP——热防护系数（kW·s/m²）；

　　F——暴露热通量（kW/m²）；

　　T——导致二度烧伤的时间（s）。

采用LFY-607A热防护性能试验仪进行单层面料的TPP测试，设定总热流量为（84±4）kW/m²，其中对流与辐射热量各占50%，作用时间为10 s。

织物的热防护性能见表1-11和表1-12。

表1-11　织物的热防护性能（接触式）

序号	编号	TPP（kW·s/m²）	量热器升温（℃）	相交时间（s）
1	1-1	317.75	13.10	3.83
2	1-2	328.85	13.23	3.94
3	1-3	405.95	14.01	4.89
4	1-4	471.27	14.84	5.72
5	1-5	481.15	14.90	5.80

表1-12　织物的热防护性能（非接触式）

序号	编号	TPP（kW·s/m²）	量热器升温（℃）	相交时间（s）
1	1-1	529.13	15.25	6.38
2	1-2	578.43	15.49	6.97
3	1-3	604.32	15.7	7.28
4	1-4	701.60	16.47	8.45
5	1-5	798.88	17.11	9.63

由表1-11和表1-12中的数据，可得到消防服外层面料热防护性能对比，如图1-6所示。5种织物中，1-1阻燃棉织物的接触式和非接触式的TPP值最小，热防护性能最差；两种NomexⅢ织物中，因1-2织物较轻薄，热防护性能比1-3织物差；两种PBI织物的TPP值较大，其中1-5进口PBI面料的热防护性能最好。

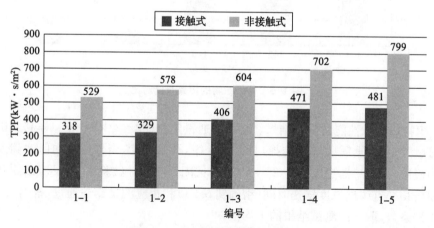

图1-6　外层织物热防护性能对比

第五节　高反射野外防护纤维

一、高反射野外防护功能原理

适量的红外线对人体无害而有益于健康,但短时间大强度照射、长期反复照射或过量照射都可能引起皮肤损伤,特别是近红外可透入皮下组织,使血液及深部组织加热。物体的颜色对热辐射性能也有所影响。人们对纺织材料的红外辐射性能进行了深入研究。虽然普通织物具有一定的红外线阻挡作用,但要使织物具有满意的抗热辐射功能,必须对织物进行特殊加工,主要是增大织物表面的反射能力,减少透过织物和被织物吸收的能量。防热辐射织物一般采用金属镀层加工,即在织物表面镀上一层铝或铜,防热红外效果较好,但不能洗涤,服用性差;也可采用耐高温纤维,但是成本较高。采用一种新型材料即空心微珠对织物进行涂层整理,能够较好地解决织物防热辐射问题。

二、高反射野外防护纤维性能

(一)高反射率红外辐射材料的性能

高反射率红外辐射材料是近年迅速发展起来的一种特种功能材料。它利用红外辐射技术,提高涂层表面的热反射率,从而达到节约能源的目的。高反射率红外辐射材料的导热系数低,热反射率高,能有效降低辐射传热,具有隔热保温的作用。在美国、日本等发达国家,高反射率红外辐射材料已得到广泛应用,可节能 $10\%\sim30\%$,材料使用寿命可延长 $1\sim4$ 倍。下面对比常见的四种高反射率红外辐射材料(空心微珠、ZrO_2、TiO_2、Cr_2O_3)的热反射率。

1. 原材料、设备和涂层制备

空心微珠、ZrO_2、TiO_2、Cr_2O_3;涂层的黏结剂:无机磷酸盐黏结剂;助剂:分散剂、润湿剂、消泡剂、增稠剂等。

主要设备:红外灯泡($250\ W$, $220\ V$)两个、DT-613 热电偶测温仪、DW-2 多功能电动搅拌机、高温电阻炉、PL3002 电子天平等。

涂层的制备:利用耐火材料和高反射率材料混合,在高温炉中加热至 $1250\ ℃$,保温 $2\ h$ 后,研磨至 300 目,用无机黏结剂做成膜助剂,配制出一种高反射率红外辐射材料。

2. 热反射率的测定

制作尺寸为 $90\ mm\times60\ mm\times1\ mm$ 的板两块,均匀喷涂膜厚度约为 $400\ \mu m$,另取 $90\ mm\times60\ mm\times1\ mm$ 的空白板若干,制成测试样板,漆膜厚约 $400\ \mu m$,自行干燥 $24\ h$。

测定 $T_{待测样板}$:将两块样板相距 $50\ mm$ 平行放在聚苯乙烯泡沫上,涂层的一面朝上,其中心置放在灯泡下;调节灯泡和样板之间的距离,使两块样板在 $30\ min$ 内达到平衡温度 $87.8\ ℃$;然后立即撤走一块黑样板,换上一块待测样板;经 $15\ min$ 后,记录平衡时待测样板的温度;最后计算出热反射率。热反射率的计算公式:

$$\rho = \frac{T_{标} - T_{待测样板}}{T_{待测样板} - T_{室温}} \times 100\% \quad (1-2)$$

式中：ρ——热反射率；

$T_{标}$——标准黑板温度（一般为 87.8 ℃）；

$T_{待测样板}$——样板温度；

$T_{室温}$——室温（一般固定在 28.8 ℃）。

3. 高反射率红外辐射材料的热反射率对比

分别选空心微珠、TiO_2、ZrO_2、Cr_2O_3 等四种材料，分析不同材料对热反射率的影响。

（1）空心微珠含量对热反射率的影响。热反射率首先随着空心微珠含量的增加而增大。当空心微珠含量达到 30% 左右时，热反射率达到最大值。之后，随着空心微珠含量的继续增加，热反射率开始降低。这可能是因为随着空心微珠含量增加，当涂层干燥后，若颗粒层太薄，则无法遮盖住底色，太厚则颗粒间易发生相互折射、吸收而影响反射效果。空心微珠含量以 25%～35% 为较好。

（2）Cr_2O_3 含量对热反射率的影响。随着 Cr_2O_3 含量的增加，热反射率增大，Cr_2O_3 含量为 11% 时出现最大值。之后，随着 Cr_2O_3 含量的增加，热反射率下降。Cr_2O_3 含量以控制在 10%～12% 为最佳。

（3）TiO_2 含量对热反射率的影响。随着 TiO_2 含量的增加，热反射率增大。当 TiO_2 含量为 7% 左右时，热反射率最大，当 TiO_2 含量继续增加，热反射率下降。随着 TiO_2 用量的增加，TiO_2 粒子聚集，使散射比表面积减少，散射效率降低，故热反射率下降。TiO_2 含量为 5%～7% 时较好。

（4）ZrO_2 含量对热反射率的影响。随着 ZrO_2 含量的增加，热反射率增大。当 ZrO_2 含量在 12% 左右时，热反射率达到最大值。之后，随着 ZrO_2 含量的增加，热反射率下降。ZrO_2 含量以 10%～14% 为宜。

（6）正交试验。为了分析空心微珠、TiO_2、ZrO_2 和 Cr_2O_3 四种高反射率材料对热反射性能的影响程度，采用 $L9(3^4)$ 正交试验。从正交试验的极差值可以看出，对反射率的影响因素顺序为空心微珠＞TiO_2＞Cr_2O_3＞ZrO_2。试验取反射率指标最大值，对最优方案进行验证，测得热反射率为 92%。

（二）基于空心微珠的抗热辐射性能

选用不同粒径的空心微珠对织物进行涂层整理，并测试了整理后的抗热辐射性能。试验结果表明，随着布面空心微珠含量的增加，其抗热辐射效果提高，但超过一定值时，布面温度会升高。粒径对抗热辐射效果有影响，对于同等质量的空心微珠，粒径越小，抗热辐射效果越好。空心微珠经过金属镀层处理后，对可见光、近红外线的反射能力都有所下降。与金属镀层织物相比，空心微珠涂层织物不仅可以获得抗热辐射效果，而且布面温度不会明显上升。

空心微珠属于非金属超微粉体。常见的微珠一般分为漂珠、沉珠和磁珠。研究结果表明，漂珠大部分为外表光滑的珠形颗粒，泛珍珠光泽，球形度和实密度与颗粒尺寸无关，化学成分主要为 SiO_2 和 Al_2O_3，矿物组成主要为石英相和莫莱石相，抗酸抗碱性能好，耐火度高,电热系数小,色散效应不明显,反射率较高,电绝缘性能特别优异,具有高电阻率和较好的电阻热效应。沉珠的外表有许多不规则的突起,壳壁上可见气孔,有小部分为实心。与漂珠相比,沉珠密度大,壁厚,粒径小,耐磨,强度很高,球形度和实密度都与颗粒尺寸无关,而且颗粒尺寸越小,球形度越好,密度越大,但隔热、保温和隔声的性能不如漂珠,化学成分和矿物组成则与漂珠相似。磁珠是一种富铁微珠,具有一定的磁性,互相粘连在一起,其表面析出有磁铁矿八面体锥晶,粒径较小,矿物组成绝大部分是赤铁矿和磁铁矿,少量为石英砂,其他物化性能与漂珠和沉珠相近。从已有的研究结果来看,空心微珠具有一定的实用价值。其直径一般从几微米到上百微米,外观为灰白或白色,松散,流动性好。在显微镜下观察为具有银白色光泽的球体,中空,有坚硬的外壳,壳内为 N_2 或 CO_2 惰性气体,壁厚为其直径的 $10\%\sim20\%$。空心微珠是一种多功能的高级建筑、工业材料。空心微珠具有颗粒微小、球形、空心、质轻、分散流动性好、反光、无毒、绝热、电绝缘、隔声、耐高温、耐低温、耐磨和强度高等多种功能,人们对此进行了较多的应用研究。

1. 热辐射性能

不同织物在受到辐射强度 $1.88\ \mathrm{kW/m^2}$ 的照射时,它们的抗热辐射性能和布面温度变化都不相同。镀铝织物因表面镀有一层铝,对可见光与红外线的反射较大,所以对热红外辐射的衰减也最大,透过的能量很少,但是织物表面温度上升较快,布面温度很高,不利于和人体皮肤直接接触。棉绒布比较密实,对热红外的遮障性能比较好,且布面温度上升不高。毛织物与大豆蛋白纤维织物的抗热辐射性能与棉绒布相差不大。比较突出的是纯棉细布经过空心微珠涂层整理后,抗热辐射性能有很大提高,且织物表面温度没有明显上升,经过 60 s 照射,布面温度为 46 ℃,经过 420 s 照射,布面温度不超过 50 ℃,而且在长时间辐照下,透过织物的辐射强度基本没有变化。当空心微珠加入后,纯棉细布的抗热辐射性能有明显提高,这进一步说明了空心微珠具有隔热、反光的特性。

2. 双层织物的抗热辐射性能

在实际高温作业中,人们常常穿着几层服装,这里只介绍双层织物的抗热辐射测试结果。采用三种组合方式,内层都是纯棉细布,表层分别为镀铝、5000 目微珠涂层和棉绒布。镀铝组合方式对热辐射的阻挡作用很好,但布面温度较高。因此,在实际穿着中,金属镀层服装最好有一层织物把它与皮肤隔开。空心微珠涂层织物与纯棉细布组合时抗热辐射性能较好,而且布面温度上升较慢。

3. 空心微珠含量对抗热辐射性能的影响

织物表面的空心微珠含量对其抗热辐射性能有很大影响。选用 5000、2500、800 和 325 目四种不同粒径的微珠,添加量分别为 1%、3%、5% 和 7%(对黏合剂质量比),在纯棉、涤棉细布上进行涂层整理。

对于纯棉与涤棉细布,随着空心微珠含量的增加,其阻挡热辐射的能力越来越强,但布面温度并不与空心微珠添加量有明显关系。如果织物表面的空心微珠含量超过一定的值,布面温度会有所升高,这是因为空心微珠比棉、涤纶纤维更容易吸热。当空心微珠含量大于 5% 之后,织物的抗热辐射性能会有明显改善,同时布面温度不会有较大变化,能够满足人们实际工作的需要。但是,如果空心微珠含量继续增大,则布面温度会有所升高。通过比较认为,空心微珠添加量为 5% 时较好。

4. 粒径对热辐射性能的影响

选用含量为 5% 的四种不同粒径的空心微珠对涤棉织物进行涂层整理。在空心微珠添加量相同时,粒径越小,织物的抗热辐射效果越好,布面温度越低。这是因为在同等质量的空心微珠条件下,粒径越小,单位体积中所包含的微珠个数越多,在织物表面形成的反射面积就越大,因此抗热辐射效果越好。

三、生产方法

空心微珠是 20 世纪五六十年代发展起来的微粒材料,由于它质轻价廉、性能优越,广泛应用于航空航天、机械、物理、化学、建筑、塑料、橡胶、涂料、冶金、电绝缘及军事领域。近年来对空心微珠的金属化研究逐渐形成,化学镀银空心微珠有望取代价格昂贵的银粉用作高导电性聚合材料的导电填料。研究表明,不同的镀银工艺所制得的表面金属化空心微珠的导电性存在差异,而由不同镀覆工艺决定的镀层表面性质会直接影响其导电等功能性。镀层的外观色泽、微观形貌、晶体结构等细节结构特性是影响其表面性质的重要因素。

为了制备具有电磁波屏蔽、热防护功能的红外防伪面料,使用化学镀镍、镀铜和镀银等空心微珠分别对涤棉织物进行涂层整理。试验结果表明,当金属化空心微珠在涂层剂中形成三维导电网络结构时,电磁波屏蔽性能最好,其中葡萄糖镀银微珠屏蔽效果好于酒石酸钾钠镀银微珠,而且随着添加量的增加,电阻率逐渐降低,屏蔽效能增大。当添加量相同时,织物的热防护性能为未镀空心微珠涂层织物>葡萄糖镀银微珠涂层织物>镀铜微珠涂层织物>镀镍微珠涂层织物。

第六节　环境保护纤维(离子交换纤维等)

对日趋高涨的环境要求,世界各国尤其是工业发达国家都积极地开展了可降解材料的研究开发工作,力图从生物降解角度解决纺织品废弃物处理问题。生物降解材料是指在一定时间内能被微生物侵蚀慢慢地降解成为二氧化碳与水的材料。生物降解材料品种很多,如聚乳酸(PLA)纤维、海藻纤维、甲壳素纤维等。

(1)聚乳酸纤维。聚乳酸是一种聚羟基酸。乳酸是乳酸杆菌产生的一种碳水化合物,也是生物体中常见的天然化合物。日本和美国的一些公司采用玉米等植物为原料,通过在溶剂中乳状二聚乳酸开环聚合,得到了高相对分子质量的聚乳酸,再经熔融纺丝,制得聚乳酸(PLA)纤维。通过不同的添加剂,可控制 PLA 纤维在土壤和水中的降解周期(2 个月~2年),其降解中间体低乳酸对促进植物生长有利。聚乳酸纤维可广泛应用于医用缝合线、外科手术植入材料、创伤保护材料、吸收剂等。

(2)海藻纤维。藻酸是一种从褐藻中提取的天然多糖,是由 β-D-甘露糖醛酸(M)与 α-L-古罗糖醛酸(G)经过 1,4 键合形成的线型共聚物,由海藻酸钙通过湿法纺丝而制得。将海藻酸钠在水中溶解成纺丝液,经过滤、脱泡,从喷丝板挤出至含钙离子的酸性凝固浴

(如氯化钙)中成形,海藻酸钠与钙离子发生离子交换形成不溶于水的海藻纤维,再经水洗、拉伸、烘干处理,由非织造生产工艺可制成伤口包扎用绷带等。具有独特的叮凝胶、高吸收、易去除及其生物降解性等综合性能。海藻绷带与创可贴的用量以每年40%的速度递增,成为较广泛应用的伤口包扎材料。

（3）甲壳素纤维。甲壳素广泛存在于虾、蟹等甲壳类动物中,是一种丰富的自然资源。制取甲壳素纤维一般选用食品加工厂废弃的虾、蟹甲壳为原料。在甲壳素中加入氯甲烷、冰醋酸及高氯酸等共同反应即制得甲壳素乙酸酯,然后将其溶解在三氯乙酸/三氯甲烷混合液中制成纺丝液,再经湿法（或干湿法）纺丝、拉伸成纤或成膜。甲壳素纤维不仅具有很强的反应性能,耐热、耐碱、耐腐蚀,可生物降解,而且它与人体有极好的生物相容性,可被生物体内的溶菌酶分解而吸收,还具有消炎、止血、镇痛、抑菌、促进伤口愈合等作用,因此甲壳素纤维可用作手术、可吸收缝合线、人造皮肤、止血棉及伤口包扎材料。

（4）离子交换纤维。离子交换纤维主要指具有离子交换与吸附、反应型催化等功能的纤维状有机功能材料。与传统意义上的颗粒型离子交换树脂相比,离子交换纤维材料除了具有比表面积大、吸附与洗脱速度快,以及能以多种形式（纤维束、纤维球、带状织物、针织布及各种形式的非织造布等）使用的优点外,它的出现还使得离子交换这一常见的化学分离与富集工艺在气相非水体系下的实际应用成为可能。目前,这类新型功能纤维材料已经逐渐走出实验室合成与性能研究的文献积累阶段,开始进入工业制备与不同领域的实际应用。这里主要介绍离子交换纤维在离子交换方面的特点,以及在重金属离子分离、提取等方面的应用发展情况。

一、离子交换纤维功能原理

离子交换纤维和颗粒状离子交换剂相比有以下特点：（1）几何外形不同,一般颗粒状离子交换剂的直径为0.3~1.2 mm,而离子交换纤维的直径一般为10~50 μm,已开发出直径小于1 μm的纤维；（2）具有较大的比表面积,交换与洗脱速度较快；（3）可以多种形式应用,如纤维、短纤维、织物、非织造布、毡、网等,因此可用于各种方式的离子交换过程；（4）可以深度净化、吸附微量物质；（5）可吸附、分离有机大分子化合物。

离子交换纤维从其内部的微粒结构来讲,应属于凝胶型材料,其表观密度较大。但由于它们多以各种蓬松型织物或纤维乱堆积方式使用,因此其堆积密度较小。从纤维和功能树脂高分子骨架生成后多进行的化学反应角度来讲,大多数离子交换纤维的制备与树脂材料相似,也是通过在高聚物链结构上进行功能团的转换与接枝等化学改性方法得到的,离子交换纤维的断面平滑密实,树脂材料断面则可明显观察到由聚合物微球堆积所形成的孔道。

二、离子交换纤维性能

螯合纤维大分子上具有螯合基团,可和水中金属离子发生螯合反应,其反应速度低于离子交换纤维,但选择性高于离子交换纤维,从广义说是离子交换纤维的一种。

(一)阴离子交换材料在矿坑水中的吸附铀性能

"铀矿冶",以化纤为基体,经接枝反应,制得强、弱碱性两种阴离子交换纤维,分析其在铀溶液中的吸附性能。首先,用配制的铀溶液进行静态吸附试验,表明两种纤维对铀的交换容量、交换速度高于一般强碱性阴离子交换树脂,见表1-13。

表1-13 阴离子交换材料吸附铀容量对比

离子交换剂	交换容量(mmol/g)	吸附铀容量(mg/g)
强碱性阴离子交换树脂	3.1	41.6
强碱性阴离子交换纤维	3.4	64.8
弱碱性阴离子交换树脂	3.67	50
弱碱性阴离子交换纤维	1.5	40

结果表明,在试验范围内,当纤维和树脂交换容量相近时,纤维吸附铀容量高于树脂吸附铀容量,而当纤维交换容量低于树脂时,吸附铀容量仍相近。在某矿坑水中测定了强碱性阴离子交换纤维对铀的静态交换速度、动态穿透体积和饱和体积,见表1-14。结果表明,在试验范围内,对于矿坑水(pH=7.5),纤维比树脂的穿透体积、饱和体积高几十倍。

表1-14 阴离子交换材料在矿坑水中的吸附铀性能

离子交换材料	强碱性阴离子交换纤维	强碱性阴离子交换纤维	强碱性阴离子交换树脂	备注
矿坑水中铀含量(mg/L)	2	10~15	10~15	
接触时间(min)	1	2	2	
装入量(g)	5	4	4	
动态穿透量(mg/L)	120 000	37 000	<1000	穿透点<0.05
饱和体积(mL)	—	51 000	2000	

以上两表结果说明:纤维与树脂的铀吸附性能差别较大,可能是由于纤维纤度小,扩散通道短,交换基团能充分反应,比表面积大,吸附、解吸速度快。

(二)氨羧型螯合纤维对重金属及碱土金属离子的吸附性能

研制了氨羧型螯合纤维,其对重金属及碱土金属离子的吸附分离情况见表1-15。

表1-15 氨羧型螯合纤维对重金属及碱土金属离子的吸附性能*

离子	Hg^{++}	Fe^{+++}	Cu^{++}	Ni^{++}	Zn^{++}	Pb^{++}	Mg^{++}
吸附量(mmol/g)	2.01	1.74	1.57	1.18	0.82	0.76	0.03
吸附量(mg/g)	403.09	97.17	99.77	69.27	53.61	157.47	0.80

注:金属离子浓度0.05 M,pH值为4.5~5.0(Fe^{+++} pH值为2.5)

上表结果表明,此种纤维对Hg^{++}、Fe^{+++}、Cu^{++}具有良好的吸附性能,而对碱土金属离子(如Mg^{++})则吸附很少。溶液中含大量Na^+、Mg^{++}、Ca^{++}时,对Cu^{++}仍有很好的选择性,20 min时吸附已达平衡。

三、生产方法

（一）离子交换纤维的制备

离子交换纤维的制备主要以化纤为基体，经接枝聚合、大分子化学转换法实现，所用化纤主要是由聚烯烃、聚丙烯腈、聚乙烯醇、聚氯乙烯、氯乙烯-丙烯腈共聚物等制成的纤维，也有采用聚合物共混纺丝再功能化的。

1. 高聚物化学转换法

以聚乙烯醇纤维为基体制备强酸性阳离子交换纤维和强碱性阴离子交换纤维的方法，是将聚乙烯醇纤维进行氯代乙缩醛反应，使其缩醛度达 47%～50%。用硫化钠使纤维大分子交联，再进一步与亚硫酸钠反应，制得强酸性阳离子交换纤维。经缩醛化并交联的纤维和叔胺反应可制得强碱性阴离子交换纤维。以聚乙烯醇纤维为基体，也可先经过半碳化反应，使大分子上的羟基进行部分脱水反应，然后与浓硫酸反应，制得强酸性阳离子交换纤维。半碳化的纤维和环氧氯丙烷反应，再与叔胺反应，可制得强碱性阴离子交换纤维。

商品化聚丙烯腈纤维分子中主要含氰基，也含少量羧基、酯基，以其为基体可制取离子交换纤维。以二乙烯三胺或硫酸肼为交联剂，经水解反应可制得弱酸性阳离子交换纤维，交换量可达 3～7 mmol/g，也可调整反应条件制备同时含羧基和胺基的两性离子交换纤维。

以聚氯乙烯纤维为基体，经磺化反应，可制得强、弱酸性混合阳离子交换纤维，磺化剂可采用浓硫酸、氯磺酸或发烟硫酸，总交换容量可达 7 mmol/g。以聚氯乙烯纤维为基体还可制备弱碱性阴离子交换纤维。以二乙烯三胺为胺化剂，在催化剂作用下，可制得交换容量为 4～6 mmol/g 的弱碱性阴离子交换纤维。

2. 高聚物接枝单体法

以聚烯烃、聚乙烯醇、聚氯乙烯或聚己内酰胺纤维等为基体，经接枝聚合反应，可制备离子交换纤维，方法为辐射接枝法或化学接枝法。如以聚烯烃纤维为基体，利用辐射接枝苯乙烯，再经磺化或氯甲基化、胺化反应，制备阳离子或阴离子交换纤维。利用聚烯烃纤维接枝丙烯酸，可制备弱酸性阳离子交换纤维。采用化学引发法接枝苯乙烯，再功能化，制备两性离子交换纤维。

3. 聚合物混合成纤法

将离子交换剂分散到形成纤维的纺丝液中，可形成离子交换纤维。另一种方法是将两种聚合物混合成纤，如聚乙烯（或聚丙烯）-聚苯乙烯复合纤维，以聚乙烯为岛成分，聚苯乙烯为海成分，成纤后将聚苯乙烯交联，再功能化，制备阴离子或阳离子交换纤维。

（二）离子交换纤维的应用

离子交换纤维的主要功能包括离子交换、吸附、脱水、催化、脱色等，其应用十分广泛，涉及水的软化和脱盐、填充床电渗析、废水处理（包括铀、重金属离子、核电站等）、气体净化（如 CO_2、HCl、NH_3、SO_2、HF、Cl_2）等化工、轻工、食品、医药、生化多个领域。

1. 在水的软化、脱盐及净化上的应用

据不完全统计,离子交换材料(包括树脂和膜)的 50%～80% 用于水的处理。下面介绍几个主要的应用领域。

(1) 水的软化及脱盐。纤维状离子交换剂是一种新材料,它的交换速度为树脂的 10～100 倍,当处理量相同时,其充填量较少,从而使装置更紧凑小巧。此外,离子交换纤维对蛋白质等有机大分子、菌体和氧化铁等微粒的吸附能力优于树脂,净化彻底,因此处理后水质良好。国外一些公司已将离子交换纤维和反渗透膜或超滤膜组合成小型超纯水制造装置,用于电子行业超纯水的制备,并应用于冷凝水及锅炉水的净化。可以预计,水处理设备中离子交换纤维的应用将更广泛。

(2) 填充床电渗析。填充床电渗析又称电去离子(EDI)或连续去离子(CDI)。电渗析过程中,随着水中含盐量的减少,电导率降低,极化现象出现,但耗电而水质不提高。当在淡室中填充离子交换材料时,淡室电导值增加,电流效率和极限电流密度提高,从而加速了离子迁移速度,使水高度纯化。在淡室进水电阻率相同的情况下,填充纤维比填充树脂的效果好,其出水电阻率可提高一个数量级。

目前用含离子交换纤维的非织造布电去离子设备制纯水,水质可达 18 $M\Omega \cdot cm$(电阻率)。电去离子法和普通电渗析(ED)结合使用可处理核工业中的低浓度放射性废水,总效率可达 99% 以上。

(3) 净化工业废水。离子交换法是治理工业废水的重要方法之一,其特点是净化彻底,可深度净化。下面介绍几个应用实例。

① 处理矿坑水中的微量铀。各种含铀废水都可用离子交换纤维吸附净化,可消除放射性污染,也可回收铀。利用离子交换纤维对矿坑水(pH=7.5)中的微量铀进行净化,在试验范围内,离子交换纤维的穿透体积和饱和体积比离子交换树脂高几十倍。纤维与树脂对铀的吸附性能差别较大,可能是由于纤维纤度小,扩散通道短,交换基团能充分反应,比表面积大,因此吸附、解吸速度快。

② 处理废水中微量金属离子。用弱酸性阳离子交换纤维净化工业废水中的微量铜,当pH 值为 3～4 时,纤维对铜的交换容量可达 120～130 mg/g,交换 30 min 后可达平衡,而用相同基团的树脂,交换容量仅为 60～65 mg/g,平衡时间则需 8 h。强酸性阳离子交换纤维还可用于从黏胶纤维的生产废水中提取锌,而强碱性阴离子交换纤维可用于含铬废水的治理。

③ 净化核反应堆废水。核反应堆排出的冷凝液的过滤、脱盐、净化,均可使用离子交换纤维,处理后铁离子含量可由 15 $\mu g/L$ 降至 2～4 $\mu g/L$,而钠离子含量则由 0.15 $\mu g/L$ 降至 0.025～0.03 $\mu g/L$。

除了各种含金属离子的废水外,离子交换纤维还可用于各种含酸性、活性、阳离子染料的废水的吸附和净化。

2. 在气体净化、分离方面的应用

离子交换纤维与颗粒状材料相比具有吸附、解吸速度快,净化、分离气体时阻力小的优点,用它做成的防毒面具的防护作用和活性炭相同,而呼吸阻力大大降低;同时由于可用普通方法再生,因此防毒面具的吸附过滤器可多次重复使用。用这种材料制成的织物、非织造布织物等可用于吸附、收集气体中的有害物(如 CO_2、HCl、NH_3、SO_2、H_2S、HF 等)及液体水凝胶。

(1) 吸附气体中的 HCl。用商品聚丙烯腈纤维为基体制备的弱酸性阳离子交换纤维(钠型)吸附气体中的 HCl,取 2 g 纤维(交换容量为 7.5 mmol/g)和 2 g 树脂(交换容量为 8.4 mmol/g)。纤维穿透需 100 min,而树脂仅 80 min,完全穿透时纤维的平均交换容量为 9.11 mmol/g,吸附率则达 121%,估计除化学吸附外,还存在一定量的物理吸附。树脂的平均交换容量为8.27 mmol/g,吸附率为 98%。据估算,每克纤维能吸附 HCl 208 mg,而每克树脂只能吸附 HCl 189 mg。

(2) 其他气体的吸附和净化。据试验,弱酸性阳离子离子交换纤维(氢型)对氨的吸附容量为 3.9 mmol。

空气中的 SO_2 可用离子交换纤维吸附净化,如用强碱阴离子交换纤维(HCO_3^- 型)净化空气或废气中的 SO_2,当 SO_2 浓度为 200 mg/m^3 时,纤维的吸附能力为 200~230 mg/g。也可用弱酸性阳离子交换纤维(钠型)吸附空气中的 SO_2,吸附容量可达 3.13 mmol/g。

弱碱性阴离子交换纤维可用于吸附 HF,比树脂吸附快,且能与 HF 形成络合物,因而吸附容量高。

用不同品种的离子交换纤维可选择性地吸附 CO_2 或 H_2S,从而达到分离的目的。

用离子交换纤维和二氧化锰催化剂组合为过滤器,可用于室内通风和空气净化,去除氨、硫化氢、胺等。此外还可用于呼吸面具和防毒面具,具有比活性炭面具更低的阻力,且重量轻,结构简单。

3. 在化工、轻工、冶金等方面的应用

离子交换纤维用聚乙烯纤维增强后制成毡状物,作为固体酸催化剂用于反应性蒸馏;离子交换纤维作为离子色谱固定相,与树脂柱的效率相当,但流通阻力只有它的 1/10。

阴离子交换纤维用于糖的脱色,比一般同类的树脂容量低,但交换速度快 14 倍,由于色素的相对分子质量大,不能扩散入树脂内部,而纤维的扩散通道短,脱色性能好。

含弱酸、弱碱基团的两性离子交换纤维对氨基酸有较好的分离性能,在碱性介质中对组氨酸吸附性强,在酸性介质中对丙氨酸吸附性强,而在弱酸介质中对谷氨酸有较好的吸附作用。

铅蓄电池正极放电过程受电极活性物质(PbO_2)微孔内氢离子的扩散所控制,将阳离子交换纤维与此物复合成形,可在放电过程中释放大量氢离子,从而提高放电容量。

离子交换纤维在金、银等贵金属的湿法冶炼领域有着广阔的应用前景,从矿渣浸提液、矿坑水等稀溶液中回收金属效果较好。

以聚丙烯纤维为基体的离子交换纤维可用于吸附金,在其他金属氰化物离子存在的情况下,对金的选择性好,而强碱或含有胍基的离子交换纤维比对应的树脂要好。

稀土元素的分离回收与纯化一直是离子交换技术发挥重要作用的领域之一。例如在分离钐-钕-镨混合物时,在流速相同的情况下,使用离子交换纤维可得到纯度为 85% 的钐氧化物,而用离子交换树脂其纯度不超过 58%。

4. 在卫生及医疗领域的应用

用离子交换纤维对生物活性物质（尤其是药物）进行提取、分离、纯化等，一直较受关注。例如：用毛发酸水解制造胱氨酸过程中需要脱色，如采用活性炭脱色，用量多，耗时长，且需加热，脱色不彻底；离子交换树脂法存在污染物易堵塞树脂孔隙、不易再生、寿命短等缺点；而使用离子交换纤维则能有效避免上述不足。据报道，中药中的生物碱、黄酮等组分都可用离子交换纤维进行分离和浓缩。

离子交换纤维填充的色谱法，分离效率高，可应用于生物活性物质的提取，如胰岛素和猪凝血酶的分离、纯化。离子交换纤维柱还被应用于提取具有降血糖、食疗保健作用的南瓜多糖。

此外，具有杀菌除臭、吸湿排汗等功能的卫生保健织物从其化学结构来看，也可归入离子交换纤维范围。这些纤维除了采用辐射接枝和功能基改性的方法外，还可利用纤维浸渍芳香物质进行屏蔽或与螯合纤维与铁、铜离子配位的形式作为抗菌除臭成分。

参考文献

[1] 金美菊,等. 纺织品的防紫外线性能研究[J]. 上海纺织科技,2013,41(8):45-47.

[2] 赵家森,等. 防紫外线丙纶纤维的服用性能[J]. 纺织学报,2004,25(6):108-109.

[3] 刘雅萍,等. 防紫外线纤维及防紫外线整理的纺织品服装的研究[J]. 江苏丝绸,2009(4):11-14.

[4] 张瑞云,等. 防紫外线精纺毛涤混纺织物性能研究与风格评价[J]. 毛纺科技,2009,37(7):53-56.

[5] 王琴云,等. 电磁波辐射防护织物和服装的开发[J]. 上海纺织科技,2005,33(9):65-67.

[6] 秦燕萍,等. 不锈钢纤维混纺织物防辐射性能研究[J]. 棉纺织技术,2015,43(11):29-32.

[7] 葛安香,等. 金属化电磁屏蔽纺织品的研究现状[J]. 山东纺织科技,2015(2):37-40.

[8] 林燕萍,等. 孕妇电磁防护织物的设计方法[J]. 国际纺织导报,2016(1):63-65.

[9] 伏广伟,等. 导电纤维与纺织品及其抗静电性能测试[J]. 纺织导报,2007(6):112-114.

[10] 李瑶,等. 纺织用导电纤维及其应用[J]. 产业用纺织品,2010(4):32-35.

[11] 潘菊芳,等. 有机导电纤维应用方法的探讨[J]. 棉纺织技术,2009,37(5):1-4.

[12] 施楣梧等. 有机导电纤维的应用方法研究[J]. 毛纺科技,2001(2):9-12.

[13] 马洪才,等. 有机导电纤维抗静电织物设计及性能测试[J]. 棉纺织技术,2003,31(11):16-18.

[14] 潘菊芳,等. 有机导电纤维与羊毛混纺应用性能研究[J]. 毛纺科技,2007(12):10-12.

[15] 刘勇,等. 芳纶分类及几种芳纶丝束的力学性能比较[J]. 材料工程,2010(12):224-226.

[16] 朱传涛,等. 我国芳纶技术发展现状[J]. 化工新型材料,2014,42(1):4-6.

[17] 王丽丽,等. 芳纶1313纤维的研制[J]. 上海纺织科技,2005,33(1):12-14.

[18] 赵永旗,等. 消防服的发展现状与趋势[J]. 纺织科技进展,2013(3):15-17.

[19] 李龙,等. 消防服用棉型阻燃织物的风格测试与分析[J]. 合成纤维工业,2015,38(4):70-72.

[20] 张辉,沈兰萍,等. 基于空心微珠的织物防热辐射性能研究[J]. 上海纺织科技,2005,33(7):56-59.

[21] 于宁,等. 高反射红外辐射涂料的制备与性能[J]. 沈阳理工大学学报,2010,29(6):63-66.

[22] 张辉,沈兰萍,等. 基于空心微珠的功能织物开发[J]. 上海纺织科技,2007,35(1):50-52.

[23] 孙洁,沈兰萍,等. 空心微珠化学镀银的表面结构形态分析[J]. 西安工程科技学院学报,2006,20(2):184-186.

［24］周绍箕,等. 离子交换纤维的开发及应用[J]. 纺织导报,2009(5):53-55.

［25］周绍箕,等. 离子交换纤维在重金属离子分离、提取中的应用研究[J]. 新疆有色金属,2012(2):49-52.

［26］舒情,等. 离子交换纤维在污水处理中的应用[J]. 化学工业与工程技术,2006,27(6):41-43.

第二章　卫生保健功能纤维

第一节　远红外纤维

纺织材料能够保持其包覆热体温度的性能称为保暖性。保暖材料通常可分为两大类：一类是消极保暖材料，通过单纯阻止或减少人体热量向外散失来达到保暖的目的，例如天然棉絮、羽绒、动物毛绒，以及各种纤维絮片等；另一类是积极保暖材料，不仅遵循阻止热量散失的传统保暖理论，还能够吸收外界热量，储存并向人体传递以产生热效应，如远红外腈纶、温控纤维就是典型的积极保暖材料。

一、远红外纤维功能原理

（一）远红外功能的概述

红外线属于电磁波的范畴，是一种具有强热作用的放射线，波长介于红光和微波之间，一般分为近红外、中红外和远红外三个波段。

通常把红外线中 $4\sim400$ μm 波长的范围定义为远红外线，其中 90% 的波长在 $7\sim14$ μm 之间。几十年前，航天科学家对处于真空、失重、超低温、过负荷状态的宇宙飞船内的人类生存条件进行了调查研究，得知太阳光中波长为 $7\sim14$ μm 的远红外线是生物生存必不可少的因素。因此，人们把这一段波长的远红外线称为"生命光波"。

根据生物医学的研究，人体的血液循环系统作为人体一个重要的组成部分，担负着向人体各器官输送氧气和养料，并带走废弃物的重任。因此，保持人体的血液循环系统通畅是维持人体健康的一个重要因素。人体皮肤对远红外辐射吸收能力是很强的，在 $7\sim14$ μm 有较强的吸收峰，人体可以高效地吸收 $4\sim14$ μm 波段的远红外线。人体吸收远红外线之后，细胞、血液中的 $C—H$、$C—O$、$C—C$、$C—N$ 等化学键振动会加剧，引起一系列有益的生理现象。通过共鸣吸收形成热反应，促使皮下深层的温度上升，并使微血管扩张，促进血液循环，将淤血等妨碍新陈代谢的障碍清除，使血液与组织之间的营养成分交换增加，可以起到扩张毛细血管、增强血液循环、促进新陈代谢、增强淋巴液循环等作用。

因红外辐射能使生物体分子产生共振吸收效应，所以在红外光谱的作用下，物体的分子能级被激发而处于较高能级，这便改变了核酸、蛋白质等生物大分子的活性，从而发挥了生物大分子调节机体代谢、免疫等活动的功能，有利于机体机能的恢复和平衡，达到防病、治病作用。人体内的一些有害物质，例如食品中的重金属和其他有毒物质、乳酸、游离脂肪酸、脂肪和皮下脂肪、钠离子、尿酸、积存在毛细孔中的化妆品残余物等，也能够借助代谢的方式，不必透过肾脏，直接从皮肤随汗水一起排出，避免增加肾脏的负担。远红外线能穿透皮肤,触及神经,因此借助于神经和血液的反应,可对各种腺体的功能和人体物质总交换发生作用。

(二)远红外的作用

1. 具有保暖功能

用于服装方面的保温材料可分为两类。一类是单纯阻止人体热量向外散失的消极保温材料,如棉絮、羽绒等;另一类是通过吸收外界热量(如太阳能等)并储存起来,再向人体放射,从而使人体有温热感的积极保温材料。远红外织物就属于积极保温材料。

2. 提高人体免疫功能

免疫是人体的一种生理保护反应,它包括细胞免疫和体液免疫两种,对人体防御和抗感染功能具有极其重要的作用。临床观察表明,远红外保健品具有提高机体吞噬细胞的吞噬功能,能增强人体的细胞免疫和体液免疫功能,有利于人体的健康。这是由于远红外线激活了生物体的核酸蛋白质等分子的活性,从而发挥了生物大分子调节机体代谢、免疫等活动的功能,有利于机体机能的恢复和平衡,达到防病治病的目的。

3. 消炎、消肿和镇痛

远红外的热效应使皮肤温度提高,使血管活性物质释放,血管扩张,血流加快,血液循环得以改善,活跃了组织代谢,提高了细胞供氧量,改善了病灶区的供血氧状态,提高了细胞再生能力,控制了炎症的发展,加速了病灶修复。此外,远红外的热效应也改善了微循环,促进了有毒物质的代谢,加速了渗出物质的吸收,促进炎症、水肿的消退。远红外线能促进身体不同部位的血液循环,预防酸痛不适,消除疲劳。对风湿性关节炎、前列腺炎、骨质增生、肩周炎、颈椎炎、腰痛、手脚麻痹等都有一定的治疗作用。远红外的热效应降低了神经末梢的兴奋性,减轻了神经末梢的化学和机械刺激,能起到缓解疼痛的作用。利用远红外纤维能促进新陈代谢的功能,可制成各种护膝、护腕、护腰,解除关节疼痛病人的烦恼。

4. 改善人体循环

微循环是反映人体血液状况的重要指标,远红外织物所辐射的远红外线易渗透于人体皮肤深部,被吸收的远红外线转化为热能,引起皮肤温度升高,刺激皮肤内热感受器,通过脑丘及时使血管平滑肌松弛,血管扩张,加快血液循环。另一方面,热作用引起血管活性物质的释放,血管张力降低,减小动脉、浅毛细管和浅静脉扩张,血液循环得以改善。

5. 增强新陈代谢

如果人体的新陈代谢发生紊乱,则体内外物质的交换失常,这会引起各种疾病。水和电解质代谢的紊乱将给生命带来危险,糖代谢紊乱会引起糖尿病,脂代谢紊乱会引起高血脂症、肥胖症。远红外热效应可以增加细胞的活力,调整神经液机体,加强新陈代谢,使体内外的物质交换处于平稳状态。

6. 消除疲劳,恢复体力

穿用由这种织物制成的服装有一种轻松舒适的感觉,具有消除疲劳、恢复体力的功能。如远红外针织内衣及袜类,可改变老年人和体弱者对药物治疗的依赖,通过衣着的物理治疗达到安全、持久地促进身体健康的效果。远红外袜为他们提供了冬季最为简单的防治冻疮的方法,解除冻疮的困扰。

7. 具有一定的美容功能

利用远红外线促进血液循环的功能,可利用远红外织物制成美容面罩,促进面部的新陈代谢,达到使面部表皮脂肪轻松舒展、面部皮肤柔和光滑的目的。

8. 辅助医疗功能

远红外线对糖尿病、心脑血管病、气管炎等常见病具有一定的辅助医疗功能。借助于人体温度,远红外纺织品的远红外辐射量会明显增加。远红外材料与人体接触时,除远红外辐射以外,对人体可能还有其他保健作用。这个问题涉及陶瓷粉的保健机理,有待深入研究。

二、远红外纤维性能

远红外纺织品与人体热量的交换:根据基尔霍夫定律和斯蒂芬-玻尔兹曼定律,好的吸收体也是好的辐射体,温度高于绝对零度的物体都能不断地辐射能量。因此,远红外物质除了强烈地吸收太阳光中的远红外线之外,也不断地向外辐射远红外线。人体也是远红外线的敏感物质,对远红外线具有强烈的吸收作用。当人体皮肤遇到远红外物质辐射出的远红外线时,会发生与振动学中共振运动相似的情况,吸收远红外线并使运动进一步激化,转化为自身的热能,皮肤表面的温度就相应升高。这种远红外物质在人体体温的作用下,能高效率地放射出波长为 $8 \sim 14~\mu m$ 的远红外线,使服装内的温度比普通织物高,具有保暖功能。当人们穿着和使用这种织物时,可以吸收太阳光等辐射的远红外线并转换成热能,也可将人体的热量反射而获得保暖效果。试验证明远红外纤维覆盖在人体上 15 min,表皮面层温度将升高 $2 \sim 3~℃$,68%左右的人都可以感觉到。

(一) 远红外纤维的制备

远红外纤维制备方法分为涂层法和熔融纺丝法两大类。

1. 涂层法

涂层法是将远红外吸收剂、分散剂和黏合剂配成涂层液,通过喷涂、浸渍和辊涂等方法,将涂层液均匀地涂在纤维或纤维制品上,经烘干而制得远红外纤维或制品的一种方法。其优点是工艺操作简便,成本较低,对远红外陶瓷粉的要求不高,缺点是制得纤维的手感及耐洗涤性能差,不适合后加工织造。本法多用于加工远红外非织造布和制品。

2. 熔融纺丝法

将远红外粉分散于与成纤聚合物具有很好相容性的媒介物中,制成分散液,然后添加到纺丝原液或聚合物熔体中,采用熔融法纺丝。根据生产工艺的不同,熔融纺丝法又分为母粒法、全造粒法、注射法和复合纺丝法。

(1)母粒法是应用较广的生产方法,是将远红外材料、分散剂和载体等相应的助剂一起混合造粒,制作成远红外功能母粒,然后与常规切片混合纺丝,其技术关键是制作功能性母粒。现在不断开发出高浓度、高分散性的母粒品种,其有效粉体的含量可达 40%。母粒加入量越多,纤维的远红外发射率越高,但生产成本也相应增加,且母粒加入量增多对纺丝过程不利,因此母粒的加入量应适度,既要保证纤维的功能性,又要确保纺丝过程的顺利进行。通过改变喷丝板和纺丝组件的形状,可纺出中空、三角和三叶等异形丝。母粒法工艺路线简单,适于小批量生产。

(2)全造粒法是将纤维母粒和纯纤维切片混合,高温下经双螺杆挤出,制成全造粒母粒,然后将全造粒母粒按普通纤维切片纺丝工艺进行纺丝的方法。这种方法功能介质分散均匀,功能效果持久。生产过程中如何防止颗粒结聚,确保颗粒在聚合物中分散均匀是技术关键。这种方法的工艺流程复杂,不易控制,不适应小批量、多品种生产,较难推广。

(3)注射法是在纺丝过程中利用注射器,将远红外添加剂直接注射到高聚物纺丝熔体或溶液中而制备远红外纤维的方法。如在腈纶纺丝原液中添加远红外陶瓷微粒可开发出远红外腈纶。该工艺虽然简便,但需增加注射器,若粉末状无机粒子未经处理,与基体树脂间会存在明显的界面层,缺乏过渡层而影响纺丝熔体或溶液的过滤性、可纺性,最终会影响成品丝的物理机械性能。

(4)复合纺丝法需在复杂的复合纺丝机上完成。通常以含有远红外粉体的聚合物为纤维的芯层,常规聚合物为皮层制成具有芯鞘结构的远红外复合纤维。该工艺纺制的纤维性能较好,但技术难度高,设备复杂,投资较大,生产成本高。例如 Hirano 制备了皮芯结构的远红外纤维,皮层为 PET,芯层为含有摩尔分数为 2.6%的金属磺酸盐和质量分数为 15%的硅酸锆的聚酯,皮层和芯层两组分以 50：50 的比例经复合纺丝,制备出远红外辐射纤维。Kunieda 等制备的远红外纤维由三层组成,芯层由纯聚合物组成,中间层由含有远红外功能陶瓷粉末(Al_2O_3、ZrO_2、MgO、多铝红柱石,或它们的共混物)的聚合物组成,皮层由聚合物组成。

从实际应用及技术经济情况看,国内多以母粒混配纺丝法及注射纺丝法生产远红外纤维为主,复合纺丝法因技术难度高、设备复杂、投资较大和生产成本高等问题采用较少。国外采用复合纺丝法制备远红外纤维较多。国内制备远红外纤维选用的成纤聚合物以丙纶最多,涤纶次之。

(二)远红外纤维的性能

下面介绍将纳米陶瓷粉添加到聚丙烯熔喷超细纤维中,研制出一种具有较高红外发射率的熔喷超细纤维保暖絮片。该絮片是一种无毒、卫生,具有抑菌功能的优良保暖材料。

分别将烘干的纳米陶瓷粉改性母粒以质量百分比 0%、15%、30%和40%(对应纳米陶瓷粉含量分别为 0%、3%、6%和8%)与聚丙烯切片在高速混合机中混合均匀(对应1♯、2♯、3♯和4♯样品),然后采用美国 3M 公司的熔喷非织造布成形设备制得聚丙烯熔喷非织造布(面密度为 30 g/m²)。

普通聚丙烯织物远红外发射率为 70%左右。从表 2-1 可知,研制的聚丙烯熔喷非织造布具有较好的远红外发射功能。加入 3%的纳米陶瓷粉时,非织造布已具有较好的远红外功能,随着纳米陶瓷粉含量的增加,远红外辐射率上升,当纳米陶瓷粉含量达到 6%时,辐射率已到 80%,含量为 8%时,远红外辐射率高达 82%。一般认为,远红外辐射率达到 80%的织物的远红外功能十分优异。

表 2-1 不同纳米陶瓷粉含量聚丙烯熔喷非织造布远红外发射率

纳米陶瓷粉含量(%)	远红外辐射率(%)
0	70
3	77
6	80
8	82

温升法测试结果见表 2-2。从表 2-2 可以看出,2♯、3♯ 和 4♯ 样品与 1♯ 样品有明显的温度差,差值可达 4 ℃左右,而且纳米陶瓷粉含量越高,温差越大。由此可见,含有纳米陶瓷粉的熔喷非织造布比普通非织造布有更好的保暖性能。

表 2-2 试样的对比温升　　　　　　　　　　　　　　(单位:℃)

时间(min)	1♯	2♯	3♯	4♯	△2-1	△3-1	△4-1
0	25.2	25.3	25.3	25.4	0.1	0.1	0.2
2	28.1	29.4	29.8	30.0	1.3	1.7	1.9
4	30.4	32.6	33.0	33.3	2.2	2.6	2.9
6	33.6	36.3	36.7	36.9	2.7	3.1	3.3
8	35.2	38.5	38.8	39.0	3.3	3.6	3.8
10	36.4	39.8	40.1	40.3	3.4	3.7	3.9

传统的保暖絮片主要以提高面密度来提高保暖性,而用远红外纤维制成的保暖絮片则不然,它是一种新型优良保暖絮片。这种保暖絮片用于冬季服装,改变了传统保暖材料的臃肿外观,穿着美观,在御寒遮体的同时,还能发挥舒适、抑菌、保健的功能。非织造布保暖絮片已广泛用于服装行业,代替了用传统的棉絮、羽绒、丝绵、驼绒等材料制作棉袄、冬大衣、滑雪衫等服装。熔喷非织造布保暖絮片具有超细纤维结构,孔径小,具有较好的透气、透湿性能,且不易散热,保暖性能好,特制的絮材松软、轻便但不显得单薄,在保暖絮片中占有绝对优势,该材料具有轻、薄、软、暖、透气、透湿等特性。

三、生产方法

远红外辐射物质主要选择热交换能力强、能辐射特定波长远红外线的材料,加工制造成各种形式、各种用途的产品。元素周期表中第三、第五周期中的一种或多种氧化物与第四周期中的一种或多种氧化物混合而成的远红外辐射材料,在环境温度为 20~50 ℃时,具有较高的光谱发射率,是理想的远红外辐射材料。常见的能辐射红外线的化合物有 Al_2O_3、ZrO_2、MgO、TiO_2、CuO、SiO_2、Cr_2O_3、Fe_2O_3 等氧化物,ZrC、SIC、B_4C 等碳化物,TiB_2、ZrB_2、CrB_2 等硼化物,$TiSi_2$、$MoSi_2$ 等硅化物,以及 Si_3N_4、TiN 等氮化物。常用的能产生远红外线的材料:

(1)生物炭。例如高温竹炭、竹炭粉、竹炭粉纤维以及各种制品等。

(2)电气石。例如电气石原矿、电气石颗粒、电气石粉、电气石微粉纺织纤维及各种制品等。

（3）远红外陶瓷。例如利用电气石、神山麦饭石、桂阳石、火山岩等高负离子、远红外材料，按照不同的比例配制的各种用途的陶瓷材料，再烧制成各种用途的产品。

（4）远红外陶瓷制品。例如远红外陶瓷球、陶瓷装饰建材、陶瓷涂料、陶瓷酒具餐具、陶瓷灯具、陶瓷工艺品、陶瓷微粉纺织纤维、陶瓷能量板、家用电器陶瓷元件等。

目前，开发远红外织物所使用的远红外辐射物质主要是陶瓷。在 50 ℃ 下，对波长在 $4.0 \sim 15\ \mu m$ 的远红外线的平均辐射率（黑体辐射强度作 100%）为 50% 以上的陶瓷，称为远红外辐射陶瓷，如高纯度 Al_2O_3、多铝红柱石（$Al_2O_3 - SiO_2$）、ZrO_2、MgO 等，其中以氧化铬、氧化镁、氧化锆等金属氧化物的性能为最佳。除陶瓷外，某些天然矿石也具有远红外辐射功能，例如深海中的"五色石"。

（一）远红外浆

将远红外微粉与纺织品结合成为远红外织物有两条工艺路线。除了前面提到的纤维加工法外，第二类就是涂层法，即采用后整理技术对织物进行涂层和浸轧，将远红外陶瓷微粉加工成远红外浆，并使其附着于织物纱线之间和纱线的纤维之间。前者加工成的远红外织物的永久性和手感均较好，但加工路线长，成本较高；后者加工路线短，操作简单、方便，适用范围广，成本低，但织物手感和耐久性均逊于第一类加工法生产的织物。涂层法是把远红外微粉、黏合剂和助剂按一定比例配制成远红外浆，然后对织物进行浸轧、涂层和喷雾等。所用溶剂可以是水，也可以是有机溶剂，所用黏合剂是聚氨酯、聚丙烯腈、丁腈橡胶等低温黏合剂。由于远红外微粉的粒径决定了最后织物上黏附远红外物质的量以及织物的手感等效果，因此要求远红外微粉粒子的粒径要尽量小。浸轧和涂层方法采用传统的工艺即可，喷雾方法常用于生产远红外非织造布。

（二）纳米远红外浆

纳米技术产业是目前比较热门的高科技产业之一，它主要是利用纳米材料对纤维表面进行处理，在纤维表面实现纳米层级的修饰和改性。经过纳米界面处理的纺织品，一方面保持了原有的结构、成分、强力、牢度、色泽、风格、外观、透气性能；另一方面又具有超常规的特定功能效果。

在纺织印染上，纳米材料目前主要用于生产功能性化纤原料和作为一种新型的功能性助剂，从而开发相关的功能性产品或取代其他助剂。目前，国内已将有关的纳米微粒稳定分散在涤纶或其他合成纤维的纺丝液中，然后纺出具有远红外线功能的合成纤维。在印染后整理方面，则采用涂层、浸轧或"植入"等方法，使天然纤维或普通化纤也具有远红外功能。

纳米远红外材料是在远红外加热所使用的陶瓷粉体上开发出来的，根据应用的纺织品和性能要求的不同，通常有三氧化二铝、氧化锆、氧化镁、二氧化硅、氧化锌、三氧化二锑等，制备远红外纳米微粒时，除了要将它们的粒径控制在 100 nm 左右，还要对其进行一系列的表面涂饰、改性等处理，以确保这些粉体在后整理时的分散性、相容性，这类产品的代表性品种有 JLSUN® 700。

（三）远红外整理剂

另外一种国际领先的远红外整理技术，即 JLSUN® 777 远红外整理技术，它是北京洁尔爽高科技有限公司在纳米远红外负离子粉 JLSUN® 900 和负离子远红外保健浆 LSUN®

700 的基础上研制成功的。远红外保健整理剂 JLSUN® 777 含有可以与羟基、胺基反应的活性基团，并且可以单分子状态上染棉纤维等纤维，通过化学键和纤维上的羟基、氨基等牢固地结合。经过整理的纺织品不仅具有良好的升温、保健作用，而且具有良好的手感、牢度和吸湿透气性，也开辟了天然纤维织物远红外保健整理的先河，这是该领域的一大技术进步。远红外整理剂 JLSUN® 777 主要由常温下有较高辐射率的带有活性基团的远红外辐射体 JLSUN® 777A 和 JLSUN® 777B 组成。它适用于棉、麻、丝、毛、黏胶纤维等含有氨基或羟基的纤维的远红外整理。JLSUN® 777 整理的纯棉漂染、印花织物，经天津大学采用美国 5DX 傅里叶变换红外光谱仪测试证明，其远红外辐射率达 86％以上。国家远红外产品监督检验中心等权威机构检测证明：远红外整理后棉织物的远红外辐射率达 86％以上，洗涤 80 次后，远红外辐射率仍高达 85％。

第二节　负离子纤维

随着社会进步和生活水平提高，人们对纺织品的要求越来越高，不再满足于纺织品的基本功能，更加注重追求纺织品的内涵，希望纺织品具有"健康、舒适、安全、环保"的性能。当空气负离子的作用机理被认识后，具有负离子功能的纺织品吸引了国内外学者对其进行研究与开发。正是在这个大前提之下，负离子纺织品应运而生。负离子对人体的保健作用早已被医学界证实，也越来越被广大消费者认知。负离子纺织品由于直接穿在身上，大面积与人体皮肤接触，可利用人体的热能和人体运动时与皮肤的摩擦加速负离子的发射，即在皮肤与衣服间形成一个负离子空气层，有利于人体内氧自由基无毒化。负离子材料的永久电极还能够直接对皮肤产生微弱电刺激作用，可调节植物神经系统，消炎镇痛，提高免疫力，增强人体的抗病能力。由于 82％的负离子都是通过皮肤吸收的，因此通过负离子纺织品与人体经常性的直接接触来发挥负离子的保健功效，应是负离子作用于人体的最佳途径。随着空气负离子的作用机理日益被认清后，研究开发具有负离子功能的、真正能改善环境的功能纤维受到了国内外学者的重视。负离子纤维及负离子纺织品作为功能性产品迎合了当今人们崇尚环保、追求健康的需要，能得到进一步发展。

一、负离子纤维功能原理

（一）负离子产生的机理

大气中的分子和原子在机械、光、静电、化学或生物能作用下发生空气电离，其外层电子脱离原子核，失去电子的分子或原子带有正电荷称为正离子或阳离子。而脱离出来的电子再与其他中性分子或原子结合，使其带有负电荷就称为负离子或阴离子。得到电子的气体分子带负电称为空气负离子。由于空气中离子的生存期较短，不断有离子被中和，又不断有新的离子产生，因此空气中正、负离子的浓度不断变化，保持某一动态平衡。

水分子电离发生的反应：$H_2O \longrightarrow OH^- + H^+$；$H^+ + H_2O \longrightarrow H_3O^+(H_2O)_n$；$OH^- + H_2O \longrightarrow H_3O_2^-$。对于 $H_3O^+(H_2O)_n$ 寿命短，易接受外来电子形成氢原子以氢气放出。

而 OH^- 与水分子结合形成水合羟基离子($H_3O_2^-$),其稳定性比空气中的其他离子要高得多。基于使空气电离能产生负离子的原理,目前国内外研究的负离子纤维或纺织品都借助于某种含有微量放射性的稀土类矿石或天然矿物质,采用不同技术将其添加到纺织材料中,使之具有发生负离子的功效。考虑到安全性,研究者更为看好天然矿物质,如电气石、蛋白石、奇才石等自身具有电磁场的天然矿石。

(二) 负离子对人体健康的作用

根据国内外资料介绍负离子具有清新空气,改善心肌功能和肺功能,提高人体免疫力,使人心情舒畅和精力旺盛的作用。

(1) 负离子空气是对人体健康非常有益的一种物质。当人们通过呼吸将负离子空气送进肺泡时,能刺激神经系统产生良好效应,经血液循环把所带电荷送到全身的组织细胞中,能改善心肌功能,增强心肌营养和细胞代谢,减轻疲劳,使人精力充沛,提高免疫能力,促进健康长寿。

(2) 水合羟基离子($H_3O_2^-$)通过呼吸进入人体后,能调整血液酸碱度,使人的体液变成弱碱性。弱碱性体液能活化细胞,增加细胞渗透性,提高细胞的各种功能,并保持离子平衡;净化血液,抑制血清胆固醇形成,从而降低血压;提高氧气转化能力,加速新陈代谢,恢复或减轻疲劳,使人心情舒畅、身体放松,并产生理疗治愈作用。

(3) 活化脑内荷尔蒙,具有安定自律神经,控制交感神经,防止神经衰弱的作用,可以改善睡眠的效果,提高免疫力。

(4) 水合羟基离子($H_3O_2^-$)能与空气中的臭味分子发生反应,消除臭味;与空气中被污染的正离子中和,净化空气。

空气中负离子的多少,受时间和空间影响而含量不同。一般情况下,空气负离子的浓度晴天比阴天多,早晨比下午多,夏季比冬季多。一般公园、郊区、田野、海滨、湖泊、瀑布附近和森林中负离子浓度比城市和居室多。世界卫生组织规定,清新空气中负离子含量不应低于 $1000\sim1500$ 个/cm^3。因此,当人们进入上述场地的时候,头脑清新,呼吸舒畅、爽快。进入嘈杂拥挤的人群,或进入空调房内,人们会感觉憋闷、呼吸不畅。

二、负离子纤维性能

空气负离子的保健作用已被众多研究者所验证,被人们称为"长寿素"或"空气维生素"。基于使空气电离能产生负离子的原因,目前国内外研究的负离子纤维或纺织品都借助于某种含有微量放射性的稀土类矿石或天然矿物质,采用不同技术添加到纺织材料中,使之具有发生负离子的功效。这种含天然钍、铀的放射性稀土类矿石所释放的微弱放射线不断将空气中的微粒离子化,产生负离子。考虑到安全性,研究者更看好电气石、蛋白石、奇才石等自身具有电磁场的天然矿石。可以释放负离子的这些矿石是以含硼为特征的铝、钠、铁、镁、锂环状结构的硅酸盐物质,具有热电性和压电性。当温度和压力有微小变化时,即可引起矿石晶体之间电势差(电压),这个能量可促使周围空气中水分子发生电离,脱离出的电子附着于邻近的水和氧分子使它转化为空气负离子。国内给电气石冠以"奇冰石"的商品名,而国外称电气石为托玛琳,即 Tourmaline 的音译名。还有其他一些物质如蛋白石、珊瑚化石、海底沉积物、海藻炭等,这些物质都具有永久的自发电极,在受到外界微小变化时,能使周围空气电离,是一种天然的负离子发生器。

影响负离子产生的因素:

(1) 电气石超细粉体含量。电气石粉体含量越高,负离子涤纶纤维产生负离子的数量也越多。例如粉体量 2% 时,负离子释放浓度为 4400 个/cm^3,4% 时则为 5100 个/cm^3。但高比例掺入这些粉末时,会使纺丝液在纺丝过程中的流动性变差,单丝断强也会下降。因此,粉体含量一般为 4% 左右。另外,电气石超细粉体的粒径越小,产生负离子的数目也越多。对电气石超细粉体进行表面处理也能大大改善负离子的产生效果。表面包覆处理是通过各种表面改性剂与粉体表面发生化学反应,达到改变粉体表面物化性质的目的,从而改善或改变粉体的分散性、耐久性和耐气候性,提高粉体的表面活性,使表面产生新的物理、化学和光学性能。对于电气石的表面处理,主要是增强其自身的热电性能和压电性能并赋予新的功能,以使其能够得到更为广泛的应用。有关电气石细度试验,用 2000、4000 和 8000 目铁电气石粉体整理的 3 组麻织物试样的负离子发生量,在测试温度 20 ℃,相对湿度 65% 的条件下,随着电气石细度的增加,整理织物的负离子发生量呈上升趋势,其中用 8000 目粉体整理的麻织物的负离子产生能力较好。粉体越细,越容易与织物结合,并进入纤维的非结晶区。电气石的静电压随着粒径的变小而增高,也就是电极化强度增大,压电效应明显,负离子的发生能力增强。另一方面,电气石粒径越小,比表面积就越大,表面能增大,表面效应、量子尺寸效应强烈,使微细粉的表面活性提高。

(2) 纤维的吸湿性、细度与种类。负离子的产生过程即电离织物表面水分子的过程,因此纤维的吸湿性越好,黏着于织物表面的水分子越多,产生的负离子也越多。显然,在相同条件下,黏胶负离子纤维释放的负离子个数比涤纶负离子纤维的多。纤维细度越小,比表面积越大,表面吸附水分子的能力越强,纤维的吸湿性就越好,产生的负离子也越多。

在相同条件下,对麻、棉/麻、棉和麻/黏四种纤维素纤维织物负离子发生能力的研究表明,麻织物的负离子发生能力较强,织物按负离子发生能力排序是麻>(麻/棉)>棉>(麻/黏),这与纤维素纤维的结晶度排序较一致。麻纤维的结晶度最高,是高度晶体化的天然纤维素,在晶体高分子中被证明有压电效应,同时麻纤维的导湿性能最好,能更好地吸附环境中的气态水进入无定形区,为负离子的产生提供水分子。麻/棉整理织物的负离子发生能力好于麻/黏织物,可能是结晶度的压迫电效应因素相对吸湿性因素起了主导作用。

(3) 加工方法与环境条件。一般用后整理技术稍优于共混纺丝法,其主要原因可能与电气石微粒在织物上的分布情况有关。根据形成机理,由于空气负离子是带多余电荷的分子与一定量的水分子结合的产物,所以环境中必须有一定的含水量才可形成空气负离子。负离子粉末具有热电性和压电性,一般负离子织物主要依靠人体与织物的摩擦产生压电效应,进而产生负离子。由于电气石的电效应主要是二次热电效应,电气石的热电性具有带电、不对称和非简谐性振动特征,其热电系数随温度增加而呈非线性增加。因此,在纺丝液中加入一定比例的陶瓷粉末,即可生产远红外负离子纤维,会使负离子产生量得到明显增加。另外,随温度升高,水的饱和蒸汽压呈指数上升,相对湿度保持不变时,单位体积内的水分子含量也呈指数增加,使空气的负离子浓度升高。

三、生产方法

负离子纤维产生于 20 世纪 90 年代末期,由日本首先发表相关专利。其主要的制备方法大致可分为表面涂覆改性法、共混纺丝法、共聚合法等。国内有吉林化纤、齐鲁化纤、上纤一厂、新乡化纤等试生产释放负离子的涤纶、腈纶、丙纶和黏胶纤维;东华大学和燕山大学也成功试纺了丙纶、涤纶、腈纶、黏胶纤维等;广东佛山茵明高分子材料研究所试制成功了释放负离子的人造头发、鞋用材料、旅游用纤维材料。

(1)表面涂覆改性法。此法是在纤维的后加工过程中,利用表面处理技术和树脂整理技术将含有电气石等能激发空气负离子的无机物微粒的处理液固着在纤维表面。如日本将由珊瑚化石的粉碎物、糖类、酸性水溶液再加上规定的菌类,在较高温度下长时间发酵制成的矿物质原液,涂覆在纤维上,因该矿物原液中含有树脂黏合剂成分,得到了耐久性良好的负离子纤维。我国用奇才系列负离子添加剂涂覆的涤纶,涤/棉织物的负离子可达 3600 个/cm³ 以上。

(2)共混纺丝法。此法也是生产改性多功能纤维的一种主要方法,即在聚合或纺丝前,将能激发空气负离子的矿物质做成负离子母粒加入到聚合物熔体或纺丝液中,再经纺丝制得负离子纤维。与表面涂覆改性法相比,这种纤维产生负离子的耐久性好。国内研发的负离子纤维均采用这种方法。制成的高聚物材料具有良好相溶性的超细粉体,经表面处理后,与高聚物载体按一定比例混合,熔融挤出制得负离子母粒,再进行干燥,按一定配比与高聚物切片混合,采用共混纺丝法进行纺丝制备负离子纤维。

(3)共聚合法。它属于高分子化学反应,在聚合过程中加入负离子添加剂,制成负离子切片或浓溶液后纺丝。一般共聚合法所得的切片添加剂分布均匀,纺丝成形性好。如采用共聚合法生产负离子涤纶,需要在聚酯切片中添加负离子粉 JSSUN-900,将其制备成可直接加工成负离子切片,其生产过程与生产一般涤纶类同。

第三节 竹炭纤维

竹类植物生长快,繁殖能力强,容易更新。为了充分利用竹材,提高其附加值,烧制竹炭是一种经济实用的办法,同时还能提供具有卓越性能的环保材料。

竹炭纤维在日本市场具有"黑钻石"的美誉。日本、韩国及我国的台湾对竹炭的开发和利用进行了一定的探索和研究,国内也逐渐认识到竹炭在环境、保健、医药等领域有着潜在和广泛的应用前景。竹炭纤维生产成本低,工艺简单,绿色环保,保健舒适,越来越受到人们的欢迎。竹炭与传统纺织品相结合,可以提高纺织品的档次、功能和竞争力,满足人们对纺织品保健性、环保性和功能性的消费需求。

一、竹炭功能原理

竹炭是竹材加工后形成的一种具有微孔、中孔、小孔的多孔性材料,具有很大的比表面积和超强的吸附性能。竹炭的结构完全不同于金刚石和石墨,在显微镜下观察,竹炭同竹材相比较,纤维管束外鞘变得致密,纤维管束细胞腔中一些挥发性物质减少许多,且竹炭表面更光滑,这主要是由于竹材在加工过程发生热分解造成的。竹炭分子结构呈六角形,主要由碳、氢、氧等元素组成,其质地坚硬,细密多孔,吸附能力强。竹炭孔隙常常决定吸附性能,它的吸附能力是木炭的5倍以上,矿物质含量是木炭的5倍之多,因而竹炭具有除臭、吸附异味等功效。纳米改性制得的竹炭微粉,除了具有较强的吸附能力外,还具有很好的抑菌、杀菌能力,能将吸附的有毒、有害物质分解为无毒、无害的二氧化碳和水,也能起到抑菌、杀菌的作用,在环境保护、公共卫生预防等方面具有广泛的应用前景。竹炭具有除湿、调节环境温度的特殊性能,可使吸附的水呈弱碱性,具有除菌、漂白、美肤等功效。另外,由于其特殊的分子结构与超吸附功能,竹炭具有了弱导电性,能起到防静电、抗电磁辐射作用。竹炭也可辐射远红外线,激发产生负离子,加快血液循环,改善人体环境。

竹子经 500 ℃ 炭化后所得竹炭的横、纵截面如图 2-1 和图 2-2 所示。从图 2-1 可见竹炭保留了竹子的组织结构,其横截面由导管、维管束、细胞壁组织及其微孔组成,如图 2-1(a)所示。其中导管呈“品”字形排布,直径约 150～170 μm,导管周围是排列紧密的纤维组织,再往其外围逐渐过渡为 30～70 μm 的维束管,即图中的蜂窝状孔组织。图 2-1(b)为维束管纵截面的 SEM 像,可见其孔壁光滑,细胞壁单元长度在 40～160 μm 左右。图 2-2(a)为“品”字形导管的内部形貌,由图可知导管中的结构较为复杂,三个孔内部呈现不同的形貌特征:第一种孔壁比较光滑;第二种孔壁呈砖墙状,其形成原因与图 2-1(b)中维束管相似;第三种呈鱼骨状,如图 2-2(b)所示,由断层处可见该结构较薄,层数一般为 2～3。

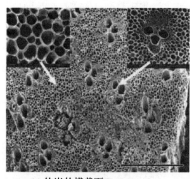
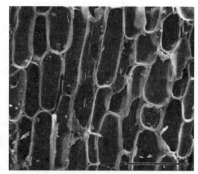

(a) 竹炭的横截面(Bar=1 mm)　　　　　(b) 竹炭的纵截面(Bar=100 μm)

图 2-1　竹炭的横、纵截面

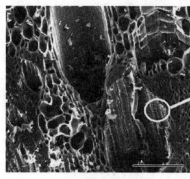
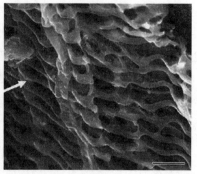

(a) Bar=100 μm　　　　　　　　　(b) Bar=5 μm

图 2-2　“品”字形结构的导管的 SEM 像

二、竹炭纤维性能

(一) 超强的吸附性能

竹炭比表面积是木炭的 3 倍以上,其多孔质致密结构对硫化物、氮化物、甲醇、苯、酚等有害化学物质能发挥吸收、分解异味和消臭的作用。据检测,竹炭纤维对以下物质的吸附率分别为甲醛 16.00%～19.39%、苯 8.69%～10.08%、甲苯 5.65%～8.42%、氧 22.73%～30.65%、三氯甲烷 40.68%,且对这些物质的持续吸附时间均可达 24 d。

(二) 调湿、吸湿和蓄热保暖性

调节湿度性能:竹炭纤维的平衡回潮率和保水率比黏胶、棉、真丝均高。高平衡回潮率和保湿率赋予了竹炭纤维调湿的功能,达到除湿与干燥的功效。在高湿度环境下,竹炭纤维具有吸湿、导汗的功能,可使人体局部湿度下降到感觉舒适的 60%,而在干燥环境下,竹炭纤维又可把吸入的水分释放出来,形成一个温湿度良好的小局域空间。

吸湿性能:竹炭纤维的表面、截面均为蜂窝状微孔结构,在夏季,由其制成的轻薄织物,微孔可快速吸收皮肤散发的湿气和汗液,并向周围空气快速扩散,保持皮肤干爽,使户外运动者持续保持干爽舒适的状态。

蓄热保暖性能:竹炭纤维的远红外线发射率高达 0.87,比远红外发射材料高出 0.05,升温速度比普通面料快得多,加上竹炭纤维的表面、截面均为蜂窝状微孔结构,在冬季,由其制成的厚实织物,微孔中能够储存大量热能,利用不同的织造工艺,可以使织物有阻隔空气流通、防止冷空气入侵的功能,穿在身上既轻盈又保暖,具有良好的蓄热保暖性能。

(三) 良好的保健功能

负离子被称为空气中的维生素,有镇静、催眠、镇痛、镇咳等功效,有利于提高睡眠质量,增强人体免疫力。竹炭纤维能持续地释放负离子,负离子发射浓度高达 6800 个/cm³,相当于郊外田野的负离子浓度,有益于身体健康。此外,由于竹炭纤维含有钾、钙等有益于身体健康的矿物质。矿物质的高含量使得竹炭纤维有特殊的保健功能。

(四) 良好的使用性能

竹炭纤维织物具有优良的抗起毛起球效果,双抗效果达 4～4.5 级。织物常温常压可用阳离子染料染色,并可染深度颜色,颜色较为亮丽,色牢度达到 4 级以上,染色后仍可保持该产品原有的性能,具有极好的使用安全性。织物水洗后易干,无论采取什么洗涤方法、经历多少次洗涤,仍可保持上述功能。

(五) 其他性能

除了上述优良性能之外,竹炭纤维还具有环保、静电屏蔽和抗菌防霉的特性。

三、生产方法

竹炭纤维有单丝、复丝、短纤,可以纯纺,也可与羊绒、棉等混纺。竹炭纤维的生产主要有两种途径:一是纺丝过程中在纺丝液中加入纳米级竹炭粉乳浆(以水为介质,在乳化分散剂作用下,借助机械搅拌,使竹炭微粉均匀分散形成的悬浮液);二是在合成纤维切片中加入制作好的竹炭聚合物母粒进行复合纺丝。目前开发研制的有竹炭黏胶纤维、竹炭涤纶、竹炭锦纶、竹炭磁性纤维等。

（一）竹炭黏胶纤维

竹炭黏胶纤维根据用途可分为竹炭黏胶长丝、竹炭黏胶短纤维等品种，用来源于天然植物的纤维素加入竹炭微粉乳浆经溶剂溶解脱泡制成纺丝溶液，由纺丝泵挤出并在凝固液中固化成纤维的方法纺制而成，加工工艺流程如图 2-3 所示。

竹炭粉体→活化、分散→竹炭微粉乳浆
浆粕→浸、压、分散碱纤维素老成→黄化 ⎫⎬⎭ →混合→过滤→脱泡→纺丝成形→成品包装

图 2-3　竹炭黏胶纤维工艺流程

（二）竹炭涤纶

竹炭聚酯母粒中竹炭含量约为 40％；然后，根据产品的不同要求在聚酯切片中添加不同比例的竹炭聚酯母粒，经纺丝得到竹炭涤纶。竹炭涤纶中竹炭含量一般在 2％～3％，最多不超过 7％。加工工艺流程如图 2-4 所示。

竹炭微粉→硅表面活性剂处理→与聚酯切片混熔（高温）→竹炭聚酯母粒
聚酯切片→干燥 ⎫⎬⎭ 混熔 →

螺杆挤压机→纺丝→吹冷风→上油→卷绕成形→检验→包装

图 2-4　竹炭涤纶工艺流程

（三）竹炭锦纶

竹炭功能母粒与聚酰胺 6 切片之比为 1∶5～10 的混合物加入到锦纶纺丝设备中，螺杆温度为 230～300 ℃，螺杆熔压为 2～6 MPa 条件下，采用 400 m/min 的纺丝速度进行纺丝制得竹炭锦纶。加工工艺流程如图 2-5 所示。

竹炭微粉→干燥活化→与载体聚酰胺切片、分散剂、偶联剂、抗氧剂混合→竹炭功能母粒
聚酰胺 6 切片 ⎫⎬⎭

→纺丝→卷绕→集束→牵伸→脱水→卷曲定型→锦纶 6 竹炭纤维

图 2-5　竹炭锦纶工艺流程

锦纶 6 竹炭纤维具有的功能包括发射负离子、远红外和吸湿透气。

（四）竹炭磁性纤维

竹炭磁性纤维是竹炭粉干燥后搅拌加入偶联剂活化，然后添加聚丙烯或聚酯或聚酰胺载体，再加表面活性剂和分散剂，由造粒机制得竹炭微粉浓缩母粒，将竹炭微粉浓缩母粒与聚丙烯或聚酯或聚酰胺切片混合经熔融纺丝得竹炭纤维。其中竹炭粉干燥温度为 100～130 ℃，偶联剂选自硅烷偶联剂、钛酸脂偶联剂、铝酸脂偶联剂或金属类偶联剂，偶联剂的用量是竹炭粉用量的 2％～3％，表面活性剂为硬脂酸，分散剂选自聚乙烯蜡、聚丙烯蜡、液蜡。可以在纤维中添加一种离子催效素，从而使纤维的保健功能作用（发射负离子）成倍增强。此外，竹炭纤维还解决了其他负离子纤维加工面料时磨针严重的问题，减少了设备损耗。

第四节 抗 菌 纤 维

现实生活中,人们无法避免地要接触到各种各样的细菌、真菌等微生物。比如,人们日常生活中使用的衣服、被褥及医疗纺织品,都可能沾附许多微生物。这些微生物会在适当的环境下迅速繁殖,传播疾病,不仅会使纺织品发霉、变色甚至分解,还会通过纺织品传染各种疾病。例如,人体分泌的汗水及排泄物附在皮肤上,容易导致微生物的滋生和繁殖;平常的袜子可以招致白癣菌的繁殖,使贴身内衣和袜子产生恶臭味。婴儿用的尿布也易引起斑疹等疾病。医院里用的病人服、病房里的床单、被褥以及医生的工作服更容易沾附各种病菌,引起传染和交叉感染。对外伤、烧伤和手术的病人,一旦感染葡萄球菌或其他细菌,就会危及生命。随着全球工业的迅速发展和人民生活水平的提高,抗菌问题已经引起世界各国的广泛关注。

一、抗菌功能原理

抗菌机理有多种解释,普遍接受的主要有以下几种:

细菌是一种单细胞的微生物,它的基本结构包括细胞壁、细胞膜、细胞浆和细胞核。细胞壁位于细胞的最外层,主要维持细菌形状;细胞膜位于细胞壁内侧,它的基本结构是平行的脂类双层,大多数是磷脂,少数是糖脂,具有物质运转、呼吸作用、生物合成作用和营养作用;细胞浆中含有多种酶系统,它是细菌合成核糖核酸和蛋白质的场所,即细菌新陈代谢的场所;细胞核内含有遗传物质,称为核质,一般在细菌中部。

(一) 银离子的抗菌机理

1. 接触反应机理

由于细胞主要由磷脂组成,带有负电荷,当微量银离子接触细胞膜时,根据物理学上异性电荷相互吸引原理,银离子可以依靠库仑力牢固地吸附在细胞膜上。细胞膜具有呼吸功能,因而会干扰细胞的呼吸作用。此时,虽然细胞的某些生理功能会被破坏,但其仍具有一定的生命力。当银离子达到一定浓度时,就会进一步穿透细胞膜进入细胞浆内部,与其巯基(—SH)反应,抑制细胞浆内酶的活性,使细菌蛋白凝固,从而导致细菌死亡。

根据银离子对酶作用试验,银离子对微生物体内含巯基的酶的亲合力较强。它可以与酶蛋白活性部分的巯基(—SH)结合在一起,形成不可逆的银硫化合物,束缚巯基,干扰微生物的呼吸作用,抑制巯基酶的活性,导致细胞失去分裂增殖功能而死亡,反应模式如图2-6所示。

图2-6 银离子与酶反应的模式

当菌体被消灭后,银离子就会从细菌尸体中游离出来,再与其他细菌反应,杀死细菌,周而复始地重复上述过程。银离子直接对细菌的基体起作用,因而具有高效、持久的特点。

2. 光催化反应机理

在光的作用下,银离子具有极强的催化能力,可以激活空气中的氧,产生活性氧离子($.O_2$)和羟基自由基(.OH)。活性氧离子($.O_2$)具有极强的氧化能力,能在极短的时间里将酶蛋白中的—SH 氧化成—S—S—,使其失去活性,从而导致细菌死亡。

3. 破坏细菌等微生物的 DNA 分子

银离子可以使核酸凝固,致使细菌的 DNA 分子产生交联或催化形成自由基,导致 DNA 分子上的化学键断裂,破坏其分子结构,阻碍其合成,从而抑制细菌生长。

(二)壳聚糖的抗菌机理

壳聚糖作为纺织品整理过程中的抗菌剂有着非常好的应用前景。壳聚糖属于非溶出型抗菌剂,具有生物相容性、生物降解性、无毒、可复原等特点,抗菌效果持久。壳聚糖的抗菌机理是它含有氨基侧基,能结合酸分子,是天然多糖中唯一的碱性多糖,具有特殊的物理和化学性能及生理功能。壳聚糖的抗菌作用在于其带有正电荷,能和细菌蛋白质中带负电的部分结合,从而使细菌或真菌失去活性。壳聚糖的抑菌能力取决于其相对分子质量大小及官能团的种类,小相对分子质量的壳聚糖更容易渗透到细菌内部,阻止 DNA 转化,从而抑制细菌生长。

(三)壳聚糖- Ag⁺ 的抗菌机理

由于壳聚糖分子中带有氨基侧基,且—NH₂ 的邻位是—OH,既可以通过氢键又可以通过盐键形成类似网状结构的笼形分子,从而对银离子有着稳定的配位作用,因此将壳聚糖和银离子络合,可以得到稳定的壳聚糖- Ag⁺ 抗菌整理剂。壳聚糖是非溶出型抗菌剂,银系抗菌剂是溶出型抗菌剂,壳聚糖- Ag⁺ 抗菌整理剂具有两者共同的优点,而且,壳聚糖对银离子有着稳定的配位作用,可以抑制银离子的变色。微量的银离子可以不断地从络合体系中释放出来,接触细胞膜,依靠库仑力牢固地吸附在细胞膜上,干扰细胞的呼吸作用,还能进一步穿透细胞壁进入病菌体,与生物体内的蛋白质、核酸中存在的—SH 和—NH₃ 等官能团反应,使细菌的蛋白质凝固,抑制细胞浆内酶的活性,从而导致细菌死亡。同时,壳聚糖带有正电荷,它能和细菌蛋白质中带负电荷的部分结合,从而使细菌或真菌失去活性。两种抗菌剂的性能可以互补,更重要的是这两种抗菌剂都比较安全环保。

二、抗菌纤维性能

(一)抗菌整理剂的种类

目前市场上的抗菌整理剂种类很多,主要可以分为无机类、有机类和天然抗菌剂三大种类。

1. 无机类抗菌剂

无机类抗菌剂主要是一些金属离子和光催化抗菌剂及一些复合整理抗菌剂。无机抗菌剂的组成包括载体和抗菌成分两个部分,其中载体基本不承担抗菌作用,主要保证活性组分的稳定,同时具有一定的缓释性。抗菌成分主要是一些金属离子(如 Pd、Hg、Ag、

Cu、Zn 等)及它们的化合物。以游离态或化合物形式存在的许多金属离子在很低的浓度下,对微生物就有毒性。它们结合微生物蛋白质,使微生物失活而死亡。金属银、铜、锌和钴作为纺织物有效的抗菌剂,已在普通纺织物和绷带中得到广泛的应用。对于合成纤维,银粒子可以在挤压成形前或静电纺丝形成纳米纤维前加入聚合物中。在使用过程中,银会扩散至纤维表面并在水分存在下形成银离子。银的释放速率受到纤维的物理、化学性能和纤维中银含量的影响,逐渐释放延长杀生物剂的活性时间。除了直接掺入,银纳米粒子还能以胶体溶液的形式浸轧在织物上达到耐久的抗菌效果。另外一些纤维,如海藻纤维素,可直接吸收银离子。

以工业化规模生产的金属抗菌纺织物特别是银抗菌纺织物技术,近些年来已有突破,克服了成本、环境等难题。从安全角度出发,常选用 Ag、Cu、Zn,但 Cu 离子带有颜色,会影响织物外观;Zn 离子带有一定的抗菌性能,但其抗菌强度仅为 Ag 离子的 1/1000。在各类抗菌金属离子中,银离子的抗菌效果最好,而且同时具有广谱、高效、持久、对人体无毒、不产生抗药性等优点。银系抗菌剂属于溶出型抗菌剂,可以从织物内部扩散到纤维表面,形成抗菌环,从而杀死环内细菌。市场上绝大多数选用载银无机抗菌剂。市场上的载银无机抗菌剂的主要类型见表 2-3。

表 2-3　载银无机抗菌剂的主要类型

抗菌剂	有效成分	载体附着方式
Ag-沸石	Ag$^+$	离子交换
Ag-活性炭	Ag$^+$	离子交换
Ag-碳酸钴	Ag$^+$	离子交换
Ag-碳酸钙	Ag$^+$	吸附
Ag-硅胶	银配位络合物	吸附
Ag-溶解性玻璃	银盐	作为玻璃成分

2. 有机系列抗菌剂

有机系列抗菌剂主要为传统的抗菌剂,其主要成分为有机酸、酚、醇等。它们以破坏细胞膜,使蛋白质凝固为抗菌机理。其优点是杀菌力强,抗菌效果持久,来源丰富;缺点是毒性大,耐热性差,易迁移,并且会使微生物产生耐药性等问题。

市场上较常用的有机抗菌剂为季铵盐类抗菌剂。季铵化合物,特别是那些含有 12～18 个碳原子长链的季铵化合物,已广泛地用作消毒剂。在溶液中这类化合物氮原子上带有正电荷,与微生物产生多种相互作用,包括损坏细胞膜、使蛋白质改性和破坏细胞结构等。当细菌的细胞失去活性时,只要化合物保留在织物上,季铵基仍然可以完整无损并保持它的抗菌性能。季铵化合物能连接在织物上,这主要是由于带有阳离子的季铵化合物和带有阴离子的纤维表面之间的离子相互作用。因此,对于含有磺酸基和羧基的腈纶、可染涤纶织物,能在接近沸腾的条件下直接吸附季铵化合物。另外,季铵化合物的吸附受到 pH 值、季铵化合物浓度、温度和吸附时间的影响。但是它与纤维的结合力差,使用时需要与反应性树脂并用,提高其耐久性。

3. 天然抗菌剂

天然抗菌剂主要为甲壳素及其衍生物壳聚糖。甲壳素与纤维素有着相似的结构,分子中含有 H—NH 和 H—OH,分子间还有一些氢键。用强碱或酶解将甲壳素糖基上的乙酰基脱去一部分或达 90% 以上,所得到的多糖为壳聚糖,也叫作脱乙酰甲壳素。两者的大分子结构分别如图 2-6 和图 2-7 所示。

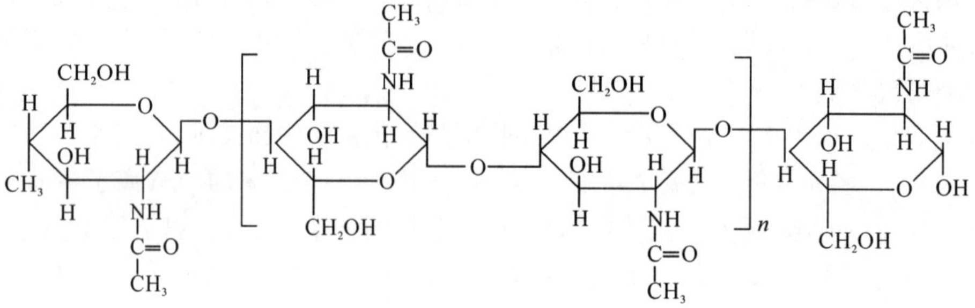

图 2-6 甲壳素大分子结构式

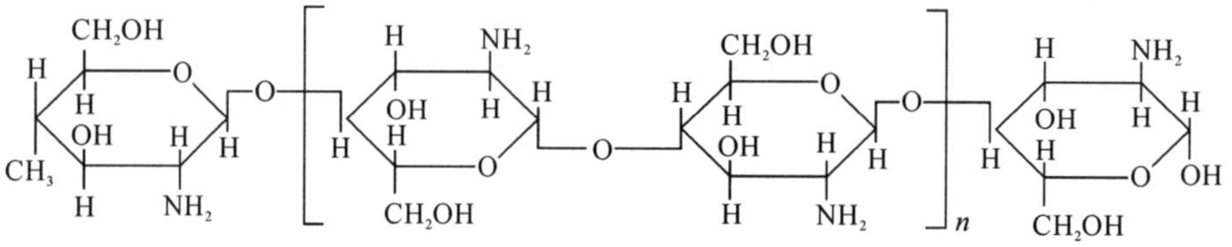

图 2-7 壳聚糖大分子结构式

壳聚糖因含有氨基侧基,能结合酸分子,是天然多糖中唯一的碱性多糖,具有很多特殊的物理和化学性能及生理功能。其抗菌作用主要在于壳聚糖带有正电荷,能与细菌蛋白质中带负电荷部分结合,从而使细菌或真菌失去活性。壳聚糖的抑菌率主要取决于壳聚糖的官能团和相对分子质量。一般来说,相对分子质量越小,抗菌效果越明显。小相对分子质量的壳聚糖能够渗透到微生物内部,阻止核糖核酸的转化,从而达到抑制细菌的目的。壳聚糖作为纺织品整理过程中用抗菌剂有着良好的应用前景。因为它属于非溶出型抗菌剂,织物可以和其通过化学反应在织物纤维表面上接上具有抗菌性能的基团。这些抗菌剂可以与纤维形成离子键或共价键,作用时抗菌剂不能扩散,但与纤维有接触的细菌可以被杀死,而且抗菌效果持久。同时壳聚糖抗菌剂还具有生物相容性、生物可降解性、无毒、可复原等特点。

(二)常见的抗菌纤维

抗菌纤维是指对微生物具有灭杀或抑制其生长作用的纤维。它不仅能抑制致病的细菌和霉菌,而且还能防止因细菌分解人体的分泌物而产生的臭气。在人们的生活环境中,细菌无处不在,人体皮肤及衣物都是细菌滋生繁衍的场所。这些细菌以汗水等人体排泄物为营养源,不断繁殖,同时排放出臭味很浓的氨气。因此,在生活领域使用抗菌、防臭纤维就显得很有必要。

抗菌纤维一般都是用金属离子进行处理。通常是将普通的合成纤维(如涤纶、腈纶、锦纶、丙纶等)进行改性而成,即在纤维成纤或纤维加工过程中进行抗微生物处理。一种是对纤维表面进行抗菌剂的处理(一般浸渍于硝酸汞浸液中);另一种是抗菌剂与聚合物共混纺丝。

1. 纳米抗菌纤维

纳米催化杀菌剂包括纳米二氧化钛、纳米二氧化硅、纳米氧化锌等。此类抗菌剂最具代表性的是纳米二氧化钛,其在阳光下尤其是在紫外线照射下能自行分解出自由移动的带负电的电子(e^-)和带正电的穴(h^+),形成空穴——电子对,吸附溶解在 TiO_2 表面的氧俘获电子形成超氧自由基($.O_2^-$),而空穴则将吸附 TiO_2 表面的—OH 和 H_2O,氧化成羟基自由基(.OH),所生成的氧原子和羟基自由基有很强的化学活性,特别是原子氧能与多数有机物反应(氧化),同时能与细菌内的有机物反应生成 CO_2 和 H_2O,从而在短时间内杀死细菌,消除恶臭和油污。

2. 银纤维

细菌滋生会让身体产生异味,而银纤维表面的银离子能非常迅速地将变质的蛋白质吸附,从而降低或消除异味,达到抗菌除臭的目的。其杀菌的机理就是阻断细菌的生理过程。在温暖潮湿的环境里,银离子具有非常高的生物活性,这意味着银离子极易和其他物质结合,使得细菌细胞膜内外的蛋白质凝固,从而阻断细菌细胞的呼吸和繁殖过程。环境越温暖潮湿,银离子的活性就越强。经测试,银纤维能于 1 h 内抵制99.9%暴露于表面的细菌,而大部分其他抗菌产品经 48 h 仍无法达到相同的效果。此外,银离子还能削弱病菌体内有活力作用的酵素,因而能够防止副作用和病菌的耐性强化,从根本上控制病菌的繁殖。因此,银纤维是一种广谱、高效、安全、持久的抗菌除异味纤维。

3. 负离子纤维

负离子纤维由日本最先研发成功。它集释放负离子、辐射远红外线、抗菌、抑菌、除臭、去异味、抗电磁辐射等多种功能于一体,是一种高科技产品。该产品的形成原理是在纤维生产过程中添加一种纯天然矿物质(如电气石,它是一典型的极性结晶体)。

负离子添加剂除臭去异味和抗菌抑菌的机理:(1)有害气体(如甲醛、硫化氢、二甲胺、氨等)、细菌及人体产生的异味均带有正电荷,而负离子能中和包覆带有正电荷的有害气体直到无电荷后沉降。同时添加剂每个晶体颗粒周围都形成一个电场,具有 0.06 mA 微电流能对细菌等有机物进行分解,使其成为无害(或低害)物质;(2)由于负离子材料周围有104~107 V/m 的强电场,可杀死细菌或抑制其分裂增生,使其失去繁殖条件,同时远红外线辐射能也可使电磁波能量起到抗菌效果。

4. 稀土元素处理的纤维

稀土元素是指元素周期表中第三类副族中的钪、钇和镧系元素的总称,包括钪 Sc、钇 Y及镧系中的镧 La、铈 Cc、镨 Pr、钕 Nd、钷 Pm、钐 Sm、铕 Eu 等共 17 个元素。稀土离子的多元配合物能使织物具有耐久的抑菌性能,这与稀土离子的特性是分不开的。稀土离子具有较高的电荷数(+3 价)和较大的离子半径(85~106 nm),因而在织物的抗菌整理过程中稀土离子可能与织物中的氧、氮等配位离子形成螯合物,使抑菌剂牢固地与织物结合;与此同时,不同抑菌剂之间以稀土离子为联结点,产生协同抑菌的作用,使织物具有广谱的抑菌除臭效果。

5. 竹纤维

竹纤维是一种天然环保型绿色纤维。它是以竹子为原料,经特殊的高科技工艺处理,把竹子中的纤维素提取出来,再经制胶、纺丝等工序制造的再生纤维素纤维。竹纤维中含有天然的抗菌物质,试验证实竹沥具有广泛的抗微生物功能,用竹纤维制成的纺织品的24 h抗菌率可达71%。竹纤维制品的抗菌除臭性能在经多次反复洗涤、日晒后,仍能保持其固有之势,这是因为在竹纤维生产过程中,通过采用高科技生产技术,形成这些特征的成分不会被破坏。所以其抗菌性能明显优于其他产品,更不同于其他在后处理中加入抗菌剂等整理的织物,竹纤维制品不会对人体皮肤造成过敏性不良反应,反而对人体具有保健作用和杀菌效果。

6. 甲壳素纤维

甲壳素纤维具有天然的抑菌除臭功能。甲壳素纤维是从虾、蟹、昆虫等甲壳动物的壳中提炼出来的,是一种可再生、可降解的资源,它对危害人体的大肠杆菌、金黄色葡萄球菌、白色念珠菌等的抑菌率可达99%,能有效地保持人体肌肤干净、干燥、无味和富有弹性。其抗菌机理如下:其一可能是在酸性条件下,壳聚糖分子中氨基转化为铵盐,吸附带负电荷的细菌,破坏其细胞壁,从而阻碍其发育。其二可能是壳聚糖分解成低分子物,吸附细菌后,穿过微生物细胞壁进入到细胞内与 DNA 形成稳定的复合物,干扰 DNA 聚合酶或 RNA 聚合酶的作用,阻碍了 DNA 和 RNA 的合成,从而抑制了细菌的繁殖。由于甲壳素纤维对人体皮肤无刺激无毒,还能够起到去除异味的作用。

7. 儿茶素处理纤维

儿茶素又称茶多酚。它是从天然绿茶、柿子等植物中提取的精华(多酚类化合物),能阻止细菌、病毒繁殖,使其失去活性,从而具有优越的抗菌作用。儿茶素是含有多量苯酚性羟基(—OH)的化合物(即多酚类化合物),它可以利用氢氧基中的 H 还原分解,以及与臭气成分中的 NH_3、H_2S 等结合,达到良好的除臭目的。儿茶素作为一种天然提取物,对人体安全无毒,有优良的抗菌除臭效能。

三、生产方法

(一)抗菌纤维生产工艺

抗菌纤维是指采用物理的或化学的方法将能够抑制细菌生长的物质引入纤维表面及内部,使其具有抗菌效果的纤维。各种抗菌纤维的研究、开发与生产愈来愈得到人们的重视。如以碱金属或碱土金属的水合硅酸盐作为载体,与具有抗菌作用的 Ag^+、Cu^{2+}、Zn^{2+} 等进行离子交换,制成纳米无机抗菌剂,再与 PET 树脂均匀混合制成母粒,经熔融纺丝制得抗菌纤维。

(1)抗菌切片的制备。将一定量的沸石与等摩尔的抗菌金属离子溶液在室温下反应2 h,经洗涤、烘干、灼烧,得到一定金属离子含量的抗菌剂,再将抗菌剂与乙二醇混合,经研磨、球磨,使抗菌剂成为平均粒度< 1 μm 的粉体。采用 DMT 路线,在酯交换结束后、低真

空反应前,将调成浆状的抗菌剂混入反应体系,制得抗菌聚酯切片。

（2）由抗菌切片正常熔融纺丝得到抗菌涤纶。由于改性聚酯切片较常规切片的熔点要低,在干燥过程中要适当降低干燥温度,延长干燥时间,以避免切片黏结。在纺丝过程中,采用较低的纺丝温度、较高的侧吹风温度、较低的风速、较高的上油率,纺丝效果好,丝条质量高。

(二)实例(芯壳结构特征的抗菌纤维)

目前纺织品的抗菌功能是通过两种方法获得的,一种是对织物或非织造布进行抗菌后处理,抗菌成分被固定在制品表面,方法简易可行、成本较低。但产品的耐洗涤和耐磨损性能较差,抗菌功效不持久,并且对成品的手感和透气性均有不利影响。另一种方法是采用抗菌纤维直接制造织物或非织造布,所得产品具有较持久的抗菌效果,并且不会影响制品的基本物理特性。但对抗菌成分的选择和抗菌成分与纤维复合方面的技术要求较高,这也是抗菌纤维制品产业发展还未完全解决的难题。采用传统纺丝技术制造的抗菌纤维截面结构模型如图 2-8 所示。

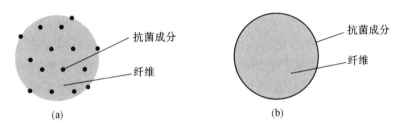

图 2-8 抗菌纤维截面结构模型

图 2-8(a)所示是大多数厂家制造的抗菌纤维截面结构模型,大部分抗菌成分被"埋"在纤维内部,只有少部分"嵌"在纤维表面的抗菌成分能起抗菌作用,纺丝工艺中允许添加抗菌粉体的比例不能超过 5%,因而纤维中有效的抗菌成分很有限,综合抗菌效果并不理想。图 2-8(b)所示是表面涂(镀)层抗菌纤维的截面结构模型,抗菌成分分布在纤维表面。美国及国内多家公司开发的载银抗菌纤维就是这种结构。抗菌成分一般具有较高的化学活性,裸露在纤维表面的抗菌成分极易被氧化或在加工过程中受外界因素影响而失去抗菌活性,例如镀在纤维表面的银会逐步氧化成氧化银,其抗菌功效大大降低,同时加工和使用过程中的摩擦还会导致抗菌成分脱离纤维表面,也会导致纤维抗菌功效减弱。抗菌成分由于具有较强的化学活性,在产品加工和使用过程中极易受到外界理化因素的影响,其抗菌活性会降低或失去。能否在保持产品必需使用性能的同时保持抗菌成分原有的抗菌活性,使抗菌纤维制品具有持久的抗菌效果,这是抗菌产业面临的难题。

一种新型的抗菌纤维制备工艺,将多种类型的抗菌成分与纤维材料复合,制造出具有芯壳结构特征的抗菌纤维。可将天然植物提取物与纤维复合,如图 2-9,其中(a)和(b)分别是芯壳结构的缓释型载银纤维和植物精油复合纤维截面的电镜照片。

图 2-9(a)所示的载银纤维中的银是由原子银聚集成的初生态银,在湿热条件下能释放具有高抗菌活性的银离子。由于有壳层的保护,在产品加工和使用过程中的摩擦、氧化、染整处理、洗涤等因素基本不会影响到纤维芯内的银,而且银本身是一种耐高温抗菌材料,因

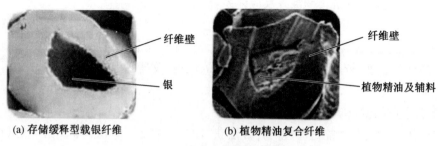

(a) 存储缓释型载银纤维　　　　　(b) 植物精油复合纤维

图 2-9　芯壳结构特征的抗菌纤维

此存储缓释型载银纤维广泛适用于纺织服装、非织造布等各种抗菌纤维制品的制造。

图 2-9(b)所示的草本精油抗菌纤维中,由复方草本精油和辅料组成的胶体处于纤维芯内,吸附在胶体中的精油由纤维两端和纤维表面向环境中扩散、挥发,使产品具有抗菌功效。由于胶体的吸附作用及纤维壳层的保护,具有抗菌功能的精油基本不会受到外界因素的影响,但精油本身不耐高温,并且洗涤过程中会由纤维端部溶出,因此这种纤维适用于生产高温处理时间短(180 ℃,5～10 s)、洗涤次数少的纤维制品。

在不影响纤维材料基本性能的前提下,保持抗菌材料的原有抗菌效果,并且使所得的抗菌纤维具有持久的抗菌功效。如图 2-9 所示,抗菌成分处在纤维芯中,整根纤维成为抗菌成分储存的仓库,纤维壳层保护纤维在加工和使用过程中基本不受外界因素的影响,在使用时由纤维两端向环境释放抗菌成分,达到了对抗菌成分保护、存储和缓释的目的。在生产中,按一定的质量比将抗菌成分与普通纤维混合进行纺纱或成网,可得到具有抗菌功效的纤维制品。

第五节　空气净化纤维

室内空气污染物的浓度往往很低,甚至远低于检出浓度,但因长期居住在室内,其危害不可忽视。由于室内污染物浓度低,成分复杂,因此难于用一般的吸附材料吸附清除。一般的吸附材料不仅吸附效率低,而且操作性能差,装置体积大,成本费用高。新型高性能吸附材料活性炭纤维具有优异的结构特点和优良的吸附性能,对各种无机物和有机化合物都能有效地吸附,特别适用于低浓度物质的吸附,在室内空气净化方面具有广阔的发展前途。

活性炭纤维在室内空气净化方面的应用目前还处于研究开发阶段,已有一些用活性炭纤维设计制造的大型空气过滤器和除臭装置投入生产应用,用于工厂、车间的空气净化,效果很好。可以预料,用活性炭纤维制造的高效、轻型的家用纺织品将走入家庭、办公室,给人们创造良好的工作、居住环境。

一、空气净化功能原理

活性炭纤维(activated carbon fiber,简称 ACF)具有优良的结构特征和吸附性能,用途极为广泛。在环境保护顿域中,人们用活性炭纤维代替活性碳设计的各种吸附装置,在三废治理、饮水净化的应用中效果理想。活性炭纤维不仅在治理高浓度污染方面性能卓越，而且在低浓度室内空气污染治理方面具有很大的潜能。

(一) 对胺类化合物的吸附和清除

活性炭纤维表面官能团能与氨或氨基形成氢键、离子键等作用力，对胺类化合物的吸附量很大。特别是用硫酸再活化活性炭纤维，对氨的吸附量可由 0.2%（质量分数）增加到 3% 以上，在室温下能有效地吸附氨，而且受湿度的影响小。

(二) 氮氧化合物的清除

燃煤、燃气厂产生大量的 NO。NO 经空气氧化，生成一系列氮氧化合物。氮氧化物是空气中主要污染物之一，因为它们临界温度低，不易被活性炭等一般吸附材料吸附。试验表明，活性炭纤维对 NO 的吸附性能良好，经铁（Fe）处理的活性炭纤维对 NO 的吸附量高达 150 mg/g。

(三) 硫化物的吸附和清除

无机硫化物和有机硫化物，如 SO_2、H_2S、硫醇、硫醚、二硫化碳等，都是恶臭难闻的化合物，对人体健康危害很大。以前用活性炭处理这些污染物，取得了很好的效果。活性炭纤维性能更优良，用活性炭纤维代替活性炭处理硫化物的效果更理想。

聚丙烯腈基活性炭纤维中含有一定量的氮原子，除以 C—N 形式存在外，还以 N—N 的形式存在，对硫化物有很强的吸附能力，能有效地将硫化物吸附清除。

(四) 清除挥发性有机物

活性炭纤维微孔丰富，微孔直径小，特别适用于低浓物质的吸附，可有效地吸附油漆、涂料和日用化工产品所散发的有机污染物。还可以根据有机物的性质对活性炭纤维作表面处理，使之增强对某类化合物的吸附，如：在活性炭纤维表面引入氨基，醛类化合物能与氨基缩合而被有效地吸附。

(五) 清除香烟烟雾中的有害物质

吸烟不仅危害吸烟者本人健康，而且会危害周围被动吸烟者的健康。香烟烟雾是室内空气的重要污染源。

日本烟草产业株式会社中央研究所常田淳等人研究表明，活性炭纤维对香烟烟雾中的各种成分都有很高的吸附率，对许多化合物的吸附率在 90% 以上。我国辽宁省防疫站的检测结果：活性炭纤维对 3,4-苯并芘的吸附率是 88.46%，对尼古丁的吸附率为 90.5%。因此，活性炭纤维能有效地清除香烟烟雾中的有害物质。

(六) 清除复印机产生的臭氧

复印机的使用，使办公现代化，给人们工作带来很大方便。但是复印机的高压会产生大量的臭氧，危害健康。活性碳纤维不仅能很好地吸附臭氧，而且其表面官能团能催化臭氧分解。用活性炭纤维作复印机臭氧清除剂还有一个优点：活性炭纤维重量轻、成形性好，可织成活性炭纤维布包覆在机壳内。

(七) 氯化物的吸附清除

燃煤型氟中毒是我国地氟病的一大类型，是由燃烧高氟煤引起的。活性炭纤维不仅可以清除燃煤产生的 CO、SO_2、NO_x、硫化物和各种挥发性成分，而且可以有效地吸附清除引起地氟病的主要有害物质 HF 和 SiF_4。

二、空气净化纤维性能

ACF 具有发达的微孔结构,对有机化合物蒸汽有较大的吸附量,对一些恶臭物质,如正丁基硫醇等吸附量比粒状活性炭(GAC)大几倍、甚至几十倍。对无机气体如 NO、NO_2、SO_2、H_2S、NH_3、CO、CO_2 以及 HF、SiF_4 等也有很好的吸附能力。对水溶液中的无机化合物、染料、苯酸等有机化合物及重金属离子的吸附量也比 GAC 高,有的高 5～6 倍。对微生物及细菌也有良好的吸附能力,例如对大肠杆菌的吸附率可达 94%～99%。

表 2-4 给出了 ACF 和 GAC 在 20 ℃ 饱和蒸汽压下对挥发性有机化合物(VOC)的吸附量。由于室内通常存在各种不同的有机化合物,所以在空气净化机上安装 ACF 可有效地改善室内空气品质。

表 2-4　ACF 和 GAC 对挥发性有机化合物(VOC)的吸附量

被吸附物质	毡状 ACF 质量分数(%)	普通 GAC 质量分数(%)
丁基硫醇	4300	117
二甲基硫	64	28
三甲胺	99	61
苯	49	35
甲苯	47	30
丙酮	41	30
三氯乙烯	135	54
苯乙烯	58	34
乙醛	52	13
四氯乙烯	87	70
甲醛	45	40

ACF 不仅吸附量大,还具有吸附和脱附速度快、对低浓度物质有很好的吸附能力、吸附层薄等优点。

当今对室内空气质量已提到很高的地位,常规室内空气达不到质量标准的要求,空气净化、改善室内空气质量、创造健康舒适的办公和居室环境,就显得十分必要。使用特殊化学浸渍工艺制成的复合 ACF 能有效地去除空气中的 CO、CO_2、O_3 及苯类等多种有害气体。

(一)ACF 对 O_3 的去除

O_3 具有很强的氧化和杀菌能力,能很好地杀菌除臭,但它是一种有害的气体污染物,并有腥臭味。O_3 质量浓度在 $0.1\ mg/m^3$ 时,可引起鼻和喉头的黏膜受刺激;在 $0.1～0.2\ mg/m^3$ 时,引起哮喘发作,导致上呼吸道疾病恶化,同时刺激眼睛,使视觉敏感度和视力降低;在 $2\ mg/m^3$ 以上,可引起头痛、胸痛,思维能力下降,严重时可导致肺气肿和肺水肿。卫生防疫和环境保护部门要求室内空气中的 O_3 质量浓度必须低于 $0.1\ mg/m^3$。

(二)ACF 对 CO_2 的去除

人体产生最多的污染物质是 CO_2,约占人体呼出气体的 4%。人体呼出的 CO_2 量与用

于肺部的 O_2 量之比并非为 1,而是在 0.7~1.0。CO_2 本身无毒,但浓度很高也会对人产生伤害。当 CO_2 体积分数比达到 0.07% 时,体内排出的如氨、二乙胺、甲酸等污染气体也相应达到一定的浓度,敏感者会有所感觉。所以 CO_2 可作为室内空气清洁状况的评价指标,一般要求不超过 0.07%。当 CO_2 体积分数达到 0.1% 时,多数人会感觉不舒服;达 1% 时,人的呼吸深度有所增加;2% 时,人的呼吸量增加 30%;3% 时,呼吸深度增加一倍,呼吸次数开始显著增加;3%~5% 时,由于呼吸作用加强,人体产生不适感,并产生严重的头痛、头晕、耳鸣、眼花和血压升高;人在 5% CO_2 浓度下停留 30 min,会产生中毒症状和精神抑郁;10% 左右时,呼吸困难,全身无力,肌肉抽搐,神智由兴奋到丧失,几分钟后即失去知觉;30% 时,可出现死亡。

(三) 复合 ACF 对其他有害气体的净化

ACF 对香烟烟雾中的 3,4-苯并芘有特殊吸附能力,对烟碱的吸附率也很高。研究结果表明,ACF 对甲苯、氨、甲醛、二氧化硫、氮氧化物、硫化氢及多种挥发性有机化合物(VOC)都有很好的吸附效果。

(四) ACF 的再生

ACF 的再生条件不苛刻,因它的碳含量高,具有导电特性。利用 ACF 的这一特性,可以直接通电再生,也可用 100 ℃ 以上的热蒸汽或热空气,再生速度快,利用 100 ℃ 的热水进行 2~3 次处理,30 min 就可达到完全再生。

三、生产方法

活性炭纤维是 20 世纪 70 年代以来在活性炭的基础上开发的新型炭材料。它以木质素、纤维素、酚醛纤维、聚丙烯纤维、沥青纤维等为原料,经炭化和活化制得。相比于粉状活性炭(PAC)、粒状活性炭(GAC),以及活性炭粒子热熔或黏附在玻璃纤维或有机纤维上的纤维活性炭(FAC),ACF 的比表面积大,微孔丰富,孔径小而均匀,吸附量大,吸附速度快,再生容易,工艺灵活性大(可制成纱、布、毡和纸等制品),而且具有不易粉化和沉降等特点。ACF 已广泛应用于化学工业、环境保护、辐射防护、电子工业、医用、食品卫生等行业。带 ACF 的过滤器能有效地去除大多数的有机污染物、氨、硫化物和放射性气体氡,经过特殊处理的 ACF 能够清除静电场产生的臭氧,降低室内二氧化碳的含量,除去各种异味,达到调控空气品质的作用。

利用活性炭纤维在网状或普通纺织品基材上进行静电植绒,所制得的吸附功能性空气过滤网及吸附功能性纺织品面料,空气净化效果好、除臭能力强,特别是低浓度条件下吸附能力大大高于普通吸附材料,同时再生性好,又避免了活性炭纤维强力低、可加工性能差的弱点,其空气过滤网可广泛应用于空调机、空气净化器等,吸附功能性纺织品可制成防化服、除臭窗帘及车内吸附性装饰材料等。开发物美价廉的活性炭纤维制品,应用于室内空气净化具有非常现实的意义。

参考文献

[1] 沈兰萍,等. 远红外多功能保健纺织品的研制开发[J]. 现代纺织技术,2000,8(2):6-8.

［2］张平,等. 远红外织物保暖功能的测试与评价［J］. 西安工程大学学报,2010,24(1):13-16.

［3］朱平,等. 纳米远红外涤纶纤维的性能研究［J］. 纳米科技,2007(7):17-20.

［4］康卫民,等. 远红外聚丙烯熔喷超细纤维非织造布生产［J］. 产业用纺织品,2006(2):19-22.

［5］李维,等. 远红外线纤维医疗保健袜的开发［J］. 针织工业,2014(3):13-15.

［6］陈亮,等. 远红外中空三维卷曲再生涤纶短纤维生产控制要点［J］. 合成纤维,2005(1):31-32.

［7］汪多仁,等. 负离子纤维的开发与应用进展［J］. 河北纺织,2011(1):1-9.

［8］杨卫忠,等. 共混熔纺聚酯负离子纤维纺丝工艺探讨［J］. 合成纤维,2005(4):31-32.

［9］李晖,等. 我国竹材微观构造及竹纤维应用研究综述［J］. 林业科技开发,2013,27(3):1-4.

［10］李旭明,等. 竹炭纤谁的开发与应用［J］. 针织工业,2007(10):21-22.

［11］陈良,等. 竹炭纤维在纺织品中的研究进展［J］. 中国纤检,2012(4):84-85.

［12］严方平,等. 功能性纤维的开发与应用［J］. 中国纤检,2005(7):31-32.

［13］马君志,等. 海藻纤维的研究进展［J］. 上海纺织科,2010,38(1):4-6.

［14］郭肖青,等. 海藻纤维的研究现状及其应用［J］. 染整技术,2006,28(7):1-4.

［15］郭静,等. 海藻纤维制备技术研究进展［J］. 合成纤维工业,2011,34(5):41-44.

［16］师利芬,等. 抗菌纤维及其最新研究进展［J］. 纺织科技进展,2005(1):4-6.

［17］吴红福,等. 新型抗菌防臭纤维的主要品种及其应用［J］. 中国纤检,2011(9):85-87.

［18］杨莉,等. 活性炭和活性炭纤维在防化服中的应用与发展［J］. 产业用纺织品,2009(10):39-42.

［19］蔡来胜,等. 活性炭纤维及其在空气净化机中的应用［J］. 污染防治技术,2003,16(3):36-39.

［20］季涛,等. 活性炭纤维静电植绒制品及其空气净化性能研究［J］. 东华大学学报(自然科学版),2003,29(5):108-111.

［21］周璇,等. 活性炭纤维脱除燃煤烟气中硫碳硝的研究进展［J］. 化工进展,2011,30(12):2764-2768.

第三章 高强功能纤维

第一节 碳 纤 维

碳纤维(carbon fiber,简称 CF),是一种碳含量在 95% 以上的高强度、高模量的新型纤维材料。它是由片状石墨微晶等有机纤维沿纤维轴向方向堆砌而成,经碳化及石墨化处理而得到的微晶石墨材料。碳纤维"外柔内刚",质量比金属铝轻,但强度却高于钢铁,并且具有耐腐蚀、高模量的特性,在国防军工和民用方面都是重要材料。它不仅具有碳材料的固有本征特性,又兼备纺织纤维的柔软可加工性,是新一代增强纤维。

一、碳纤维功能原理

碳纤维按力学性能可分为通用型和高性能型两种。通用型碳纤维强度为 1000 MPa、模量为 100 GPa 左右。高性能型碳纤维又分为高强型(强度 2000 MPa、模量 250 GPa)和高模型(模量 300 GPa 以上)。强度大于 4000 MPa 的又称为超高强型;模量大于 450 GPa 的称为超高模型。除上述分类方法外,还可以根据丝束的大小进行划分,将纤维区分为小丝束和大丝束两种。所谓的丝束大小是按丝束中单纤维的数目来分的,大小之间没有严格的界限。通常所说的小丝束一般是指小于 48 K(每束碳纤维的单丝根数是 48 000)的,如 1 K、3 K 等;而大丝束则是指 48 K 以上的,比如 60 K、120 K、480 K 等。最早发展起来的为小丝束碳纤维,因其性能较高被应用在高科技领域;而大丝束碳纤维由于成本低、需求广泛,已成为发展的主要产品。碳纤维按用途可分为宇航级小丝束碳纤维和工业级大丝束碳纤维。小丝束以 1 K、3 K、6 K 为主,逐渐发展为 12 K 和 24 K;大丝束在 48 K 以上,包括 60 K、120 K、360 K 和 480 K 等。

碳纤维具有许多优良性能。碳纤维的轴向强度和模量高,密度低,无蠕变,非氧化环境下耐超高温,耐疲劳性好,比热及导电性介于非金属和金属之间,热膨胀系数小且具有各向异性,耐腐蚀性好,X 射线透过性好,还有良好的导电导热性能、电磁屏蔽性等。

碳纤维与传统的玻璃纤维相比,杨氏模量是其 3 倍多;它与凯夫拉纤维相比,杨氏模量是其 2 倍左右,在有机溶剂、酸、碱中不溶不胀,耐蚀性突出。

二、碳纤维性能

在众多高性能纤维中,碳纤维的力学性能十分突出,其强度和模量是许多纤维材料无法比拟的,在惰性条件下,耐得住 2000 ℃ 以上的高温,并能保持强度不降低,这是别的纤维材料所不具备的。同时,碳纤维还有其他优异的性能特点,如:

（一）物理力学性能

碳纤维兼具碳材料强抗拉力和纤维柔软可加工性两大特征。碳纤维是一种力学性能优异的新材料。碳纤维拉伸强度约为 $2\sim7$ GPa，拉伸模量约为 $200\sim700$ GPa。密度约为 $1.5\sim2.0$ g/cm^3，这除了与原丝结构有关外，主要取决于炭化处理温度。一般经过高温 3000 ℃ 石墨化处理，密度可达 2.0 g/cm^3。它比铝轻，比强度是铁的 20 倍。碳纤维的热膨胀系数与其他纤维不同，它有各向异性的特点。碳纤维的比热容一般为 7.12。热导率随温度升高而下降，平行于纤维方向是负值（$0.72\sim0.90$），而垂直于纤维方向是正值（$32\sim22$）。这使得碳纤维在所有高性能纤维中具有最高的比强度和比模量。同钛、钢、铝等金属材料相比，碳纤维具有强度大、模量高、密度低、线膨胀系数小等特点，可以称为新材料之王。

碳纤维除了具有一般碳素材料的特性外，其外形有显著的各向异性，柔软，可加工成各种织物，又由于密度小，沿纤维轴方向表现出很高的强度。碳纤维增强环氧树脂复合材料的比强度、比模量综合指标，在现有结构材料中是最高的。碳纤维树脂复合材料的抗拉强度一般在 3500 MPa 以上，是钢的 $7\sim9$ 倍，抗拉弹性模量为 $230\sim430$ GPa，亦高于钢。因此碳纤维增强树脂（CFRP）的比强度（即材料的强度与其密度之比）可达到 2000 MPa 以上，而 A3 钢的比强度仅为 59 MPa 左右，其比模量也比钢高。与传统的玻璃纤维相比，杨氏模量是玻璃纤维的 3 倍多；与凯芙拉纤维相比，杨氏模量是其的 2 倍左右。碳纤维环氧树脂层压板的试验表明，随着孔隙率的增加，强度和模量均下降。孔隙率对层间剪切强度、弯曲强度、弯曲模量的影响非常大。拉伸强度随着孔隙率的增加下降得相对慢一些。拉伸模量受孔隙率的影响较小。

碳纤维还具有一系列的优异性能，应用在对刚度、重度、疲劳特性等有严格要求的领域。在不接触空气和氧化剂时，碳纤维能够耐受 2000 ℃ 以上的高温，具有突出的耐热性能，与其他材料相比，碳纤维在温度高于 1500 ℃ 时强度才开始下降。碳纤维的径向强度不如轴向强度，因而碳纤维不能打结。另外，碳纤维还具有良好的耐低温性能，如在液氮温度下也不脆化。

（二）化学性质

碳纤维的化学性质与碳相似，它除能被强氧化剂氧化外，对一般碱性物质是惰性的。在空气中温度高于 400 ℃ 时则出现明显的氧化，生成 CO 与 CO_2。碳纤维对一般的有机溶剂、酸、碱都具有良好的耐腐蚀性，不溶不胀，耐蚀性出类拔萃，完全不存在生锈的问题。但其耐冲击性较差，容易损伤，在强酸作用下发生氧化。碳纤维的电动势为正值，而铝合金的电动势为负值。碳纤维复合材料与铝合金组合应用时，会发生金属碳化、渗碳及电化学腐蚀现象。因此，碳纤维在使用前须进行表面处理。碳纤维还有耐油、抗辐射、抗放射、吸收有毒气体和减速中子等特性。

（三）主要碳纤维产品性能

随着碳纤维的发展，各大生产厂商不断地改进生产工艺、设备技术，逐步使自身产品系列化，使得碳纤维的性能得到了很大的提高。纵观碳纤维的发展历程，在改变碳纤维性能时，主要改善其表面形态（细旦化、表面光滑），提高其强度、模量和断裂伸长率等。全球几大厂商的主要碳纤维产品性能指标见表 3-1。

表 3-1　各厂商主要碳纤维产品性能指标

碳纤维种类		拉伸强度(MPa)	拉伸模量(GPa)	伸长率(%)	单丝直径(μm)
东丽	T300(3K)	3530	230	1.5	7
	T1000G(12K)	5880	294	2.4	5
	M40(3K)	2740	392	0.7	7
东邦	HTA-W3K	3720	235	1.6	7
	IM400-3K	4510	295	1.5	6.4
	UM40-6K	4900	380	1.2	4.8
三菱	TR30S/3K	4410	235	1.9	7
	MR40/12K	4410	295	1.5	6
	MS40/12K	4410	345	1.3	6
美国	AS4C 3K	4205	231	1.8	7
Hexcel	IM7 6K	5080	276	1.8	7
	UHM 3K	3570	440	1.8	7
Cytec	Thornel - T300	3750	231	1.4	7
	Thornel - P25	1380	159	1.4	7
台塑	TC - 33/3K	3450	230	1.5	7
	TC - 36/3K	4680	250	1.9	6.5
	TC - 42/6K	4890	290	1.7	5.7

由上表可知,不同公司的碳纤维型号种类比较多,并且在性能上有一定的差异,这也满足了不同领域的需求。随着各领域对材料性能要求的提高,碳纤维因其优异的性能得到的重视度越来越大,全球的需求量也在迅速增长,这将刺激全球各个国家对碳纤维的研究和生产。

三、生产方法

作为一种高性能的纤维,它不仅具备一般纺织纤维的柔软可加工性,同时保留了碳材料的固有特性。因此,碳纤维不仅能够应用在纺织领域,还能通过与树脂、金属等进行复合,作为增强基体而得到性能优异的复合材料而广泛应用在生活中的各个方面。目前,碳纤维已应用在航空、军事等尖端领域,而且在日常生活中衣食住行的各个方面,也都有碳纤维的应用。小到体育器材,大到汽车、机械等领域,都在大力开展碳纤维产品。因此,世界各国都意识到碳纤维产业的重要性。在一些发达国家,碳纤维产业甚至关系到国民经济的发展及国家安全,对国家发展发挥着极其关键的作用。对我国而言,随着国家的高速发展及对新型材料需求的不断增加,碳纤维的发展关系着材料及其相关行业的调整,并影响着国民经济和国防军工的发展。

已经成熟的碳纤维应用形式有四种,即碳纤维、碳纤维织物、碳纤维预浸料坯和切短纤维。碳纤维织物是碳纤维重要的应用形式。碳纤维织物可分为碳纤维机织物、碳纤维针织物、碳纤维毡和碳纤维异形织造织物。碳纤维以缠绕成形法应用为主。碳纤维织物以树脂转注成形法(RTM,也称真空辅助成形工艺)应用为主。预浸料坯是将碳纤维按照一个方向排列或碳纤维织物经树脂浸泡、加热和塑化,使其转化成片状的一种产品。切短纤维是指将 PAN 基碳纤维长丝切成数毫米长的短纤维,与塑料、金属、橡胶等材料进行复合,以增加材料的强度和耐磨性。国内碳纤维织物的应用形式以碳纤维机织物为主(图 3-1)。由于碳纤维轴向经编增强体中碳纤维完全平行伸直排列,纤维取向度高,纤维特性可以得到充分利用,因此国际市场的碳纤维应用形式逐渐向碳纤维轴向经编织物转变。随着碳纤维生产应用技术的不断提高,碳纤维的应用领域越来越广。

图 3-1　碳纤维机织物

1. 航空航天领域

碳纤维复合材料广泛应用在火箭、导弹和高速飞行器等航空航天领域。碳纤维由于其质量小,所以动力消耗少,可节约大量燃料。

2. 体育运动领域

碳纤维在曲棍球棍和自行车架中的应用也逐年增多。在球拍、钓鱼竿、滑雪板、帆板桅杆、帐篷杆及棒球球棒等产品中,也可看到碳纤维的身影。

3. 一般制造业领域

碳纤维材料现已成为汽车制造商青睐的材料。在工业领域,碳纤维还可应用于机器部件、家用电器、微机及与半导体相关设备,起到提高材料强度、防静电和电磁波防护的作用。

4. 土木建筑领域

在工业与民用建筑物、铁路公路桥梁、隧道、烟囱、塔结构等方面的加固补强,具有密度小、强度高、耐久性好、抗腐蚀能力强、可耐酸碱等化学品腐蚀、柔韧性佳、应变能力强等特点。

5. 能源开发领域

为提高风力发电机叶片的捕风能力,轻质高强、耐久性好的玻璃纤维和碳纤维混杂复合材料结构成为大型风力发电机叶片的首选材料。尤其在翼缘等对材料强度和刚度要求较高的部位使用碳纤维,不仅可提高叶片的承载能力,还可因碳纤维具有导电性而有效避免雷击对叶片造成的损伤。

第二节　PBO 纤 维

PBO 纤维是聚对苯基苯并双噁唑(英文名为 ploy-p-phenylene benzobisoxazole)纤维的简称,是一种综合性能优异的有机纤维,因其高模、高强、耐高温等显著特点,在航空航天、军工国防、星球探测、体育器材、建筑材料、防护服等领域有着广阔的应用前景。将 PBO 纤维作为增强纤维应用在复合材料领域,能有效提高复合材料的承载能力,并且可以应用在苛刻的环境中。同时,PBO 纤维在用于开发功能层压织物时,也可以发挥其本身力学、热学性能等优良特性。

一、PBO 纤维功能原理

PBO 分子中含苯环及芳杂环,分子结构呈钢棒状,分子链在液晶纺丝时形成高度取向的有序结构,是一种高性能有机聚合物纤维。纤维分子结构式与单体模型见图 3-2。PBO分子单元链接角为 180°,是刚性棒状高分子。PBO 分子链中的苯环和苯并双噁唑环是共平面的,PBO 分子链结构成分间存在高程度的共轭,致使其刚度非常大,而且 PBO 纤维分子链间可以实现非常紧密的堆积,这也使 PBO 纤维具有良好的力学性能、热学性能及稳定性。PBO 纤维由微纤结构组成,纤维呈皮芯结构,皮层下是由微纤构成的芯层,微纤有 5 μm的大微纤、0.5 μm 的中微纤、50 nm 的小微纤。微纤由几条分子链结合在一起,微纤间的作用力较弱,容易微纤化。

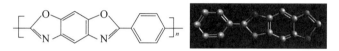

图 3-2　PBO 纤维分子结构式与单体模型

PBO 纤维,是目前所发现的有机纤维中性能最好的纤维之一,将成为传统高强高模纤维的替代产品,其具有超高强度、超高模量、超高耐热性和超阻燃性四项"超"性能,几乎对全部的有机溶剂和碱稳定,但耐酸性不高,紫外光照射会引起纤维强度降低。PBO 纤维表面光滑致密,且分子链上的极性杂原子绝大部分包裹在纤维内部,纤维表面极性很小,使其表现出极强的化学惰性,不易与树脂、化学试剂等发生反应,界面黏结性差。因此,需对PBO 纤维进行改性。

PBO 纤维形态如图 3-3 所示,可以看到PBO 原样的表面非常光滑致密,只有一些细微的纹路,这可能是由于喷丝板孔上的缺陷,或 PBO/PPA 溶液进入凝固浴时扩散过快及纺丝工艺条件的微小波动造成的。这反映出PBO 纤维在成形过程中,受纺丝工艺的影响,纤维结构中仍然不可避免地存在一些缺陷,而这些缺陷对其紫外光稳定性能可能产生一定的影响,同时也说明在 PBO 纤维加工成形过程中对纤维结构的控制非常重要。

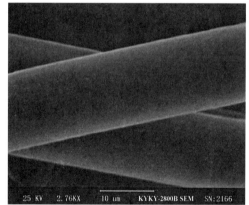

图 3-3　PBO 纤维形态

二、PBO 纤维性能

PBO 纤维力学性能优异,拉伸模量高达280 GPa,拉伸强度可达 5.8 GPa,均优于芳纶纤维,抗压强度为 0.2～0.4 GPa,并有良好的耐磨性能。在热稳定性方面,在 600～700 ℃开始热降解,耐燃性很高,热稳定性相比芳纶纤维、PBI 纤维更高,是耐热性能最高的有机纤维。可以在 300 ℃下长期使用,而且极限氧指数(LOI)高达 68％,在有机物中仅次于聚四氟乙烯纤维(PTFE)(LOI 为 95％),优于芳纶纤维、PBI 纤维,表现出良好的阻燃性能。在耐化学腐蚀性方面,PBO 纤维具有良好的耐环境稳定性,在大多数有机溶剂和碱溶液中都表现出很好的稳定性,仅溶于浓度为 100％的浓硫酸、甲基磺酸、氯磺酸等部分酸中,强度会随时间延长而降低。

(一)力学性能

PBO 纤维具有近似极限拉伸强度和弹性模量这两个纤维的基本性能,还有极好的抗水解性及耐化学性。另外,苯并唑类纤维有优秀的热稳定性,在适当的环境和一定时间内,可在 500 ℃以下使用。另外,PBO 纤维具有良好的抗辐射性能,结构中的共轭体系使纤维表现出非线性光学现象。

PBO 纤维的强度和模量与其他有机纤维的比较见图3-4。

表 3-2 所示为 PBO 纤维与其他几种高性能纤维的性能。

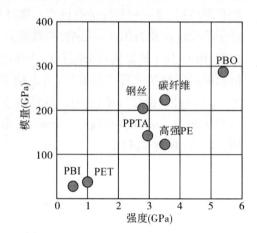

图 3-4　PBO 纤维的强度和模量与其他有机纤维的比较

表 3-2　PBO 纤维与几种高性能纤维的性能

纤维名称	密度 (g/cm³)	强度 (cN/dtex)	模量 (cN/dtex)	伸长率 (％)	T_S (℃)	T_d (℃)	极限氧指数(％)	回潮率 (％)
PBO AS	1.54	42.0	1300	3.5	360	650	68	2.0
PBO HM	1.56	42.0	2000	2.5	—	650	68	0.6
Nomex	1.46	4.85	75	35.0	220	415	28～32	4.5
Kevlar 29	1.44	20.3	490	3.6	250	550	30	3.9
Kevlar 49	1.45	20.8	780	2.4	250	550	30	4.5
Kevlar 129	1.44	23.9	700	3.3	250	550	30	3.9
PBI	1.40	2.4	28	28.5	250	550	41	15
高模碳纤维	1.83	12.3	2560	0.8	600	3700	—	—
高强碳纤维	1.78	19.1	1340	1.4	500	3700	—	—
钢丝	7.85	4.0	265	11.2	—	1600	—	—
E 玻纤	2.58	7.8	280	4.8	350	825	—	—
S 玻纤	2.50	18.5	340	5.2	300	800	—	—

PBO 纤维出色的抗拉性能是因为其大分子中刚性的苯环及杂环几乎与链轴共轴,在拉伸变形时,应变能因刚性对位键和环的变形而降低。完全结晶、完全取向、无限长链的 PBO

纤维的预测拉伸模量在 730 GPa,实际模量受晶区取向、分子链长及低序区的影响,报道实测的最高模量在 470 GPa 左右,几乎接近理论预测值。纤维的强度主要由共价键和主链堆砌密度决定,也受到相对分子质量分布、分子链取向、链与链之间的次价键作用、纤维形态结构的不匀和各向异性及杂质和空隙的存在的影响,强度的提高必须通过多种途径解决。PBO 纤维的强度理论预测值为 19 GPa 以上,实际只有 5.6 GPa 左右,与理论值相差很大。实际上,很少有纤维的实际强度超过其理论值的一半。

(二)热性能

PBO 纤维的耐热性极佳,热重分析(TG)表明,PBO 纤维在空气中的分解温度为 600 ℃,在 1200 ℃时有 3％的质量保持率。在氮气中,分解温度可到 700 ℃,在 1200 ℃下质量保持率仍高达 65％。在 371 ℃的空气中加热 200 h,质量保持率为 78％;在 200 ℃下的空气中处理 1000 h,强度保持率为 80％;在 300 ℃下的空气中 200 h 仍有 50％的强度和 90％的模量保持率,其耐温性远高于 Kevlar 纤维。

PBO 纤维在其分解温度以下不会熔化,也不支持燃烧,它有 68％的极限氧指数,而对位芳纶纤维为 29％。对 PBO 聚合物的高温下分解反应机理进行了研究,定量收集了分解后的产物包括二氧化碳、苯基氰、双氰基苯和少量的苯。PBO 燃烧产生的烟雾中有毒成分含量很少,远低于芳纶纤维。PBO 纤维耐热性和极限氧指数与其他有机纤维的比较见图 3-5。

(三)其他性能

PBO 纤维还具有耐化学试剂性,除溶解于 100％的浓硫酸、甲基磺酸、氯磺酸等强酸外,不溶于其他任何化学试剂。PBO 纤维的吸湿性比芳纶差,PBO - AS 的回潮率为 2.0％,

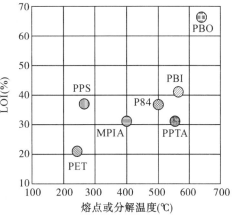

图 3-5　PBO 纤维的分解温度和 LOI 与
其他有机纤维的比较

PBO - HM 的回潮率为 0.6％,而对位芳纶和间位芳纶的回潮率都为 4.5％。PBO 纤维耐日晒性能较差,暴露在紫外线中的时间越长,强度下降越多。经过 40 h 的日晒试验,芳纶的拉伸断裂强度还可以稳定在原来的 80％左右,而 PBO 纤维的拉伸断裂强度仅为原来的 37％。PBO 纤维分子非常刚直且密实性高,染料难以向纤维内部扩散,所以染色性能差,一般只能用染料印花着色。

三、生产方法

PBO 纤维因其耐冲击强度远高于由碳纤维及其他纤维增强的复合材料,能吸收大量的冲击能,被称为防弹纤维,主要作为防弹材料,用于导弹和子弹的防护装备(如防弹衣、防弹头盔、防弹背心),同时使装甲轻型化。PBO 纤维具有"超"性能,主要用作耐热材料和增强材料,其主要用途归纳见表 3-3。

表 3-3　PBO 纤维的应用

纤维种类	用　　途
长纤维	轮胎、运输带、胶管等橡胶制品的补强材料,各种塑料和混凝土的补强材料,弹道导弹和复合材料的增强组分,纤维光缆的受拉件和保护膜、电热线、耳机线等各种软线的增强纤维,绳索和揽绳等高拉力材料,高温过滤用耐热过滤材料,导弹和子弹的防护设备,防弹背心,防弹头盔和高性能航行服,网球、快艇和赛艇等体育器材,高级扩音震动版,新型通讯用材料和航空航天用材料等
短纤维	铝材挤压和玻璃加工用耐热缓冲垫毡,高温过滤用耐热过滤材料,热防护皮带,消防服,耐热劳动防护服,赛车运动服等
超短丝、浆粕、纱线	摩擦材料和密封垫片用补强纤维,各种树脂、塑料的增强材料,消防服、炉前工作服、焊接工作服等处理熔融金属现场用的耐热工作服,防切割伤的保护服、安全手套和安全鞋,赛车服、骑车服、飞行员服等各种运动服,活动性运动装备、防切割装备等

除此之外,PBO 纤维目前在新领域中也有应用。由于其 PBO 导热性优异,可作为碳纤维母体,直接连续化生产碳纤维,可提高碳纤维的力学性能。在生产新型碳纤维后作为改性增强复合材料,特别适用于飞机、输送机械及电器机械等材料。近年来,发现 PBO 纤维具有较好的透波、吸波性能,可用作吸波隐形材料,如正在研发的美国最新战斗机就是采用 PBO 纤维作为吸波隐形材料,也可制作高档扬声器的雏形结构。此外 PBO 纤维也适用于制作耐高压的橡胶手套及特殊的缝纫线。

第三节　超高相对分子质量聚乙烯纤维

一、超高相对分子质量聚乙烯的用途

超高相对分子质量聚乙烯纤维(简称 UHMWPE 纤维或 HSHMPE 纤维),又称高强高模聚乙烯纤维,其相对分子质量在 100 万~500 万。超高相对分子质量聚乙烯是继碳纤维、芳纶纤维之后出现的第三代高性能纤维,其分子结构和普通聚乙烯纤维相同,具有优异的耐磨损、耐低温、耐腐蚀、自身润滑、抗冲击等特性,可长期在-269~80 ℃下工作。超高相对分子质量聚乙烯纤维是支撑世界高新技术产业的重要材料之一,也是国家鼓励发展的特种纤维品种之一,因其相对分子质量极高,主链结合好,取向度和结晶度高,在高级轻质复合材料中显示出极大的优势,广泛应用于国防军工、安全防护、航空航天、航海、兵器、造船等领域,成为发展较快的高性能纤维。

超高相对分子质量聚乙烯于 1957 年由美国联合化学公司用齐格勒催化剂首先研制成功。这是一种线型聚合物,相对分子质量通常在 100 万~500 万,结晶度为 65%~85%,密度为 0.92~0.96 g/cm³。以白色粉末状超高相对分子质量聚乙烯为原料,采用冻胶纺丝及超拉伸技术,制得了超高强高模的聚乙烯纤维,使得世界化学纤维和化学纤维工业开始了新的飞跃。与众多的聚合物材料相比,UHMWPE 纤维具有摩擦系数小、磨耗低、耐化学药品性优良、耐冲击、耐压、抗冻、保温、自润滑、抗结垢、耐应力开裂、卫生等优点。这些优良特性使 UHMWPE 纤维具有重要的实用价值。

二、超高相对分子质量聚乙烯纤维性能

（一）优良的力学性能

由于超高相对分子质量聚乙烯纤维是经凝胶热拉伸工艺制备的，其分子链完全伸展，纤维内部高度取向结晶，因而其强度和模量大大提高。超高相对分子质量聚乙烯纤维的比强度分别是高强度碳纤维的 2 倍和钢材的 14 倍。

（二）优异的耐化学介质性能

由于超高相对分子质量纤维是一种非极性材料，分子链中不含极性基团，只含有 C、H 两种元素，其表面在拉应力作用下会产生一层弱界面层，因而纤维表面呈化学惰性，对酸、碱和一般的化学试剂有很强的抗腐蚀能力。再者，由于分子链上不含双键基团，因而环境稳定性能优越。

（三）优异的耐冲击性能和防弹性能

耐冲击性能是 UHMWPE 纤维的重要特性，其耐冲击强度高，它比以耐冲击著称的聚碳酸酯高 3~5 倍。与其他纤维增强复合材料相比，UHMWPE 纤维增强复合材料的冲击性能更好。

（四）优异的耐磨性和自身润滑性

UHMWPE 纤维比碳钢、黄铜耐磨数倍，它的耐磨性是普通聚乙烯纤维的数十倍以上，且随着相对分子质量的增大，其耐磨性能进一步提高，但当相对分子质量达到一定数值时，其耐磨性能不再随相对分子质量增大而变化。UHMWPE 纤维的摩擦系数比其他工程塑料小，可与聚四氟乙烯媲美，是理想的润滑材料，但其价格只有聚四氟乙烯的 1/7。

（五）优异的电性能

UHMWPE 纤维在很宽的温度范围内都具有优良的电性能，击穿电压为 50 kV/mm，介电常数为 2.3。在较宽的温度及频率范围内，UHMWPE 纤维的电性能变化极小，因而在耐热温度范围内很适合用作电气工程结构材料。

（六）其他性能

UHMWPE 纤维的密度比水还小（约 0.97 g/cm³），可浮于水面，且持续浸于水中仍能较好地保持性能。此外，UHMWPE 纤维还具有良好的环保性能，无毒无害。UHMWPE 纤维几乎不吸水，在水中也不膨胀。UHMWPE 纤维的耐低温性能极佳，即使在冰点以下，也不失去良好的冲击强度，最低使用温度可以达到 -269 ℃；在较高温度下，短时间不会引起性能的降低。UHMWPE 纤维表面吸附力非常微弱，其抗黏附能力仅次于聚四氟乙烯纤维。UHMWPE 纤维还具有良好的抗紫外线性能，抗霉、耐疲劳性好，柔软，有较长的挠曲寿命。由于其主链上的氢原子含量高，因而防中子、防辐射性能优良。超高相对分子质量聚乙烯纤维的缺点是耐热性较低，在应力下的熔融温度为 145~160 ℃，抗压缩性和抗蠕变性差，界面非极性，纤维表面能低，树脂浸润性差，有可燃性。

由于超高相对分子质量聚乙烯纤维的比强度是不锈钢的 40 多倍，模量也高出不锈钢丝

1 倍多,因此它是性价比最合适的替代金属材料的高性能纤维品种之一,见表 3-4。在工业上,它可以大量替代芳纶纤维和玻璃纤维,制得的增强复合材料制品的体积和质量都有明显的减少,制品的力学性能和加工条件得到极大改善。

表 3-4　超高相对分子质量聚乙烯纤维 Spectra 系列与其他纤维主要性能的比较

性能参数	密度(g/cm³)	强度(cN/dtex)	模量(cN/dtexd)	断裂伸长率(%)
Spectra 900	0.97	30	1300	4
Spectra 1000	0.97	35	2000	3
尼龙 HT	1.14	8	35	23
聚酯 HT	1.38	9	100	14
Vectran	1.41	23	520	3
Kevlar29	1.45	22	450	4
Kevlar49	1.45	24	950	1.9
碳纤维 HS	1.77	10	1350	1.5
碳纤维 HM	1.87	20	2500	0.5
钢	7.60	3	300	1.4

超高相对分子质量聚乙烯纤维由于化学结构单一惰性,并且具有高度取向和高度结晶的结构,因此它能耐绝大部分化学物质腐蚀,只有极少数有机溶剂能使纤维产生轻度溶胀,见表 3-5。

表 3-5　超高相对分子质量聚乙烯纤维和芳纶纤维的耐化学物质腐蚀性能比较

试剂	浸润 6 个月后纤维强度保持率(%)	
	UHMWPE 纤维	芳纶纤维
海水	100	100
10%清洗液	100	100
液压液体	100	100
煤油	100	100
汽油	100	93
甲苯	100	72
高氯乙酸	100	75
冰醋酸	100	82
1 M 盐酸	100	40
5 M 硫酸	100	70

三、生产方法

(一)国外生产状况

荷兰国有能源化学公司(Dutch State Mines,简称 DSM)是荷兰三大化工公司之一,其于 1979 年发表了第一份关于高强高模聚乙烯纤维的专利,之后在荷兰 Heerlen 地区建成五套纺纱生产线和一套 UD(单取向高强高模聚乙烯纤维预浸材料,为弹道用片材)生产线,成为首家将该种纤维工业化生产的企业。2004 年 5 月,该公司在美国北卡罗来纳州 Greenvill 新建的一条 Dyneema 纱生产线、两条 UD 生产线投产,使 Dyneema 生产能力扩大了 40%,达到 4500 t/年,Dyneema UD 材料的生产能力翻一番,达到 2000 t/年。2007 年 1 月,DSM 宣布第三次扩产计划,以数千万美元的投资扩大美国北卡的 Dyneema 生产能力,并于年内投产。该计划完成后,此种纤维生产线总数达到九条。全球范围内 Dyneema 纤维的生产量提高约 18%,达到 4700 t/年,单向防弹板的生产量提高 25%,达到 2500 t/年。

美国霍尼韦尔(Honeywell)是一家在技术和制造方面占世界领先地位的多元化跨国公司,是世界五百强企业之一。霍尼韦尔特殊材料集团是其下属的一家公司,为全球客户提供高性能专业材料。该公司于 1980 年代中期开发成功了高强高模聚乙烯纤维,商品名为 Specra 纤维,其市场售价稍高于杜邦公司的 Kevlar 纤维产品。2001 年以后,该公司不断扩产,Specra 纤维产能在 3000 t/年左右。

(二)国内生产状况

宁波大成新材料股份公司的前身是宁波大成化纤集团公司,是首批"国家重点高新技术企业",自 1996 年开始研究开发高强高模聚乙烯纤维,于 2000 年初实现了产业化生产,是全世界第四个能生产高强高模聚乙烯纤维并拥有自主知识产权的生产企业。该公司的一期工程年产 500 t 高强高模聚乙烯纤维及制品,主要产品有软质防弹衣、轻质防弹头盔、UD 无纬防弹布、防弹板材、高性能滑雪杖等。该公司二期工程年产 1000 t 左右。

湖南中泰特种装备有限责任公司自 1999 年开始高强 PE 纤维的开发研究,2000 年形成自主知识产权,以国产原料实施连续式宽幅 UD 材料的生产,其产品优异的防弹性能填补了我国在连续式宽幅 UD 材料制备技术与产品方面的空白,成为世界上继 DSM 公司和 Honeywell 公司之后第三家拥有其生产技术的企业。公司年生产能力为 300 t,产品包括高强高模聚乙烯纤维无纬布、防弹衣、防弹头盔等系列。2006 年上半年,公司扩产 500 t 纤维和相应的 UD 材料的生产能力,至 2010 年扩充至 5000 t 纤维,以此形成以纤维生产为基础,UD 材料为重点,发展多类板材和绳索的高新技术产业链。

(三)主要应用领域

超高相对分子质量聚乙烯纤维由于具有超高强度、超高模量、低密度、耐磨损、耐低温、耐紫外线、柔韧性好、冲击能量吸收能力高及耐强酸强碱化学腐蚀等众多的优异性能,在航海、航空、航天、防御装备等领域发挥了举足轻重的作用。使用该纤维加工而成的产品主要分为三类,即绳索纺织织物、无纺织物与复合材料等。

参考文献

[1] 张新元,等. 高性能碳纤维的性能及其应用[J]. 棉纺织技术,2011,39(4):65-68.

[2] 季春晓,等. 碳纤维表面处理方法的研究进展[J]. 石油化工技术与经济,2011,27(2):57-61.

[3] 韦东远,等. 高性能碳纤维发展迅速应用领域不断拓展[J]. 新材料产业,2010(4):35-37.

[4] 唐久英,等. 高性能 PBO 纤维及其应用[J]. 中国个体防护装备,2007(1):22-25.

［5］崔天放,等. PBO 纤维的合成及改性研究进展[J]. 材料导报,2006,20(8):38-40.

［6］刘丹丹,等. PBO 纤维的性能及应用[J]. 合成纤维工业,2005,28(5):43-46.

［7］斯奎,等. PBO 纤维耐热性研究及进展[J]. 材料导报,2006,20(1):73-76.

［8］王秀云,等. 超高强度聚乙烯纤维复合材料表面改性研究[J]. 固体火箭技术,2005,28(1):68-71.

［9］关新杰,等. 高性能纤维在防弹衣制造中的应用[J]. 非织造布,2010,18(6):20-22.

［10］刘雄军,等. 芳纶纤维的合成方法及纺丝工艺的研究进展[J]. 化工技术与开发,2006(7):14-18.

［11］罗益峰,等. 世界主要高性能纤维简况[J]. 化工新型材料,2001(5):125-126.

［12］汤伟,等. 对位芳纶纤维的研究与应用进展[J]. 化工新型材料,2010,38(7):43-45.

第四章　舒适功能纤维

第一节　超吸湿纤维

一、超吸湿功能原理

何谓"吸湿排汗"？此词是指使不亲水的织物同时具有吸水性和快干性。一般来说，无论是天然纤维还是合成纤维，都很难兼具这两种性能，但是吸湿排汗加工技术可以做到这一点。因此，对几乎完全不吸水的聚酯纤维而言，吸湿排汗加工技术赋予了它新的生命。也就是说，吸湿排汗纤维是利用纤维表面微细沟槽所产生的毛细现象使汗水经芯吸、扩散、传输等作用，迅速迁移至织物的表面并发散，从而达到导湿快干的目的。可以说，毛细管效应是最常用也是最直观的一种方法，可以表现织物的吸汗能力及扩散能力。其实，也有人将吸湿排汗纤维称为"可呼吸纤维"。其实，吸湿排汗纤维是着眼于吸湿、排汗特性和衣服内舒适性的功能纤维。关于吸湿、排汗性的赋予，以前是以天然纤维和合成纤维的复合为主流，应用范围狭窄，现在则以中空截面纤维或异形截面纤维之类使纤维自身特殊化，以及吸湿、排湿聚合物共混的加工方法为主流。要知道，凡具有吸湿排汗功能的纤维一般都具有高的比表面积，表面有众多的微孔或沟槽，截面一般设计为特殊的异形状，利用毛细管原理，使得纤维快速地吸水、输水、扩散和挥发，能迅速吸收人体皮肤表面的湿气和汗水，并排放到外层蒸发。

纤维的吸湿排汗性能取决于其化学组成和物理结构形态。从人体皮肤表面蒸发的气态水分首先被纤维材料吸收（即吸湿），然后由材料表面放湿；皮肤表面的液态水分由纤维内部的孔洞（毛细孔、微孔、沟槽）及纤维之间的空隙所产生的毛细管效应，在材料间被吸附、扩散和蒸发（即放湿）。两种作用的共同结果导致水分发生迁移，前一种作用主要与纤维大分子的化学组成有关，后一种作用则与纤维的物理结构形态有关。

二、超吸湿纤维性能

国际上各个公司所用的吸湿排汗纤维材料都是围绕聚酯、聚酰胺、聚丙烯等化纤展开的，主要通过聚合物改性赋予纤维功能。在开发吸湿性纤维方面，美国杜邦和日本帝人的起步较早，并取得了相应的专利。我国台湾的一些化纤厂商已相继开发出各具特色的具有吸湿排汗功能的异形涤纶纤维。

吸湿排汗功能纤维的种类和性能：

(一) COOLBEST 纤维

采用全新的纤维截面形状设计,将毛细管原理成功地运用到纺织品表面结构,使其能够快速吸水、输水、扩散和挥发,从而保持人体皮肤的干爽。同时,聚酯纤维由于具有较高的湿屈服模量,在湿润状态时不会像棉纤维那样倒伏,所以始终能够保持织物与皮肤间的微气候状态,达到提高舒适性的目的,因而具有卓越的吸湿排汗性能。COOLBEST 纤维可用于制作运动服、运动裤、衬衫、夹克、高尔夫装、内衣、袜子等。

(二) FCLS-75 纤维

运用物理改性和化学改性两种方法赋予纤维吸湿排汗特性,通过改变喷丝板微孔的形状,纺制具有表面沟槽的异形纤维。在相同纤度下,FCLS-75 纤维拥有比一般纤维多 20% 的横截面,其吸水性和吸湿性可与天然纤维媲美,同时保持了纤维原有的优良性质。FCLS-75 纤维用途非常广泛,既可以用于生产罩衫、衬衫、西装等女式服装,也可以应用在夏季穿着的西裤、成套内衣和休闲短裤等男式服装上。

(三) AeroCool 纤维

中文名为"艾丽酷",参照苜蓿草的四叶子形吸湿排汗程序,利用纤维表面的细微沟槽和孔洞,将肌肤表层排出的湿气与汗水经芯吸、扩散、传输的作用,瞬间排出体外,使肌肤保持干爽与清凉。其应用广泛,能纯纺,也能与棉、毛、丝、麻及各类化纤混纺或交织;可梭织,也可针织;现大量应用于运动服装、衬衣、内衣、袜子、手套等产品中。穿着其服装可告别酷热、闷湿的感觉,尽享凉爽与舒畅。

(四) TOPCOOL 纤维

利用水珠无法在纤维表面产生稳定的接触角因而易流动的原理,TOPCOOL 纤维的十字形截面有四个沟槽,当水珠滴落在上面时无法稳定滞留,沟槽产生加速的排水效果,人体的汗液利用纱中纤维的细小沟槽被迅速扩散到布面,再利用十字形截面产生的高比表面积,将水分快速地蒸发到空气中。十字形截面还使纱具有良好的蓬松性,织物具有良好的干爽效果。TOPCOOL 纤维的吸湿排汗效果使其产品具有良好的功能性,同时具有抗起毛起球性能。

通过多层结构织物和针织物达到吸湿排汗性能的材料已被开发。如 100% 聚酯多层结构针织品,靠近肌肤一侧用粗纤维形成粗网眼,外侧则配置细纤维形成的细网眼,使汗水迅速向外部放出。

(五) SecoTec 纤维

SecoTec 纤维是一种具有吸湿排汗功能的锦纶 6 纤维,呈十字形断面。十字形断面提供了更多可形成毛细现象的沟槽,以及更大的表面积。SecoTec 纤维可以迅速地吸收及扩散水分子(汗水及湿气等),并蒸发到空气中,因此其面料不会因汗水而粘贴于皮肤上,比聚酯纤维及常规锦纶织物柔软且干爽得多,具有良好的透气性。用该纤维制造的 Seco Utility 功能性织物广泛应用于休闲装、亲子装、运动装、高尔夫球装、专业的滑雪或登山用服装及服饰。

(六) CoolMax 纤维

截面形状独特——四管状,且纤维的管壁透气。这种纤维的独特物理结构,使其具有吸湿、排汗、透气特性,用其制成的面料有很好的毛细管效应,可随时将皮肤上的汗湿抽离皮肤,传输到面料表面从而迅速蒸发,使皮肤保持干爽和舒适。该纤维应用于牛仔织物上时,其强大的透气性和良好的吸湿控制可使穿着者的皮肤保持干燥,减少体能消耗。

(七) EASTLON 纤维

该纤维为中强力涤纶短纤,由特殊的交叉纤维面组成。独特的凹槽设计使该纤维具有虹吸作用,能快速吸收汗液,同时将汗液转化成气体而排出体外。该纤维能够保持人体皮肤干爽舒适,可调节体温,通常应用于运动服饰、休闲服饰、袜子、内衣裤。

(八) Dri-Release 高吸湿纱线

一种高性能纱线,其采用独特的微混法,纺入少量混有特殊涤纶的棉纤维,把棉和涤纶的优点发挥到最大限度。此纱线有棉一样的手感,穿着舒适,长时间不变形,干燥时间比棉纤维快 4 倍。这种混合纤维中含有大量羟基,可将汗水从皮肤上吸入织物,而其中的涤纶有去湿作用,并且能将汗水赶出织物表面,所以 Dri-Release 纱线能保持放湿性能。多次洗涤之后,常规纤维不再有放湿性能,而 Dri-Release 纱线即使在汗水浸湿状态下,也比棉和其他纤维穿着更舒适。

三、生产方法

(一) 赋予纤维吸湿排汗功能的方式

1. 纤维截面形状的变化

(1) 多孔中空截面纤维。由日本帝人公司开发的多孔中空截面聚酯纤维,其表面至中空部分都有许多贯通的细孔,其生产工艺是聚酯先与特殊的微孔形成剂共混,然后再将其溶出。该纤维具有优良的吸湿排汗功能和表面粗糙的风格,其织物深受消费者喜爱,成为长久热销的产品。

(2) 吸水性纤维。吸水性纤维中著名的品种有德国拜耳公司开发的材料,它呈芯鞘二层结构。其芯部沿纤维轴方向并列有许多细孔,鞘部有许多导管,将芯部与纤维表面连接,被吸收的水分在芯部被有选择地保留,纤维的表面则成为干燥的状态。日本的钟纺、三菱人造丝等公司也开发了类似的吸水性产品。一般情况下,在聚酯纤维中可制作出直径在 $0.01 \sim 3 \mu m$ 的大量微细孔,从而得到高吸水率品种。

2. 纤维表面亲水性膜层的形成

为了使纤维表面亲水化,通常使用亲水性高分子覆盖于表面,但要求在洗涤时该亲水性化合物不易脱落。对涤纶纤维使用的聚乙二醇的共熔结晶型聚酯是最出名的加工剂。亲水加工剂苯二甲酸的苯环部分与其相连接的酯键部分和聚酯纤维有完全相同的结构。因此,采用这种结构的亲水加工剂处理之后,在进行加热时,具有相同结构的部分成为如同熔合的状态,经冷却后,进入聚酯纤维的结晶结构之中而形成共熔结晶。通过共熔结晶获得耐久性,一般认为由聚乙二醇链段获得亲水性。

3. 等离子体处理与亲水性单体聚合

对表面进行等离子体处理,开发出能够排放汗气的纤维。利用在大气中连续发生高密度等离子体的装置,对表面进行等离子体处理,在该表面上附加丙烯酸分子接枝共聚,可很好地吸收水分,而里面不沾水。也可以用于汗衫等轻薄衣服,即使反复洗涤效果长久保持,通过人们穿着试验结果表明,比棉汗衫的闷热性和粘糊感小。

4. 与纤维素纤维复合

通过纤维素纤维和聚酯纤维的优点相互结合所制成的纤维材料,有一些复合纤维已被开发出来。例如,由日本东洋纺公司所开发的多层结构丝,控制由于大量出汗引起的粘糊感和凉感,纤维结构为最内层是疏水性长丝,中间层为亲水性短纤维,最外层用疏水性复丝包覆的三层结构复合丝。

5. 其他

通过多层结构织物和针织物达到吸湿排汗性能的材料已被开发出来。高度达到 20 m 的杉树从其根部吸收的水分能上升到树梢,这是导管巧妙地利用毛细管现象所产生的效果。例如,根部附近的导管直径约 25 mm,中间部分为 10 mm,前端为 1.5 mm。运用这种原理的 100% 聚酯多层结构针织品已开发出来,靠近肌肤一侧用粗纤维形成粗网眼,外侧则配置细纤维形成的细网眼,通过这种形式使汗水迅速向外部放出。日本东丽公司与帝人公司都生产了这种多层结构聚酯纤维针织物。

吸湿排汗纤维织成的面料因具备质轻、导湿、快干、凉爽、舒适、易清洗、免熨烫等优良特性,广泛应用于运动服、户外服、旅游休闲服、内衣等领域,深受消费者青睐。市场上,从机织到针织,从纤维到纱线,从面料到服装、家纺,随处可见吸湿排汗纤维产品的身影,已经形成一条完整的吸湿排汗纤维产业链。

(二) 实例(CoolMax 纤维的结构及其性能特点)

1. CoolMax 纤维的结构特征

CoolMax 纤维是异形截面的聚对苯二甲酸乙二酯(PET)纤维。CoolMax 纤维横截面呈扁平十字形,所以它的表面形成四道沟槽,即四条排汗管道(图 4-1)。这种扁平的四凹槽结构能使相邻纤维易靠拢,形成许多毛细管效应强烈的细小芯吸管道,能将汗水迅速排至织物表面。同时,该纤维的比表面积比同细度圆形截面纤维大 19.8%,因而在汗水排至该纤维织物表面后,能快速蒸发到周围大气中(图 4-2 中 a)。异形截面使纤维之间存在很大空隙(图 4-2 中 b),使其具有很好的透气性。因此,CoolMax 纤维的这种结构赋予该纤维织物导湿快干的性能。

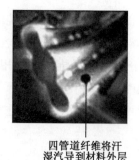

四管道纤维将汗
湿汽导到材料外层

图 4-1　CoolMax 纤维横截面上的排汗沟槽

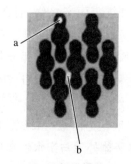

图 4-2　CoolMax 纤维横截面及其间距

2. CoolMax 纤维的性能特点

CoolMax 纤维是涤纶纤维,但它的截面形状独特呈四管状,且纤维的管壁透气,正是这种纤维的独特物理结构,导致它具有吸湿、排汗、透气特性,也就是面料有很好的毛细管效应,可随时将皮肤上的汗湿离开皮肤,传输到面料表面从而迅速蒸发,使皮肤保持干爽和舒适。试验证明,含有 CoolMax 纤维的运动衣物,可降低皮肤表面温度、降低运动时的心率和保持水分并提供良好的温度调节性,已成为运动健身服饰的宠儿。CoolMax 纤维面料可用于运动服,也广泛运用于制作高尔夫球服装、网球服装和内衣。

通过 CoolMax 纤维面料与其他纤维面料干燥率的比较发现,无论在短时间或较长时间内,CoolMax 纤维面料的干燥速率都明显好于其他纤维面料。从图 4-3 可看出,干燥 30 min 后,CoolMax 织物几乎完全干燥,而棉织物仍含有 50％左右的水分。

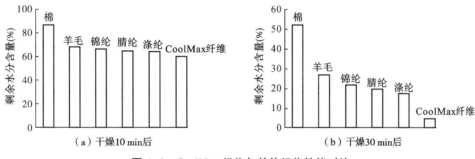

图 4-3　CoolMax 织物与其他织物性能对比

CoolMax 纤维除了导湿舒适的特性,还有抗紫外线的功能。CoolMax 纤维由于其异形截面,与普通圆形截面的涤纶相比,阻挡紫外线的能力更强。此外,CoolMax 纤维面料还具有易护理、耐洗涤、洗后不变形、免熨烫、抗沾污等特点。

第二节　超疏水纤维

一、超疏水功能原理

超疏水表面是指固体表面对水的静态接触角在 150°以上,前进接触角和后退接触角的差小于 10°的固体表面,其在工农业生产和日常生活中都有广阔的应用前景。

在自然界中,超疏水表面普遍存在。如水珠在荷叶表面自由滚动、蜻蜓的自洁羽翼、蝴蝶的防水翅膀,都是大自然对生物的恩赐,也是大自然对人类的暗示。通过观察荷叶等植物表面,科学家提出了"荷叶效应",认为这种自清洁特征是由粗糙表面上存在微米结构的乳突与蜡状物共同引起的。

但荷叶的拒水原理和高聚物截然不同。20 世纪 90 年代,德国波恩大学的生物学家 Wilhelm Barthlott 等通过对植物叶子表面的研究发现,荷叶表面不是光滑的,而是存在复杂的微观结构。荷叶表面有许多微米级的乳头状突起,突起高度为 5～10 μm,突起的间隔为 10～15 μm,突起之间的凹陷处充满空气,突起和间隔处又被许多直径为 1 nm 的蜡质晶体覆盖。Barthlott 教授及其同事们认为,荷叶表面的自洁性来自于其粗糙的疏水表面,并将此现象命名为荷叶效应。除荷叶外,其他植物的叶子,如洋白菜、芦苇、郁金香,以及一些动物(蝴蝶、蜻蜓等)的翅膀,也有自洁性。荷叶是所有植物中自洁性最强的,水在其表面的接触角高达 160.4°,这为人们制备仿生超疏水表面提供了启发。

另外,荷叶表面还有一个重要的结构,在乳突与蜡晶共同构筑的微米-纳米粗糙结构中储存着大量空气。由于空气与水的接触角为 180°,当水滴落到荷叶表面时,在乳头状突起、空气层及蜡晶的共同作用下,水滴不能渗透,只能自由滚动,并将表面污物带走(图 4-4、图 4-5)。德国科学家通过扫描电镜和原子力显微镜对荷叶等两万种植物的叶面微观结构进行观察,揭示了荷叶拒水自洁的原理。荷叶的这种超级拒水能力的获得主要由于其表面具有微观结构,一方面是由细胞组成的乳瘤形成表面的微观结构,另一方面是乳瘤表面有一层由表面蜡晶体形成的毛茸纳米结构。人们已开发出具有荷叶效应的纺织品,其本质就是在织物表面施加一层特殊结构的物质,使高表面能变为低表面能,这也是拒水的基本条件,为此获得具有拒水拒油、易去污的织物。

图 4-4 荷叶表面微观结构

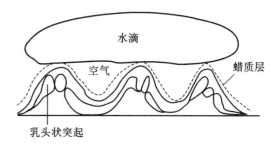

图 4-5 荷叶的自洁原理

二、超疏水纤维性能

(一)超疏水方法与性能

基于仿生学原理构建材料表面结构,获得仿生自清洁表面,是制备自清洁功能纤维的主要方法。许多动植物(如荷叶、水稻叶和蝴蝶翅膀)具有超疏水和自清洁效果。Liu 等利用碳纳米管(CNT)沉积在棉织物上形成粗糙表面产生荷叶效应,达到超疏水目的。中国科学研究院江雷博士及其合作者揭示了自然界中浸润性表面结构与性能的关系,提出了"二元协同纳米界面材料"设计体系,可制备出多种仿生超疏水材料,他提出如果在纤维上打出微纳米列孔,实现纤维超双疏功能,能够生产出具备自清洁性能的西服和羊毛衫。江雷博士及其合作者还发现,蝴蝶翅膀的表面有非常细的鳞片,并通过这些鳞片的存在成功解释了蓝色大闪蝶翅膀保持洁净干爽的原因,同时提出如果将鳞片结构复制到纤维和纺织品上,可获得类似大闪蝶翅膀的自清洁性能。

另一种超疏水化的方法是使用低表面能的含氟、硅基团的物质对材料表面进行修饰或涂层,但直接使用具有低表面能的氟化物进行处理时,接触角最多只能达到 120°左右。因此,要达到超疏水效果,表面粗糙度也是要考虑的因素。Ogawa 等以醋酸纤维素为原料,通过静电纺丝制备了纳米纤维膜,通过逐层交替沉积 TiO_2 颗粒和聚丙烯酸在纤维素膜上形成粗糙表面,接着进一步沉积 $CF_3(CF_2)_7(CH_2)_2Si(OCH_3)_3$ 进行氟化处理,最后得到接触角为 $162°$ 的超疏水表面。NanoSphere 技术是通过对棉和天然纤维混纺织物进行氟碳整理获得拒污、拒水和拒油性能的,也可应用到蚕丝、羊毛纺织品的拒水整理中。改进的 NanoSphere 表面涂层整理技术通过了严格的蓝色标志(Blue Sign)标准认证,该技术采用新的涂层基体,同时将 C_6 氟碳替代 C_8 氟碳,实现将上百万纳米粒子整理到织物表面,经改进的 NanoSphere 表面涂层整理技术整理的织物具有持久的耐水洗效果。

第三种是利用纳米技术对纤维和织物进行超疏水处理。Mincor TX TT 整理技术模拟荷叶的微观结构,通过整理工艺将纳米粒子嵌入聚合物基质,赋予织物耐久的纳米结构表面。Mincor TX TT 是由 BAST 公司开发的,可生产具备纳米结构表面的自清洁纺织品。

(二)超疏水表面的制备方法

超疏水表面的制备方法有电纺丝法、电沉积法、化学气相沉积法、水热法、溶胶-凝胶法和分子自组装法等。棉布表面具有天然的粗糙及孔隙结构,通过层层自组装法、浸涂法、滴涂法、湿化学法、水热法和化学气相沉积法结合表面修饰技术,可在棉布表面制得超疏水或超疏水/超亲油表面。相比于其他方法,溶胶-凝胶法的条件温和,过程简单,成本低,常被用于制备超疏水表面。

三、生产方法

润湿性是材料的一种特性,它取决于表面的化学组成和形态结构。纺织品的许多湿加工依靠纺织品组织结构的完全润湿来达到满意的处理效果。与纺织品湿加工要求具有优良的润湿性相反,那些要求防水的纺织品,例如防水服、防护服、运动服、工业用防水布、室内装饰织物等,特别需要疏水,最好有超疏水的能力。

润湿性能主要取决于表面能和表面粗糙度。已有研究表明,表面粗糙度与粒子的黏附存在相关性,表面能可以用化学改性(如氟化和其他疏水性涂层等)加以控制。许多氟基聚合物由于具有低的表面自由能而产生高度的拒水拒油性、拒有机溶剂性,因而得到实际应用。但是,氟化聚合物存在环境污染问题,许多国家已经限用或开始禁用,因此需要用替代品以获得超疏水性表面。

溶胶-凝胶技术在纺织品染整中的应用受到了研究工作者的关注。已有研究表明,改性的硅溶胶制取无氟超疏水性纺织品有优异的效果。用银纳米粒子作为起始粗糙成分,非氟化疏水性聚合物聚苯乙烯接枝层作为低表面能成分,制取超疏水性织物。

(一)试验样品

三种涤纶织物:1#织物,面密度为 $335 \ g/m^2$;2#织物,面密度为 $122 \ g/m^2$;3#织物,由微纤维制成,因而似平板结构。每种织物因织造组织结构或纹理不同,具有不同的织物粗糙度。这样做的目的是确定由织物组织结构形成的特殊粗糙度是否会提高拒水性。

(二)涤纶织物的准备和处理

织物用水、丙酮、甲苯和乙醇几种溶剂漂洗以除去整理剂和其他沾污物,然后将织物在去离子水中充分洗涤约 1 h 以除去所有残留物,并在烘箱中 80 ℃下烘至恒重。其后,织物在 6.8 W 功率经受等离子体放电处理 2 min。对于较大尺寸的试样,由于等离子体设备有限的箱体面积而改用电晕处理。电晕处理是将织物试样精确地放在电晕处理头下 1 cm,在标准条件(21 ℃,相对湿度 65%)下对织物两面处理约 10 s。然后将经等离子体/电晕处理的织物在四氢呋喃中洗涤以除去处理时由于链断裂形成的低相对分子质量残留物,这种处理提高了涤纶织物表面的反应性。聚苯乙烯接枝后,这些织物的疏水性用测角仪测定水接触角加以表征。

水洗试验:把改性织物放入约 60 ℃的 0.1% 洗涤剂(AATCC Standard Reference Detergent)溶液中保持 2 h,然后用水充分洗涤以除去所有表面活性剂,用 AATCC124—1996 测定水接触角。

(三) 涤纶荷叶效应织物的性能

涤纶织物用银纳米粒子改性有两个理由,其一是为了得到合适的粗糙度,其二是赋予抗菌活性,因为银是一种很好的抗菌剂。用 105 nm 以上纳米粒子处理时,纤维表面得到较好的粒子覆盖。在纤维表面吸附的银纳米粒子密度,随着纳米粒子尺寸的增大而增大,并在尺寸大于 105 nm 时达到最大值,达到(20±5)纳米粒子/μm^2。

测定改性的涤纶水接触角,三种织物各不相同,1#织物的水接触角约 150°±5°,而 2#织物为 160°±8°,3#织物约 138°±3°。接触角值的差异是由织物组织结构不同所致的。织物的稀松性不同,2#织物比 1#织物有较大的粗糙度,经纬向纱线的稀松性产生较大的纱线间间隙。对于疏水性织物,较大的纱线间隙可以使织物组织结构内持留较多的空气,这就使织物更具疏水性。因此,从水接触角看,2#织物接触角大于 150°,可以认为是超疏水性的,而 1#织物处于超疏水性边界,涤纶微纤维织物(3#织物)远低于超疏水性边界。

涤纶织物只用聚苯乙烯(没有银纳米粒子)和用聚苯乙烯/银粒子多层处理后的静态水接触角测定相比较,接触角从 113°±4°增至 157°±3°,织物接触角显著增加是聚苯乙烯聚合物的疏水性和银纳米粒子引起的粗糙性协同作用的结果。

(四) 洗涤试验

洗涤试验进一步说明了纳米粒子处理在涤纶织物上的耐久性。洗涤前的接触角为150°~155°,洗涤后的接触角为 145°~150°,接触角平均只降低 5°,表明纳米粒子覆盖于疏水性聚合物上是十分牢固的,甚至在剧烈的洗涤条件下也能保持良好的完整性。

第三节　调温纤维

一、调温功能原理

温度调节的机理源于相变材料,相变材料是指材料在相变温度范围内,虽然发生相态的变化(一般为固、液转变),但在相变过程中,体积变化很小,以潜热形式从周围环境吸收或释放大量热量(热量的吸收或释放比显热形式要大得多),而自身的温度保持不变或恒定的一种功能材料。

相变材料在发生相变的过程中,物质的分子迅速地由有序向无序转变(反之亦然),同时伴随着吸热和放热的现象。利用相变材料的这种吸热和放热现象,可以调节服装及周边的温度,以减少皮肤温度的变化延长穿着的舒适感。若外界的温度增加,提供了增加相变材料分子运动的能量,直到达到相变材料的熔点之前,服装及周边微气候逐步升温。但外界温度升高到相变材料的熔点时,相变材料逐步从固态变为液态,便会吸收外界的热量作为潜热储存起来,在服装内产生短暂的制冷效果。这时服装及周边的微气候保持在相变温度点不变。热能可能来自外界的温暖环境,一旦相变材料完全溶解,储能便结束。由于相变材料的相变潜热很大,因此可能保持较长时间温度不变。如果含相变材料的服装在低于相变材料结晶温度的寒冷环境中使用,相变材料逐步固化且放出热量,服装及周边微气候温度保持恒定,提供短暂的加热效果。如果外界继续冷却,直到潜热全部放完,服装及周边微气候才开始冷却。这种热转换在服装内起缓冲作用,减小皮肤温度变化,延长穿着者的舒适感。

由于纺织纤维加工和应用的特殊要求,用于温度调节纤维的相变材料有下列要求:(1)相变材料的有效性取决于相变材料的温度变化范围及相变热,相变温度接近人体温度,当人体处于热平衡时,感觉舒适的平均温度大约在 33.4 ℃。当皮肤与平均温度的差别在 1.5～3.0 ℃时,人体感觉舒适;如果差别超过 4.5 ℃,人体就会有冷暖感。适合纺织服装使用的相变材料,要根据不同的气候和用途,选择与使用温度相一致的相变温度范围:用于严寒气候时,应在 18.33～29.44 ℃;用于温暖气候时,应在 32.22～42.33 ℃;一般相变温度在 29～35 ℃。(2)相变潜热高,单位质量和单位体积的相变潜热都要大。(3)化学和物理性质稳定,相变材料应无毒,无腐蚀性,无危险。(4)热传导系数适宜,对热变化的响应快,能较快地吸收和释放热量。(5)相变过程必须保持蓄热性能的稳定,无过冷、过热现象,在使用洗涤等过程中蓄热性能不损失、不变化。通常,具有使用价值的纤维用相变材料的使用寿命大于 1000 次循环。

二、调温纤维性能

(一)调温纤维的发展与品种

1. Outlast 空调纤维

Outlast 空调纤维是美国太空总署为登月计划研发的,最初应用于宇航员服装和保护太空实验精密仪器等。Outlast 空调纤维的技术关键是把 PCMS 微胶囊植入纤维,微胶囊内有热敏相变材料碳氢化蜡(Hydrocarbonwax)。这种热敏相变材料具有以潜热能的形式吸收储存和释放热量的功能,在温度变化中热敏相变材料通过固态与液态的相互转化实现吸热和放热。热敏相变材料通过不间断地吸收和释放能量来调节温度,用这种材料制成的服装能保持适当的温度范围。现已掌握有 20 多个专利,有 60 多个国家使用了 Outlast 相变材料。

人体调节体温的关键是皮肤,通过皮肤的收缩和扩张,即血管收缩和舒张,以限制和增加血液流量,从而减少或增加热量的流失。Outlast 空调纤维可以根据环境温度吸收和释放热量,对外界环境温度的变化在皮肤上作出相应的反应,对温度变化有缓冲作用,具有气候调节功能,在身体和服装(或其他产品)之间形成良好的小气候。Outlast 空调纤维是一种新型"智能"纤维,主要有两种技术:一是将相变材料微胶囊涂于织物表面;二是将相变材料微胶囊混入纺丝液中进行纺丝。最初开发了 Outlast 腈纶空调纤维,后又开发了 Outlast 黏胶空调纤维。Outlast 腈纶空调纤维有毛型和棉型两种,有散纤维和毛条,规格有 1.7、2.2、3.3、5 dtex 等,长度为 51 mm、60~110 mm。Outlast 黏胶空调纤维主要是棉型散纤维,该纤维除有调节温度功能外,还保持黏胶纤维的舒适性和透气性。

Outlast 空调纤维可以纯纺,也可以与棉、毛、丝、麻等各类纤维混纺、交织,可机织,也可以针织。Outlast 空调纤维在纺织过程中有一定的难度。

(1)静电问题严重。Outlast 空调纤维为有光纤维,纤维本身静电大,表面光滑,纤维间的抱合力差,再加上纤维在原生产厂家不加抗静电剂,从而增加了空调纤维的纺纱难度。在生产中经常出现梳棉成条困难、棉网破洞、烂边、飘网,粗纱飘断头,并条、粗纱、细纱缠绕罗拉和胶辊等问题。

(2)PCMS 微胶囊易破裂。Outlast 空调纤维含有 10% 的 PCMS 微胶囊,纤维是通过微胶囊内的热敏材料进行吸热和放热来实现温度调节的。空调纤维在分梳、牵伸及织造等加工过程中,有一部分微胶囊可能被挤压破裂。如果胶囊破裂较多,该纤维将丧失空调功能。微胶囊破裂后,溢出的热敏材料在常规生产环境中呈现液态,有黏性,易造成纤维缠压辊、绕罗拉、堵圈条盘等问题;胶囊内蜡质黏附于纤维,易造成染色困难。

织物规格设计有局限性:Outlast 空调纤维密度小、蓬松,有弹性,单位重体积较大,成纱难度大,纺纱号数有很大的局限性,尤其纺高支纱难度特别大;Outlast 空调纤维强力低、比重轻,成纱断裂强度比纯棉纱小很多,织造相对困难,再加上该纤维单位体积大,不能设计高密织物。Outlast 空调纤维纺织技术采取的措施是将 Outlast 空调纤维与精梳纯棉混纺,按 65/35 的比例生产出 18.4 tex 与 29.4 tex 的单纱;或将 Outlast 纤维与精梳纯棉、氨纶纤维混纺,按 61/32/7 的比例生产出 29.4 tex 的弹力纱。调温纤维一般与其他纤维进行混纺,当该纤维的含量大于 30% 时,最终产品才具有良好的调温功能。

2. 牛奶蛋白质空调纤维

采用我国生产的特制相变微胶囊材料和纳米级负离子发射材料,应用特殊的合成技术,一种具有双向智能调温功能和负离子抗菌功能的蛋白质纤维及制造技术在北京雪莲羊绒股份有限公司开发成功。采用这项技术,纤维既可制成仿羊绒型的智能相变调温和负离子广谱抗菌功能的蛋白质三维卷曲纤维,也可制成棉型智能相变调温和负离子广谱抗菌功能的蛋白质纤维。牛奶蛋白质空调纤维相变吸热范围在 27~35 ℃,相变吸热值达到 14 J/g 以上,放热范围在 17~26 ℃,相变放热值同样达到 14 J/g 以上。由于纤维载体含有大量具有生理活性的蛋白质,所以还有很好的营养皮肤的功效及高于一般化纤的吸湿性、导汗性。该纤维是一种复合型的多功能空调纤维。

3. 其他调温纤维

瑞士 Scholler 公司采用相变材料生产的 Comfort-Temp 恒温纤维及其产品也具有调节温度的功效。日本小松精练公司开发了具有吸热、贮热和保暖功能的空调织物 Dynalive。

天津工业大学研制的空调纤维,经测试在 38 ℃ 的气温下保持内部温度低于 30 ℃ 达 215 h,
已试用于我军新型飞行服和通风服等。

(二) Outlast 空调纤维的调温性能

测定调温纤维的效果主要采用三种方法:差示扫描量热法(DSC)、动态热转换法、温度
变化法。DSC 通常用来测定储热能力及植入到纤维结构中的微胶囊的相变温度范围。动
态热转换法可测定动态保暖效果,并可清楚地与织物结构提供的基本保暖效果分开,可
比较含有与不含有蓄热微胶囊的织物的热性能。这种方法既可测定相变材料吸热时织
物产生的凉爽效果,也可测定放热时产生的保暖效果。温度变化法借助温度变化仪器来
测定不同的温度范围和吸收的不同程度的热量。下面主要介绍 Outlast 温度调节纤维的
差热扫描量热法测试。

1. 试验材料与仪器

(1) 试验材料:Outlast 腈纶纤维(1.9 dtex,38 mm),由上海华润纺织有限责任公司
提供。

(2) 试验仪器与条件:DSC (Q1000 V9.0 Build 275),升温速率为 19.97 ℃/min,以
50.0 mL/min 供应氮气,选用的温度范围为 -40~50 ℃。先对样品进行升温,然后降温,形
成一个循环。

2. Outlast 腈纶纤维试验结果

对 Outlast 腈纶纤维进行差热扫描量热法测试,作出该纤维的热分析曲线(DSC 曲线),
如图 4-6 所示。

从图 4-6 可以看出,随着温度的升高,纤维内的相变材料开始吸热,在 26.06 ℃ 开始吸
热,温度达到 28.58 ℃ 时出现了吸热峰,吸热焓值为 5.572 J/g;当外界温度开始降低时,纤维

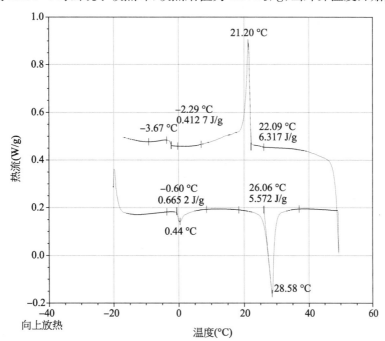

图 4-6　Outlast 腈纶纤维的 DSC 曲线

内相变材料开始放热,在 22.09 ℃开始放热,温度达到 21.20 ℃时出现了放热峰,放热焓值为 6.317 J/g。由此可以看出相变材料的吸热、放热性能:融熔吸热温度范围为 26.06～28.85 ℃,结晶放热温度范围为 22.09～21.20 ℃。

三、生产方法

在对调温纤维加工时,可将不同相变温度的相变材料混合,使纤维在正常温度下,其中的一部分相变材料熔融而处于液态,并将热量储存起来;另一部分相变材料处于固态,具有吸热的潜在趋势,从而使相变材料在人体舒适的温度范围内,既具有较强的吸热潜力,又具有较强的放热潜力。含有相变材料的纺织品在外界环境温度升高时,相变材料吸收热量,从固态变为液态,降低其表温度。相反,当外界环境温度降低时,相变材料放出热量,液态变为固态,减少了人体向周围放出的热量,以保持人体正常体温,为人体提供舒适的衣内微气候环境,使人体始终处于一种舒适的状态。

(一) 相变材料在纤维及纺织品中的加工方法

相变纤维是利用物质相变过程中释放或吸收潜热,保持温度不变的特性开发出来的一种蓄热调温功能的纤维。用相变材料加工的调温纤维具有双向温度调节作用,主要目的是改善纺织品的舒适性。它是将相变储热材料与纤维和纺织品生产加工技术相结合开发的产品。温度调节纤维的生产有很多方法,随着技术不断的革新,旧的方法暴露出缺陷,一些新的方法应运而生,本文将阐述温度调节纤维的主要加工方法。

1. 熔融复合纺丝法

张兴祥等人将相变物质聚乙二醇直接混合到聚合物熔体或者纺丝原液中进行纺丝。单纯将相变物质用于熔融复合纺丝很困难。因为低温相变物质的熔融粘度很低,无可纺性。只有将低温相变材料与多种增塑剂混合后,才能用于纺丝。天津工业大学功能纤维研究所通过对相变物质进行熔融复合纺丝,研制了相变物质含量在 16％以上,单丝细度5 dtex 的蓄热调温纤维。目前还没有大规模的生产。但是加入相变材料后聚合物的可纺性变差,相变材料在聚合物熔体中稳定性下降,纤维中的相变材料在染整、后整理等过程中,芯部相变材料易逸出。

2. 中空纤维填充法

利用中空纤维中的孔隙,将相变材料浸入,涉及到纤维与相变材料相互浸润的问题。一般是通过纤维内孔进行化学或物理改性,增加其对相变材料的表面浸润性能,尽可能地使相变材料填充到中空纤维中,也有用添加适当的表面活性剂到熔融的相变材料中去的方法,改善其表面张力,使熔融相变材料能润湿中空纤维的内壁。用中空纤维填充法制得的调温纤维内径较大,相变物质残留于纤维表面,故易于渗出和洗出,作为服用纤维使用还有很大的局限性。

3. 织物涂层后整理法

采用涂覆或者后整理的方法将相变材料混合,伴随其他助剂附着在纺织品表面获得具有调温功能的纺织品。利用织物涂层后整理法制备的调温纺织品方法简单方便,但织物的物理机械性能和透气性能均有所下降,有待进一步的改进。

4. 微胶囊法

传统的相变材料在体系相变时会发生膨胀或收缩,材料融化时会发生泄漏,稳定性较差。当体系凝固放热时,由于固态相变材料热传导率低而使体系的导热性降低,同时固化过程中相变材料在高温下易分解等会造成染织后相变材料的损失较多,调温性能受到影响。

随着传统相变材料缺陷的暴露,人们开发了微胶囊技术。该技术利用成膜材料把固体或液体包覆而形成小粒子,粒子大小一般在 $1\sim300~\mu m$,制备了微胶囊相变材料。

微胶囊技术具有独特的功能,主要体现在以下三方面:

(1) 改变物质的存在状态,液态物质被微胶囊化后,可得到细粉末状的产物,其宏观上表现在固体性质但其内部仍为液体,因而可以较好地保持液体的性质,使之在需要的情况下释放出来。另外,若核内为相变物质(特别是固液相变物质),微胶囊可以为其提供稳定的相变空间,保证物质在相变过程中不流失。

(2) 挥发性物质(如香料)或在应用过程中需要控制释放的物质可利用微胶囊包覆,达到缓释的目的。如将香料微胶囊化后混入织物纤维中,可以长时间地保持织物沁香动人。

(3) 保护和分离,微胶囊的外壳可以保护内核物质,使其免受环境中的水分、紫外线等的影响。此外,微胶囊还可以隔离活性成分、阻止活性成分之间的反应。

相变储能微胶囊中包覆的相变材料是在 $10\sim80~℃$ 时发生固-液相变的材料。属于该温度范围的相变材料有水合无机盐、高级脂肪酸、高级脂肪醇、烃类物质、聚醚、脂肪族聚酯和聚酯醚等,其中水合无机盐和高级脂肪醇(水溶液)的相变热一般较高,但这些材料的稳定性稍差,存在过冷和相分离的现象,应用也受到一些限制。

(二) 空调纤维的应用

1. 用于航空航天

在太空中人体受到温度的过大变化会感到不适,一些精密仪器因温度的变化会造成数据误差。Outlast 空调纤维最初正是为应用于太空服以及保护太空仪器而开发的。Outlast 公司实验报导,含有 Outlast 微胶囊的服装,如外界温度从 102.2 ℉(39 ℃)到 77 ℉(25 ℃)变化时,含有 Outlast 的空调服装可以调节到 95 ℉(35 ℃)到 86 ℉(30 ℃)。

2. 用于运动装

人们处于运动状态会使体温升高、大量排汗。含有空调纤维的运动装可以迅速吸收体表热量,降低体表温度,穿着舒适。

3. 用于普通服装

空调纤维制成的服装,可以不间断地吸收和释放能量来调节温度,因此其服装能保持在一个舒适的温度范围内,故用空调纤维可制得冬暖夏凉的服装。空调纤维用于普通服装时类别较多,如衬衫、裤子、内衣、袜子、手套等,特别是滑雪衫、毛衣、毛裤等服装添加空调纤维可以起到更好的保暖作用。

4. 用于床上用品

人们在睡眠时需要有适宜的温湿度,被子薄了会感到寒冷,被子厚了不仅会有压迫感且会过热而出汗,使人体感到不适。空调纤维用于床上用品,可以调节温度,改善人们的睡眠状态,提高睡眠质量。空调纤维还可以作滑雪衫和被子的填充材料。

第四节　防水透湿纤维

科学技术的发展也推动纺织业不断向前发展,21世纪的服装将向着穿着舒适化、功能化及回归自然等方向发展。各种智能织物、功能织物得到广泛的关注与发展。防水透湿就是其中之一。防水透湿织物是一个功能性产品,具有防水、透湿、防风、拒水的特殊功能,可以散发体内汗液,确保皮肤的舒适感觉。

一、防水透湿功能原理

防水性能和透湿性能是互相矛盾的两个功能,与薄膜的材料、结构有关。防水透湿机理大体上分为两大类:一类是孔隙自由扩散理论;另一类是分子传递扩散理论。

(一) 孔隙自由扩散理论

透过薄膜复合织物孔隙的水蒸气通量与孔隙大小和表面孔隙率成正比,即:多孔半径越大,表面孔隙率越大,水蒸气通量越大。然而,对于液态水来说,多孔半径越大,液态水就会透过薄膜,薄膜无法产生防水的功能。鉴于水蒸气分子直径($0.0004\ \mu m$)和毛毛雨滴直径($400\ \mu m$)相差很大,在织物表面覆盖的高分子膜的孔隙是水蒸气分子的几百或几千倍,毛毛雨滴的几百分之一或几千分之一,从而得到理想的防水性能和透湿性能,即:水蒸气从分压高的内侧扩散到分压低的外侧,外侧水侵入织物时,液态水不能透过织物。

(二) 分子传递扩散理论

分子传递扩散理论用来解释致密亲水性薄膜的透湿机理。水分子被薄膜中存在的亲水基团吸着,即产生水分子挤入或嵌入薄膜高分子之间,替换压缩了薄膜高分子原来的位置,使原本致密的高分子薄膜产生了孔隙,并被水分子挤占,由此形成实心的孔隙。当水分子由于传递扩散而离开,并由后备的水分子连续不断地接续、顶替时,上述孔隙被保留下来,形成水分子传递扩散的通道,当不再有后备的水分子接替时,致密亲水性高分子薄膜将恢复原状。因此,亲水性能越好,薄膜的透湿性能越好。但当外侧雨水侵入织物时,液相水与亲水基团的亲合性远大于汽相水与亲水基团的亲合性,薄膜亲水基团吸着大量的水分子,这些水分子会使致密的高分子薄膜发生溶涨。因此,亲水性薄膜表现出较差的防水性能。

二、防水透湿纤维性能和生产方法

防水透湿织物是指水在一定压力下不会浸入织物,而人体散发的汗液能以水蒸气的形式通过织物传导到外界,从而避免汗液在体表与织物之间积聚、冷凝,从而保持服装一定舒适性的织物。防水对于普通工作者来说不是什么难题,关键是如何实现透湿。

(一) 超高密结构法

Ventile织物是一种细号低捻度的纯棉纱高密织物。在干燥的文泰尔防雨织物中,纱线之间的微孔比较大,能提供高度透湿的结构。一旦润湿,棉纤维膨胀,纱线之间的空隙由 $10~\mu m$ 减小到 $3~\mu m$,迫使孔隙缩小,在短时间内可以防止水的渗透。这一闭孔机制同特殊的拒水整理相结合,可使织物不被雨水进一步渗透,可用于外科手术服、户外穿着服等。

织物不采用拒水整理也可达到 $9.8\sim14.7~kPa$ 的耐水压。日本帝人公司以超细涤丝制成的微隙织物,据称织物经五次洗涤后,在 24 h 内仍能耐受 9.8 kPa 的水压而不渗漏,透湿率可达 $10~000~g/(m^2 \cdot d)$;经 20 次洗涤后,织物的拒水性能能保持 90% 以上。

人们发现荷叶表面因覆盖着稠密的细短茸毛及连续的蜡质层而具有特殊的拒水性能。滴于荷叶表面的水不能渗透荷叶,而只能顺荷叶表面流走,这种现象称为荷叶拒水(自洁)原理。采用涤纶微细旦纤维织造高密度织物,并利用组织的浮长线模拟荷叶表面的乳头状突起,使织物表面具有细小的凹凸,同时对坯布进行收缩整理和拒水整理,使织物具有防水透湿的效果。由该方法试制的防水透湿织物的透湿量达 $1~592.9~g/(m^2 \cdot d)$,耐喷淋持续时间 93.8 min,且织物手感柔软,悬垂性好,并具有天然的光泽。

通过整理手段可制备高密织物,其纱线具有皮芯结构,芯线是较粗的高收缩纤维,皮线为超细原料。如帝人公司开发的以涤纶皮芯异收缩纤维为原料的"Sorela"和日本尤尼契卡公司生产的以乙烯与乙烯醇共聚长丝为芯线,以锦纶为皮线的皮芯异收缩织物"Nnaiva"等。紧密型织物的优势主要在于工艺简单,主要是纱线和丝纤度的变化;制成的衣物悬垂性、透湿性好。但其织物耐水压太低($<10~kPa$),这大大限制了它的应用范围。此外,由于织物密度大,织物的撕裂性能差,纺纱必须特殊处理,生产成本高,加工困难。棉型 Ventile织物遇水变僵硬,不利于穿着,这也是此类织物缺点之一。

(二)微孔技术法

(1)原理。能降落到地面的雨滴直径通常在 $100\sim30~000~\mu m$,而水蒸气分子的大小为 $0.000~4~\mu m$,微孔防水透湿织物是根据水滴与水蒸气的大小相差悬殊的事实,设计织物微孔直径使织物外测的水不会渗透到织物内侧,但人体散发的汗蒸汽却能够通过微孔扩散到外界,从而具备了防水透湿的功能。

(2)微孔的产生方式。可通过对薄膜的双向拉伸产生微孔,可在高聚物上填加填料(如陶瓷、泡沫等)使高聚物与填料之间形成孔隙,也可通过相分离(聚氨酯的湿法)产生微孔,还可采用机械方式利用打孔技术(如激光)使无孔膜产生空隙达到透气的目的。

(3)产品实例。防水透湿织物 Gore-tex 是利用聚四氟乙烯(PTFE)微孔膜与织物复合而成的。Gore-tex 薄膜厚度约为 $25~\mu m$,气孔率为 82%,每平方厘米有 14 亿个微孔,平均孔径为 $0.14~\mu m$,孔径在 $0.1\sim5~\mu m$,小于轻雾的最小直径($20\sim100~\mu m$),而远大于水蒸气分子的直径($0.000~3\sim0.000~4~\mu m$),故水蒸气能通过这些永久的物理微孔通道扩散,而水滴不能通过。同时,由于 PTFE 薄膜是拒水的,因而这种薄膜具有优良的防水透湿性能。

用 Gore-tex 膜制成的服装有一个严重的缺陷,即随着服用时间的延长,防水透湿效果变差,甚至出现面料渗水现象。原因是薄膜的比表面积较大,容易吸附粉尘及人体汗液中的盐分、油脂、化妆品等物质,洗涤剂也容易残留在薄膜微孔内,这些物质的存在导致薄膜微孔的亲水性增加,从而引起毛细吸收现象。这类织物的耐水压性、透湿性、防风性及保暖性都较好,但加工过程较为复杂,生产成本较高。特别应注意的是,微孔在长期使用过程中会发生堵塞,从而导致织物的防水透湿性能下降。

微孔高聚物薄膜可以与织物通过层压或涂层工艺等方式复合,从而赋予复合体防水透气的功能。除了聚四氟乙烯外,其他薄膜层压织物还有聚乙烯膜、聚酯膜、聚氨酯膜、聚丙烯膜层压制品等。由于聚氨酯本身的物理性能尤其是弹性、手感、力学性能较好及相对低的加工成本,因而微孔涂层法以聚氨酯类防水透湿产品为主体。例如日本东丽(Toray)公司湿法凝固工艺生产的微孔聚氨酯涂层织物 Entrant,比利时 UCB Specialty Chemicals/B 公司相位倒置工艺生产的微孔聚氨酯涂层织物 Ucecoat 2000 系列。

(三)致密亲水膜技术法

致密亲水膜防水透湿织物是近年来研究的新动向。它是利用高聚物膜的亲水成分提供了足够的亲水性基团作为水蒸气分子的阶石,水分子由于氢键和其他分子间力的作用,在一定的温度和湿度梯度下,于高湿度的一侧吸附水分子,通过高分子链上亲水基团传递到低湿度一侧解吸,形成"吸附—扩散—解吸"过程,达到透气的目的。

亲水成分可以是分子链中的亲水基团或是嵌段共聚物的亲水组分,其防水性来自于薄膜自身的连续性和较大的膜面张力。利用薄膜与织物进行层压/涂层赋予织物防水透气功能。

聚氨酯涂层剂具有玻璃化温度低且易于调节、低温强度和柔韧性优良等优点,是用于防水透湿目的的常用涂层剂。提高无孔涂层的透湿性的关键是发挥聚氨酯分子结构中软段分子的作用,即导入亲水性的软段分子,作为吸附和释放水分子的部分。聚氨酯涂层剂涂层之后,由于溶剂挥发形成无孔薄膜,通过亲水基团或氢键对水分子的"吸附—传递—解吸"作用达到透湿的目的。

由于膜中没有微孔,因此防水性能很好,但透湿气性能有待于提高。另外,这类涂层织物的缺点是需要表面经拒水整理来改善防水性。致密膜防水透湿织物一般加工简单、不存在粉尘、汗渍和油垢的污染,但对设备、涂层剂有特殊要求。所涂层的织物具有较高的耐水压,但却难以获得较高的透湿性。

(四) TPU 薄膜

TPU 是热塑型聚氨酯薄膜的简称,属于无孔亲水性薄膜。由于薄膜本身没有孔隙,防水效果自然很好,同时也可使面料防风保暖。透湿主要通过其的亲水特性来实现,依靠衣服内外蒸汽压的差异,将蒸汽从压力高的地方转移到低的地方,从而实现了透湿的功能。

(1)产品特性。绿色环保;极好的透气透湿性;绝对防水性、防血污、抗菌;防风且耐寒、防绒、滑爽;耐久性、超泼水整理;易去污整理,可正常水洗。

(2)适用范围。野战军服、消防、军队特用服装;防护用品、军队用帐篷、睡袋及邮政包;登山、滑雪、高尔夫等运动用衣;鞋帽用材、箱包、遮光窗帘、伞布;防雨、透气的雨披、休闲风衣;医保用品。

(3)产品规格。门幅宽度为 1500 mm;产品厚度为 0.012~0.025 mm。低透透明膜、低透雾面膜、低透乳白膜,透湿指标大于 $1000 \text{ g}/(\text{m}^2 \cdot \text{d})$(ASTM E96 BW 2000),耐静水压指

标大于 10 000 mm H_2O(AATCC 127);中透透明膜、中透雾面膜、中透乳白膜,透湿指标大于 3000 g/(m^2 • d)(ASTM E96 BW 2000),耐静水压指标大于 10 000 mm H_2O(AATCC 127);高透透明膜、高透雾面膜、高透乳白膜,透湿指标大于 5000 g/(m^2 • d)(ASTM E96 BW 2000),耐静水压指标大于 10 000 mm H_2O(AATCC 127)。适合针织、机织、非织造等不同面料的贴合。

(4) 市场上的 TPU 复合面料主要产品:①四面弹+TPU+摇粒绒,就是人们常叫的 Soft Shell。四面弹主要为 75 D(做女装)和 100 D(做男装),摇粒绒主要为 75 D/72F 和 100 D/144F 两种,有平纹、斜纹、格子等很多风格。由于其防水、透湿、防风、保暖,使用范围已经不局限于普通的户外运动服装,很多国外大型公司将其作为员工的工作服。②化纤机织布+TPU+Tricot(涤纶经编网眼布)。机织布主要用春亚纺、塔丝隆、牛津布、桃皮绒、尼丝纺等。普通的如 228T 塔丝隆可作为冲锋衣的主要面料,尼龙迷彩印花面料可以做军队服装,荧光类面料可以做警察服等工装。

参考文献

[1] 翟涵,等.吸湿排汗纤维及其作用原理研究[J].上海纺织科技,2004,32(2):6-7.

[2] 李文婷,等.Coolmax 功能性纤维[J].现代纺织技术,2009(6):58-60.

[3] 张海芳.聚乳酸纤维与涤纶混纺织物的吸湿排汗整理[J].针织工业,2015(11):43-47.

[4] 张红霞,等.织物结构对吸湿快干面料导湿性能的影响[J].纺织学报,2008,29(5):31-38.

[5] 何天虹,等.吸湿快干纯棉针织物的设计新思路[J].针织工业,2005(12):41-43.

[6] 贺元,等.棉织物抗菌整理的效果评价[J].印染,2014(1):44-47.

[7] 周立群,等.蓄热调温纺织品的研究与发展[J].现代纺织技术,2010(6):56-58.

[8] 王敏,等.发热保温服装材料的开发现状及发展趋势[J].产业用纺织品,2009(4):6-9.

[9] 李正雄,等.纺织品超疏水表面研究进展[J].印染,2006(24):48-51.

[10] 石彦龙,等.超疏水-超亲油棉织物的制备及在油水分离中的应用[J].高等学校化学学报,2015,36(9):1724-1729.

[11] 杨小翠,等.超疏水性材料的制备及其智能调控的研究[J].广州化工,2015,43(24):11-12.

[12] 丁娇娥,等.光催化型超疏水材料 SiO_2-TiO_2 的制备和表征[J].东华大学学报(自然科学版),2015,41(6):767-773.

[13] 叶金兴,等.具有荷叶效应的超疏水纺织物[J].现代纺织技术,2010(2):52-54.

[14] 范瑛,等.调温纤维和调温非织造布的热性能研究[J].产业用纺织品,2010(5):12-15.

[15] 王向钦,等.蓄热调温纤维及其在非织造材料中的应用[J].非织造布,2006,14(4):33-35.

[16] 史汝琨,等.相变微胶囊/SMS 智能调温织物的制备及性能研究[J].材料导报,2015,29(7):26-30.

[17] 廖选亭,等.防水透湿纺织品技术研究现状[J].染整技术,2011,33(8):1-4.

第五章 特殊功能纤维

第一节 仿生纤维

一、仿生功能原理

模仿生物系统的原理来构建技术系统,或者让人造的技术系统具备与生物系统相似的特征,这就是仿生学。仿生学是将数学、生物学、工程技术学等学科进行交叉渗透,从而形成的一门新的边缘科学,把自然界中生物作为各种技术思想、设计原理和创造发明的源泉。由于其研究内容丰富,得到迅速发展,并取得了很大的成果。其范围包括电子仿生、机械仿生、化学仿生、建筑仿生等。如苍蝇与振动陀螺仪,蝙蝠与雷达,萤火虫与人工冷光,蛋壳与薄壳建筑等。

现在,仿生学主要通过仿结构达到功能的实现,或者通过整理手段达到功能的实现。很多研究已经进入到分子水平的仿生机制。如仿植物表面的多功能界面得到多功能的材料,仿聚合物大分子形态应用于生物医学。仿生学在国外开展较早,在机械、电子、化学等方面研究较多,如仿生机器人、仿生材料(如仿生纳米结构材料、仿生生物矿化医用材料等)或纺织品等。相比之下,我国的仿生研究较为滞后。近年来,我国相关企业和高校、科研单位在功能性仿生纺织品开发上取得了一定成果。在应用仿生及纳米技术的功能性纺织品的研究领域有了一定的进展和成果。我国生物医用纺织品研究是以我国天然资源(海藻、甲壳质、骨胶原等)为原料,研制可以取代大量进口的生物医用纺织品,这方面的研究是拥有巨大发展潜力的。

二、仿生纤维性能

(一)从结构上仿生的纤维的品种与性能

通过研究内部和外部结构原理,学习与借鉴生物自身的组织方式与运行模式,从而为人类提供优良结构设计的典范,这就是结构仿生所要研究的主要内容。自然界的生物为了生存和发展,经历千万年的演变和进化,不断选择和优化,创造了一种最优的组成和结构,从而使生物体具有特殊的功能和智能。自然界生物展现出绚丽的颜色,一种原因是生物本身所具有的颜色;另一种是光线射入生物表面特殊结构,经折射后呈现出的颜色。自然界的许多生物都是通过其表面的特殊结构产生的不同色彩起到伪装作用的。智能仿生显色纺织品正是通过对生物结构的研究,运用薄膜干涉、光反射、光散射、微坑折射和偏振光等光学原理模拟其表面结构,使纤维产生绚丽的颜色。

1. 结构生色纤维

色素生色随着化学结构变化,颜色会变化或消失,而结构生色来自羽毛等表面结构对光的散射和干涉等作用,只要材料的折射率和尺寸不变,颜色是不会消失的。自然界的颜色不仅来源于色素,还来源于物理结构。

(1)多层扁平纤维。蓝蝶本身不含蓝色素,当光射在它的翅膀鳞片上时,大部分入射光进入鳞片间的狭缝,在狭缝的壁内不断反射、折射、干涉,并相互叠加增大幅度,从而让蓝蝶周身闪烁着美丽的钴蓝色金属光泽。研究人员由此开发出多层扁平纤维,它用两种不同热收缩率的聚酯混合熔融纺丝后进行热处理,并每隔 0.2000~0.3013 mm 周期性地形成一个扭曲螺旋。用这种多层扁平纤维织成的织物,可产生金属般的鲜艳光泽,同时还有柔软和褶皱美的特点。

(2)超微坑纤维。通过研究蛾的角膜结构并模拟其表面平行排列的微细圆锥状突起结构,利用物理和化学的方法,在纤维表面形成超微坑结构,这样的凹凸结构使照射到纤维表面的入射光呈散射状态,从而增加纤维内部对入射光的吸收而减少光的反射,纤维呈现出艳丽的黑色。人们发现夜间活动的昆虫的角膜上,整齐地平行排列着微细圆锥的突起结构,它能防止夜晚微弱光线的反射损失,使光能穿透角膜球晶体,通过模仿这种结构可制成超微坑纤维。超微坑纤维是把纤维表面通过微坑技术制成微细凹凸结构,从而使光形成散射,增加内部吸收光,如图 5-1 所示。由于减少了光的反射率,提高了黑色感,使色泽的深色感增强,鲜明度提高。超微坑纤维表面微细凹凸结构微坑技术已取得较大进展,平均每平方厘米能形成 40 亿~50 亿个微坑。形成微坑的方法有化学方法和物

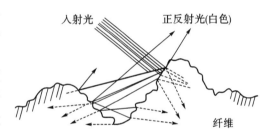

图 5-1　超微坑纤维表面微细凹凸结构

理方法。化学方法是把与成纤高聚物折射率类似的、平均粒径在 0.1 μm 以下的超微粒子,均匀地分散在高聚物熔体中,纤维成形后,经溶解除去微粒,可获得表面有微细凹凸结构的纤维。物理方法可利用低温等离子体处理纤维,使纤维表面呈凹凸结构。超微坑纤维的光散射效应,使其织物表面漫反射增强,织物鲜明度增加,可用于高档的西服正装等面料,提高产品的附加值。

(3)利用纳米结构生色的纤维。通过对孔雀羽毛生色原理的研究,证明周期性的纳米结构与光线作用引起结构生色。结合纳米仿生制备技术,人工模拟纳米结构单元,将使纤维颜色明亮且永不消失。

2. 仿生中空纤维

人们模拟天然复合材料中纤维的中空结构制得的中空纤维复合材料,比实心纤维复合材料具有更高的韧性和弯曲强度,较轻的质量,且具有自修复功能。如制得的圆形和 C 形中空碳纤维增强混凝土比实心材料有更高的拉伸和弯曲强度。

仿北极熊熊毛中空结构而研制的中空涤纶短纤维,具有良好的回弹性、蓬松性和保暖性,还有良好的抗菌防臭性和较强的抗紫外线能力。

（二）仿生功能变色纤维

模仿变色龙体色能随环境的变化而自动变色的原理，人们制得了变色纤维。变色纤维在受到光、热、水分、不同酸碱性或辐射等外界条件刺激后可以自动改变颜色。日本 Kanebo 公司将光敏物质包敷在微胶囊中，用印花工艺制成光敏变色织物。美国 Clemson 大学和 Georgia 理工学院等通过把变色染料加入光纤，或者改变光纤表面的涂层材料等方法，实现了自动控制纤维颜色的设想。

变色纤维与织物可用于制作时尚的变色服装和装饰织物、军事伪装、票据及证件的防伪材料等，具有良好的发展和应用前景。

（三）结构与功能并重的仿生蜘蛛丝

天然蜘蛛丝具有高强度、优异弹性和坚韧性等其他纤维无法比拟的优良性能。它在航空航天（如复合材料，宇航服装）、军事（如防弹衣、降落伞）、建筑（如桥梁和高层建筑的结构材料）、医学（如人造关节、肌腱）等方面表现出广阔的应用前景，但自身很难批量生产，这使其应用范围受到了很大限制。

在认识天然蜘蛛丝结构和功能的基础上，利用仿生学原理以及仿生的手段，设计、制备出仿天然蜘蛛丝的各种仿生材料，进行了基因水平的仿生，具有重大的科学意义和应用价值。加拿大 Nexia 公司将蜘蛛丝的基因注入山羊卵细胞内，通过转基因山羊奶生产出蜘蛛丝，并命名为 Biosteel。这种通过转基因得到的超高相对分子质量纤维具有强度高、弹性大和超收缩的特点。据推算，体重为 60 kg 的人用一根直径为 0.99 mm 的蜘蛛丝就能拉起来。蜘蛛丝物理力学性能优异，完全由蛋白质构成，可生物降解，在医学领域，可做外科手术缝线并可用于开发高性能的生物材料如人工韧带等；在航天航空领域，可用于结构材料、复合材料、宇航服装、防弹防刺盔甲服。

三、生产方法

（一）仿生技术在纺织品上的应用

1. 形态仿生纺织品

大自然美丽的色彩是服装色彩借鉴的最直接来源。这些自然色彩被设计师们灵活运用于服装色彩的匹配中。

仿生风格是服饰设计的一个潮流。国内外大师从动植物身上获得灵感的设计作品近年数量大增。鳄鱼鳞甲、蛇皮纹路、虎皮纹样、花瓣纹理的流行，已开仿生之风的先声。这些都是通过对生物形态的模仿、提炼和夸张，将自然形态上升到艺术境界，给人以美的享受。蝴蝶结、瓜皮帽、荷叶边、燕尾服、孔雀裙、灯笼裤、蝙蝠袖以及源于"圆屋顶""中国的飞檐"的耸肩飞袖造型等均是仿生风格设计。

2. 结构仿生纺织品

（1）防刺甲片的形状及搭接设计。恐怖恶性事件的频发使得防刺服的设计研发有很大的进展。鲫鱼鱼鳞呈扇形，搭接方式是后一层鳞片连续搭接在前一层两个鳞片之间，这使鱼在水中能自由游动，而且对其有一定的保护作用。通过研究鲫鱼鱼鳞的形状及鳞片搭接方式，并对其进行改进，开发了一种硬质甲片与软质织物相结合的新型甲片式增强复合防刺织物,使其在满足防刺标准的同时相比以前的防刺服具有了更好的灵活性、轻便性和舒适性。

(2)仿鲨鱼皮游泳衣。科学家研究发现鲨鱼皮具有优异的减阻性能,因为鲨鱼皮肤上的沟漕结构,如图5-2所示,在减少水阻力和氧气消耗方面的效果极为显著。而研制出的仿鲨鱼皮泳衣,在泳衣上设计了一些粗糙的齿状突起,有效地引导水流并收紧身体,避免皮肤和肌肉的颤动。另外,科学家还发现鲨鱼表皮的特殊构造及其亲水性低的表面特性构成了不适合细菌生存和繁殖的环境,从而进行了鲨鱼皮微结构的复制技术以及仿生防污研究。

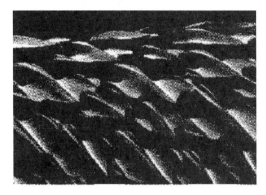

图5-2 鲨鱼皮的沟槽结构

(3)防水拒油织物。在显微镜下可看到荷叶表面覆盖着无数突起及布满每个突起表面的直径仅为几百纳米的绒毛。荷叶表面的蜡质和微米、纳米级结构造成的粗糙实现了荷叶的超疏水表面。水黾是一种在池塘、河流中常见的昆虫,它能快速移动和跳跃。通过对其腿部的观察发现,它利用腿部特殊的微纳米结构效应实现在水面的自由运动。其腿部由取向的刚毛组成,这些针状的刚毛直径在 $3\ \mu m$到几百微米。在每个微米级的刚毛上存在着复杂的纳米级沟槽,形成分级结构,在其表面形成稳定的气膜,阻碍了水滴润湿,表现出疏水性。通过对荷叶组织结构的仿生,利用人造技术让材料形成结合了纳米和微米特点的表面结构,即在材料表面喷涂纳米级的氧化钛粒子。经过防水拒油整理的各种面料具有自洁和疏水性能,这种面料主要做户外的运动服装、防护用服装、卫生用服装和家用纺织品,其主要的特点是容易保养、清洁起来简单方便。由于超疏水性表面具有防水、防雾、防污染、抗粘连、防腐蚀和自清洁以及防止电流传导等重要特点,超疏水织物可用于纺织建筑材料、建筑膜材料、医用防护材料、防雨材料,在户外帐篷、军用作战服和滑雪服等方面有很大的市场。

(4)仿生智能服装。仿"松球原理"研制出的智能服装,利用排热、保暖、排湿等功能自动适应温湿度变化。它的双层智能面料的表层有无数微小的直径不超过 $5\ \mu m$ 的突起,由羊毛等吸水性强的材料制成,当人体出汗时,面料上的突起在水分的作用下打开,像人体毛孔一样将水分蒸发,达到降温目的;没有汗液时,鳞片的突起恢复关闭状态。其第二层由孔隙很少的致密材料制成,能防止在面料的"气孔"处于打开状态时让人受到雨淋,使穿着者总是处在一种舒适、凉爽的健康状态。

(5)仿生呼吸织物。具有呼吸功能的纤维是将类似于血液中对于呼吸作用有贡献的血红朊辅基的功能色素——卟啉化合物作为诱导体,将它们以染色的方法固着于高分子表面。由于这种色素还具有与植物叶绿素相似的功能,固着在高分子纤维表面时,可利用纤维材料所具有的柔软的表面,充分吸收或建立形成氧的体系。当人体运动时,由于机体代谢加强,体内氧的消耗和二氧化碳的产生都在增强。其增加程度主要取决于骨骼肌活动的速率和强度,如果不能提供一个充满氧气的活动环境,运动不能持久进行。所以将这样的织物穿在身上,加上周围适当的温度,身体表面就会获得新鲜的氧。可以利用人体工学原理开发织物,使氧气作用于人体肌肉,为运动员补充运动中消耗的氧,并通过人体皮肤的毛细血管向血液输送,从而增强运动员的耐力。

3. 功能仿生的纺织品

(1) 色彩仿生的织物。色彩仿生给人类生活带来了很大的帮助。例如,科学家模拟蝴蝶色彩在花丛中不易被发现的道理,研制出用于军事防御的迷彩服和迷彩装备;受萤火虫夜间发光的启发,科研人员研发出各种反光材料。

(2) 军事伪装服。隐形技术是军事伪装服的重要仿生内容。在动物界中,最典型的例子有枯叶蝶和"变色龙"。枯叶蝶的翅膀两面色彩不同,正面鲜艳,背面呈褐色,间有深色条纹,落在树枝上时两翅合拢,翅的背面向外,模样像一片枯叶。它就是使用保护色和拟态把自己装扮得与外界环境中的物体相似以逃避敌害。蜥蜴的身体颜色能随着环境温度不同和光线强弱而改变,人们通常称其为"变色龙"。变色龙能随环境变化自动变色,因为它多层皮肤的细胞内含有可移动的色素。国外一些科学家对动物自动变色机理进行了研究,发现变色龙的皮肤中有红、绿、蓝三种色素细胞,其色素微粒会灵活地扩散或凝聚。当它们的眼睛看到环境色彩,大脑接收到视觉信号后,脑垂体就发出变色信号,通过不同的组合方式扩散或凝聚,从而变幻出各种色彩。在此基础上,人们采取了仿生技术开始研制和制造类似变色龙的有机色素来制造会自动变色的服装。

目前,美、日等国已研制出一种变色纤维并制成服装,士兵着此装伏卧在鲜花盛开的草原上,就能有选择地吸收环境的光波而自动变色。日本 Kanebo 公司利用变色龙会随着光线强弱而变色的原理,将吸收 350~400 nm 波长紫外线后,由本色变为浅蓝色或深蓝色的光敏物质包合在微胶囊中,用印花工艺制成了光敏变色织物。东丽公司则根据其随环境温度改变体色的机理开发了一种温度敏感织物,这种织物是将热敏染料密封在直径为 3~4 μm 的胶囊内,然后涂在织物的表面。它有 4 种基色,但可以组合成 64 种不同的颜色,在温差超过 5 ℃时发生颜色变化,温度变化范围为−40~85 ℃。针对不同的用途可以有不同的变色温度:滑雪服装的变色温度为 11~19 ℃,妇女服装的变色温度为 13~22 ℃,灯罩布的变色温度为 24~32 ℃等。

(二) 仿生复合材料

1. 仿贝壳增韧复合材料

贝壳珍珠层的组织中近 95% 是普通陶瓷碳酸钙,但综合力学性能比单相碳酸钙陶瓷高 2~3 个数量级。经研究表明,珍珠层内的文石晶体与有机基质交替叠层排列是造成裂纹偏转产生韧化的关键所在。国内外的课题组在贝壳的研究基础上,使用各种方法研制成多种高强超韧的层状复合材料。Studart 研究小组使用从下至上的胶体组装技术,将强度很高的陶瓷板和柔韧性很高的壳聚糖逐层组装,制成仿贝壳结构和性能的陶瓷板——壳聚糖层状复合材料,这种材料弹性好、柔韧性高、强度高。Kotov 研究小组通过从微米到纳米尺度的多级组装,制成了聚丙烯酸/聚氨酯的层状复合材料,这种材料的光学和力学性能非常好。张刚生等采用简单组成、复杂结构并引入弱界面层,开展了陶瓷材料增韧结构设计。

2. 仿生陶瓷材料

普林斯顿大学的研究人员在显微镜下看到鲍鱼壳是由1层排列非常规律的碳酸钙组成的,而碳酸钙的结合是利用了化学链,因此鲍鱼壳很硬;而且这层碳酸钙可以在蛋白质上滑动,这使得鲍鱼壳硬但柔韧性好,当其发生变形时不会破裂。人们利用鲍鱼壳的特殊结构,将铝原子充满在碳化硼分子之间,仿出了兼有坚硬和柔韧特性的新陶瓷材料,它可以感知周围环境的变化并很快适应。使用这种材料做飞机的机翼,若机翼遭到攻击受损时,它可以感测损害并修复。此仿生材料与生物体的弹性相同,在器官或组织移植上会有重要的作用。

3. 仿血管纳米材料

血管表面的多尺度微纳复合结构,使其具有良好的血液相容性,可抵抗血小板黏附,防止血栓形成。人们为此开发了仿血管内表面的微米沟槽与纳米突起结合的表面,来改善仿血管材料的血液相容性。同时还通过人工构筑的方法,利用碳纳米管阵列的特殊纳米结构,将具有含氟侧链的聚氨酯高分子修饰到其表面,使得表面具有极高的疏水性。实验证明这种表面能够极大地减少血小板的黏附与激活,从而有望成为潜在的新型生物医用材料。

4. 仿生骨修复材料

将制备的纳米活性粒子和纳米纤维及其复合材料应用于生物医学领域,形成了一个新的生物学领域。第三代生物材料注重材料生物体内更好地实现生物学响应。直接与生物系统作用的骨修复材料需有良好的生物或组织相容性和理化性能,还要保证细胞能很好地黏附于支架材料表面的骨组织。

自然骨可看作是取向分布在胶原纤维表面或间隙的纳米磷灰石微晶增强高分子聚合物,或者是弹性高分子聚合物增韧磷灰石复合材料,还可看作纤维自增强的纳米复合材料。

纳米磷灰石增强复合材料是模仿人骨组织的有机和无机复合结构的一种材料,而它的仿生性能使其成为骨修复材料的研究热点,而且利用静电纺丝法制备的纳米纤维,形成孔隙率极高的一种无纺结构的支架,作为支撑和模板,为细胞生长提供了场所。清华大学崔福斋课题组研制的纳米晶胶原基骨材料模仿天然骨的成分及结构特征制造的骨替代材料,具有生物相容性良好,无免疫排斥反应,愈合情况良好。仿生在生物医学中的广泛应用给现代医学带来了巨大的机遇和挑战。

5. 仿生转换材料

海参柔软有弹性,在遭到外部刺激或威胁时,它的身体在很短时间就会变硬。海参的这种“转换”是由于它的表皮层里含有易发生变化的胶原纤维组织,而控制相邻胶原纤维之间的应力传递就可以实现海参表皮硬度的调控。美国西储大学 Weder 教授等制备出仿海参结构的纳米复合体材料。这种材料是采用环氧氯丙烷、环氧乙烷、纤维素纳米纤维等材料制备的,而材料变软是由于加入引起氢键结合的溶剂,从而使纳米纤维之间的键合断裂;溶剂挥发后,会重新形成晶须之间的网络结构,该材料就会变硬。

(三)智能仿生交互电子纺织品

将电子系统加入到纤维和织物中制成交互功能的智能纺织品。这种纺织品可以对外界的刺激发生反应,与人类形成交互作用,例如可以使机器人模仿真人面部表情和面部动作。这种纺织品在德国、日本、英国等国很受推崇。大卫汉森机器人公司总裁大卫·汉森(David Hanson)创造的机器人面部应用了类似这种纺织品的材料,通过语音和机器视觉输入系统控制,能可靠地模拟真人面部的48个主要肌肉群,可以明显地表现出数以千计的细微、可信的面部表情,有很高的艺术性和技术性。此外,电子感应器和发光二极管等元件可以融入织物,使柔性的织物通过能够测定生理特征的感觉科技,来感应皮肤信号,从而改变灯光色彩,模仿表达穿着者的感情和个性。

飞利浦设计中心完成了两组可以显示穿衣者情绪的服装概念模型。"Blushing Dress"在双层面料的内层植入了可以感测穿衣者情绪的感应器,根据穿衣者的不同情绪,显现出不同的图案和亮度,并把它们在外层投影出来。"茧衣"是一套紧身衣,会反映穿衣者的呼吸起伏,其关键是在身体不同部位设置有细小的发光二极管,实现了电子元件和柔性织物的结合。

第二节　形状记忆纤维

一、形状记忆功能原理

形状记忆效应是具有一定形状的固体材料,在某一低温状态下经过塑性变形后,通过加热到这种材料某一临界温度以上时,材料又自动恢复到初始形状的现象。具有这种效应的材料称为形状记忆材料。它可以通过热、机械、化学、磁、光或电等外界作用使材料作出反应,从而改变材料的形状、摩擦、应变、硬度和静态或动态等特征技术参数。形状记忆材料的原理包括形状记忆合金的原理和形状记忆聚合物的原理。

(一) 形状记忆合金的原理

形状记忆合金材料是通过马氏体相变来表现形状记忆效应。马氏体相变具有可逆性。形状记忆效应是热弹性马氏体相变产生的低温相经过加热向高温相相互转变的结果。当具有一定形状的合金材料从高温降低至室温形成马氏体相,再将材料变形,经过加热到一定温度以上,由于材料特有的结构特性,会自动恢复到原来的形状。具有马氏体逆转变,且加热和冷却时马氏体相变的开始温度相差(称为转变的热滞后)很小的合金,将其冷却到转变时的开始温度以下,随着温度下降马氏体晶核逐渐长大;温度升高时,反之马氏体相同步地缩小。所以说马氏体相的数量随温度的变化而发生变化。在转变开始温度以上某个温度对合金施加外力也可以促使马氏体的相发生转变,若热弹性马氏体相变受到的力较小时,在低于转变的开始温度下,通过降温进行热弹性马氏体相变,从而呈现形状记忆效应。因此,形状记忆效应是热弹性马氏体相变的低温相经过加热向高温相进行转变的结果。

(二) 形状记忆聚合物的原理

通常认为,这类形状记忆聚合物可看作是两相结构,即由在形状记忆过程中保持固定形状的固定相(或硬链段),和随温度变化能可逆地固化和软化的可逆相(或软链段)组成。

可逆相一般为物理交联结构,通常在形状记忆过程中表现为软链段结晶态、玻璃态与熔化态的可逆转换;固定相则包括物理交联结构或化学交联结构,在形状记忆过程中其聚集态结构保持不变,一般为玻璃态、结晶态或两者的混合体。因此,该类聚合物的形状记忆机理可以解释为:当温度上升到软链段的熔点或高弹态时,软链段的微观布朗运动加剧,易产生形变,但硬链段仍处于玻璃态或结晶态,阻止分子链滑移,抵抗形变,施以外力使其定形;当温度降低到软链段玻璃态时,其形变被冻结固定下来,提高温度,可以回复至其原始形状。至此,完成"记忆起始态→固定变形态→恢复起始态"的循环。也可以这样认为,形状记忆高分子就是在聚合物软链段熔化点温度上表现为高弹态,人为地在高弹态变化过程中引入温度下降或上升等因素,高分子材料则发生从高弹态到玻璃态之间转化的过程。

二、形状记忆纤维性能

(一)形状记忆功能纤维品种

形状记忆产品是一种将具有形状记忆功能的材料以织造或整理的形式加工成或引入到纺织品中,在温度、机械力、光、pH 值等外界条件下,具有形状记忆、高恢复形变、良好的抗震和适应性等优异性能的产品。形状记忆材料有形状记忆合金、形状记忆陶瓷、形状记忆高聚物和形状记忆水凝胶。其中,形状记忆合金、高聚物和水凝胶在纺织品领域已得到应用,赋予了纺织品特殊的形状记忆功能,为开发适合在特种环境下穿着的功能纺织品提供了全新的思路。

1. 形状记忆合金类

形状记忆合金有金镉合金、铜铝镍合金、铜锌合金、铜锡合金等,它们都具有一定的转变温度。在转变温度以上,金属晶体结构是稳定的;在转变温度以下,晶体处于不稳定结构状态,一旦加热升温到转变温度以上,金属晶体就会回到稳定结构状态时的形状。迄今为止,纺织品领域研究和应用最普遍的形状记忆合金是镍钛合金,而其应用功能主要集中在美学方面,如具有形状记忆效果的各种花式纱线、面料、服装和装饰织物等。英国防护服装和纺织品机构研制的防烫伤服装中,镍钛合金纤维先被加工成宝塔式螺旋弹簧状,再进一步加工成平面状,然后固定在服装面料内。该类服装表面接触高温时,形状记忆纤维的形变被激发,纤维迅速由平面状变成宝塔状,在两层织物内形成很大的空腔,使高温远离人体皮肤,防止烫伤。

2. 形状记忆高聚物类

目前,得到应用的形状记忆高聚物有聚降冰片烯、反式 1,4-聚异戊二烯、苯乙烯-丁二烯共聚物、交联聚乙烯、聚氨酯、聚内酯、聚酰胺、含氟高聚物等。其中,热敏性形状记忆聚合物,特别是形状记忆聚氨酯,具有质量轻、成本低、形状记忆温度易调节、易着色、形变量大、容易赋形、易于激发的特性,得到了广泛的开发和应用。

3. 形状记忆水凝胶类

水凝胶是一种智能材料,它的一个重要特性是在一定的环境刺激条件下会发生体积相变,即当外界环境条件连续变化时,凝胶体积产生不连续的变化。研究表明,凝胶的尺寸越小,其对刺激作出的响应越快。纤维作为一种长径比非常大的材料,有利于提高凝胶的响应速率。因此利用共聚、交联、共混、涂层、复合纺丝等方法可以将水凝胶制成纤维或引到其他纤维上，进而开发成具有特种智能的纺织品。由于水凝胶起作用离不开水，因此引入水凝胶制成功能纺织品有两种思路：一种是利用水凝胶的水分响应为主；另一种是利用水凝胶的温度响应为主。

（二）形状记忆材料的特性

形状记忆材料的特性包括晶体形状记忆材料（SMA/Shape Memory Alloy）（或称形状记忆合金）的特性，和高分子形状记忆材料（SMP/Shape Memory Polymer）（或称形状记忆高聚物）的特性。前者与材料晶体结构的转变有关，后者借玻璃态转变或其他物理条件的激发呈现形状记忆效应（SME/Shape Memory Effect）。

1. 镍钛形状记忆纤维的性能

在晶体材料中，形状记忆效应表现为：当一定形状的样品由高温冷却至室温形成一种叫马氏体的相后，将材料在室温变形后，经加热至一定温度以上，伴随着一种结构逆转变，材料会自动恢复其原有的形状。一种典型的形状记忆材料，镍钛（Ni-Ti）合金的典型可回复的形状变化达 7%。镍钛形状记忆合金具有可恢复形变大、输出能量密度大的特点，也是研究和应用最普遍的形状记忆纤维。这种纤维是通过将镍钛合金纤维化加工以后制成的，如瑞士 Microfil Industries 公司生产的一种镍钛合金（镍 50.63%）纤维直径为 300 μm。目前形状记忆合金纤维已被用于智能结构、医疗矫形、防烫伤服装和新型形状记忆服装。

2. 高分子形状记忆材料的性能

高分子形状记忆材料虽回复应力较小（仅 1~2.5 MPa，是晶体形状记忆材料的 1%），但由于其具有重量轻、价廉、易控制形状改变、形变量大、赋形容易、形状恢复温度便于控制、电绝缘性和保温效果好等优点，而且其不生锈，易着色，可印刷，质轻耐用，因而有着广泛的应用前景，近年来在国内外发展很快。表 5-1 列出了高分子形状记忆材料（SMP）与晶体形状记忆材料（SMA）一些物理性能的比较。

表 5-1 SMP 与 SMA 的物理性能比较

物理性质	SMP	SMA
密度（kg/m³）	0.9~1.1	6~8
变形量（%）	250~800	6~7
回复温度（℃）	25~90	-10~100
变形力（MPa）	1~3	50~200
回复应力（MPa）	1~3	150~300

三、生产方法

（一）形状记忆纤维

形状记忆纤维主要分为三类：第一类是利用 20 世纪 60 年代新兴的形状记忆合金、聚合物，直接制造或合成的形状记忆纤维。该类纤维可编织成具有特殊外观的织物，或设计成美观的花式纱线，织造成具有形状记忆的布匹。第二类是使用整理剂整理出的具有形状记忆功能的纤维,最早提出的形状记忆纤维指的就是此种纤维。形状记忆整理剂整理出的纤维除具有传统的防皱、防缩功能外,对温度具有很强的热敏感性。形状固定后的纤维在外力的作用下发生形变,在高温的条件下可以恢复到原始的形态。其作用原理主要是形状记忆高分子在纤维上面生成连接点,当形状记忆高分子在一定条件下发生运动时就会拉动纤维运动,从而达到纤维恢复到原始状态的效果。第三类是利用接枝、包埋等技术,把具有形状记忆功能的高分子材料接枝到纤维上,或者把具有形状记忆效应的材料包埋到纤维中,赋予纤维形状记忆特征。此类纤维属于复合材料,主要应用于电子、航天工业。

(二) 形状记忆纱线

目前,开发、应用较成功的形状记忆纱线是利用形状记忆合金纤维与其他纤维混纺而成的。如苏格兰 Herior-Watt 大学纺织学院 Chan 等利用已有形状记忆合金材料纺制出雪尼尔线、螺旋花线、短纤竹节纱、粗松螺旋花线、花边线等花式纱线。这些纱线以包芯纱为主,形状记忆合金纤维作为纱芯,在外界环境影响下,纱芯进行形状记忆活动,而包覆在记忆纤维外部的彩色纱线则随着纱芯的伸展、翻转、扭曲,变幻出不同的图案和样式。

(三) 形状记忆织物

形状记忆织物通常是由具有形状记忆功能的纱线,通过特殊设计、编织或交织而成的纺织品。利用具有形状记忆特性的化学整理剂对传统织物进行整理得到的纺织品,也属于形状记忆织物的范畴。因此,形状记忆织物的制备方法主要包括用形状记忆纤维直接织造法和织物后整理法。

形状记忆纤维的特殊功能常引导人们把此类纤维应用于纺织品的功能性上,然而形状记忆纤维的功能性与装饰性也是可合二为一的。Heriot-Watt 大学利用不同的花式纱线编织成不同的服饰或装饰布,用做百叶窗,其特殊设计对日晒非常敏感。在阳光的照射下,百叶窗装饰布吸收到日晒的热量,布面温度发生变化,形状记忆纱线自动转动,调节阳光的进入量,控制室内温度,避免强烈日光对人视力的影响。

(四) 实例

2001 年,意大利 Corpo Nove 公司设计出一款"懒人衬衫",在衬衫面料中加入镍、钛和锦纶纤维,使之具有形状记忆功能的特性。当外界气温偏高时,衬衫的袖子会在几秒内自动从手腕卷到肘部;当温度降低时,袖子能自动复原。

2003 年以来,香港理工大学形状记忆纺织品研发中心通过各种技术,利用形状记忆聚氨酯进行纺纱、织物整理和成衣整理,赋予纺织品形状记忆功能。胡金莲博士作为研发中心的首席研究员,对形状记忆纺织品的研究卓有成效。研究了不同含量的形状记忆聚氨酯(SM-PU)纱与棉纱混纺的针织物(分别是 100%SMPU 纱、50%SMPU 纱和棉纱50%、16%SMPU 纱和 84%棉纱),当温度高于转变温度 60 ℃时,针织物可以恢复初始形状,且发现 SMPU 纱含量越高,织物的形状记忆效果越好,而普通聚氨酯 Lycra 织物没有温度响应能力。研究了温度对形状记忆聚氨酯形态的影响,包括软段的相对分子质量和硬段的含量、结晶的完成情况和相分离的程度,认为形状记忆聚氨酯的机械性能和透气性是由温度、湿度和形状记忆行为决定的。其中透气性与温度是呈 S 形的曲线关系,且在升温至玻璃化温度附近其透气性显著增加。这是因为在玻璃化转变温度区域,形状记忆聚氨酯受热使分子链微布朗运动变得十分活跃,导致分子间距离增大,足以让水蒸气分子透过聚合物膜,使透湿性发生突变;然而分子链运动造成的孔隙还远远小于最小水滴能透过的程度,因此其又有防水的效果。根据以上的形变原理,通过织造、层压或整理等形式制得的形状记忆聚氨酯类纺织品可被赋予温敏性防水透湿的性能,提高纺织品穿着时的舒适性。

印度国家纺织公司(NTC)于 2005 年启动了形状记忆高聚物纤维的研究,他们计划研究生产一种形状记忆纤维,其性能整合杜邦公司的 Coolmax™ 和 Thermax™ 纤维的功能。该纤维在高温时具有月牙形横截面,提供透气的渠道;低温时可以关闭月牙形缺口,模仿中空纤维,具有保温的性能。据报道,英国科学家研制出一种能自动适应天气变化的服装,具有排热、保暖和除湿功能。这种智能服装的特殊功能归功于其独有的双层智能面料,运用微观技术制成的表层分布着无数微小的突起,这些突起的功能类似松球上的鳞片,直径不超过 5 μm,由羊毛等吸水性强的材料制成。当人体变热出汗时,面料上突起的"鳞片"在水分的作用下打开,外界空气进入孔隙,使水分蒸发,从而起到降温作用。水分蒸发完毕,"鳞片"会恢复最初的关闭状态,从而起到一定的保温作用。该服装底层的面料是一种致密材料,能防止表层"鳞片"开启时人被雨水淋透。

日本东洋纺公司开发的纤维"爱克苏",引入了经过氨基、羧基等亲水基团处理的聚丙烯酸分子链,在标准状态下具有比木棉高 3.5 倍的吸湿性能。经结构调整,该纤维吸湿放热和脱湿吸热能力比较缓和,可防止出汗后的湿冷感。目前研究的智能型抗浸服也属这一类,其抗浸原理是一旦落水,抗浸服中的水凝胶吸水溶胀,将织物中透水导湿的通道迅速封闭,阻止水渗入服装内部,维持人体进行正常生理活动所需的体温;浸湿的织物晾干,水凝胶脱水溶胀,又恢复透气透湿的状态。天津工业大学顾振亚课题组利用电子束引发接枝的方法在涤纶上引入聚丙烯酸大分子,改性后的涤纶织物在一定范围内随接枝率增加,阻水能力和透湿性能均有较大提高。他们又将聚丙烯酸或聚丙烯酰胺通过接枝引入到涤/棉织物上,22.0% 接枝率的聚丙烯酰胺改性织物,若干时间后,其 11.768 kPa 下的透水率与 5.884 kPa 下的相当;且发现与聚丙烯酸改性的织物相比,聚丙烯酰胺改性的织物在响应速度和响应强度方面更具优势。

美国研究人员开发的智能调温潜水服,其核心是 SmartSkin,该技术被认为是在湿环境中防护服装的一项突破性进展。其工作原理是:潜水服的夹层中复合一种热敏水凝胶高聚物与泡沫材料的复合物 SmartSkin,当潜水员活动量较大,体表温度较高时,凝胶收缩,泡沫材料变薄,使外界较冷的水流入潜水服内的流量增加;当潜水员体表温度下降到某一值,凝胶溶胀,泡沫材料膨胀,阻止外界冷水继续流入服装内部,大大减少人体和环境之间的热交换,实现保温。利用 SmartSkin 技术,还可以开发智能调温运动纺织品,Bio Skin® 系列之一的产品 Ultima 2s™ 就是其中一种。该产品具有三层结构,外层是 Velcro® hook 织物,中间是 SmartSkin 膜材料,内层是快速芯吸微绒织物。当人体温度升高并开始出汗时,中间的薄膜吸收汗液后轻微溶胀,在液体静压的推动下汗气透过薄膜传送到织物外面得以释放,而内层织物可以迅速将体表汗液不断导向织物表面。当人体温度降低,SmartSkin 膜恢复原始形状和尺寸,关闭导湿性能,起到保温作用。

第三节　变色纤维

一、变色功能原理

变色纤维是一种具有特殊组成或结构,在受到光、热、水分或辐射等外界条件刺激后可以自动改变颜色的纤维。变色纤维的主要品种有光致变色和温致变色。光致变色指某些物质在一定波长的光线照射下可以产生变色现象,而在另外一种波长的光线照射下(或热的作用),又会发生可逆变化回到原来的颜色;温致变色则是指通过在织物表面黏附特殊微胶囊,利用这种微胶囊可以随温度变化而颜色变化的功能,而使纤维产生相应的色彩变化,并且这种变化也是可逆的。光敏变色材料分有机类和无机类两种。有机类有螺吡喃衍生物、偶氮苯类衍生物等。该类变色材料的优点是:光发色和消色快,但热稳定性及抗氧化性差,耐疲劳性低,且受环境影响大。无机类有掺杂单晶的 $SrTiO_3$ 等,能光致变色,它克服了有机光致变色材料热稳定抗氧化性差、耐疲劳性低的缺点,且不受环境影响。但无机光致变色材料发色和消色较慢。光敏变色材料主要有氯化银、溴化银、二苯乙烯类、螺环类、降冰片二烯类、俘精酸酐类、三苯甲烷类衍生物、水杨酸苯胺类化合物等。

光敏变色纤维是将光致变色材料和高聚物共混通过溶液纺丝、共混纺丝或复合纺丝技术制得而成,在太阳光或紫外光等的照射下颜色会发生变化,当光线消失之后又会可逆地变回原来的颜色。热敏变色纤维是指随温度变化颜色发生变化的纤维,获得热敏变色纤维的方法除了将热敏变色剂充填到纤维内部外,还可将含热敏变色微胶囊的氯乙烯聚合物溶液涂于纤维表面,并经热处理使溶液成凝胶状来获得可逆的热敏变色功效。

二、变色纤维性能

(一)变色纤维的发展和种类

变色纤维是一种具有特殊组成或结构,在受到光、热、水分、不同酸碱性或辐射等外界条件刺激后可以自动改变颜色的纤维。变色纤维目前主要品种有光致变色和温致变色两种,其他还有水致色和酸致色等。

1. 光敏变色纤维

光致变色是指某种物质在一定波长的光线照射下可以产生变色现象,而在另一种波长的光线照射下,又会发生可逆变化回到原来颜色的现象。具有光敏变色特性的物质通常是一些具有异构体的有机物,如萘吡喃、螺噁嗪和降冰片烯衍生物等。这些化学物质因光的作用发生与两种化合物相对应的键合方式或电子状态的变化,可逆地出现吸收光谱不同的两种状态即可逆的显色、褪色和变色。

目前,光致变色纤维的研究已在日本等发达国家取得较大进展,如松井色素化学工业公司制成的光致变色纤维,在无阳光的条件下不变色,在阳光或 UV 照射下显深绿色。日本 Kanebo 公司将吸收 350～400 nm 波长紫外线后由无色变为浅蓝色或深蓝色的螺吡喃类光敏物质包敷在微胶囊中,用印花工艺制成光敏变色织物。微胶囊化可以提高光敏剂的抗氧化能力,从而延长使用寿命。日本开发出光致变色复合纤维,并以此为基础制得了各种光敏纤维制品,如绣花丝绒、针织纱、机织纱等,用于装饰皮革、运动鞋、毛衣等,受到人们的广泛喜爱。目前光敏变色材料已发展到有四个基本色:紫色、黄色、蓝色、红色。这四种光变材料印在织物上没有色泽,当在紫外线照射下才变色,也可以和一般色染料拼混一起使用,例如用光敏染料红与涂料蓝拼混后印花,织物表而呈现蓝色,在紫外线照射下则变成蓝紫色,但这种与色涂料拼混印花的变色印花必须事先经打样试验,因为有些极性较强的色涂料会把光变染料开环后的结构稳定住,不再可逆。

腈纶织物采用带有变色分子的阳离子染料进行染整加工后,其在不同的光源下发生变色,故称变色针织物。匀染剂、酸剂对变色效果有一定的影响。实验结果表明:采用 1227匀染剂和冰醋酸,织物的变色效果最佳。变色腈纶针织物烘干前必须进行开幅整理,烘干温度应在 98~100 ℃。由这种方法制备的纤维、织物在不同的光的波长下有不同的色调,都属于光致变色纤维织物。

2. 热敏变色纤维

热敏变色(Themochromic)纤维是指颜色随温度变化发生变化的纤维。获得热敏变色纤维的方法,除了将热敏变色剂充填到纤维内部外,还可将含热敏变色微胶囊的氯乙烯聚合物溶液涂于纤维表面,并经热处理使溶液成凝胶状来获得可逆的热敏变色功效。按热敏剂化合物的性质可把热敏剂分为以下三类:无机类、有机类、液晶类。

(1)无机类热敏剂。无机类热敏剂主要是过渡金属化合物,一般是多种金属氧化物的多晶体。其颜色变化是由于晶型变化、配位几何体变化或配位溶剂分子数的变化引起的,有少数化合物是由于溶液中络合平衡或有机金属化合物的分子结构平衡造成的,还有一些化合物是通过升华、熔融、分解、化合、氧化还原反应而引起颜色变化。某些固态金属合金、汞化合物、铜络合物、镍络合物具有热变色性质。金属合金的热敏变色是有晶格结构的无序化或氧化物形成引起的,汞化合物的热敏变色是低温 β 构型向高温 α 构型的转化而成。络合物的热变色原因在于构型发生变化或配位体数量与种类发生变化。络合物中阴离子以及溶剂的选择对颜色的变化也有一定的影响。某些三芳甲烷配位酮水溶液与一些金属形成的螯合物也有热敏变色性质。

无机热敏剂中 Pb_2CrO_5 具有良好的热色性,但色调变化固定、单调,其示温性、视认性不能满足使用要求,为改善其示温性需加入其他金属元素。将 Pb_2CrO_5 与有热色性的 Pb_2MO_5(M=Mo、W、S、Se、Te)形成固溶体,以 $Pb_2Cr_{1-x}M_xO_5$ 表示,在铅位置上有微量的空格存在,向该空格引入前述 M 元素化合物,即使引入很少量,其热色性也会增强。随着温度升高,色调从橙色-赤橙-茶色变化,热跟踪性良好,没有热过程。这类无机热变色材料耐温、耐久、耐光照,有足够的可逆重复寿命,同时具有很好的混合加工性,有很强的研究和使用价值。但是由于 Pb 的毒性阻碍了其在纤维材料方面的应用。

(2)有机热敏剂。具有热敏变色性的有机化合物数量较多,可分为螺吡喃类、取代乙烯类、荧烷类、三芳甲烷类等。其热敏变色机理是不同的。螺吡喃衍生物的热变色是经有离子共振结构,即 C 螺—O 键断裂。受热前螺碳原子在闭环时为 sp³ 杂化,受热后开环成离子化结构,螺碳原子为 sp² 杂化,整个分子处于共轭平衡,使吸收光谱红移,颜色变深。取代乙烯类的热变色机理目前研究的很少,但有关研究表明:具有热变色性质的化合物的基态必须是能够拆分的芳香环。其他化合物的热变色过程是经由各种分子间的平衡:酸-碱平衡,烯醇-酮平衡,立体异构体间平衡或结构平衡引起的。

目前研究的最多、最有应用前景的有机热变色材料是一种多组分的复配物。其热敏变色温度范围为$-200 \sim 200\ ℃$。电子给予体也称隐色染料,当温度变化时与电子接受体发生可逆热变色反应,通过其电子的转移而吸收或辐射一定波长的光,表观上便有了颜色的变化。溶剂的作用除了溶解给电子体和电子接受体外,还可以起到控制变色温度的作用,溶剂的种类与用量对热变色温度影响很大。为了改善某些性质或达到不同的热变色效果还要加入适宜种类、适宜用量的添加剂。这几种组分的不同选择与配合可实现变色温度的选择性、颜色组合的自由度、变色明显度及价格因素等的特点,极有发展前景。日本 PILOT 油墨株式会社于 1973 年开发此类热敏材料,于 1980 年前后将其产品 Metamocolor 打入国内外市场,其色彩变化及变色感度都很好,但耐光性欠佳,不适合长时间阳光下曝晒。

(3) 液晶类热敏材料。胆甾型液晶具有层状分子结构,层内分子长轴相互平行,各层分子轴方向与邻层分子轴方向都略有偏移,使液晶分子呈螺旋状结构,因而表现出独特的光学性质。设 n 为液晶的折射率,p 为螺距,那么液晶的光学波长为 $n \times p$。当入射光波长与液晶的光学波长一致时,液晶就显示出特定颜色的光,这也叫液晶的选择光散射。同时大多数胆甾型液晶的螺距对温度有很强的依赖性,温度变化选择光散射的波长就发生很大的变化,一般 p 随温度升高而变小,散射光的波长向短波移动,颜色相应从红、橙、黄、绿到紫发生变化,温度降低又从紫到红发生变化。由于液晶的化学敏感性及价格因素使液晶热敏变色材料的应用受到了一定的限制。

研制热致变色(热敏变色)纤维的方法是将热敏变色剂填充到纤维内部,由融熔共混纺丝液制成。日本旭化成公司 saran 纤维里,加入了一种特殊的感温微型胶囊,使纤维一加温就变成透明的,成为感温变色纤维 SaranArt TC。在此情况下感温纤维会变,用吹风机加温,用冰水冷却后对体温和呼吸等的温度起反应即便是从室内到户外时的温差也不褪色,保持鲜艳色彩保持防水性和不易燃的特性象涂层过的丝一样不会脆化。感温变色的温度:$20\ ℃$型在 $16 \sim 20\ ℃$变色;$25\ ℃$型在 $22 \sim 31\ ℃$变色。另外,也可根据要求设定在 $0 \sim 45\ ℃$。感温变色纤维 SaranArt TC 的用途包括长绒毛玩具、洋娃娃假发、提花布等。

(二)热敏变色材料、组成与变色过程

1. 热敏变色材料

无机热敏变色材料一般为过渡金属化合物或金属有机化合物。它们大多是有色金属(如 Ag、Cu、Hg 等) 的碘化物络合物或是由钴盐、镍盐和六次甲基四胺形成的化合物,如 Ag_2HgI_4、Cu_2HgI_4等。铬酸盐及其混合物也具备较好的可逆变色性能,如 $MCrO_4$ 等(M 为 Na、K、Rb、Cs)。无机类热敏变色材料的变色机理一般为晶型转变或是结晶水的失去。例如,$CoCl_2$溶液在 25 ℃ 为粉红色,而 75 ℃时变为暗蓝色,这可能是配位体几何形状发生变化或脱水引起的。其优点是制备工艺比较简单,成本低;缺点是变色温度和颜色无法自主选择,存在温度范围较窄,毒性大。

有机热敏变色材料的种类很多,有三苯甲烷类、荧烷类、吩噻嗪类、双蒽酮类和螺环类

等。常见的有机热敏变色材料的变色机理是电子转移和质子得失引起的变色。某些有机物本身没有热敏效应,它需要在其他化合物的参与下才能实现热变色过程。这类有机物的热敏变色主要是由于分子间发生了化学反应,变色效果较明显。有机类热敏变色材料在变色温度的选择、对温度敏感性、颜色组合自由度、颜色浓艳程度及价格等方面都明显优于无机类,所以纺织品用的变色材料主要是有机类的。

2. 热敏变色印花

纺织品上的热敏变色印花目前都是采用热敏变色涂料,即是将热敏变色有机染料加工成微胶囊后,采用涂料印花的工艺方式印制到织物上去。将热敏变色材料微胶囊化,可以把热敏变色材料与其他成分隔绝,达到提高稳定性目的,同时也增强了材料的可逆性、相容性及环境适应性。选择恰当的热敏变色材料作芯材,采用性能稳定的聚合物做壳材,运用合适的微胶囊制备方法,就能够制备出应用温度范围很广的热敏变色微胶囊。

热敏变色有机染料是由隐色染料、显色剂和增感剂(减敏剂)三部分组成。隐色染料是一些结合质子能显色的物质,像内酯类化合物,在变色体系中作为供电子部分。显色剂是一种可逆放出质子的释酸化合物,即为吸电子化合物。增感剂一般为可熔融的高级脂肪醇、脂肪酸及其酯、芳烃及其醚和酯类化合物,它直接决定变色温度。

三、生产方法

(一) 变色纤维的制造技术

与印花和染色技术相比,变色纤维技术开发稍晚。但随着功能织物的兴起,这种技术吸引了日本诸多大公司的关注,开发专利不断出现。纤维技术有着明显的优点,它制成的织物具有手感好、耐洗涤性好,且变色效果较持久等特点。按生产工艺不同,变色纤维的制造技术主要包括溶液纺丝法、熔融纺丝法、后整理法以及接枝聚合法。

1. 溶液纺丝法

与常规溶液纺丝法相近,但要在成纤的纺丝液中加入具有可逆变色功能的染料和防止染料转移的试剂,即将变色化合物和防止其转移的试剂直接添加到纺丝液中进行纺丝。由丙烯腈/苯乙烯/氯乙烯共聚物、变色类化合物组成的溶液纺丝后放入水浴中凝固成纤,经水洗得到光致变色纤维。该纤维在无阳光条件下不显色,在阳光或紫外线照射下显深绿色,可用于制作服装、窗帘、地毯和玩具等方面。

2. 熔融纺丝法

熔融纺丝法又分为聚合法、共混纺丝法、皮芯复合纺丝法。

(1)聚合法。将变色基团引入聚合物,再将聚合物纺成纤维。如合成含硫衍生物的聚合体,然后纺成纤维,它能在可见光下发生氧化还原反应,在光照和湿度变化时颜色由青色变为无色。

(2)共混纺丝法。将变色聚合物与聚酯、聚丙烯、聚酰胺等聚合物熔融共混纺丝。或把变色化合物分散在能和抽丝高聚物混融的树脂载体中制成色母粒,再混入聚酯、聚丙烯、聚酰胺等聚合物中熔融纺丝。东华大学采用淡黄绿色的三甲基螺呃嗪为光敏剂,与聚丙烯切片共混后制成切片经高温熔融纺丝制得两种性能较佳的光敏变色聚丙烯纤维。一种为光敏剂和聚丙烯切片共混纺丝,所得纤维经阳光照射后会由白色变为蓝色;另一种由光敏剂、聚丙烯切片和黄色色母粒共混纺丝,所得纤维阳光照射后由黄色变为绿色。该法虽然简便易行,但对光致变色化合物的要求很高(如耐高温等),因此其应用受到一定限制。

（3）皮芯复合纺丝法。皮芯复合纺丝法是生产变色纤维的主要技术。它以含有光敏剂的组分为芯,以普通纤维为皮,共熔纺丝得到光敏变色皮芯复合纤维。芯组分一般为熔点不高于 230 ℃,含 1%～40% 变色剂的热塑性树脂。变色粒子的尺寸为 $1～50\ \mu m$,耐热性 ≥200 ℃(30 min 后无颜色变化)。皮组分为熔点≤280 ℃的热塑性树脂,起到维持纤维力学性能的作用。日本的可乐丽和帝人公司就此项技术申请了多项专利。由这种光致变色复合纤维制成的布料无论是在手感、耐洗性方面,还是在耐光性、发色效果等方面,都得到了很大提高。

3. 后整理法

将光敏变色材料与织物结合,最早和最简便的方法是印花和染色技术。由于多种原因,处理前变色材料常需制成微胶囊的形式。

（1）涂料印花法。将光敏变色染料粉末混合于树脂液等黏合剂中,再使用此色浆对织物进行印花处理,获得光敏变色织物。印花工艺可采用常用的筛网、辊筒印花设备操作,也可采用喷墨和转移印花,且基本过程为织物前处理→印花→烘干→焙烘。烘干温度为80～90 ℃,温度过高对微胶囊中的溶剂和添加剂的稳定性不利。焙烘温度主要取决于印花色浆中的黏合剂和增稠剂的性质,一般 140～150 ℃,时间多控制在 3～10 min。用于纺织品印花加工的变色涂料应满足手感柔软、耐洗涤性好、摩擦牢度高及适于印花加工等要求。这些要求可通过选用合适的黏合剂、交联剂、柔软剂和微胶囊技术达到。

（2）光敏变色染料染色。光敏变色染料的品种多样,但只有具有一定牢度的染料才能用于纺织品的染色。纺织品的应用不同,对染料牢度的要求也不同。如用于服装,对耐洗牢度、耐汗渍牢度、耐晒牢度的要求都较高;如用于窗帘,对耐晒牢度的要求较高;而椅套、坐垫则要求耐摩擦牢度高些。光敏变色染料染色一般不需改变常规的染色工艺及染色设备,关键在于变色染料的选择,从而得到满意的染色效果和变色效果。国内已有企业及研究单位应用这种技术开发了变色腈纶、变色涤纶及混纺织物。

后整理法中最重要的是变色染料的采用,如 LJSeppialiltes 公司已生产出特种变色系列染料,其中备受市场关注的有随温度变化的热变色染料、通过吸收紫外线而变色的光致变色微胶囊染料、对湿敏感的水致变色染料和对 pH 值敏感的酸碱度变色染料。根据市场调研获悉,这些新型染料可以在服装、面料上产生特殊的效果,会成为吸引时尚消费者的热点。

4. 接枝聚合法

接枝聚合法主要采用接枝聚合技术使纤维具有变色性能。例如,将纤维或织物用含螺吡喃衍生物的单体浸渍,单体(一般为苯乙烯或醋酸乙烯)在纤维内进行聚合,使纤维具有光致变色性。如丝织物在 60 ℃下于上述的溶液中聚合 1 小时,可保持光致变色性 6 个月以上,用于制作服装、伞、衣饰等会显出特殊的迷人效果。接枝聚合技术对变色材料的要求较低。它不经过纺丝过程,而且变色材料的分解温度可低于纺丝温度。由于在纺丝后引入变色化合物,故对纺丝工艺没有影响,也不影响纤维的力学性能。该法操作简单,应用范围广,是一种较易推广的变色纤维生产技术。

(二)实例

获得热敏变色纤维的方法除了将热敏变色剂充填到纤维内部外,还可将含热敏变色微胶囊的氯乙烯聚合物溶液涂于纤维表面,并经热处理使溶液成凝胶状来获得可逆的热敏变色功效。

(1)东丽公司开发了一种温度敏感织物Sway®,这种织物是将热敏染料密封在直径3~4 μm的胶囊内,然后涂层在织物表面。这种玻璃基材的微胶囊内包含了3种主要成分:热敏变色性色素;与色素结合能显现另一种颜色的显色剂;在某一温度下能使相结合的色素和显色剂分离并能溶解色素或显色剂的醇类消色剂。调整3者组成比例就可以得到颜色随温度变化的微胶囊,而且这种变化是可逆的。它的基色有4种,但可以组合成64种不同的颜色,在温差超过5℃时发生颜色变化,温度变化范围是-40~85℃,针对不同的用途可以有不同的变色温度,例如滑雪服装的变色温度为11~19℃,妇女服装的变色温度为13~22℃,灯罩布的变色温度为24~32℃等。

(2)英国默克化学公司将热敏化合物掺到染料中去,再印染到织物上。染料由黏合剂树脂的微小胶囊组成,每个胶囊都有液晶,液晶能随温度的变化而呈现不同的折射率,使服装变幻出多种色彩。通常在温度较低时服装呈黑色,在28℃时呈红色,到33℃时则会变成蓝色,介于28~33℃会产生出其他各种色彩。目前,默克公司已掌握了精细地调整热敏变色材料的技术,使这种面料能在常温范围内显示出缤纷色彩。

第四节　智能纤维

智能材料是指模仿生命系统,同时具有感知和驱动双重功能的材料,即不仅能够感知外界环境(机械、热、化学、光、湿度、电磁等)或内部状态所发生的变化,而且能够通过材料自身或外界的某种反馈机制,实时地将材料的一种或多种性质改变,做出所期望的某种响应的材料。它的形状多种多样,有三维的块状、二维的薄膜状、一维的纤维状和准零维的纳米粉体状。纤维状智能材料——智能纤维由于具有长径比大与可加工性强等特点,在服装研发中屡见不鲜。同时,仿生技术、纳米技术、微胶囊技术及电子信息技术等前沿技术的发展,也为智能纤维的研发提供了更多的支持。

一、智能纤维的开发现状

智能纤维是指能够感知外界环境或内部状态所发生的变化,并能做出反应的纤维。目前,关于智能纤维的研究已较为成熟,本文拟从敏感型智能纤维、健康型智能纤维、电子智能纤维以及其他智能纤维四个方面对智能纤维进行介绍。

(一)敏感型智能纤维

敏感型智能纤维是目前应用较为广泛的一类智能纤维,主要有温敏纤维、光敏纤维和

pH 响应性凝胶纤维。同时，一些压敏型、电敏型、磁敏型等其他敏感型以及双重敏感型智能纤维也不断出现，为人们提供了更多的选择。

1. 温敏纤维

温敏纤维是指性能会随温度发生可逆变化的纤维，在服装中应用较多的主要有以下三种。

（1）温敏变色纤维。温敏变色纤维具有温致变色性能，其颜色可随温度的变化发生可逆变化。其变色机理是：在某一温度条件下，纤维内或纤维表面的温敏变色物质会发生晶型转变或结构转变，而在另一温度刺激下，这种温敏变色物质又会变回原来的状态，从而使颜色发生可逆变化。目前，按温敏剂化合物的性质可将温敏剂分为无机、有机和液晶三种类型。

（2）形状记忆纤维。形状记忆纤维是指在一定条件下发生塑性形变后，在特定条件刺激下能恢复初始形状的纤维，主要包括形状记忆合金类、形状记忆水凝胶类和形状记忆高聚物类。

（3）调温纤维。调温纤维是结合相变蓄热材料技术与纤维制造技术开发出的一种能够自动感知外界环境温度的变化而智能调节温度的高技术纤维产品。这种纤维具有双向温度调节性能，可以通过控制人体与服装间微气候环境的温度来改善服装的舒适性以及环境适应性。

2. 光敏纤维

光敏纤维在一定波长光的作用下，某些性能能发生可逆变化。目前应用较为广泛的主要有光敏变色纤维和光导纤维两种。

（1）光敏变色纤维。光敏变色纤维具有光致变色性能，其颜色在特定波长光的刺激下会发生可逆变化。其变色机理是：在紫外光或可见光的照射下，某些化合物会发生分子结构方式或电子能级的变化形成新的吸收光谱不同的化合物，而在另一光照条件下，这种化合物又会返回原来的状态，以此不断循环发生可逆变化。根据变色机理不同，目前光敏变色纤维含有的有机化合物主要可以分为分子结构异构化（顺-反异构化、互变异构化、原子价异构化）、分子的离子化和氧化还原反应等类型。

（2）光导纤维。光导纤维是一种可将光能封闭在纤维中并使其以波导方式进行传输的光学复合纤维，亦称为智能光纤，具有优异的传输性能。它由纤芯和包层两部分组成，目前有两种纤维结构能够形成波导传输，即阶跃型和梯度型。阶跃型光导纤维的纤芯与包层间界面产生全反射从而使光在纤维中呈锯齿状曲折前进。梯度型光导纤维的纤芯折射率从中心轴线开始向着径向逐渐减小。因此光束在梯度型光导纤维中传输时会形成周期性的会聚和发散，从而呈波浪式曲线前进。按材料组成可将光导纤维分为玻璃石英和塑料光纤两种，而根据结构和光传输特点，塑料光纤又可分为全反射型和自聚焦型两种类型。目前制备光导纤维的方法主要有棒管法、沉积法、复合纺丝法、离子交换法、单体扩散法、共混法以及界面凝胶共聚法等。光导纤维由于兼具信息感知和信息传输的双重功能，被人们广泛用于传感材料，目前其在光纤传感器方面的应用技术已非常成熟。

3. pH 响应性凝胶纤维

pH 响应性凝胶纤维是指随 pH 值的变化而发生体积或形态改变的凝胶纤维，这种变化是基于分子水平、大分子水平及大分子间水平的刺激响应性。Tanaka 等认为,控制凝胶纤维体积或形态发生改变的力来自于聚合物的弹力、聚合物间的亲和力和离子压力三个方面。目前关于 pH 响应性凝胶纤维的研究在一些发达国家已取得较大进展,其制备方法主要有共聚、交联和氧化-皂化三种。

(二)健康型智能纤维

随着人们安全防护意识的增强,一种以维护人体健康为目的的智能纤维正在不断得到开发,如抗菌除臭、抑菌、防臭纤维,耐撞击纤维等。其中以选择性抗菌纤维应用最为广泛。

选择性抗菌纤维是指通过添加一定的抗菌物质(抗菌剂),从而使其具有抑制或杀灭表面细菌能力的一种智能纤维。这种纤维能够使皮肤表面的某些微生物的生长和繁殖维持在正常水平。其制备方法主要有后整理法和纤维改性法。抗菌剂可以分为有机抗菌剂、无机抗菌剂和复合抗菌剂三大类。美国 Nylstar 公司研发的一种"智能聚酰胺纤维",其通过将抗菌剂包藏在纤维内部,使纤维具有更长久的抗菌效果,同时也更安全。

(三)电子智能纤维

电子智能纤维是基于电子技术,融合传感、通信、人工智能等科技手段而开发出来的一类新型纤维。电子智能纤维主要有抗静电纤维、导电纤维等,其中以导电纤维最具代表性。导电纤维指在标准状态(20 ℃、相对湿度 65%)下,比电阻低于 $1×10^7 Ω·cm$ 的纤维。它具有优良的导电性能,并能通过电子传导和电晕放电消除静电,主要用于消除静电、吸收电磁波及探测和传输电信号。主要包括金属纤维、碳纤维、导电聚合物等导电物质均一型,合成纤维外层涂覆炭黑等导电成分的导电物质包覆型,以及炭黑或金属化合物与成纤高聚物复合纺丝得到的导电物质复合型三种。

(四)其他智能纤维

除了敏感型智能纤维、健康型智能纤维和电子智能纤维三种智能纤维以外,人们还在不断研发新型智能纤维产品来满足某些特定需求,如智能复合纤维材料等。这些纤维的加工技术更趋多元化,功能也更丰富。如融合光导纤维和导电纤维的新型纤维,被用于信息的探测与传输;在凝胶基质中分布非凝胶纤维,其中比较具有代表性的是在凝胶基质中分布导电纤维,这种纤维不仅可以对外界环境或内部状态的变化做出敏锐反应(如体积变化等),而且这种反应可以连带控制导电纤维的导电性能。

二、智能纤维的应用

智能纤维的应用主要集中在特殊功能类服装上,如智能服装、防护服装、安全性服装等,以此来满足人们的某些特殊需求。目前主要被应用于军工、医护、休闲娱乐和装饰类服装中。

(一)军工类

军工领域由于需要应对多变的环境,特别是极地环境以及航空航天领域,因此对智能纤维的开发提出了更高的要求。智能纤维的研发最早是针对军工领域的,如越南战争期间,美国 Cyanamide 公司研发了一种可根据光线调节颜色的织物,从而使作战服装具备优良的伪装功能。而随着现代战争的变化,越来越多的智能纤维被用于军工领域,特别是一些电子智能纤维,以实现对士兵心跳、血压、体温、呼吸等生理体征的监控以及对外界的某些气体、电磁能、生物化学或其他有毒介质进行报警,从而使战士服装信息化,提高战士在战场上的生存能力。

(二) 医护类

随着加工技术的完善以及人们需求的日益增长,智能纤维在医护类服装上的应用越来越普遍。如英国防护服装和纺织品机构通过将形状记忆镍钛合金纤维加工成宝塔式螺旋弹簧状,再进一步加工成平面状,并固定在服装面料内,制成防烫伤服装,使服装具备形状记忆功能,在接触高温时形变能被激发,从而达到隔离高温的效果;将耐撞击纤维用于摩托车运动员、橄榄球运动员服装中,缓冲外界撞击力,从而形成更有效的防护;利用选择性抗菌纤维制作儿童内衣,从而对抵抗力差的儿童进行全方位的防护。同时,电子智能纤维也常被应用于此类服装中,从而实现对包括老人、儿童等特殊人群的监护。

(三) 休闲娱乐类

智能纤维由于具备某些功能,能对人起到一定的休闲娱乐效果,因此其常被用于休闲娱乐类服装中。如香港理工大学通过在织物表面涂覆 PPY 导电高分子聚合物,研制出导电柔性织物传感器,并将其缝于膝部或肘部,由此开发出一款可以通过演员动作控制音乐的"跳舞衣";意大利 Corpo-Nove 公司通过在衬衫面料中加入镍、钛和尼龙纤维研制出一款"懒汉衬衫",其可以根据温度调节袖子长短以及根据人体出汗状态改变廓型;Philip 公司用导电纤维在织物上刺绣出不同的电路,开发出了音乐夹克等趣味性产品;日本东洋纺和美津浓公司利用调温纤维开发了一种 Breath-thermo 织物,被广泛用于滑雪服、登山运动服和体操运动服中;Mide 技术公司利用温度响应性水凝胶纤维研制出了一款智能潜水服 SmartSkin。

(四) 装饰类

装饰类服装常用的智能纤维主要为变色纤维,如日本东邦人造纤维公司利用温敏变色纤维开发了一款新型泳衣,这种泳衣在触水后会变出各种鲜艳色彩,给人以美的享受和刺激。

三、智能纤维的发展趋势

近年来,国内外众多国家开始重视智能纤维的研发,并取得了较为突出的成效,但目前很难形成一个统一规范的知识体系。未来智能纤维的开发及其应用将呈现以下趋势。

(一) 差别化和高性能化

智能纤维在服装上的应用主要针对人们的某些特定需求(如对儿童、老人的监护等),因此未来智能纤维的开发必然更具差别化,不断细化出各项功能,从而更有针对性地面向相应的受众。同时,随着加工技术的日新月异,一些新兴技术将被逐渐运用于智能纤维的开发当中,从而使智能纤维的性能更加优异,如材料的灵敏度提高、服用性改善等。

(二) 绿色安全

绿色环保是当今社会的一大趋势,未来将越来越突显。因此在未来智能纤维的研发过程中必须对绿色环保要求加以重视,以用户为中心,同时遵循各项标准,结合多学科知识的交叉运用,不断提高智能纤维的绿色安全性。另一方面,智能纤维在服装中的应用也要充分重视绿色安全原则,从整体和局部两个方向出发,既要系统地考虑结合智能纤维的服装整体效果,也要考虑智能纤维与服装的结合工艺,以实现绿色安全的最优化。

(三)产业化

目前,尽管有部分智能纤维已面向消费群体,但由于成本居高不下以及美观度不够等原因,一直未被大范围推广使用。但人们日益增长的需求必将促使未来智能纤维在成本和美观度上下足功夫,以实现更大范围的产业化,从而使智能纤维的开发步入良性循环的轨道。

参考文献

[1]李娜,等.基于仿生原理的纺织品研究新进展[J].纺织学报,2012,33(5):150-155.

[2]陈丽华.仿生纺织品与服装[J].北京服装学院学报,2011,31(1):72-76.

[3]姚连珍,等.仿生技术在纺织品中的应用[J].染整技术,2013,35(12):29-33.

[4]赵雪,等.仿生学研究现状及其在纺织上的应用[J].纺织科技进展,2008(5):36-42.

[5]刘锐,等.智能仿生纺织品的研究现状与展望[J].上海纺织科技,2008,36(10):10-12.

[6]刘森,等.形状记忆材料及其在纺织中的应用[J].化纤与纺织技术,2013,42(4):27-29.

[7]丁希凡,等.形状记忆材料在纺织服装中的应用[J].四川纺织科技,2004(1):26-28.

[8]刘建昆,等.形状记忆材料在纺织工业中的应用[J].针织工业,2009(1):19-21.

[9]刘岩,胡金莲,等.形状记忆纺织品的制备及其发展前景[J].纺织科技进展,2005,(5):7-9.

[10]胡金莲,等.形状记忆高分子材料的研究及应用[J].印染,2004(3):44-46.

[11]刘晓霞,胡金莲,等.形状记忆合金在纺织业应用的研究进展[J].纺织学报,2005,26(6):130-132.

[12]韩永良,等.热致感应型形状记忆高分子材料与纤维[J].合成纤维工业,2005,28(1):50-52.

[13]陈莉,等.不同拉伸比的形状记忆纤维的制备及性能研究[J].功能材料,2010,41(7):1219-1224.

[14]杨元,等.热敏纤维的开发应用[J].合成纤维工业,2004,27(5):37-39.

[15]万震,等.新型智能纤维及其纺织品的研究进展[J].针织工业,2005(5):43-46.

下篇

产品开发

随着消费者生活水平的不断提升,人们对日常生活必需品的服装面料以及家纺产品的功能性需求也越来越高、越来越全面。人们已不再热衷于厚重且臃肿的保暖服装,无论是日常外套、秋冬内衣、床单等保暖类纺织品,还是特殊工作环境下的保暖服、防寒服等。舒适、轻薄、时尚、功能等多元化需求已成为此类纺织产品新的发展方向。在现代快节奏的生活中,纺织产品除了具备基本服用性能外,人们还对其耐洗涤性、抗菌性、抗静电性的需求也越来越大。此外,服装面料的穿着舒适性和方便性、使用安全性和广泛性也愈加受到人们关注。为了能够满足消费者对纺织面料多功能的新需求,开发出舒适、高档、功能多样化的纺织产品,本篇总结了多年来在功能性纺织产品开发方面的研究实例,主要从安全防护功能织物的设计与生产包括防紫外线织物、防电磁辐射织物、静电防护织物、阻燃防护织物和拒水拒油织物,保健功能织物的设计与生产包括远红外织物、抗菌织物、空气净化织物和负离子织物,舒适功能织物的设计与生产包括吸湿导湿织物、温度调节织物和干爽型调温织物,以及特殊功能织物的设计与生产包括智能纺织品、耐污发光柔性复合材料和热敏变色织物等多方面入手,阐述了功能性纺织品的开发思路、作用原理和设计生产方法,希望能对今后功能性纺织产品的开发有所启发和帮助。

第六章 安全防护功能织物的设计与生产

第一节 防紫外线织物的设计与生产

一、防紫外线织物的功能与用途

紫外线有合成分子和破坏分子的双重效应。它可以促进维生素 D 的合成,防止软骨病的发生,还具有杀菌消毒的能力,植物可利用它进行光合作用。同时,过量的紫外线会对皮肤造成一定的损害,导致皮肤红斑、起皱、黑色素沉着、皮下血管扩张、皮炎,甚至导致皮肤癌的出现;还可引起白内障等眼疾,引起焦躁、失眠;降低生物体的免疫力,影响生长。为防止紫外线对人体的损伤,开发能防止紫外线穿透的纤维和织物就显得非常重要。

(一)防紫外线纤维及织物应具备的性能

(1)具有良好的紫外线屏蔽功能。

(2)从聚合物中能溶出屏蔽剂,但不产生剥离,安全性好;与混入的无机化合物具有同样的安全性,光稳定性良好,对皮肤无伤害。

(3)阳光下穿着感舒适,与普通纺织品一样耐洗,耐熨烫性好。

(4)加工方便,具有良好的持久性。

(二)防紫外线纤维及织物的应用

将紫外线屏蔽剂添加在纤维、纱线和织物中,可制成具有紫外线防护功能的纺织产品。这些产品可加工成夏季服装面料及太阳帽、阳伞、夏季女式长筒袜等,还可加工成夏天野外作业人员的服装(如军人、交通警察、地质人员、建筑工人等),以及在户外运动服装和汽车内装饰布等领域应用。例如防紫外纤维与涤纶、棉混纺,可生产衬衫、T 恤、时装、户外服、滑雪服、学生服、裙子、家用窗帘等;防紫外纤维与棉及弹性纤维混纺,可生产泳装、运动服、沙滩装、太阳裙、保护耳朵和脖子的帽子等;防紫外纤维与黏胶纤维、棉混纺,可生产男士夏装、女式衫、裙、裤装等;防紫外纤维与锦纶混纺,可生产长筒袜、丝巾、郊游服、帐篷、防晒伞等;防紫外纤维与丙纶混纺使用,可生产登山服、手套、遮阳帽等。

二、紫外线防护的作用机理

纺织纤维材料的折射系数为 1.5 左右,入射光线的反射很少,进入纤维的光线被吸收的也少,纤维一般呈透明或半透明状态,因此其本身的抗紫外线能力较差。抗紫外线辐射的作用机理就是在纤维或织物上施加一种能反射和(或)吸收紫外线的物质,使纤维或织物具有紫外线防护功能,这样的纤维及织物在受到紫外光照射时,其中一部分紫外光从纤维或织物上的孔隙透过,其透过量与织物的稀密程度有关,其余部分不是被紫外线防护剂反射,就是被紫外吸收剂吸收并将其转换成热量或低能而释放,最终达到遮蔽紫外线的目的。能反射和(或)吸收紫外线的物质就是紫外线屏蔽剂,紫外线屏蔽剂可分为无机类屏蔽剂与有机类屏蔽剂两种,其作用机理也各不相同。

(一)无机类紫外线屏蔽剂的防护机理

无机类屏蔽剂也称为紫外线反射剂。它是利用某些无机物质的发射光谱线恰在紫外光的波长范围内,能对入射紫外光波有强烈的反射作用,无机屏蔽剂大都是折射率大的物质,对紫外线的散射、折射能力也强。因此,无机紫外线屏蔽剂对紫外线的良好反射、折射、散射性能,可达到防护紫外线的目的,与有机紫外线屏蔽剂相比,整个过程无能量转换发生。紫外线反射剂多为不具活性的金属化合物,即具有高折射率的陶瓷或金属氧化物等超细粉,如二氧化钛、碳酸钙、滑石粉、氧化铁、氧化锌、氧化亚铅、瓷土、滑石粉等。

无机紫外线屏蔽剂能够防紫外线的作用机理就是利用所选无机物质对入射紫外线的较大反射作用,能将紫外线反射回去。通常,作为紫外线屏蔽剂的无机物对入射紫外线波长具有较大的折射率,折射率越大,反射率也越大,对紫外线的反射就越强烈。物质的反射率与光的波长有关,当入射光的波长在所选物质的吸收线或吸收带附近,物质的折射率就很大。相应地,这个波长的光波在物质的表面就能强烈地被反射。也就是说,在属于物质的发射光谱线附近,正好也就是反射光强度很高的位置,当被选作屏蔽剂的无机物的发射光谱线恰好在紫外线波长区域时,对紫外线就具有强烈的反射作用。此外,纺织品自身表面呈现的凹凸不平、复杂多孔的特点,除具有较大的反射作用外,还能对入射光具有一定的色散、散射、漫射等能力,这些强烈的反射、散射作用就使涂覆有无机紫外线屏蔽剂的织物达到遮蔽紫外线的目的。

(二)有机类紫外线屏蔽剂的防护机理

有机类屏蔽剂也称为紫外线吸收剂。它是通过吸收紫外线并进行能量转换,将紫外线变成低能量的热能或波长较长的电磁波,达到防紫外线辐射的目的。紫外线吸收剂多为具特殊结构的光敏剂,吸收紫外线能量后,将其转变成活性异构体,随之以荧光、磷光、热能等形式释放。第一代紫外线吸收剂有水杨酸酯类、金属离子螯合物类、二苯甲酮类、苯并三唑类等。它们的分子中没有反应性官能团,无法与纤维牢固结合。第二代吸收剂为反应性紫外线吸收剂,吸收剂中含双活性基团,可与纤维素纤维中的羟基和聚酰胺纤维中的氨基反应,与纤维或织物牢固结合,因此它具有较好的耐久性。

有机类紫外线屏蔽剂的防护机理就是利用其分子结构上大多拥有连接于芳香族衍生物上的吸收波长小于 400 nm 的发色基团(如 $C=N$、$N=N$、$N=O$、$C=O$ 等)和助色基团(如 $-NH_2$、$-OH$、$-SO_3H$、$-COOH$ 等),能强烈地、选择性地吸收高能量的紫外线,发生光物理过程或光化学反应,被照射物质吸收能量后通过一系列的光氧化和光化学反应将吸收的能量进行转化,将紫外线能量转化为其他的能量形式而起到防紫外线的作用。

1. 光物理过程

光物理过程是物质分子吸收光能量后其能态的变化过程,如图 6-1 所示。

物质分子受光作用,首先生成激发态分子,当分子吸收光量子后,分子由基态 S_0 激发成

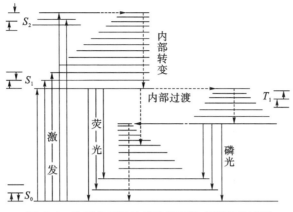

图 6-1　物质分子吸收光能量后能态的变化过程

最低激发单线态 S_1 或更高激发的单线态 S_2。被激发的分子又能通过三种途径回到基态：

（1）发射荧光回到基态或内部先过渡到三线态 T_1，然后释放出磷光回到基态。

（2）将能量以热能的形式传递给其他分子而回到基态。

（3）能量转移给能量转移剂而回到基态。

当有机类紫外线屏蔽剂受到紫外光的作用,吸收紫外线能量后,分子中产生电子迁移,由基态激发成激发态分子,被激发的分子由于不稳定,又通过释放出荧光、磷光或将能量以热能的形式传递给其他分子等途径回到基态,这样一来就将吸收的能量以无害的热能或无害的波长较长的低辐射能量释放出来耗掉,而本身结构不发生变化,从而避免损害皮肤和防止高分子聚合物因吸收紫外线能量而发生分解。

2. 光化学反应

紫外线的波长短,能量高,可以使防紫外线分子(RH)成为激发态,或断裂其化学键,以引起游离基(自由基)链式反应。

当某些有机类紫外线屏蔽剂分子吸收能量后,发生分子的热振动,产生光化学反应,某些内在化学键破坏,引起游离基(自由基)链式反应,生成互变异构。这一过程虽然发生了化学反应,但最终形成的物质分子结构、性能与原屏蔽剂分子的结构、性能相似,其防紫外线作用主要是利用化学反应过程将吸收的紫外线能量消耗掉。有机紫外线屏蔽剂的分子结构一般都是具有羰基共轭或杂环的芳香族有机化合物,不同结构的分子对不同波段紫外线的敏感程度是不同的,这就为吸收某波段的紫外线而选择不同结构的防紫外线物质提供了理论依据。

三、织物防紫外线的测试与评价方法

国内外常用的纺织品防紫外线评价标准有澳大利亚/新西兰标准 AS/NZS 4399-1996、美国标准 AATCC 183/98、欧盟标准 EN 13758.1-2006、英国标准 BS 7914-1998 和中国标准 GB/T 18830—2007 等。常用测试仪器有紫外分光光度计法和紫外线强度计法。

织物防紫外线的评价指标有紫外线防护系数（Ultraviolet Protection Factor,简称

UPF)和紫外线透射率 $T(UVA)_{AV}$、$T(UVB)_{AV}$。AS/NZS 4399 标准规定了 UPF 的划分级别及评价等级,见表 6-1。

表 6-1　AS/NZS 4399 UPF 值与评定等级

UPF 的范围	防护等级分类	紫外线透过率(%)	UPF 等级
15~24	较好防护	6.7~4.2	15，20
25~39	非常好的防护	4.1~2.6	25，30，35
40~50，50+	非常优良的防护	≤2.5	40，45，50，50+

四、防紫外线纺织品的设计研发实例

(一)设计思路

以涤纶纤维为原料设计开发防紫外线纺织面料,要求其在满足夏季吸汗、透气等穿着性能时,尽可能提高抗紫外线性能。因此,在织物设计上,即要考虑夏季女装面料凉爽、透气、柔软、挺爽、悬垂性好等服用要求,还要使面料具有良好的抗紫外线性能,最终达到功能性和服用性的最佳配合。

(二)影响织物抗紫外线性能的因素研究

影响织物紫外线防护性能的因素很多,如纤维原料、纱线结构、织物组织、织物紧度以及染色用染料等。

1. 纤维原料及纱线结构对织物防紫外线性能的影响

本次织物开发采用涤纶长丝为原料,其品种规格见表 6-2。

表 6-2　涤纶长丝的品种规格

编号	品种名称	规格(dtex/f)	捻度[捻/(10 cm)]	备注
A	普通涤纶低弹丝	167/56	100	无色
B	抗紫外线涤纶低弹丝	167/56	100	无色
C	抗紫外线涤纶低弹平丝	167/56	无捻	无色
D	细旦涤纶丝	83/144	100	无色

采用表 6-2 中的原料,选用八枚经面缎纹组织,以经纬密度为 600、400 根/(10 cm)织造成织物,采用紫外线强度计法测试织物的紫外线透过率和遮蔽率,测试结果见表 6-3。

表 6-3　纱线原料对织物紫外线透过率和遮蔽率的影响

织物编号	经纱原料	纬纱原料	透过率(%)	遮蔽率(%)
S1#	普通涤纶低弹丝	普通涤纶低弹丝	8.74	91.26
S2#	抗紫外线涤纶低弹丝	普通涤纶低弹丝	1.85	98.15
S3#	普通涤纶低弹丝	抗紫外线涤纶低弹丝	2.35	97.65
S4#	抗紫外线涤纶低弹丝	抗紫外线涤纶低弹丝	0.63	99.37
S5#	普通涤纶低弹丝	细旦涤纶丝	6.34	93.66
S6#	抗紫外线涤纶低弹平丝	抗紫外线涤纶低弹平丝	0.30	99.70

由表 6-3 可以看出,在其他条件相同的情况下,纱线的原料和结构对紫外线透过率均有影响。在主峰为 297 nm 的紫外线照射下,S4♯和 S6♯的紫外线遮蔽性能最好,其原因是此两试样的经纬纱均选用了抗紫外线涤纶低弹丝,抗紫外线涤纶纤维中所含的紫外线遮蔽剂可以吸收和反射紫外线的缘故,而两者相比,S6♯则更优,是因 S6♯所用纱线为无捻平丝,平丝表面光泽好,对光线反射能力强,在相同织物密度和纱线粗细条件下,平丝织物的空隙小,对光线的遮蔽效果就更好。S2♯和 S3♯(经或纬单一系统为抗紫外线涤纶低弹丝)的紫外线遮蔽性能次之,因织物的经密大于纬密,故经向采用抗紫外线涤纶低弹丝的 S2♯试样较纬向采用抗紫外线涤纶低弹丝的 S3♯试样的紫外线遮蔽性能好。S1♯和 S5♯(经纬丝均采用普通涤纶低弹丝)的紫外线遮蔽性能最差,但细旦涤纶纤维织物较普通涤纶纤维织物具有较好的抗紫外线性能,其原因为超细纤维单丝纤度减小,增大了紫外线的反射层面,有利于对紫外线的反射。

2. 织物组织对织物防紫外线性能的影响

采用相同颜色的抗紫外线涤纶低弹丝,织物的经纬密分别为 600、400 根/(10 cm),制织不同组织的织物,测试织物的紫外线遮蔽率,见表 6-4。

表 6-4　组织对织物紫外线透过率和遮蔽率的影响

织物编号	组织	透过率(%)	遮蔽率(%)
Z1♯	八枚经面缎纹	0.63	99.37
Z2♯	2/2 斜纹	0.93	99.07
Z3♯	平纹	1.05	98.95
Z4♯	4 枚变化经面缎纹	0.33	99.67
Z5♯	绉组织	0.45	99.55

由表 6-4 可知,Z4♯(4 枚变化经面缎纹)的紫外线屏蔽能力最大,Z5♯(绉组织)次之,其他依次为 Z1♯(8 枚经面缎纹)＞Z2♯(2/2 斜纹)＞Z3♯(平纹)。

在其他规格相同的情况下,织物组织的平均浮长越长,覆盖率越高,孔隙度越小,抗紫外线的能力越强;组织的交织次数越多,其经纬纱屈曲越多,织物布面平整度降低,织物表面对紫外线的反射能力变差,紫外线的屏蔽能力也就变差。此外,由于变化组织和联合组织的浮长线排列规律是变化的,增加了纱线在织物中的覆盖程度,减少了织物的直通孔隙,减小了紫外线的透过率,提高了紫外线的遮蔽率。

3. 织物紧密度对织物防紫外线性能的影响

采用平纹组织、有捻抗紫外线涤纶低弹丝和无捻抗紫外线涤纶低弹丝两种原料,设计制织 6 种不同密度的织物,测试其紫外线透过率和遮蔽率,表 6-5。

由表 6-5 可知,无论纱线结构为有捻还是无捻,随着织物密度的增大,其紫外线遮蔽率呈逐渐增大趋势,织物的紫外线遮蔽率与密度呈正相关。即在其他因素不变的条件下,织物密度增大,织物中经纬纱的排列由疏松到紧密,经纬纱之间的空隙越来越小,紫外线的透过性也越来越差,则抗紫外线的性能越来越好。此外,当织物密度增大,其经纬向屈曲波高增大,织物厚度变大,光在具有层状构造的纤维之间发生的反射与折射的次数多,被纤维吸收的也多,透过织物的光线就弱,抗紫外线的性能会越来越好。

表 6-5　紧度对织物紫外线透过率和遮蔽率的影响

织物编号	所用原料		织物密度(根/10 cm)		透过率(%)	遮蔽率(%)
	经	纬	经向	纬向		
J1#	B	B	260	220	41.36	59.64
J2#	B	B	300	220	33.50	67.50
J3#	B	B	380	260	27.20	72.80
J4#	B	B	520	300	12.36	87.64
J5#	B	B	680	380	6.70	92.30
J6#	B	B	760	380	5.30	94.70
J7#	C	C	260	220	5.82	94.18
J8#	C	C	300	220	4.91	95.09
J9#	C	C	380	260	3.28	96.72
J10#	C	C	520	300	2.67	97.33
J11#	C	C	680	380	2.20	97.80
J12#	C	C	760	380	2.20	97.80

在密度较小的情况下,增大织物密度其紫外线遮蔽率的提高幅度较大,但当密度增大到一定值时,继续增大织物密度,则紫外线遮蔽率的提高幅度较小。其原因是当密度较小时,增大密度,对织物中纱线之间的空隙影响较大,故紫外线遮蔽率变化较明显;而当密度达到一定数值时,纱线之间的空隙度已经很小,继续增大密度,会使纱线之间产生挤压,而对纱线之间的空隙度影响不明显,故紫外线遮蔽率变化幅度也较小。

在同一密度条件下,平丝结构织物的抗紫外线性能较有捻丝结构织物的好;随着密度的增大,平丝结构织物的紫外线遮蔽增长幅度较小,有捻丝结构织物的紫外线遮蔽增长幅度较大,究其原因为平丝表面光泽好,对光线反射能力强,因纤维之间无捻较松散,织物中纱线间的缝隙较少,随着密度增大,纱线间的缝隙减少余地有限,故使紫外线遮蔽率的增长幅度有限;而有捻丝纤维抱合紧,纱线间的间隙大,随着密度增大,紫外线遮蔽率的变化也较平丝明显的多。

4. 颜色对织物防紫外线性能的影响

经纬纱均采用抗紫外线有捻涤纶丝,捻度为 100 捻/(10 cm),成品经纬密分别为 710、330 根/(10 cm),制织绉组织织物,上染不同颜色,测试织物的紫外线透过率和遮蔽率,见表 6-6。

表 6-6　颜色对织物紫外线透过率和遮蔽率的影响

织物编号	染料	用量(%)	透过率(%)	遮蔽率(%)	遮蔽提升量(%)
Y1#	未染色	2	1.60	98.4	0
Y2#	艳黄 SE-EL	2	1.11	98.89	0.49
Y3#	黄 GR	2	1.49	98.51	0.11
Y4#	翠蓝 S-GL	2	1.50	98.5	0.1
Y5#	深蓝 EX-GF	2	1.76	98.24	−0.16
Y6#	蓝 2BLN	2	1.56	98.44	0.04

（续表）

织物编号	染料	用量(%)	透过率(%)	遮蔽率(%)	遮蔽提升量(%)
Y7#	枣红 GR-SE	2	2.05	97.95	−0.45
Y8#	黑 EX-SF	2	1.67	98.33	−0.07
Y9#	红 3B	0.5	1.18	98.78	0.38
Y10#	红 3B	1	1.20	98.82	0.42
Y11#	红 3B	2	1.22	98.78	0.38
Y12#	红 3B	3	1.63	98.37	−0.03
Y13#	红 3B	5	1.84	98.16	−0.24

由表 6-6 可知,染料的颜色及用量对织物的抗紫外线遮蔽效果均有影响。当染料用量相同,颜色不同时,高明度颜色(如艳黄、黄、翠蓝)的织物对紫外线的遮蔽效果优于低明度颜色(如枣红、深蓝、黑)。这与常规纤维织物颜色对抗紫外线遮蔽性能的影响有所不同,通常经染色的常规纤维织物,黑色、蓝色等深色织物对紫外线的遮蔽效果要好于浅粉、浅黄等浅色织物,这是因为常用的分散染料根据分子结构可分为偶氮型和蒽醌型,偶氮型含有共轭体系,在受到紫外线照射时染料结构中的共轭体系除有选择地吸收可见光外,还能延展到紫外线区域吸收较大范围的紫外线,黑色、蓝色多采用偶氮型分散染料,因此紫外线防护能力也较大些。加入无机类屏蔽剂的抗紫外线纤维,其抗紫外线的能力主要依靠屏蔽剂的反射、散射,对于同样采用偶氮型染料染色的黑色、蓝色等织物,其吸收紫外线的范围加大,则屏蔽剂用于反射、散射的量减少,反射的紫外线也减少。

由表 6-6 还可看出,当染料颜色相同,用量逐渐加大,色彩由浅到深,抗紫外线能力呈由大到小的趋势。可见,加入无机类屏蔽剂的抗紫外纤维,同一种颜色,颜色越深,紫外线防护效果越差。其原因是加入无机类屏蔽剂的抗紫外纤维的抗紫外线能力主要是依靠屏蔽剂的反射、散射能力来达到的,分散染料染色是以吸附为主,染料浓度越大,纤维表面吸附的染料越多,纤维中屏蔽剂的反射和散射作用发挥就越差,导致颜色越深,防紫外线效果越差的结果。

5. 织物结构参数对防紫外线性能影响的正交实验分析

选用原料为 166.7 dtex(15OD)的抗紫外线有捻低弹涤纶丝,综合考虑各影响因素,确定因素水平见表 6-7,正交实验结果见表 6-8。

表 6-7　因素水平表

因素		水　平	
	1	2	3
A　经密×纬密[根/(10 cm)]	750×300	710×330	600×400
B　织物组织	平纹	斜纹	缎纹
C　颜色	分散红 3B(0.5%)	艳黄 SE-EL(2%)	蓝 2BLN(2%)

表 6-8　正交试验结果

试验号	因素				透过率(%)
	A	B	C	空	
1#	1	1	1	1	0.92
2#	1	2	2	2	0.88
3#	1	3	3	3	0.54
4#	2	1	2	3	1.25
5#	2	2	3	1	1.05
6#	2	3	1	2	0.87
7#	3	1	3	2	1.54
8#	3	2	1	3	1.38
9#	3	3	2	1	1.24
M1	2.34	3.71	3.17	3.21	
M2	3.17	3.31	3.37	3.29	
M3	4.16	2.61	3.13	3.17	
m1	0.78	1.24	1.06	1.07	
m2	1.06	1.10	1.12	1.10	
m3	1.39	0.87	1.04	1.06	
极差 R_j	0.61	0.27	0.08	0.04	

由表 6-8 可以看出,织物密度 A 对抗紫外线性能的影响非常显著,织物组织 B 和颜色 C 为次要因素,即对于添加无机紫外线屏蔽剂为主的抗紫外线纤维织物。在原料、纱线结构一定的条件下,织物密度是影响其紫外线透过率的主要因素,其次是织物组织,颜色的影响相对小一些。

综合考虑织物密度、组织和颜色,紫外线透过率最小(0.54%)的织物规格:经纬密度分别为 750、300 根/(10 cm),织物组织为缎纹,颜色为蓝色。

第二节　防电磁辐射织物的设计与生产

一、防电磁辐射织物的功能与用途

(一)电磁污染的产生及危害

在人们日常生活和工作环境中,电磁污染源主要有自然型电磁污染源与人工型电磁污染源两大类。自然型电磁污染源包括大气污染源、太阳电磁场源、宇宙电磁场源。人工型电磁污染源按频率的不同又分为工频场源与射频场源。工频场源包括:大功率输电线、电器设备,汽车、电焊,以及各类家用电器如电脑、彩电、冰箱、微波炉、空调、日光灯等。射频场源包括无线电、雷达,用于广播、电视、手机、传呼、导航、监测等的发射系统,以及高频加热设备、热黏合机等工业用射频设备的工作电路与振荡系统。电磁波时时刻刻都存在于我们的周围,如手提电话,其工作频率在 920～980 MHz 和 1800～2000 MHz,属于微波波段;

家用电脑的工作频率在 150 kHz～500 MHz,是一种包括中波、短波、超短波与微波等频段的宽带辐射;电磁炉的工作频率在几千赫兹至上百赫兹,属于极低频段,它利用电磁感应产生磁致涡流而加热食品,因而在微波炉投入使用一段时间内微波辐射场强高达 1000 $\mu W/cm^2$。

电磁波对人体会造成伤害早已为科学家所关注。20 世纪 50 年代,科学家们就发现从事微波工作的人员在无防护的条件下工作半年,白内障的发病率增高。还有研究表明,长期在微波环境下工作,会出现头痛、头昏、失眠多梦、白血球总数升高等症状,孕妇的流产率会增加一倍,会引起实验小白鼠的神经细胞能量代谢和介质代谢异常。由此可知,电磁波辐射可以对生物体造成极大的伤害,对人体健康存在严重威胁。人类已加强对电磁污染的防护与治理工作,开发了无电磁污染的电器产品,对工作环境、生活环境的电磁波的强度制定了标准,努力创建安全、健康的电磁生态环境。

(二)防电磁辐射织物的用途

20 世纪 60 年代,随着电磁波辐射安全标准的制定,人们着手进行电磁波防护工作。一方面是对电磁波辐射源进行屏蔽,减少泄露;另一方面是研制有效的人体防护材料,进行个体保护。

防电磁辐射织物被广泛应用于国防、航空航天、电子、电力、通信、医疗等领域和部门。主要用于雷达、微波通信、微波理疗、微波干燥、电脑、电视台、电台等操作人员的防护服,精密仪器、微波炉、手机、对讲机、监视器、无线电话、彩电等的防护罩,电子元件、电缆的屏蔽包装材料,保密室的墙布。还可用于渔业、考察探险和佩带心脏起搏器人员的救生服等,也可以缝制成服装、手套、帽子等,使人们在日常生活中免受电磁波的辐射伤害。

二、防电磁辐射的作用机理

防电磁辐射就是为了阻止和限制电磁波从材料的一侧向另一侧进行传递,即电磁屏蔽。其作用机理是当辐射源发出的电磁波穿过防电磁辐射织物时,一部分电磁波会在屏蔽体的外表面被反射,未被反射的电磁波则透过屏蔽体继续向前传输,防电磁辐射织物自身具有一定厚度,电磁波在传输过程中会出现多次反射和透射,电磁波在多次的反射和透射过程中,电磁波会出现多次连续衰减,能量也变得越来越小,从而达到防护的目的,如图 6-2 所示。防电磁辐射织物要具有电磁屏蔽性能就要具有导电性和导磁性,导电性能够使织物在受到外界电磁波作用的同时,产生与外界电磁场方向相反的感应电流和感应磁场,以抵消外界存在的电磁场,达到屏蔽外界电磁波的目的;而织物具有导磁性能,就能够有效起到消磁作用,达到屏蔽电磁辐射的目的。

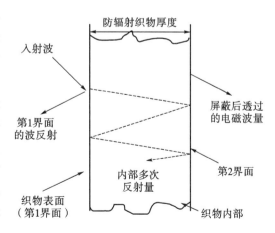

图 6-2　防电磁辐射织物对入射电磁波的衰减

材料的屏蔽效果通常用屏蔽效能(Shielding Effect,简称 SE)表示。屏蔽效能为没有屏蔽时入射或发射的电磁波与在同一地点经屏蔽后反射或透射的电磁波的比值,即屏蔽材料对电磁信号的衰减值,衰减值越大,表明屏蔽效果越好。影响材料屏蔽效能的主要因素有电磁波的反射损耗和吸收损耗。在高频电磁场下屏蔽材料的屏蔽效果主要取决于材料表面的反射损耗,低频电磁场下则要求屏蔽材料具有良好的导电率和磁导率,并具有足够的厚度。电磁能在织物中被屏蔽主要是因为电磁能衰减在织物的电阻上,即当纺织材料受到外界磁场感应时,在导体内部产生感应电流,这种感应电流所产生的磁场与外磁场方向相反,从而达到对外界磁场的屏蔽作用。

三、织物防电磁辐射的测试与评价方法

国内外织物防电磁辐射测试用标准主要有 ATTCC 76—2005《纺织品织物表面电阻测定》、GB 9175—1988《环境电磁波卫生标准》、SJ-20524—1995《材料屏蔽效能的测量方法》、GB/T 6568—2008《带电作业用屏蔽服装》、GJB 6190—2008《电磁屏蔽材料屏蔽效能测量方法》、GB/T 50719—2011《电磁屏蔽室工程技术规范》等。织物防电磁辐射的测试方法有电磁波屏蔽效能测试和织物表面电阻测试。

(一)电磁波屏蔽效能测试

该测试采用防电磁辐射测试仪测试织物的电磁波屏蔽性能,具有测量频率动态范围较大、测试结果重复性好、试样尺寸小等优点。该仪器配备 PAN3610 型网络分析仪,矩形波导管,测试微波波段范围为 2250~2650 MHz,试样尺寸为 10.7 cm×6.4 cm。评价指标为屏蔽效能 SE,计算方法见式(6-1)。

$$SE(dB) = 20 \times \lg \left| \frac{E_0}{E_1} \right| = 20 \times \lg \left| \frac{H_0}{H_1} \right| = 10 \times \lg \left(\frac{W_0}{W_1} \right) \tag{6-1}$$

式中:E_0——入射电场强度,V/m;

H_0——入射磁场强度,A/m;

W_0——入射功率,W;

E_1——透射电场强度,V/m;

H_1——透射磁场强度,A/m;

W_1——透射功率,W。

(二)织物表面电阻测试

该测试采用织物表面比电阻来表达织物的导电性能,将织物剪成规格为 1 cm×10 cm 的试样(经向×纬向或纬向×经向),用 M890D/M890C 数字万用表测得织物两端的电阻 R_s,每种试样测试 5 次取平均值。表面比电阻 ρ_S 的计算方法见式(6-2)。

$$\rho_S(\Omega) = R_S \frac{h}{L} \tag{6-2}$$

式中:h——两电极之间试样夹持的宽度,cm;

L——两电极之间试样夹持的长度，cm;

R_S——试样两电极之间的电阻，Ω。

四、防电磁辐射纺织品的设计研发实例

(一) 基于化学镀的电磁波屏蔽织物的研发

1. 产品研发思路

以涤纶织物为基体，采用金属化学镀的方法，开发具有良好防电磁辐射效果的织物，研究化学镀层材料及厚度对电磁屏蔽性能及其他服用性能的影响。

2. 涤纶织物的金属化学镀

金属镀用涤纶织物的组织为平纹，纱线线密度为 8 tex，织物的经纬向密度分别为 380、310 根/(10 cm)。

（1）化学镀工艺过程。粗化→水洗→敏化活化→水洗→解胶→水洗→还原→化学镀金属。

（2）化学镀液配方。

① 化学镀镍配方及条件。化学镀镍溶液配方及条件见表 6-9。

表 6-9　化学镀镍液配方

主要成分及工艺条件	酸性镀镍配方	碱性镀镍配方
主盐	硫酸镍：30 g/L	硫酸镍：30 g/L
还原剂	次亚磷酸钠：25 g/L	次亚磷酸钠：27 g/L
络合剂	柠檬酸钠：5.5 g/L	柠檬酸钠：20 g/L
缓冲剂	无水乙酸钠：6 g/L	氯化铵：17 g/L
pH 值	4.5	9
温度（℃）	80	25

② 化学镀铜配方及条件。硫酸铜 8 g/L，次亚磷酸钠 28 g/L，柠檬酸钠 8 g/L，硼酸 20 g/L，硫酸镍 0.75 g/L，温度 80 ℃。

③ 化学镀银配方。化学镀银氨溶液配方为 $AgNO_3$ 0.4 g/L，NH_4OH 适量。还原液配方为 N_2H_4 3.8 g/L，C_2H_5OH 60 mL/L。

3. 化学镀金属织物的表面形态

采用 JSM-6700F 型场发射扫描电子显微镜（日本电子株式会社）观测镀层表面形态，用该仪器配备的 X 射线能谱仪（Oxford INCA）对镀层进行成分分析。

（1）化学镀镍涤纶织物的表面形态。图 6-3 为涤纶织物化学镀镍的外观形态照片，图 6-4 为化学镀镍涤纶织物的能谱图。

由于涤纶纤维表面光滑，且分子中缺少极性基团，很难在纤维上直接施镀金属，故在化学镀前必须经过粗化处理，即用碱减量的方法使纱线表面形成许多凹坑，作为金属镀层与织物纱线的"铆合点"，以提高金属镀层的结合牢度。但减量率不宜过大，否则会使织物强

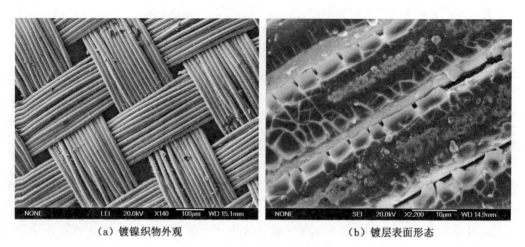

（a）镀镍织物外观　　　　　　　　　（b）镀层表面形态

图6-3　涤纶织物化学镀镍照片

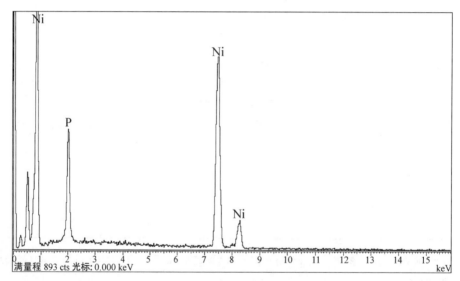

图6-4　镀镍涤纶织物能谱图

力损失过大而失去使用价值。粗化后再经过敏化、活化，纤维表面就形成极薄的金属催化层。在施镀过程中，镍离子在贵金属的催化下，被还原剂还原而沉积在织物表面，进而这种还原反应在金属的自催化下继续进行，使金属镀层不断加厚，最终使织物表面覆盖一层金属层，如图6-3（b）。

由能谱图可知，涤纶织物镀镍层成分主要有镍、磷等，采用不同的镀液配方，镍、磷的含量不同。

（2）化学镀铜涤纶织物的表面形态。图6-5为化学镀铜涤纶织物的外观形态照片，图6-6为化学镀铜涤纶织物的能谱图。

与化学镀镍相同，在化学镀前须经粗化处理，使纱线表面形成许多凹坑，作为金属镀层

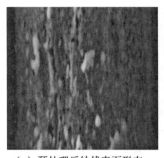
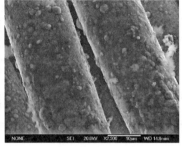

（a）预处理后纱线表面形态　　　（b）镀铜后的纱线形貌　　　（c）镀铜织物表面形态

图 6-5　涤纶织物表面化学镀铜层的 SEM 照片

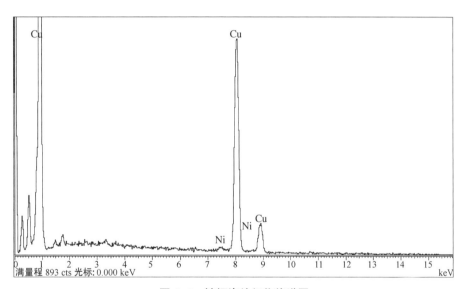

图 6-6　镀铜涤纶织物能谱图

与织物纱线的"铆合点"，粗化后再经过敏化、活化，纤维表面就形成极薄的贵金属催化层，在施镀过程中，铜离子在贵金属的催化下，被还原剂还原而沉积在织物表面上，随着这种还原反应继续进行，使金属不断加厚，得到致密光亮的金属化织物。

由能谱图可知，涤纶织物镀铜层成分主要有铜和微量的镍，铜的质量百分数为 99%，镍的质量百分数为 1%。

（3）化学镀银涤纶织物的表面形态。图 6-7 为涤纶织物表面化学镀银层的 SEM 照片，图 6-8 为化学镀银涤纶织物的能谱图。

在施镀过程中，银离子在贵金属的催化下，被还原剂还原而沉积在织物表面上，随着这种还原反应继续进行，金属镀层不断加厚，得到致密的金属化织物，由于银具有延展性，因此镀银织物手感柔软。

由能谱图可知，涤纶织物镀银层成分主要有银和微量的铜，银的质量百分数为 99% 以上。

图 6-7　涤纶织物化学镀银层的 SEM 照片

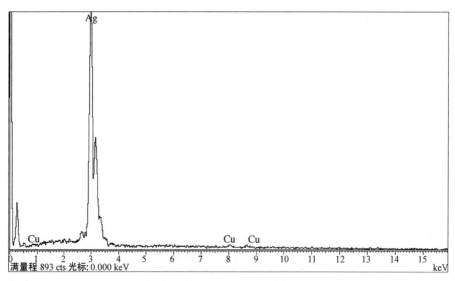

图 6-8　镀银涤纶织物能谱图

4. 化学镀金属织物的电磁屏蔽性能

（1）化学镀镍织物的电磁屏蔽效能。图 6-9 和图 6-10 反映了不同增重率镀镍织物的电磁波屏蔽效能。图中经化学镀后试样的增重率为 B1 12.42%、C1 23.70%、D1 32.54%、E1 41.59%、F1 51.00%、G1 71.91%、H1 83.07%、I1 116.70%、J1 140.95%、K1 168.86%。

由图 6-9、图 6-10 可以看出，在增重率小于 71.91% 的情况下，织物屏蔽效能增速明显，超过 71.91%，电磁波屏蔽效能增速不明显，维持在 60 dB 左右，其原因是随着金属单质镍的不断沉积，涤纶织物表面镀层不断增厚而变得均匀，电磁屏蔽效能显著增加，当镀层达到均匀后，镀层厚度的增加对电磁屏蔽效能的影响能力下降，故电磁屏蔽效能不会明显地增加。

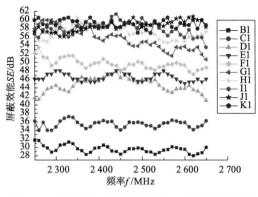

图 6-9 不同增重率镀镍织物的电磁波屏蔽效能

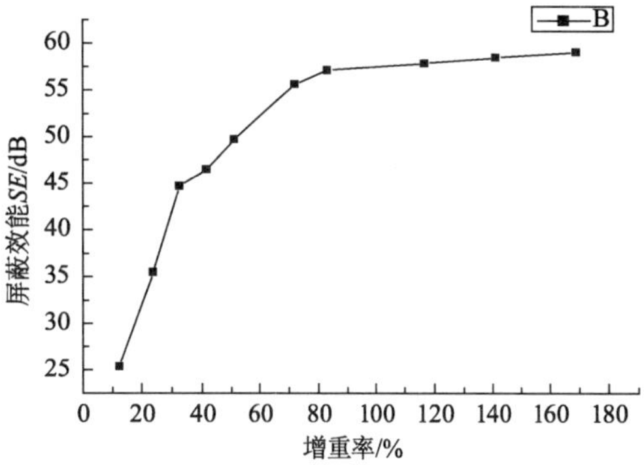

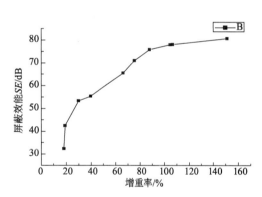

图 6-10 屏蔽效能(平均值)与增重率的关系

(2)化学镀铜织物的电磁屏蔽效能。图 6-11 和图 6-12 反映了不同增重率镀铜织物的电磁波屏蔽效能。图中经化学镀后试样的增重率为 B2 17.36%、C2 19.81%、D2 24.96%、E2 41.37%、F2 68.58%、N2 78.94%、G2 92.38%、H2 109.87%、I2 132.39%、J2 154.96%。

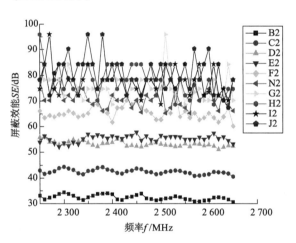

图 6-11 不同增重率镀铜织物的电磁波屏蔽效能

图 6-12 屏蔽效能(平均值)与增重率的关系

由图 6-11 和图 6-12 可知,在增重率小于 78.94%的情况下,织物屏蔽效能增速明显,达到 78.94%以上,织物电磁波屏蔽效能增速不明显,维持在 75 dB 以上,其原因与镀镍织物相同。

(3)化学镀银织物的电磁屏蔽效能。图 6-13 和图 6-14 反映了不同增重率镀银织物的电磁波屏蔽效能。图中经化学镀后试样的增重率为 B3 9.98%、C3 17.07%、D3 47.23%、H3 71.86%、I3 84.86%、J3 105.51%、L3 164.60%。

由图 6-13 和图 14 可以看出,当织物的增重率在 71.86%以下时,镀层织物电磁波屏蔽效能随镀层厚度增加有明显的增大,当增重率在 71.86%以上时,织物表面金属镀层已有一定的厚度,镀层也比较均匀,故电磁波屏蔽效能增加不那么显著,维持在 60 dB 以上。

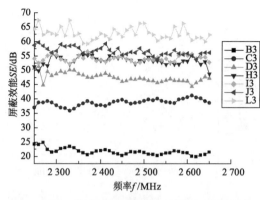 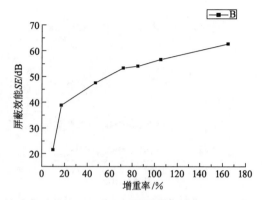

图 6-13　不同增重率镀银织物电磁波屏蔽效能　　图 6-14　增重率与电磁波屏蔽效能(平均值)的关系

5. 化学镀金属织物的导电性能

表 6-10、表 6-11 和表 6-12 分别是镀镍织物、镀铜织物和镀银织物增重率与其表面电阻。由表中数据并结合图 6-9～图 6-14 可以看出,化学镀镍、化学镀铜和化学镀银织物均具有优良的电磁波屏蔽性能和导电性能。随着增重率的增加,电阻逐渐减小、电磁波屏蔽效能逐渐增大,并且电阻减小的趋势和电磁波屏蔽效能增加的趋势一致,即金属的导电性越好,其电磁屏蔽效能就越强。同时还可知,织物的电磁波屏蔽性能与金属镀层的厚度、均匀性以及金属的类别等密切相关。

表 6-10　镀镍织物增重率与其表面电阻

试样	B1	C1	D1	E1	F1	G1	H1	I1	J1	K1
增重率(%)	12.42	23.70	32.54	41.59	51	71.91	83.07	116.7	140.95	168.86
电阻(Ω/10 cm)	35.80	13.11	2.98	2.29	1.75	1.64	1.60	0.95	0.80	0.79

表 6-11　镀铜织物增重率与其表面电阻

试样	B2	C2	D2	E2	F2	N2	G2	H2	I2	J2
增重率(%)	17.36	19.81	24.96	41.37	68.58	78.94	92.38	109.87	132.39	154.96
电阻(Ω/10 cm)	22.75	5.72	2.55	1.60	0.91	0.64	0.45	0.36	0.35	0.29

表 6-12　镀银织物增重率与其表面电阻

试样	B3	C3	D3	H3	I3	J3	L3
增重率(%)	9.98	17.07	47.23	71.86	84.86	105.51	164.6
电阻(Ω/10 cm)	38.995	2.497	1.618	0.683	0.583	0.495	0.187

6. 化学镀织物镀层的耐磨性能

图 6-15 是化学镀织物镀层的耐磨情况。由此图可看出,摩擦 200 次以下时织物的表面电阻变化非常小,这是因为织物上镀层有一定的厚度,摩擦过程中,镀层的厚度减少,但镀层的均匀性没有受到明显影响,故织物电阻的变化趋势平稳;随着摩擦继续进行,当镀层厚

度减小到一定程度时,织物表面镀层的均匀性受到影响,织物表面电阻则变化比较明显。经过 400 次摩擦后,织物的表面电阻仍然维持在较小的水平,说明织物的电磁波屏蔽性能依然保持良好状态。

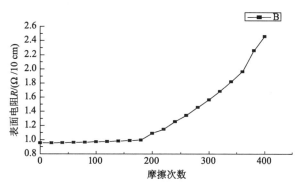

图 6-15　织物表面电阻与擦次数的关系

(二) 基于镀银纤维的复合功能精纺毛织物的开发

1. 产品开发思路

采用镀银长丝与羊毛纤维通过纱线及织物结构设计,研制出集防辐射、抗静电、抗菌等功能于一体,用于制作西服正装、休闲装的复合功能精纺毛织物。

2. 镀银长丝在毛织物中应用的可行性分析

(1) 镀银纤维的基本性能。图 6-16 是 4.4 tex(40d/12f)锦纶基镀银长丝的纵截面,表 6-13是镀银长丝的强力、导电性和抗菌性。

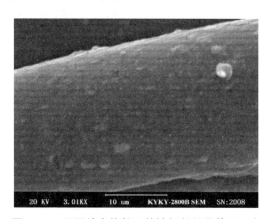

图 6-16　不同放大倍数下的镀银长丝纵截面形态

表 6-13　镀银长丝的强力、导电性及抗菌性测试结果

线密度(tex)	断裂强力(cN)	断裂伸长率(%)	断裂时间(s)	电阻(Ω/10 cm)	抑菌带(mm)
4.4	153.7	35.53	13.69	121.1	2.4

从图中可以看出,长丝镀层形貌整体较好,表面较平滑光亮,有颗粒状银金属分布,镀

层具有很好的连续性。表中测试结果表明,镀银长丝强力较好,断裂伸长率较大,能满足整经、织造对纱线张力的要求;电阻值较小,具有较好的导电性能;对大肠杆菌的抑菌带宽度达到 2 mm 以上,具有良好的抗菌性能。

(2)烘燥温度对镀银长丝性能的影响。将镀银长丝分别置于温度为 50 ℃、75 ℃、100 ℃、125 ℃、150 ℃烘箱内处理 60 min。图 6-17 是经不同温度处理的镀银长丝纵向截面图。表 6-14 是不同温度处理后镀银长丝的强力、导电性和抗菌性能。

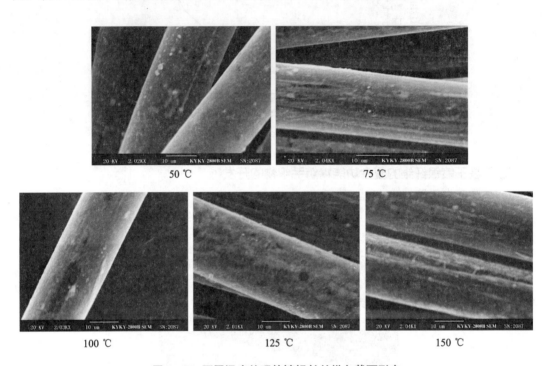

图 6-17　不同温度处理的镀银长丝纵向截面形态

表 6-14　不同温度处理性能测试结果

处理温度(℃)	断裂强力(cN)	断裂伸长率(%)	断裂时间(s)	电阻(Ω/10 cm)	抑菌带(mm)
未经处理	153.7	35.53	13.69	121.1	2.4
50	154.1	35.50	13.80	122	2.4
75	152.6	33.78	13.25	122.3	2.4
100	152.4	34.01	12.96	124.4	2.4
125	150.2	33.26	12.45	125.2	2.5
150	146.2	33.11	11.64	128.3	2.4

从图 6-17 看出,在 100 ℃以下时,处理温度升高,纤维表面状态基本没有改变,超过 100 ℃后,随着处理温度升高,长丝表面变得不光滑或者出现孔洞,当温度达到或超过 125 ℃时镀银长丝表面的银白色发暗、发微黄,这是高温处理使镀银层发生一定程度氧化所

致。从表 6-14 可知,镀银长丝的断裂强力、断裂伸长率会随着温度升高略有下降,表面电阻略有增加,对大肠杆菌的抑菌带宽度并没有减小,甚至在 125 ℃ 处理后抑菌带有所增大,说明高温并没有破坏银离子的抗菌效果。

（2）净洗剂对镀银长丝性能的影响。用冷水和 40 ℃ 热水分别配制浓度为 2% 的 NF208 净洗剂溶液 100 mL,对镀银长丝处理 30 min,取出后水洗两次,用烘箱 80 ℃ 烘干,在标准测试环境下放置 2 h 后测试相关性能。图 6-18 是净洗剂处理后镀银长丝的纵向截面形态;表 6-15 是净洗剂处理前后镀银长丝的强力、导电性和抗菌性能测试结果。

 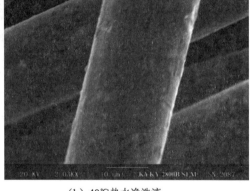

（a）冷水净洗液　　　　　　　　　　　（b）40 ℃热水净洗液

图 6-18　净洗剂处理后的镀银长丝纵向截面形态

表 6-15　净洗剂处理性能测试结果

净洗温度(℃)	断裂强力(cN)	断裂伸长率(%)	断裂时间(s)	电阻(Ω/10 mm)	抑菌带(mm)
未经处理	153.7	35.53	13.69	121.1	2.4
冷水	153.2	35.27	13.20	120.7	2.4
40	150.3	34.31	13.06	124.1	2.2

结合图 6-18 和表 6-15 可知,冷水净洗剂处理对镀银长丝表面以及断裂强力、断裂伸长率、导电性能和抗菌性能影响不大,但经 40 ℃ 热水净洗剂处理后长丝表面的孔洞变得明显,断裂强力、断裂伸长率和抗菌性能有所下降,电阻值有所上升,说明热水处理对镀层会有一定程度的损伤。

（3）柔软剂对镀银长丝性能的影响。选用有机硅乳液柔软剂 UST,柔软剂浓度为 50 g/L,使用醋酸调节 pH 值为 6.5～7.0。常温条件下对镀银长丝处理 30 min,取出后不经水洗,直接用烘箱 80 ℃ 烘干,在标准测试环境下放置 2 h 后测试相关性能。图 6-19 是柔软剂处理后镀银长丝纵向截面形态;表 6-16 是柔软剂处理前后镀银长丝的强力、导电性和抗菌性测试结果。

图 6-19　柔软剂处理后的镀银长丝纵向截面形态

表 6-16　柔软剂处理性能测试结果

试样	断裂强力（cN）	断裂伸长率（%）	断裂时间（s）	电阻率（Ω/10 mm）	抑菌带（mm）
未经处理	153.7	35.53	13.69	121.1	2.4
柔软剂处理	153.3	33.45	12.81	123.8	2.1

由图 6-19 可知，经柔软剂处理后，镀银长丝的银层变化不大，但有轻度损伤，且表面包覆着白色颗粒状物质，其为柔软整理剂中的分子颗粒物质，说明柔软剂能够很好的被吸附于镀银长丝表面。从表 6-16 可知，柔软剂对镀银长丝的强力影响甚小，由于整理剂颗粒在镀银长丝表面的包覆作用，使其电阻值有所升高，抑菌带有所减小。

通过上述研究可知，镀银长丝具有较高的断裂强力和较好的拉伸性能，经过湿热整理后，镀层虽有不同程度的氧化，但断裂强力和断裂伸长率的下降幅度非常小，能够满足毛精纺加工过程对强力的要求。镀银长丝有较好的导电性能，对大肠杆菌有较好的抑制作用，经湿热整理后导电性能几乎不受影响，抑菌性能略有下降。因此，利用镀银纤维开发集防辐射、抗静电、抗菌"新三防"功能于一体的精纺毛织物是可行的。

3. 织物规格设计

（1）纱线结构设计。设计五种结构纱线以备织物开发使用，具体结构如下：

① 4.4 tex（40 den/12 f）、7.8 tex（70 den/12 f）两种线密度的镀银长丝，以 A1 和 A2 表示。

② 以 12.5 tex 纯毛纱与 4.4 tex（40 den/12 f）镀银长丝并捻，并线线密度为 18.18 tex，捻系数分别为 110、130、150、170，以 B1、B2、B3 和 B4 表示。

③ 以 4.4 tex（40 den/12 f）镀银长丝为芯纱纺制毛/镀银长丝赛络包芯纱，捻系数为 150，线密度分别为 18.18 tex（55 Nm）和 22.22 tex（45 Nm），以 C1 和 C2 表示。

④ 选用 0.25 g/m 粗纱与 4.4 tex（40 den/12 f）镀银长丝纺制毛/镀银长丝赛络菲尔纱，捻系数为 150，纱线线密度为 16.10 tex，以 D 表示。

⑤ 线密度为 12.5 tex×2（80/2 Nm）纯毛纱，以 E 表示。

（2）织物品种规格设计。利用上述五种结构纱线，设计开发16种不同组织结构与规格的织物，用于研究镀银长丝的线密度、镀银长丝在织物中的分布、纺纱方式、纱线捻系数及织物组织对织物电磁屏蔽、抗菌性能的影响。织物规格设计见表6-17。

表6-17 织物规格设计

织物编号	纱线排列		织物密度（根/10 cm）		组织	镀银纤维含量（%）
	经1：经2	纬1：纬2	经	纬		
1#	纯毛纱E	A1：E=1：1	400	580	2/2斜纹	25
2#	纯毛纱E	A1：E=1：2	400	580	2/2斜纹	16
3#	纯毛纱E	A1：E=1：3	400	580	2/2斜纹	6
4#	A1：E=1：3	A1：E=1：2	450	580	2/2斜纹	25
5#	纯毛纱E	A2：E=1：2	400	580	2/2斜纹	22
6#	B3	B3	450	400	2/2斜纹	34
7#	B3：E=1：1	B3：E=1：1	430	370	1/1平纹	18
8#	B3：E=1：1	B3：E=1：1	430	370	2/2斜纹	18
9#	B3：E=1：1	B3：E=1：1	430	370	5枚缎纹	18
10#	B3：E=1：1	B3：E=1：3	430	370	2/2斜纹	9
11#	B1：E=1：1	B1：E=1：1	430	370	2/2斜纹	18
12#	B2：E=1：1	B2：E=1：1	430	370	2/2斜纹	18
13#	B4：E=1：1	B4：E=1：1	430	370	2/2斜纹	18
14#	C1：E=1：1	C1：E=1：1	430	370	2/2斜纹	18
15#	C2：E=1：1	C2：E=1：1	430	370	2/2斜纹	14
16#	D：E=1：1	D：E=1：1	430	370	2/2斜纹	18

4. 镀银纤维复合功能精纺毛织物的生产工艺

（1）纱线的研制。

① 毛/镀银长丝并捻纱的研制。纯毛细纱的线密度为12.5 tex（80 Nm），捻度为805捻/m，捻向为Z；镀银长丝线密度为4.4 tex（40 den/12 f）。倍捻工艺参数见表6-18。

表6-18 倍捻工艺参数

纱线编号	公制捻系数	捻度（捻/m）	捻牙				速度（r/min）	捻向	倍捻次数
			Z1/S1	Z2/S2	Z3/W1	Z4/W2			
B1	110	810	31	63	63	46	8000	S	1
B2	130	960	31	63	67	53	8000	S	1
B3	150	1100	31	63	62	53	6000	S	1
B4	170	1260	31	63	67	69	6 000	S	1

② 毛/镀银长丝包芯纱的研制。成纱线密度为18.18 tex（55 Nm）、22.22 tex（45 Nm），捻系数为150，芯纱为4.4 tex（40 den/12 f）镀银长丝，粗纱定量为0.21 g/m，纱线捻向为S，在细纱机上进行纺制。包芯纱工艺参数见表6-19。

表 6-19　包芯纱纺纱工艺参数

纱线编号	牵伸倍数	线密度(tex)	捻度(捻/m)	须条间距(mm)	钢丝圈	车速(r/min)
C1	30.56	18.18	1100	6	30#	8000
C2	23.57	22.22	1006	6	29#	8000

在纺制包芯纱时,通过设计合理的纱线线密度、捻系数及控制纱线张力,可成功防止长丝外露。

③ 毛/镀银长丝赛络菲尔纱的研制。选用 0.25 g/m 的粗纱与 4.4 tex(40 den/12 f)镀银长丝纺制赛络菲尔纺纱,捻系数为 150,纱线线密度为 16.13 tex。纺纱工艺参数见表6-20,络筒工艺参数见表6-21。

表 6-20　赛络菲尔纺纱工艺参数

纱线编号	牵伸倍数	捻向	捻度(捻/m)	公制捻系数	钢丝圈	锭速(r/min)
D	25.08	FS	1180	150	29#	8 500

表 6-21　赛络菲尔纱络筒工艺参数

纱线编号	实纺线密度(tex)	张力盘张力	防脱圈	车速(m/min)	N	S	L	T
D	16.13	5	0.3	500	3.5	2.3	30	30

注:表中清纱参数 N 代表毛粒,S 代表短粗,L 代表长粗,T 代表细节,单位均为个/km。

(2)含镀银长丝毛纱的蒸纱工艺。蒸纱方案见表6-22,蒸纱后纱线性能测试结果见表6-23。

表 6-22　不同纱线蒸纱方案

纱线种类	温度(℃)	时间(1个循环)(min)	饱和蒸汽方式
并捻纱/包芯纱	80	15	2个循环
	85	10	2个循环
赛络菲尔纱	85	15	2个循环

表 6-23　蒸纱后各纱线性能测试结果

纱线编号	断裂强力(cN)	断裂强度(cN/tex)	断裂伸长(mm)	断裂伸长率(%)	电阻率(Ω/10 cm)	回捻(个)
B1	242.9	13.36	173.9	34.78	127.3	23.2
B2	247.3	13.60	176.0	35.20	127.1	24.5
B3	244.4	13.44	170.5	34.10	129.1	25.2
B4	245.8	13.52	167.1	33.42	131.5	27.0
C1	226.5	12.46	166.3	33.26	119.8	23.2
C2	257.7	11.61	180.4	36.08	122.4	23.0
D	215.3	16.41	165.7	33.14	124.8	27.1

由表 6-23 可知,蒸纱后各纱线无论是强力性能还是导电性能均优良,且回捻数在要求范围内。

(3)织造工艺。精纺毛织物织造工艺流程为整经→穿综→上机→织造→了机。

采用 Dornier(多尼尔)刚性剑杆织机织造,利用刚性剑杆主动送纬系统,能确保对纬纱损伤最小,织造车速为 350 r/min,后梁高度为 0 mm,开口深度为 3 mm,停经架高度为 0°,停经架深度为 5 mm。

(4)后整理工艺。后整理工艺流程为生修→烧毛→煮呢→洗呢→烘呢→中修→剪毛→给湿→连续加压蒸呢→蒸呢→熟修。针对镀银纤维复合功能精纺毛织物的特点,重点研究烧毛、洗呢、蒸呢工序对织物性能的影响。

① 烧毛工艺试验。将 8♯、15♯织物分别经过相同的烧毛工艺,工艺条件为切烧,布速为 120 m/min,火焰为 12 mbar。烧毛前后织物的电磁屏蔽性能见表 6-24 和图 6-20。

从表 6-24 和图 6-20 可知,两种织物经烧毛后,电磁屏蔽性能 SE 平均值不但没有下降反而略有升高,其原因是烧毛工序可以减少织物纱线毛羽,增加了银长丝间的接触点,使织物屏蔽效能变好。若考虑烧毛易引起镀银纤维的氧化变色,可以剪毛替代烧毛,以保证织物表面的光洁度。

表 6-24　烧毛前后织物电磁屏蔽效能平均值

织物编号	8♯织物		15♯织物	
	烧毛前	烧毛后	烧毛前	烧毛后
屏蔽效能(dB)	42.93	43.96	38.28	39.73

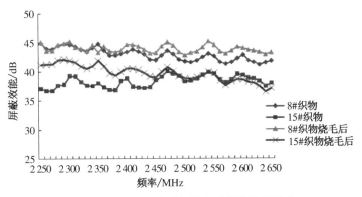

图 6-20　烧毛工艺对织物电磁屏蔽性能影响

② 洗呢工艺试验。用绳状洗呢机和平幅连煮机对 8♯织物进行洗呢试验,洗呢后烘干,测试织物的屏蔽效能。洗呢工艺:

洗 1♯工艺:冷水,不添加净洗剂;洗 2♯工艺:冷水,2%净洗剂;洗 3♯工艺:40 ℃,不添加净洗剂;洗 4♯工艺:40 ℃,2%净洗剂。

由于经洗 1♯工艺绳状洗呢后织物表面出现不规则花斑,故不再对织物进行其他两个工艺的绳状洗呢试验,平幅洗呢前后织物的屏蔽效能测试结果见表 6-25 和图 6-21。

表 6-25　不同洗呢工艺下织物电磁屏蔽效能平均值

织物编号	8#洗呢前	经洗 1#	经洗 2#	经洗 3#	经洗 4#	8#绳状洗呢
屏蔽效能(dB)	42.93	45.04	43.44	44.70	40.09	34.50

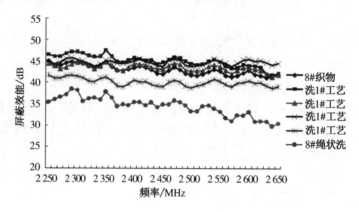

图 6-21　不同洗呢工艺对织物电磁屏蔽性能的影响

由图 6-21 看出,经洗 1#、洗 2#、洗 3#工艺平幅洗呢后织物的屏蔽效能变化不大,均比未洗呢织物略有提高,这是因为洗呢后织物有一定程度收缩,减小了镀银纤维的网络结构,提高了屏蔽效能。经洗 4#工艺(40 ℃,2%净洗剂)洗呢后,织物屏蔽效能有所下降,进一步验证了镀银长丝采用净洗剂洗呢时宜用冷水洗的结论。且经平幅冷水工艺洗呢后,织物布面质量稳定且颜色变化不明显,故本次开发最终选择洗呢工艺为冷水平幅洗呢。

③ 蒸呢工艺试验。对 8#、15#织物分别进行罐蒸和开式蒸呢。开式蒸呢采用外→内→外循环蒸汽,车内蒸汽压力为 0.018 MPa,温度为 80～90 ℃,蒸呢时间为 15～20 min。蒸呢前后织物的电磁屏蔽性能见表 6-26 和图 6-22。

表 6-26　蒸呢前后织物的电磁屏蔽效能平均值

织物编号	8#织物			15#织物		
	蒸呢前	开式蒸呢	罐蒸	蒸呢前	开式蒸呢	罐蒸
屏蔽效能(dB)	42.93	42.88	35.09	38.28	38.84	30.29

从表 6-26 和图 6-22 可知,罐蒸对两种织物的屏蔽效能影响均较大,8#、15#经罐蒸后屏蔽效能平均值下降 18.26%、20.87%;经开式蒸呢后,两种织物的屏蔽性能变化不大,说明开式蒸呢作用方式缓和,对镀银长丝损伤小。

④ 后整理方案优化。由上述研究可知,后整理应以低温、平幅为原则,结合镀银纤维性能,在保证织物复合功能的同时使织物的手感、风格满足精梳毛织品的要求。在大量实验研究基础上,确定后整理工艺路线:

生修→平幅洗呢(冷水净洗剂),8 m/min→第二次平幅洗呢(冷水),车速 8 m/min→柔软烘干(柔软剂 50 g/L,110 ℃,35 m/min)→中修→给湿→连续加压蒸呢(120 ℃,导管蒸

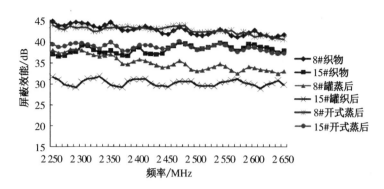

图 6-22　蒸呢工艺对织物电磁屏蔽性能的影响

汽压 0.06 MPa，25 m/min）→开式蒸呢（蒸汽压力 0.18 MPa，80～90 ℃，15～20 min）→熟修→成品。

5. 影响镀银纤维复合功能精纺毛织物性能的因素分析

（1）镀银纤维规格及分布方式对织物性能的影响

取纱线排列方式相同、镀银长丝线密度不同的 2# 和 5# 织物，取镀银长丝线密度相同、纱线排列不同的 1# 和 4# 织物，研究镀银长丝规格和分布方式对织物性能的影响。织物电磁屏蔽效能如图 6-23 所示，导电性能及折皱回复角测试结果见表 6-27。

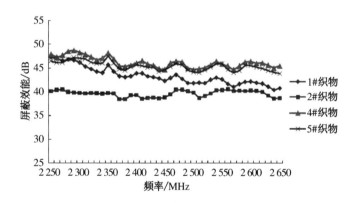

图 6-23　织物的屏蔽效能测试结果

表 6-27　织物导电性能及折皱回复角测试结果

织物编号	2#	5#	1#	4#
表面比电阻（mΩ）	233	125	180	172
经向折皱回复角（°）	139	138	140	135
纬向折皱回复角（°）	160	152	142	158
总折皱回复角（°）	299	290	282	293

从图 6-23 和表 6-27 可知，在 2250～2650 MHz 波段范围内，5# 的屏蔽效能明显高于

2#，表面比电阻明显小于2#。究其原因，虽然两种织物镀银长丝的分布方式相同，但5#织物所用镀银长丝的线密度大于2#织物，即同等条件下镀银长丝含量多，故织物的防电磁辐射性能好，导电性能好。4#织物的屏蔽性能高于1#织物，但两者的表面比电阻差异却不大，其原因是4#织物经向以镀银长丝与毛纱1:3排列，纬向以镀银长丝与毛纱1:2排列，而1#的经向全部为纯毛纱，纬向以镀银长丝与毛纱1:1排列，4#织物中镀银长丝呈网络状态分布，有利于提高织物的屏蔽效能；虽然4#和1#两织物中镀银长丝的分布不同但含量相同，因此可说明织物的导电性能与织物中镀银长丝的含量有关，与镀银长丝的分布方式关系不大。

从表6-27看出，2#总回复角大于5#，而两者的经向回复角接近，差别在于纬向回复角，原因是两种织物的经向均为纯毛纱，而2#织物纬向引入的镀银长丝的线密度比5#的小。因此，织物中镀银长丝的线密度越小，织物的折皱回复角越大，折皱回复性越好。4#的总回复角大于1#，两者的经向折皱回复角差异较小，而纬向回复角差异较大，这是由于4#织物经向添加了少许镀银长丝，使经向折皱回复角略有变小，而1#织物纬向以毛纱与镀银长丝1:1排列，4#织物为2:1排列，因1#织物镀银长丝引入根数较多，导致织物的折皱回复角变小，折皱恢复性降低，最终使织物的折皱回复性变差。

（2）镀银纤维含量对织物性能的影响。1#、2#、3#织物中镀银纤维含量分别为25%、16%、6%，6#、8#、10#织物中镀银纤维含量分别为34%、18%、9%。测试两组织物的屏蔽效能、导电性能、折皱回复角，研究镀银纤维含量对织物性能的影响，测试结果见表6-28。

表6-28　镀银长丝含量对屏蔽效能及折皱回复性的影响

织物编号	3#	10#	2#	8#	1#	6#
镀银纤维含量（%）	6	9	16	18	25	34
屏蔽效能（dB）	29.03	35.67	40.05	42.93	44.40	51.72
表面比电阻（mΩ）	345	357	258	233	180	110
经向折皱回复角（°）	141	141	139	140	140	131
纬向折皱回复角（°）	164	162	160	153	142	140
总折皱回复角（°）	305	303	299	293	282	271

从表6-28可看出，随着镀银长丝含量的增加织物的屏蔽效能提高，当镀银长丝含量在较低水平时，随着镀银长丝含量增加电磁屏蔽效能增加幅度较大，当镀银长丝含量达到一定量时（本次开发为16%），则镀银长丝含量继续增加电磁屏蔽效能增加幅度变缓；随着镀银长丝含量的增加，电阻值变小。随着镀银长丝含量的增加，织物的折皱回复总角变小，折皱回复性变差。故产品开发时应综合考虑织物成本及性能等因素，确定合适的镀银长丝的含量。

（3）纺纱方式对织物性能的影响。8#、14#、16#三种织物均为捻系数150、2/2斜纹组织、镀银长丝含量18%，纺纱方式分别为毛/镀银长丝并捻纱、毛/镀银长丝包芯纱、毛/镀银长丝赛络菲尔纱。研究纺纱方式对织物的屏蔽效能、导电性能、折皱回复性能的影响。织物的屏蔽效能测试结果见图6-24，导电性及折皱回复性测试结果见表6-29。

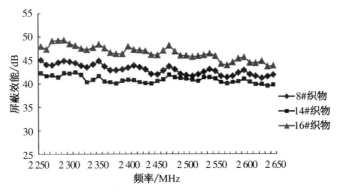

图 6-24 织物屏蔽效能测试结果

表 6-29 纺纱方式对织物导电性及折皱回复性的影响

织物编号	8#	14#	16#
纺纱方式	并捻纱	包芯纱	赛络菲尔纱
表面比电阻(mΩ)	258	250	260
经向折皱回复角(°)	140	137	145
纬向折皱回复角(°)	153	152	155
总折皱回复角(°)	293	289	300

由图 6-24 可知,纺纱方式对织物的屏蔽效能有影响。其中 16♯赛络菲尔纱织物的屏蔽效能最好,14♯包芯纱织物最差。就纱线结构而言,赛络菲尔纱中的镀银长丝在整根纱中外露点多,包芯纱的镀银长丝大部分被包覆在毛纱中而外露点少,并捻纱的外露点介于赛络菲尔纱和包芯纱之间,因此外露的镀银长丝在一定程度上影响了织物的屏蔽性能。

从表 6-29 中比电阻的测试数据可知,纺纱方式对织物的导电性能影响不大,其影响趋势与电磁屏蔽的影响趋势相同。由表 6-29 还可看出,16♯赛络菲尔纱织物的折皱回复性能优于 8♯并捻纱织物和 14♯包芯纱织物。因为赛络菲尔纱结构与单纱相似,纱线截面接近圆形,用此种纱制成的精纺毛织物呢面光洁,抗皱性能好。

（4）纱线捻系数对织物性能的影响。11♯、12♯、8♯、13♯四种织物均采用线密度相同的毛/银纱线并捻纱,2/2 斜纹组织,织物中镀银长丝的含量为 18%,纱线捻系数分别为 110、130、150、170。研究纱线捻系数对织物的屏蔽效能、导电性能、折皱回复性能的影响。织物的屏蔽效能测试结果见图 6-25,导电性及折皱回复性测试结果见表 6-30。

表 6-30 纱线捻系数对织物导电性及折皱回复性的影响

织物编号	11♯	12♯	8♯	13♯
表面比电阻(mΩ)	253	250	258	267
经向折皱回复角(°)	138	140	140	138
纬向折皱回复角(°)	148	150	153	150
总折皱回复角(°)	286	290	293	288

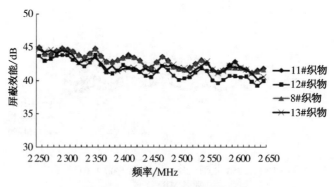

图 6-25　织物屏蔽效能测试结果

从表 6-30 和图 6-25 可以看出,四种织物的屏蔽效能曲线十分接近;随着捻系数的提高,表面比电阻的变化呈先降低后升高的趋势,但数值差异并不大。说明在纱线线密度、组织、镀银长丝含量、经纬向密度相同的条件下,纱线捻系数的变化对织物的屏蔽效能和导电性能影响不大。随着纱线捻系数的增大,织物的缓弹性折皱回复角先变大再变小,说明捻系数对织物的抗折皱有影响,当捻系数适中时,织物具有最佳的抗折皱性能。

(5)组织结构对织物性能的影响。7♯、8♯、9♯三种织物的纱线结构、经纬纱排列、织物密度、镀银纤维含量均相同,组织分别为平纹、2/2 斜纹和五枚缎纹,研究组织对织物屏蔽效能、导电性能、折皱回复性能的影响。织物屏蔽效能测试结果见图 6-26,导电性及折皱回复性能测试结果如表 6-31。

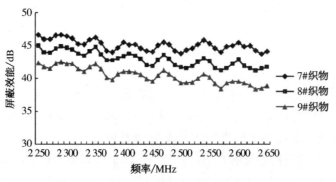

图 6-26　不同组织织物的屏蔽效能测试结果

表 6-31　不同组织织物的导电性能测试结果

织物编号	7♯	8♯	9♯
表面比电阻(mΩ)	260	258	255
经向折皱回复角(°)	135	140	142
纬向折皱回复角(°)	150	153	156
总折皱回复角(°)	285	293	298

图 6-26 和表 6-31 数据显示,在镀银长丝含量、排列、纱线结构均相同的情况下,组织对织物电磁屏蔽性能有较大影响,表现为随着组织的平均浮长的减小,织物中单位长度内交织次数增多,致使织物结构变得紧密,纱线间的孔隙变小,电磁波透过率降低,防电磁辐射性能变好;组织对织物表面比电阻的影响不大,9♯织物导电性略好也是因缎纹组织织物中纱线浮长较长的缘故。缎纹织物的折皱回复角最大,说明缎纹织物的抗皱性好于平纹和斜纹织物,其原因是交织点少的缎纹织物结构较松,纱线的可移动范围大,纱线在一定压力下弯曲后回复的空间也较大,故抗折皱性较好。

6. 抗菌实验测试结果

抗菌性能的优劣取决于织物中镀银纤维的含量,选取镀银长丝含量不同的六种织物,依照国家标准 GB/T 20944.3—2008《纺织品 抗菌性能的评价 第 3 部分:振荡法》进行抗菌性能实验,测试结果见表 6-32。

表 6-32 织物抗菌性能测试结果

试样	镀银纤维含量(%)	抑菌率(%)		
		金黄色葡萄球菌	大肠杆菌	白色念珠菌
3♯	6%	98.00	97.10	95.27
10♯	9%	99.21	98.90	96.85
15♯	14%	99.67	99.58	97.99
8♯	18%	99.99	99.99	98.99
1♯	25%	99.99	99.99	99.99
6♯	34%	99.99	99.99	99.99
抑菌率标准值(%)		≥70	≥70	≥60

从表 6-32 可知,镀银长丝抗菌性能优良,即便是镀银长丝含量为 6% 的织物对三种菌种的抑菌率均高达 95% 以上,且随着镀银长丝含量的升高,织物的抗菌性能有所提高,当镀银长丝含量达到 18% 上时,对细菌的抑菌率几乎为 100%,细菌不能生长。这是由于银具有非常高的生物活性,能够与细菌细胞膜结合使其凝固从而阻断细菌呼吸和繁殖。

第三节 静电防护织物的设计与生产

一、静电防护织物的功能与用途

(一)静电现象的危害

1. 人们日常生活中的静电现象

当人们贴身穿着合成纤维制成的服装时,随着内衣与人体之间的频繁接触、摩擦和分离,会使静电荷不断积聚,在内衣与人体脱离的瞬间,电荷击穿空气小间隙,产生无数局部小火花放电现象。由于电量极小,故人体会产生针刺的感觉,这就是静电现象的一种表现。此外,当人们穿着不同质地的衣服时,由于不同质地的服装摩擦时产生极性相同或相反的静电荷,使服装之间以及服装与人体之间产生相互吸引纠缠或相互排斥的现象,给人们的生活带来不便。再如合成纤维的服装在使用过程中,因受各种因素影响而带静电,使织物易于吸附空气中带异性电荷的灰尘,灰尘吸附后不仅不易弹掉,而且越弹静电现象越严重、灰尘吸附越多。

2. 对生产造成危害的静电现象

在纺织加工的各道工序中由于纤维受到摩擦、牵伸等因素的影响而产生静电现象。如开松过程中纤维会缠罗拉、缠胶辊;梳理过程中的静电现象会使比较松散的纤维网发生破裂、断边,成条疏松,易于堵塞圈条斜管;带电纤维易缠绕在机件上,影响正常生产。特别是随着合成纤维越来越多地在纺织上的生产和应用,极易产生电荷积聚现象。

(二)抗静电纺织品应用领域

抗静电纺织品是指人们在日常生活、工作等环境中,为使人体免受静电的影响而生产的纺织品。抗静电织物应用的领域很多,在普通穿着上,抗静电织物能减少因气候干燥、摩擦等产生的静电对身体造成的缠绕,减少灰尘的吸附等。消防人员的服装面料要求具有抗静电的功能,以有效避免在救火作业中由于静电积聚而产生的二次再生危险。在石油、航空航天、火箭发射、火药、地矿等易燃易爆环境中,要求在此环境下作业的人员工作服、工作鞋应具有抗静电的功能,在此环境中使用的其他物品如地毯、窗帘、揩布、拖把等也要求具有防静电功能,从而有效避免和减少火灾的发生。随着机械、电子等产业的高速发展和科技进步,人们对作业超净室洁净度要求更加严格,尤其是电子工业中 $0.1~\mu\mathrm{m}$ 左右的微粒就能造成一定的危害。因此,对此作业环境下的防静电、防尘服的性能要求也更高,有待于开发性能更高的防尘服。

二、静电防护织物的加工方法

(一)抗静电整理方法

1. 涂敷法

就是在纤维表面涂敷一层亲水性聚合物表面活性剂(抗静电剂),使织物易于吸收空气中的水分,降低表面电阻率。该方法工艺简单,成本低廉,但不耐洗涤,受空气相对湿度影响较大。

2. 浸轧法

将一些抗静电高分子整理剂通过浸、轧、焙烘等方式附着在织物的表面,并通过吸湿等方法来增加织物的导电性能。

(二)应用导电纤维

通常把电阻率小于 $10^7~\Omega/\mathrm{cm}$ 的纤维定义为导电纤维。用于纺织品的导电纤维应具备如下特点:适当的细度、长度、强度,具有较好的柔曲性,与其他纤维抱合良好,易混纺交织;耐摩擦、耐屈曲、耐氧化、耐腐蚀,可抵抗一定的机械作用,不影响织物手感和外观,导电性与耐久性优良。常用导电纤维有金属纤维、金属镀纤维、有机导电纤维等。应用导电纤维生产抗静电织物的方法有：

1. 混入法

将导电纤维按一定比例添加入天然纤维或化学纤维中进行混合，通过纺纱、织造加工成抗静电织物。

2. 网络复合法

将金属纤维纱线、镀金属纤维纱线、有机导电纤维纱线与普通纤维纱线以一定的方式间隔排列于织物中，使导电纤维纱线在织物中形成网络制成抗静电织物。

3. 直接并合法

将导电纤维纱线或长丝与普通纤维纱线或长丝在并线机和倍捻机上加工制成复合导电纤维纱线，再将其以网络的形式间隔排列于织物中制成抗静电织物。

三、织物防静电的测试与评价方法

织物抗静电性能的评价指标主要有电阻类（包含表面比电阻、质量比电阻、体积比电阻等）、电荷面密度、静电压半衰期、摩擦带电电压等。电荷面密度法、电阻率法及点对点电阻法均适用于含有导电长丝的织物静电性能测试。测量织物抗静电性能的方法可分为定性法和定量法。

（一）定性法

定性法可以大致上判断织物的静电程度。具体方法如烟灰实验法，用塑料笔杆在织物上反复摩擦使织物带电，然后将织物放在距离烟灰一定的位置，观察织物吸附烟灰的程度。

（二）定量法

定量法测试需要借助精密仪器，有明确的物理量，定量表示织物的抗静电效果。主要有半衰期法、摩擦带电电压法、电荷面密度法、脱衣时的衣物带电量法、工作服摩擦带电量法、极间等效电阻法和表面比电阻法等。测试参照标准有 FZ/T 01042—1996《纺织材料　静电性能　静电压半衰期的测定》、FZ/T 01061—1999《织物摩擦起电电压测定方法》、FZ/T 01060—1999《织物摩擦带电电荷密度测定方法》、AATCC 76—2000《纺织物的表面电阻》。

四、静电防护纺织品的设计研发实例

（一）芳纶基导电纤维复合功能织物的研发

1. 产品开发思路

采用棉花、芳纶基导电纤维和芳纶 1313 纤维为原料，开发出具有一定阻燃效果的抗静电拒水拒油复合功能劳动保护服装面料。

2. 产品设计方案

（1）混纺用纤维的规格及性能。本次开发产品需要有抗静电功能、阻燃性能，故选择了芳纶基导电纤维、芳纶 1313 纤维和棉纤维。三种纤维的规格及力学性能见表 6-33。

表 6-33　三种纤维规格及力学性能

纤维种类	线密度 (dtex)	线密度不匀率 (%)	长度 (mm)	断裂强力 (cN)	断裂伸长率 (%)	断裂强度 (cN/dtex)
芳纶基导电	3.77	2.75	38	9.24	28.01	2.45
芳纶 1313	2.82	3.54	38	9.51	23.77	3.37
棉	1.07	13.53	29	4.01	8.29	3.74

（2）纱线设计。为满足产品开发需求，设计试纱芳纶基导电纤维/芳纶 1313/棉（3/27/70）混纺纱和芳纶 1313/棉（30/70）混纺纱，线密度为 22.4 tex×2，捻度为 600 捻/m。

（3）织物设计。设计织物密度、组织、含芳纶基导电纤维纱线的间距不同的 13 种织物，织物规格参数见表 6-34。表中经 1、纬 1 为芳纶 1313/棉（30/70）纱，经 2、纬 2 为芳纶基导电纤维/芳纶 1313/棉（3/27/70）纱。

表 6-34　织物规格参数设计

织物编号	纱线排列		织物密度（根/10 cm）		组织
	经 1∶经 2	纬 1∶纬 2	经向	纬向	
1#	6∶1	4∶1	250	180	3/1 斜纹
2#	7∶1	4∶1	300	180	3/1 斜纹
3#	10∶1	4∶1	400	180	3/1 斜纹
4#	7∶1	3∶1	300	120	3/1 斜纹
5#	7∶1	6∶1	300	240	3/1 斜纹
6#	7∶1	4∶1	300	180	2/2 纬重平
7#	7∶1	4∶1	300	180	平纹
8#	3∶1	2∶1	300	180	3/1 斜纹
9#	3∶1	2∶1	300	180	2/2 纬重平
10#	3∶1	2∶1	300	180	平纹
11#	15∶1	9∶1	300	180	3/1 斜纹
12#	15∶1	9∶1	300	180	2/2 纬重平
13#	15∶1	9∶1	300	180	平纹

3. 生产工艺研究

（1）纺纱工艺研究。

① 清梳工艺。

打手速度：$V_1 = 560$ r/min，$V_2 = 800$ r/min，$V_3 = 900$ r/min；刺辊转速：564.48 r/min；锡林转速：504 r/min；道夫转速：6.5 r/min；刺辊-锡林隔距：0.26 mm；锡林-道夫隔距：0.20 mm；道夫-剥棉罗拉隔距：0.20 mm；生条预并工艺及定量见表 6-35。

表 6-35 各生条预并工艺及定量

生条种类	头道(根)	二道(根)	三道(根)	下机定量(g/5 m)
棉条	8	6	5	23.38
芳纶 1313 纤维条子	8	6	5	18.88
芳纶基导电/芳纶 1313 条子(50/50)	8	6	5	17.38

② 混并工艺。条子头道混并时,纤维条以间隔方式排列,以防止纤维分散不匀。并条工艺见表 6-36。

表 6-36 混并工艺

	项 目	芳纶 1313/棉(30/70)	芳纶基导电/芳纶 1313/棉(3/27/70)
头 道	棉条(根)	4	4
	芳纶 1313 纤维条子(根)	2	—
	芳纶基导电/芳纶 1313(50/50)条子(根)	—	—
	芳纶基导电纤维/芳纶 1313/棉(1/29/70)条子(根)	—	3
	二道(根)	6	5
	三道(根)	5	5
	下机熟条定量(g/5 m)	16.74	16.69

③ 粗纱工艺。

罗拉中心距:$40\times53\times61$(mm);罗拉加压:$120\times150\times100\times150$(N/双锭);牵伸齿轮:45 齿;理论牵伸倍数:7.38;实际牵伸倍数:7.81;捻度:25 捻/m。

④ 细纱工艺。

罗拉中心距:$47\times51\times72$(mm);罗拉加压:$10\times13\times11\times16$(kg/双锭);总牵伸倍数:18.70;捻度:601.4 捻/m;捻向:Z 捻;粗纱及细纱的下机定量见表 6-37。

表 6-37 混纺粗纱下机定量

芳纶基导电纤维/芳纶 1313/棉	0/30/70	3/27/70
粗纱下机定量(g/10 m)	4.29	4.27
细纱下机定量(g/100 m)	2.29	2.28

⑤ 络筒、并线工艺。

槽筒转速:700 r/min;加重压,调大张力。

⑥ 倍捻工艺。

锭速:228 r/min;选定齿轮:A=53、B=23、C=34、D=40;股线捻向:S 捻;捻系数:α_0=289.7;理论捻度:604 捻/100 cm;实际捻度:603.8 捻/100 cm。

(2)纱线性能测试结果与分析。

① 导电性能测试。纱线电阻值测试结果见表 6-38。

表 6-38　纱线电阻值测试结果

芳纶基导电纤维的混纺比（%）	MΩ/3 cm	MΩ/5 cm	MΩ/7 cm	MΩ/10 cm
3（单纱）	450.0	500.0	526.7	640.2
3（股线）	550.0	668.0	737.5	887.5

由表 6-38 中数据得知，股线的电阻值较单纱的电阻值大，这是由于纱线经过合股，芳纶基导电纤维在纱线内部和表面的缠绕状态更加紧密，使得积聚的电荷不易被导走，电阻值增大，导电性能降低。

② 强力测试。纱线强力测试的平均值见表 6-39。

表 6-39　纱线强力测试结果

芳纶基导电/芳纶 1313/棉的混纺比	0/30/70	3/27/70	0/30/70（股线）	3/27/70（股线）
断裂强力（cN）	279.92	255.54	676.7	681.2
断裂伸长率（%）	7.53	7.65	7.70	7.95

芳纶基导电纤维的混入使纱线的强力略有下降，但整体强力较大，能满足织造要求。

③ 纱线毛羽测试。纱线毛羽指数平均值的测试结果见表 6-40。

表 6-40　纱线毛羽指数测试结果

单位：个

纱线混纺比	1 mm	2 mm	3 mm	4 mm	5 mm	6 mm	7 mm	8 mm
0/30/70	215.0	51.7	19.5	7.8	2.9	1.0	0	0
3/27/70	189.6	43.9	13.1	10.3	3.6	1.0	0.4	0.7
0/30/70（股线）	210.7	35.7	9.5	2.5	0.7	0.3	0	0
3/27/70（股线）	195.1	27.8	6.4	2.8	1.2	0.5	0	0

芳纶基导电纤维具有一定的抗静电性能，它的混入一定程度上降低了纱线表面的毛羽。

④ 纱线条干测试。纱线条干测试结果见表 6-41。

表 6-41　纱线条干测试结果

纱线混纺比	CV（%）	细节（个/100 m）	粗节（个/100 m）	棉结（个/100 m）
0/30/70	25.48	77	137	188
3/27/70	25.66	35	237	301
0/30/70（股线）	17.67	42	103	138
3/27/70（股线）	17.08	31	96	107

（3）织造工艺。

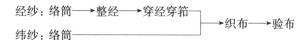

4. 芳纶基导电纤维复合功能织物坯布的性能测试与分析

（1）织物的抗静电性能。织物抗静电性能测试结果如表 6-42。

表 6-42　织物抗静电性能测试结果

织物编号	静电压（V）	半衰期（s）	等级判定
1#	1 023	4.1	B级
2#	1 211	4.4	B级
3#	1 467	5.4	C级
4#	1 104	4.2	B级
5#	1 346	5.0	B级
6#	1 224	4.4	B级
7#	1 332	4.9	B级
8#	1 326	4.3	B级
9#	1 384	4.4	B级
10#	1 363	4.3	B级
11#	1 294	5.1	C级
12#	1 336	5.4	C级
13#	1 308	5.2	C级

由表 6-42 可知，织物中芳纶基导电纤维/芳纶 1313/棉（3/27/70）混纺纱的嵌织间距为 1 mm 的 8#、9#、10# 织物以及嵌织间距为 3 mm 的 1#、2#、4#、5# 织物。抗静电等级均达到 B 级要求，说明其抗静电性较好；而嵌织间距为 5 mm 的 11#、12# 和 13# 织物，它们的半衰期较大，抗静电等级只达到 C 级要求，说明其抗静电性能较弱。织物的半衰期、静电压与织物中导电纤维的嵌织间距有关。从抗静电性能和成本两方面考虑，本次产品开发选择芳纶基导电纤维/芳纶 1313/棉（3/27/70）纱线嵌织间距为 3 mm。

（2）织物力学性能及抗弯性。织物的拉伸、撕破、弯曲性能测试结果见表 6-43。

表 6-43　织物的拉伸、撕破和弯曲性能测试结果

织物编号	断裂强力（N）		断裂伸长率（%）		撕破强力（N）		弯曲刚度（cN/cm）		总弯曲刚度（cN/cm）
	经向	纬向	经向	纬向	经向	纬向	经向	纬向	
1#	648.3	260.8	14.4	10.2	71.1	45.7	120.42	98.25	108.77
2#	938.2	296.7	18.2	12.91	74.2	56.1	258.10	206.22	230.71

（续表）

织物编号	断裂强力(N)		断裂伸长率(%)		撕破强力(N)		弯曲刚度(cN/cm)		总弯曲刚度(cN/cm)
	经向	纬向	经向	纬向	经向	纬向	经向	纬向	
3#	1087.6	314.7	22.1	15.6	77.6	78.2	815.12	604.99	702.24
4#	812.7	200.3	17.5	10.8	50.4	55.2	159.85	94.88	127.23
5#	867.4	387.6	17.1	11.85	81.7	59.8	731.45	602.69	663.96
6#	992.4	331.1	18.6	13.6	60.9	35.3	437.91	381.68	408.83
7#	1032.8	381.6	22.1	13.97	57.3	34.8	699.87	673.88	686.75
8#	971.5	297.3	17.3	13.8	73.9	57.2	217.13	178.74	197.00
9#	978.3	346.5	18.76	14.5	60.3	38.1	508.77	375.76	437.24
10#	1005.4	361.1	20.9	15.6	56.4	35.6	638.42	601.83	619.86
11#	973.6	298.5	18.7	11.4	73.6	56.8	293.70	204.25	244.92
12#	989.2	327.4	19.5	13.3	61.4	37.9	448.87	396.02	421.62
13#	1047.3	393.7	21.8	14.36	57.6	33.8	794.84	711.00	751.75

由表 6-43 可知，在纱线线密度、织物组织相同时，织物的拉伸强力、撕破强力随织物经纬密的增大而增大，无论降低织物的经密还是纬密，织物的弯曲性能均下降。平纹组织织物的断裂强力和撕破强力最大，2/2 纬重平次之，3/1 斜纹最小，但斜纹较柔软，平纹较刚硬，2/2 纬重平介于两者之间。

（3）织物耐磨性。织物平磨次数的测试结果如表 6-44。

表 6-44　织物平磨次数测试结果

织物编号	1#	2#	3#	4#	5#	6#	7#	8#	9#	10#	11#	12#	13#
平磨次数	80	96	121	65	125	136	173	94	146	178	98	140	168

在纱线线密度和织物密度相同时，织物的耐磨性能随织物的经、纬密的增大而增大；平纹织物的耐磨性较好，斜纹较差，2/2 纬重平介于二者之间。其原因是平纹织物的交织点多，纱线的浮长较短，摩擦时纱线中纤维不易被外力拔出，纱线不易被磨破，故耐磨性随之增加。

（4）织物保形性。织物的折皱回复角及悬垂性测试结果如表 6-45。

表 6-45　织物折皱回复角及悬垂性测试结果

织物编号	急弹性折皱回复角(°)		缓弹性折皱回复角(°)		总折皱回复角(°)	悬垂系数(%)
	经向	纬向	经向	纬向		
1#	130.3	126.8	135.4	121.2	256.9	54.7
2#	127.2	123.7	131.2	124.9	253.6	66.2
3#	107.6	98.7	102.1	93.6	201.1	73.6

（续表）

织物编号	急弹性折皱回复角（°）		缓弹性折皱回复角（°）		总折皱回复角（°）	悬垂系数（%）
	经向	纬向	经向	纬向		
4#	125.7	134.3	127.5	130.8	259.2	60.1
5#	111.4	103.6	107.1	97.8	210.2	71.3
6#	117.4	121.1	108.6	113.1	230.2	70.4
7#	108.2	116.5	103.4	105..4	216.8	77.8
8#	125.5	119.3	127.3	113.8	243.0	65.3
9#	119.3	116.5	110.7	104.7	225.6	71.1
10#	103.2	107.1	102.9	95.6	204.4	76.9
11#	122.9	120.3	133.7	120.0	248.4	64.8
12#	118.7	118.3	113.0	105.4	227.6	69.6
13#	104.3	109.7	101.8	98.3	207.0	78.1

　　由表6-45可知，在纱线线密度和织物组织相同时，随着织物密度的增加，织物的折皱回复性降低，悬垂性能变差，织物身骨变硬；平纹织物的折皱回复性和悬垂性最差，3/1斜纹最好，2/2纬重平介于两者之间，这是由于平纹织物交织点多且厚度较小，在外力释去后，织物中纱线不易发生相互移动而回复到原始状态，故折皱回复性较差，又由于其单位面积内交织点多，织物紧密而变硬，故悬垂性差。

　　（5）织物舒适性。织物透气性和透湿性测试结果见表6-46。

表6-46　织物透气及透湿性测试结果

织物编号	透气量（L/m² · s）	透湿量（g/m² · d）
1#	301	2567.88
2#	277	2295.73
3#	65	1727.51
4#	281	2863.27
5#	71	1743.68
6#	135	2153.84
7#	83	1820.40
8#	269	2207.92
9#	124	2097.24
10#	72	1814.52
11#	264	2156.72
12#	121	2043.54
13#	68	1893.21

　　由表6-46可得，在纱线线密度和织物组织相同时，随着织物密度的增加，织物的透气性及透湿性变小；平纹的透气性及透湿性最差，3/1斜纹的最好，2/2纬重平介于二者之间。

　　综合考虑织物的拉伸、弯曲、折皱回复性、透气性、透湿性和抗静电等性能，利用模糊数学评价法，综合得出芳纶基导电纤维复合功能织物的经向密度为300根/10 cm，纬向密度为 180 根/10 cm,3/1 斜纹组织,芳纶基导电纤维/芳纶 1313/棉混纺纱线的嵌织间距为 3 mm,纱线线密度为 22.4 tex×2。

5. 芳纶基导电纤维复合多功能织物的后整理工艺研究

为使织物获得阻燃和拒水拒油功能,使用上节研究获得的复合多功能棉混纺织物坯布,采用二步二浴法进行阻燃及拒水拒油整理。

(1)工艺处方。耐久性阻燃剂 FR-102 为 X,交联剂 AF6900 为 30 g/L,BF-2 柔软剂为 40 g/L,H_3PO_4 为 24 g/L,浴比为 10∶1。GUARD-615 型拒水拒油剂为 X,交联剂 AF6900 为 10 g/L,浴比为 10∶1。

(2)整理工艺流程。复合多功能织物坯布→一浸二轧(浸阻燃整理液)→烘干→焙烘→一浸二轧(浸拒水拒油整理液)→烘干→焙烘。

(3)阻燃整理工艺参数对织物性能的影响研究。

① 整理剂用量对织物性能的影响。分别选择阻燃剂 FR-102 用量为 200 g/L、250 g/L、300 g/L、350 g/L、400 g/L,轧余率为 75%,160 ℃下焙烘 2.5 min,织物的阻燃效果、白度、硬挺度测试结果见表 6-47。

表 6-47　阻燃整理剂用量对织物性能的影响

阻燃整理剂 (g/L)	续燃时间(s)	阴燃时间(s)	损毁长度(mm)	白度 W_{Hunter} D65/10°	总弯曲刚度 (cN·cm)
200	16.7	3.1	烧尽	51.985	284.57
250	2.7	1.6	92	51.266	321.32
300	2.1	1.1	71	50.748	398.41
350	0	0	23	50.019	434.15
400	0	0	11	46.536	623.91
未经处理	27.4	4	烧尽	53.127	230.71

由表 6-47 可知,随着阻燃剂用量增加,织物的阻燃效果变好,用量为 400 g/L 时,阻燃效果最好,但织物的白度明显下降,总弯曲刚度明显上升,手感偏硬。综合各因素确定阻燃剂用量为 350 g/L。

② 焙烘温度对织物性能的影响。阻燃剂用量为 350 g/L,轧余率为 75%,分别在 130 ℃、140 ℃、150 ℃、160 ℃、170 ℃、180 ℃温度下焙烘 2.5 min,织物的阻燃效果、白度测试结果见表 6-48。

表 6-48　焙烘温度对织物性能的影响

焙烘温度(℃)	阻燃性能				白度 W_{Hunter} D65/10°
	续燃时间(s)	阴燃时间(s)	损毁长(mm)	等级判定	
130	19	3.4	烧尽	未达标	52.032
140	15	1.7	215.9	未达标	51.873
150	8	1.4	137.4	B_2	50.903

（续表）

| 焙烘温度（℃） | 阻燃性能 | | | | 白度 W_{Hunter} |
	续燃时间（s）	阴燃时间（s）	损毁长（mm）	等级判定	D65/10°
160	0	0	23	B_1	50.019
170	0	0	11	B_1	47.461
180	0	0	9	B_1	35.782
未经处理	23	2.0	烧尽	未达标	53.127

焙烘温度越高，织物的阻燃效果越好，但织物的白度变差。当温度为 160 ℃时，阻燃效果明显变好，且织物的白度下降不明显，故确定焙烘温度为 160 ℃。

③ 焙烘时间对织物性能的影响。阻燃剂用量为 350 g/L，轧余率为 75％，焙烘温度为 160 ℃，分别选取焙烘时间为 1 min、1.5 min、2 min、2.5 min、3 min、3.5 min，织物的阻燃效果、白度测试结果如表 6-49 所示。

表 6-49　焙烘时间对织物性能的影响

| 焙烘时间（min） | 阻燃性能 | | | | 白度 W_{Hunter} |
	续燃时间（s）	阴燃时间（s）	损毁长（mm）	等级判定	D65/10°
1	21	2.7	烧尽	未达标	52.011
1.5	13	1.5	139.9	B_2	51.774
2	8	1.1	67.4	B_2	51.003
2.5	0	0	23	B_1	50.019
3	0	0	11	B_1	46.165
3.5	0	0	8	B_1	35.178
未经处理	23	2.0	烧尽	未达标	53.127

随着焙烘时间的增加，织物的阻燃效果变好，但织物的白度下降。当焙烘时间为 2.5 min 时，阻燃效果良好，且织物白度下降不明显，故确定焙烘时间为 2.5 min。

（4）拒水拒油整理参数对织物性能的影响。

① 整理剂用量对织物性能的影响。分别选择 GUARD-615 型拒水拒油整理剂用量为 25 g/L、30 g/L、35 g/L、40 g/L、45 g/L、50 g/L，轧余率为 75％，在 160 ℃下焙烘 2.5 min，织物的拒水拒油效果、透气性和抗静电性测试结果见表 6-50。

表 6-50　拒水拒油整理剂用量对织物性能的影响

| 整理剂用量（g/L） | 拒水性 | | 拒油性（分） | 透气量（L/m²·s） | 抗静电性 | |
	沾水性（分）	接触角（°）			静电压（V）	半衰期（s）
25	50	98.4	70	252	1304	4.6
30	70	114.8	90	237	1288	4.6
35	90	128.8	120	221	1243	4.8
40	100	139.7	140	209	1268	4.9

（续表）

整理剂用量 （g/L）	拒水性		拒油性 （分）	透气量 （L/m²·s）	抗静电性	
	沾水性（分）	接触角（°）			静电压（V）	半衰期（s）
45	100	141.5	140	183	1396	5.7
50	100	144.1	150	156	1469	6.9
未经处理	0	0	0	277	1211	4.4

注：拒油性≥130分，才能满足防护要求。

由表6-50可知，随着拒水拒油整理剂用量的增加，织物的拒水拒油效果变好，但织物的透气性和抗静电性能会随之下降。当用量为40 g/L时，拒水拒油效果即可达到防护要求，抗静电性能可达到B级要求，且透气性下降并不明显。故综合考虑各项性能，确定拒水拒油整理剂用量为40 g/L。

② 焙烘温度对织物性能的影响。拒水拒油整理剂用量为40 g/L，轧余率为75%，分别在温度为130 ℃、140 ℃、150 ℃、160 ℃、170 ℃、180 ℃下焙烘2.5 min，织物的沾水性和拒油性测试评级见表6-51。

表6-51　焙烘温度对织物拒水拒油性的影响

焙烘温度（℃）	沾水性（分）	接触角（°）	拒油性（分）
130	0	0	0
140	50	97.6	70
150	80	115.4	110
160	100	139.7	140
170	100	141.4	140
180	100	142.6	150
未经处理	0	0	0

随着焙烘温度升高，织物的拒水拒油效果变好。当焙烘温度达到160 ℃时，织物的拒水拒油效果已达到防护要求，为减少对织物白度的影响，确定焙烘温度为160 ℃。

③ 焙烘时间对织物性能的影响。拒水拒油整理剂用量为40 g/L，轧余率为75%，焙烘温度为160 ℃，分别选择焙烘时间为1 min、1.5 min、2 min、2.5 min、3 min、3.5 min，织物的沾水性和拒油性测试评级见表6-52。

表6-52　焙烘时间对织物拒水拒油性的影响

焙烘时间（min）	沾水性（分）	接触角（°）	拒油性（分）
1	0	0	0
1.5	50	96.9	90
2	80	114.3	120
2.5	100	139.7	140
3	100	140.9	140
3.5	100	142.2	150

随着焙烘时间的增加,织物拒水拒油效果变好。当焙烘时间达到 2.5 min 时,拒水拒油效果已达到防护要求,故确定焙烘时间为 2.5 min。

综合上述研究分析结果,最终获得后整理最优工艺参数为阻燃剂用量为 350 g/L、拒水拒油剂用量为 40 g/L,焙烘温度为 160 ℃,焙烘时间为 2.5 min。

6. 复合多功能织物的热分析

(1) TG 的测试结果及分析。图 6-27 为织物分别经阻燃和拒水拒油整理前后的热重曲线。由图可知,未经整理织物在 328.6 ℃时开始迅速分解,386.3 ℃时织物的重量骤降后逐渐趋于稳定,当温度达到 548.2 ℃时,织物仅剩 27.8% 的重量,主要为芳纶 1313 纤维、芳纶基导电纤维的残留物;经过阻燃整理的织物在 201.5 ℃时开始迅速分解,279.9 ℃时织物的重量骤降后逐渐趋于稳定,当温度达到 547.5 ℃时,质量损失为 51.8%,此时织物表面的磷酸酯类阻燃剂不仅降低了织物的分解温度,而且还促进了混纺织物在经过高温分解后炭化层的形成,使得阻燃整理后织物的重量损失变小;而经过拒水拒油整理的织物在 244.2 ℃时开始迅速分解,在327.9 ℃时织物的重量骤降后开始变缓,当温度达到 547.5 ℃时,质量损失为 38.4%。由此可知,氟系拒水拒油剂也能降低织物的分解温度,并在一定程度上促进了炭化层的形成,使得经拒水拒油整理后织物的重量损失较未经整理织物的变小。

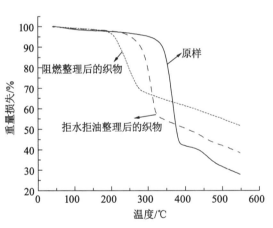

图 6-27　整理前后织物的 TG 曲线

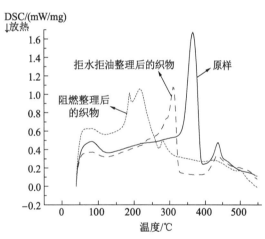

图 6-28　整理前后织物的 DSC 曲线

(2) DSC 测试及分析。图 6-28 为织物分别经阻燃和拒水拒油整理前后的 DSC 测试曲线。由图可知,未经整理的织物共出现三个吸热峰,在 365 ℃出现一个很大的吸热峰,其主要为裂解阶段,纤维在此温度迅速分解,需要吸收大量的热量。经过阻燃整理的织物其吸收峰明显变多、变宽,说明在初始裂解阶段吸收的热量较未经整理的织物多,且在整个分解阶段,没有明显的极大值,但吸热面积明显变大,吸收的热量明显变多。因为织物表面的阻燃整理剂需吸收大量热量才可使织物分解,故阻燃整理剂起到了防止织物分解的作用;而经过拒水拒油整理的织物吸热面积最小,在初始裂解阶段时吸收的热量最低,直到 310 ℃时达到一个极大值,使得织物主要裂解阶段的温度降低,这是由于织物表面存在的拒水拒油整理剂易于分解,在吸收较少热量时就可分解,从而使得织物整体的分解温度提前。

7. 复合多功能织物的耐水洗性能

经 50 次水洗后织物的阻燃、拒水拒油及抗静电性能的测试结果见表 6-53。

表 6-53　整理后织物阻燃耐水洗性能测试结果

洗涤次数（次）	阻燃性能			拒水性		拒油性（分）	抗静电性	
	续燃时间（s）	阴燃时间（s）	损毁长度（mm）	沾水性（分）	接触角（°）		静电压（V）	半衰期（s）
0	0	0	23	100	139.7	140	1268	4.9
50	0	0	102	90	121.5	130	1235	4.6

经洗涤 50 次后，损毁长度有所增加，阻燃性能有所下降，但仍小于 B1 级要求的 150 mm；经水洗后织物的拒水拒油效果仍能达到国家标准规定的 A 级标准；经洗涤后织物的抗静电性能有所提高。故本次所开发织物的耐水洗性优良。

（二）防毡缩、抗静电粗纺毛织物的研究与开发

1. 产品开发思路

对经纬纱均为 71.4 tex，经纬向密度分别为 188、146 根/（10 cm），织物组织为 1/3↗，面密度为 238.79 g/m² 的粗纺毛织物进行防毡缩整理和抗静电整理，开发一款具有防毡缩和抗静电功能的粗纺毛织物。要求在保持毛织物原有优良性能的基础上，克服羊毛织物易毡缩的缺点，使织物具有机可洗功能；同时，提高粗纺毛织物的抗静电性能，减少沾灰现象，满足人们对粗纺毛织物防沾灰的要求。

2. 后整理方案

（1）粗纺毛织物防毡缩整理方案。羊毛织物的防缩技术主要有物理及化学减法技术、树脂加法技术、加法减法结合的二步法技术。本次开发采用减法处理，设计两种防毡缩整理工艺。

① 双氧水预处理→壳聚糖→丝毛蛋白酶复合整理。

② 低温等离子体→丝毛蛋白酶整理。

（2）粗纺毛织物抗静电整理方案。选用三种抗静电剂对粗纺毛坯织物进行整理，得出各种抗静电剂的最佳工艺配方，研究其抗静电效果及对织物其他性能的影响。

3. 粗纺毛织物防毡缩整理研究

羊毛的鳞片层（特别是中层）含硫量高，结构坚硬，难以膨化，会影响织物的整理效果，故需用氧化剂对羊毛进行处理，使部分二硫键断裂，使酶的催化作用易于进行。但氧化程度不宜过于剧烈，否则会使羊毛织物强力损失过大。

（1）双氧水预处理→壳聚糖→丝毛蛋白酶复合整理工艺研究。

1）双氧水预处理工艺。

① 氧化预处理方案：30% H_2O_2 用量 x（mL/L），处理温度 y（℃），硅酸钠用量 z（g/L），处理时间 r（min），浴比 1∶30，pH 值 9.5 左右，渗透剂 JFC 用量 1 g/L。氧化处理后，用过氧化氢酶进行去氧处理。

② 测试评价指标。

$$减量率(\%)=1-\frac{处理后试样重}{处理前试样重}\times100\%$$

$$毡缩率(\%)=1-\frac{洗后织物面积}{洗前织物面积}\times100\%,参照标准 GB/T\ 8628—2001、GB/T\ 8629—$$

2001,使用 Y(B)089 全自动缩水率洗衣机对毛织物时行洗涤、脱水、烘干。

③ 双氧水预处理正交试验。试验结果见表 6-54。

表 6-54 双氧水正交试验结果

试验号		双氧水用量(mL/L)	温度(℃)	时间(min)	硅酸钠 用量(g/L)	减量率(%)	毡缩率(%)
未处理						0	18.60
1		30	40	40	2	1.90	7.83
2		30	50	50	3	1.60	7.86
3		30	60	60	4	2.18	6.90
4		40	40	50	4	2.82	7.42
5		40	50	60	2	1.31	8.26
6		40	60	40	3	3.11	10.12
7		50	40	60	3	1.42	8.01
8		50	50	40	4	1.17	6.32
9		50	60	50	2	2.79	9.42
减量率	K1	1.893	2.837	1.727	1.543		
	K2	2.413	1.360	2.280	2.167		
	K3	1.793	1.603	2.093	2.390		
	R	0.620	1.477	0.553	0.847		
毡缩率	K1	5.836	7.753	8.423	8.503		
	K2	9.267	7.147	8.233	9.330		
	K3	7.583	7.813	6.057	4.880		
	R	3.404	0.666	2.366	4.450		

由表 6-54 中的极差可知,双氧水预处理中各因素对羊毛减量率影响的重要程度依次为处理温度>硅酸钠用量>双氧水用量>处理时间;而对羊毛毡缩率影响的重要程度依次为硅酸钠用量>双氧水用量>处理时间>处理温度,且双氧水和硅酸钠用量的影响程度非常显著。双氧水处理前后羊毛纤维的电镜照片见图 6-29。

从图 6-29 可以看出,未经处理的羊毛鳞片结构紧密,棱角分明,尖角突出,鳞片重叠覆盖在羊毛毛干的外部,形成阶梯结构,从而使羊毛在溶胀后相互摩擦缠结而出现毡缩现象;因双氧水处理羊毛是在碱性条件下(pH 值定为 9.5 左右)进行的,当温度超过 50 ℃时,分子的动能增加迅速,羊毛随温度升高而不断发生溶涨,双氧水随着羊毛溶涨程度的增加不断进入鳞片层,加速了碱性条件下羊毛的水解。从图中可以看出羊毛纤维的鳞片排列不再紧

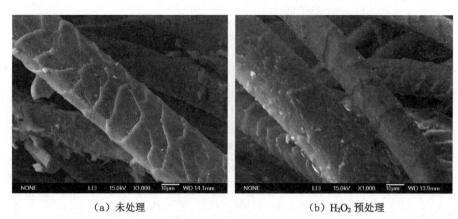

（a）未处理　　　　　　　　　　　　（b）H₂O₂ 预处理

图 6-29　处理前后羊毛的电镜照片

密,且有裂痕出现,表现为羊毛织物减量率增加大;同时在碱性条件下,羊毛纤维中二硫键被打开,为后续蛋白酶在纤维外角质层的扩散和反应提供了方便。故可采用延长处理时间,降低处理温度,用醋酸调节 pH 值的方法,在降低对羊毛损伤的前提下提高羊毛织物的防毡缩性。基于上述分析,最终确定双氧水预氧化工艺配方为:双氧水用量 40 mL/L,硅酸钠用量 4.0 g/L,处理温度 50 ℃,处理时间 60 min,pH 值 9.5,浴比 1∶30。

2）壳聚糖/丝毛蛋白酶复合整理工艺。

① 影响整理效果的因素分析。

Ⅰ. 蛋白酶的活力。温度和 pH 值对酶的反应速率和活力有非常显著的影响。图 6-30为温度和 pH 值对丝毛蛋白酶的影响。从图 6-30 可知,蛋白酶的活力在一定范围内较强,温度太高或太低、pH 值太大或太小都会影响酶的活性,在 55 ℃左右,pH 值在 8.5 左右时,丝毛蛋白酶的活力最高。

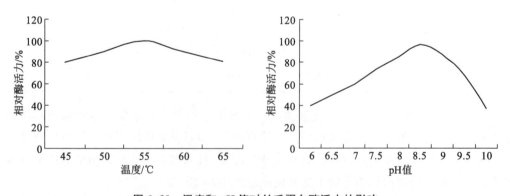

图 6-30　温度和 pH 值对丝毛蛋白酶活力的影响

Ⅱ. 蛋白酶整理条件的影响。经双氧水预处理后,用蛋白酶对毛织物进行整理,整理条件对羊毛织物毡缩率和减量的影响见图 6-31。整理后羊毛纤维的电镜照片见图 6-32。

由图 6-31 可以看出,不同处理条件对毛织物毡缩率的影响均呈现先下降后上升的趋

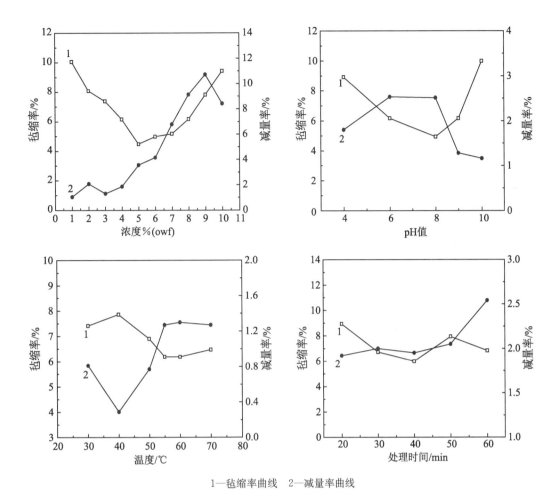

1—毡缩率曲线　2—减量率曲线

图 6-31　不同因素对羊毛织物毡缩性和减量率的影响

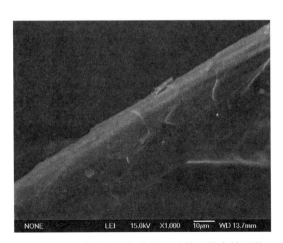

图 6-32　双氧水-蛋白酶整理后羊毛的电镜照片

势,但影响程度有所不同,蛋白酶的浓度和 pH 值的影响程度较大,处理温度和处理时间影响程度稍小。蛋白酶浓度、处理温度和处理时间对减量率的影响呈逐渐上升趋势,而 pH 值对减量率的影响则呈先缓慢上升后下降的趋势,这与蛋白酶的活力有关。由图 6-32 可知,经 H_2O_2-酶处理后羊毛纤维表面的鳞片明显受到破坏,纤维表面较光滑,鳞片大部分脱落且变薄,棱角消失,这使羊毛的防毡缩性能得以提高,但强力严重下降。

综合分析得出蛋白酶整理最佳工艺参数:蛋白酶浓度 3%(owf)、pH=7、温度 55 ℃、时间 40 min、浴比 1:30。经蛋白酶整理前后织物的毡缩率、强力损失率等见表 6-55。可以看出,经氧化预处理-蛋白酶整理后,羊毛织物的毡缩率由原来的 18.1% 降到 9.21%,防毡缩效果明显,但是强力损失了 14.6%,表明羊毛受到了严重破坏。

表 6-55 蛋白酶最佳方案整理结果

项目	毡缩率(%)	强力损失(%)	减量率(%)	伸长率(%)
未整理	18.1	0	0	22.49
整理后	9.21	14.60	4.69	21.15

Ⅲ. 壳聚糖与蛋白酶复合整理。羊毛织物经氧化预处理和蛋白酶整理后,毡缩率得到明显改善,但是强力损失十分严重,本次开发采用壳聚糖与蛋白酶复合整理的方法来缓和羊毛损伤强力下降的问题。

壳聚糖整理工艺为将壳聚糖溶于 1% 的醋酸溶液,制成 x(g/L) 的壳聚糖醋酸溶液,浴比 1:30,常温浸渍 5 min,于 120 ℃下焙烘 5 min,洗去残余醋酸后低温干燥。整理液浓度分别取 1 g/L、2 g/L、3 g/L,研究壳聚糖浓度对整理效果的影响;经氧化预处理→蛋白酶→壳聚糖整理的试样记为 1#、2#、3#,经氧化预处理→壳聚糖→蛋白酶整理的试样记为 4#、5#、6#。整理结果见表 6-56,羊毛纤维的电镜照片见图 6-33。

表 6-56 壳聚糖与蛋白酶复合整性能理测试结果

织物编号	壳聚糖(g/L)	毡缩率(%)	强力损失率(%)	减量率(%)	伸长率(%)
1#	1	9.62	22.21	4.04	18.49
2#	2	8.96	16.50	3.88	20.36
3#	3	8.28	16.70	4.09	20.55
4#	1	8.28	8.52	3.38	22.32
5#	2	6.87	5.78	3.61	22.15
6#	3	6.80	5.87	3.22	21.99

氧化预处理后,经蛋白酶→壳聚糖整理与仅用蛋白酶整理相比,毡缩率变化不大,但强力损失则更为严重。其原因是蛋白酶对羊毛皮质层造成的破坏用壳聚糖整理是无法修复的,且壳聚糖整理时的高温焙烘会加剧羊毛强力的损失。氧化预处理后,经壳聚糖→蛋白酶整理后,大大降低了毛织物的强力损失率,同时毡缩率也有所降低,可以达到机可洗的要求。由图 6-33 可知,羊毛纤维结构变得疏松,表面光滑,鳞片的张角较未整理的小,而较 H_2O_2-蛋白酶处理大,即对羊毛的损伤介于这两者之间,这是因为壳聚糖处理后,纤维表面

被敷了一层壳聚糖膜,壳聚糖填充于鳞片与鳞片之间的空隙,阻止了蛋白酶对此空隙的过分攻击,使蛋白酶仅对鳞片层露出的尖角部分发生作用,从而减小了纤维的强力损失。壳聚糖用量为 2 g/L 时,整理效果最为理想。

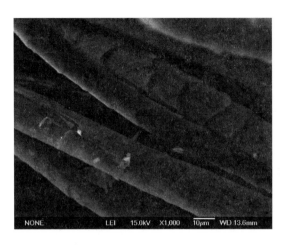

图 6-33　经壳聚糖-蛋白酶处理后羊毛的电镜照片

② 复合整理的最佳工艺。

复合整理最佳工艺路线:氧化预处理→去氧处理→壳聚糖整理→丝毛蛋白酶整理→酶失活。

氧化预处理条件:双氧水用量 40 mL/L,硅酸钠用量 4.0 g/L,处理温度 50 ℃,处理时间 60 min,pH 值 9.5,浴比 1∶30。

去氧处理条件:过氧化氢酶用量 0.1 g/L,pH 值 6.5,处理温度 45 ℃,处理时间 15 min。

壳聚糖整理条件:2 g/L 的壳聚糖醋酸溶液,浴比 1∶30,常温下浸渍 5 min,120 ℃ 下焙烘 5 min,洗去残余醋酸后低温干燥。

丝毛蛋白酶整理条件:浓度 3%(owf),pH＝8.5,温度 55 ℃,时间 40 min,浴比 1∶30。

酶失活条件:pH 值 4.5(醋酸调),80 ℃ 下失活 10 min。

(2) 低温等离子体→蛋白酶整理工艺研究。由上述双氧水预处理→壳聚糖→丝毛蛋白酶复合整理工艺研究可知,双氧水预处理是在碱性条件下进行的,其对羊毛的氧化作用较为剧烈,造成羊毛织物强力有所损失;低温等离子体(LTP)处理也是一种减量防缩手段,可对羊毛表面或极薄表层进行活化、刻蚀作用,可替代双氧水预处理。

在等离子体处理之前,先将织物在 50% 的乙醇中浸渍 1 h 以去除加工残余物,干燥后在等离子体发生器中进行处理。所用气体为空气,处理工艺为气体压强＝25 Pa、功率＝100 W,处理时间分别为 1 min、3 min、5 min、8 min、10 min;等离子体处理后进行丝毛蛋白酶整理。整理工艺为浓度 3%(owf)、pH＝8.5、温度 55 ℃,时间 40 min、浴比为 1∶30。整理对羊毛织物的影响见表 6-57,羊毛纤维的电镜照片见图 6-34。

表 6-57　等离子体→蛋白酶整理对羊毛织物的影响

织物编号	处理时间（min）	LTP 处理减量率（%）	LTP 处理强力（N）	酶处理减量率（%）	毡缩率（%）
未处理	0	0	267.0	0	18.60
D1♯	1	0.38	258.5	1.24	7.94
D2♯	3	0.47	262.0	1.61	6.65
D3♯	5	1.00	279.5	2.79	5.33
D4♯	8	0.38	288.5	2.45	7.30
D5♯	10	0.68	278.5	2.14	7.56

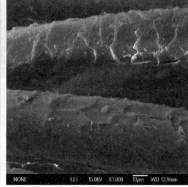

（a）LTP处理　　　　　　　　（b）LTP→蛋白酶处理

图 6-34　整理前后羊毛的电镜照片

　　经 LTP 处理后，鳞片边缘有少许损伤，刻蚀作用明显，鳞片上出现碎片并有凸凹不平的凹槽，为蛋白酶对鳞片攻击提供了条件。经 LTP→酶处理后，纤维表面的鳞片明显出现被打碎的现象，说明 LTP 处理后蛋白酶主要作用于鳞片层，而非皮质层，从而未使羊毛的机械性能受到过分破坏。

　　由表 6-57 可以看出，随着等离子体处理时间的延长，羊毛织物的强力呈先降低后增大再降低的趋势。其原因是羊毛结构较松，短时间的等离子体处理就会对羊毛的结晶结构产生影响，从而使纤维强力降低；经较长时间处理后，纤维因为表面刻蚀而变得粗糙，纤维间抱合力增大，增加了织物的强力，但处理时间过长，对纤维表面刻蚀过度，则会使强力下降，同时织物有发黄和手感发硬得现象。在同样的蛋白酶处理条件下，羊毛织物的毡缩率呈现随等离子体预处理时间的增加先减少后增大的趋势，减量率则呈先增加后减小的趋势。由上述分析可得低温等离子体→蛋白酶整理的最佳工艺条件：

　　等离子体处理：气体压强＝25 Pa，功率＝100 W，处理时间为 5 min。

　　丝毛蛋白酶整理：浓度 3%（owf），pH＝8.5，温度 55 ℃，时间 40 min，浴比 1∶30。

　　由上述工艺整理的羊毛织物的强力损失率为 2.79%，毡缩率为 5.33%，达到国家羊毛局 8% 以下的标准，缺点是处理后织物有泛黄现象；而双氧水预处理→壳聚糖→丝毛蛋白酶复合整理织物的毡缩率为 5.66%,强力损失率为 6.28%,但织物的白度较好。

4. 粗纺毛织物抗静电整理研究

(1) 最佳试验方案的确定。选用 FK-301 抗静电剂、DH2-20 阳离子抗静电剂、壳聚糖三种抗静电剂,按照浓度 x(%)、浸渍时间 y(min)、浴比 1:z、烘干温度 r(℃)的工艺配方进行正交试验,最终确定五个试验方案的最佳工艺配方:

方案一,FK-301 最佳工艺:浓度取 4%(owf),浸渍时间取 5 min,浴比取 1:20,烘干温度取 100 ℃。

方案二,DH2-20 最佳工艺:浓度取 1%(owf),浸渍时间 5 min,浴比取 1:20,烘干温度取 120 ℃。

方案三,壳聚糖最佳工艺:浓度取 1.00%,浸渍时间 10 min,浴比取 1:20,烘干温度取 100 ℃。

方案四,壳聚糖与 DH2-20 复合抗静电剂最佳工艺:壳聚糖:DH2-20=1:4,浓度取 0.75%,浸渍时间取 8 min,浴比取 1:20,自然晾干。

方案五,壳聚糖三浸三轧最佳工艺:壳聚糖浓度取 1.00%,浴比取 1:20,轧余率 80%。工艺流程为:浸渍 3 min→80 ℃烘干→2 次浸渍烘干(2 min、80 ℃)→3 次浸渍烘干(2 min、80 ℃)→焙烘(120 ℃,3 min)。

五种试验方案织物的抗静电性能见表 6-58。

表 6-58 不同抗静电剂最佳工艺的抗静电性能

织物编号	抗静电剂种类	试验方案	半衰期(s)	静电电压(V)
未处理	—	—	6.15	825.0
J1#	FK-301	方案一	3.00	725.0
J2#	DH2-20	方案二	8.45	750.0
J3#	壳聚糖	方案三	0.90	650.0
J4#	DH2-20+壳聚糖	方案四	0.85	625.0
J5#	壳聚糖三浸三轧	方案五	0.70	525.0

由表 6-58 可知,壳聚糖作为抗静电剂要比化学抗静电剂效果好,经壳聚糖三浸三轧处理后,其抗静电效果最好。原因是壳聚糖分子上大量的羟基和氨基等强极性基团的存在可使壳聚糖分子具有很高的吸湿性,在纤维表面形成连续的水膜,为空气中二氧化碳和纤维中的电解质提供了溶解场所,从而间接地提高了表面电导率。

(2) 壳聚糖抗静电耐久性试验。经壳聚糖三浸三轧工艺处理后,对羊毛织物进行抗静电耐久性测试。洗涤条件为洗涤剂浓度 0.5%,温度 40 ℃,洗涤 10 min,冷水冲洗 3 次,自然晾干,试验结果见图 6-35。织物的半衰期一直在 0.70 s 附近波动,说明洗涤次数对织物的半衰期影响不大,即经三浸三

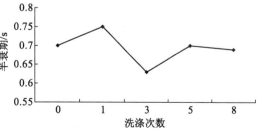

图 6-35 洗涤次数与抗静电效果的关系

167

轧处理后壳聚糖与羊毛结合较为牢固,壳聚糖抗静电整理可使羊毛获得永久抗静电功能。

5. 防毡缩、抗静电粗纺毛织物的服用性能测试

将未经整理织物标记为 Z1♯、经双氧水预处理→壳聚糖整理→丝毛蛋白酶整理织物标记为 Z2♯、低温等离子体处理→蛋白酶整理织物标记为 Z3♯,测试织物的服用性能,结果见表 6-59。

由表 6-59 可知,经两种工艺整理后粗纺毛织物的抗折皱性能均有所提高;经两种工艺整理后织物的抗弯刚度均有所提高,织物的硬挺度提高,柔软度降低,特别是经低温等离子体→蛋白酶整理后,总抗弯刚度增加量较大,对织物手感影响较大;经双氧水预→壳聚糖→丝毛蛋白酶整理后,织物的光泽度略有提高,经低温等离子体→蛋白酶整理后织物的光泽度有所下降,这是低温等离子体刻蚀作用使织物变得粗糙所致。整理前后与保暖性相关的各项指标变化不大,说明两种整理均对羊毛织物的保暖性几乎没有影响。

表 6-59　整理前后粗纺毛织物的性能变化

织物编号	急弹折皱回复角(°)		缓弹折皱回复角(°)		总折皱回复角(°)	弯曲刚度(cN/cm)	光泽度(%)	保暖率(%)	热传导系数(W/m²·℃)	克罗值(clo)
	经向	纬向	经向	纬向						
Z1♯	113.7	127.9	122.1	138.3	251.0	101.08	15.7	37.06	14.30	0.45
Z2♯	125.9	131.1	134.1	141.4	266.3	106.50	15.9	36.43	14.69	0.44
Z3♯	144.3	133.1	152.8	140.8	285.5	130.95	14.9	38.15	13.65	0.47

多次洗涤下织物的毡缩率可参照标准 GB/T 8628—2001、GB/T 8629—2001,使用 Y(B)089 全自动缩水率洗衣机对毛织物时行洗涤、脱水、烘干,织物毡缩率的测试结果见图 6-36。由此图可以看出,整理前后织物的毡缩率均呈现随清洗次数增加而增大的趋势,且第一次洗涤毡缩率增幅最大;未经整理的粗纺毛织物经洗涤后毡缩率达到 10% 以上,而经双氧水预→壳聚糖→丝毛蛋白酶整理和低温等离子体→蛋白酶整理后毡缩率下降至 6% 以下,达到国家羊毛局要求的 8% 以下的标准。

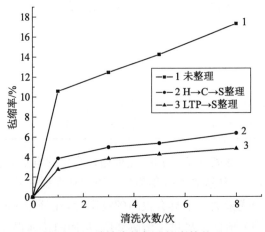

图 6-36　清洗次数与毡缩率的关系

第四节　阻燃防护织物的设计与生产

一、阻燃织物的功能与用途

随着人民生活水平的不断提高,对内部装饰的需求大量增加,如窗帘、沙发、床垫、被褥、枕套、地毯等已成为人们家居的必备物品,随着科技的发展和纺织工业的进步,纺织产品的品种不断增多,其应用范围从人们的日常生活扩展到工业、农业、交通运输、军事、卫生等诸多领域,然而由于大部分纺织品本身不具备阻燃性能而引起的潜在火灾威胁也进一步增大。根据火灾调查结果分析,因纺织品不具备阻燃性能被引燃并蔓延引起的火灾占火灾事故的 20％以上,如重大火灾事故的辽宁阜新艺苑歌舞厅火灾、新疆克拉玛依友谊宾馆火灾即是由沙发和幕布燃烧蔓延而造成的。因此,如何减少纺织品燃烧危险性及燃烧时有毒气体的释放,减少人民生命财产的损失,已引起全世界的关注和重视。自上世纪以来,世界各国就纷纷开展纺织品阻燃技术的研究,并制定了相应的纺织品燃烧性能测试方法、阻燃制品标准及应用法规等,所涉及的纺织产品包括服装、床上及室内装饰用纺织品、交通工具的内饰纺织品、地毯、建筑装潢材料以及特种行业和工种的劳动保护服等等。

织物具有阻燃功能就是要通过采用原料或其他处理的方式赋予纺织品能够减慢、终止或防止有焰燃烧的一种特性。赋予纺织品阻燃性能可使发生火灾的概率或火灾的危害程度大大降低,从而降低火势蔓延程度,使人们的逃逸机会显著增加,进而减少危及人们生命情况的发生。

二、阻燃防护的作用机理

织物的燃烧现象可分为有焰燃烧和无焰燃烧(也称阴燃)两种,前者主要是纤维热裂解时所产生的气体或挥发性液体的燃烧,而后者则是残渣(主要是碳)的氧化。织物在燃烧过程中所产生的热,与周围的大气发生对流,并扩散到被烧着的织物内部,则纤维发生吸热的热裂解反应,产生可燃性气体和挥发性液体,它们扩散到织物表面,成为火焰的另一燃料,且有提高火焰温度的作用。纤维在热裂解过程中还会产生固体残渣,即在织物表面燃烧退化的过程中,一些表面物质的固体离子脱离织物表面散入到火焰中去,成为火焰的固体燃料,因而织物表面燃烧退化的速率与氧的作用和固体脱离表面的速度有关。综上所述,纤维的燃烧与纤维热裂解的产物有十分密切的关系,纤维不同,其热裂解过程不同。但无论何种纤维的织物能够燃烧需要三个必要条件:第一,可燃物的存在;第二,助燃气体的存在(最常见且最主要的是氧气);第三,温度必须达到可燃物的燃烧温度。因此,织物的阻燃机理就是要阻断其中一个或多个条件,以达到阻止高分子聚合物燃烧的结果。织物的阻燃机理可以归纳为以下几种。

1. 覆盖层保护机理

在高温下阻燃剂能在纤维材料表面熔融形成玻璃状或稳定泡沫覆盖层,这一覆盖层成为凝聚相和火焰之间的一个屏障,既可隔绝氧气、阻止可燃性气体的扩散,又可阻挡热传导和热辐射,减少反馈给纤维材料的热量,从而抑制热裂解和燃烧反应,达到阻燃的目的。

2. 不燃气体机理(即气体稀释作用机理)

阻燃剂吸热分解释放出氮气、二氧化碳、二氧化硫和氨等不燃性气体,使纤维材料裂解处的可燃性气体浓度被稀释冲淡至燃烧极限以下,或者使火焰中心处的氧气不足,以阻止燃烧继续,达到阻燃的目的。

3. 吸热作用机理

当织物受热时,阻燃剂和纤维在同样温度下分解,阻燃剂分解需要更高能量,这就带走了织物上的热量,降低纤维材料表面和火焰区的温度,减慢热裂解反应的速度,抑制可燃性气体的生成。同时,经过阻燃剂整理的织物遇热时能将表面热量迅速传走,使织物无法达到着火燃烧的温度,从而达到阻燃的目的。

4. 催化脱水机理

阻燃剂在高温下生成具有脱水能力的羧酸、酸酐等,与纤维及纺织品的基体反应,促进脱水炭化,减少可燃性气体的生成,从而达到阻燃目的。在阻燃剂的作用下,在凝聚相反应区改变了纤维大分子链的热裂解反应历程,促使发生脱水、缩合、环化、交联等反应,直至炭化,以增加炭化残渣,减少可燃性气体的产生,从而达到阻燃的目的。

5. 自由基控制机理

纤维在燃烧过程中产生的自由基能使燃烧过程加剧,含卤素阻燃剂在高温下裂解成卤素自由基。卤素自由基能在火焰区大量捕捉高能量的羟基自由基和氢自由基,以降低它们在燃烧区的浓度,从而抑制或中断燃烧的连锁反应,减缓燃烧速度,达到阻燃目的。

6. 微粒表面效应

若在可燃气体中混有一定量的惰性微粒,它不仅能吸收燃烧热,降低火焰温度,还会在微粒的表面将气相燃烧反应中的大量高能量氢自由基转变成低能量氢过氧基自由基,从而抑制燃烧。

三、阻燃织物的加工及测试评价方法

阻燃纺织品的生产方法主要分为两大类:一是使用具有阻燃功能的纤维进行纺纱和织布。二是采用后整理法,利用阻燃整理剂浸渍或涂层于织物表面,起到一定阻燃防护作用。

织物阻燃性能测试的执行标准有 GB/T 5455—2014《纺织品 燃烧性能测定 垂直法》、GB/T 17591—2006《阻燃织物》、GB 8965.1—2009《防护服装 阻燃服》、GB 8965.2—2009《防护服装 焊接服》、GB 8410—2006《汽车内饰材料的燃烧特性》、GB/T 8746—2009《纺织品 燃烧性能 垂直方向试样易点燃性的测定》、GB/T 5454—1997《纺织品 燃烧性能试验 氧指数法》、GB/T 14644《纺织品 燃烧性能 45°方向燃烧速率的测定》、ASTM D 1230《服装纺织品可燃性的标准试验方法》、CPAI 75《儿童睡袋燃烧性能测试》、ASTM F 1955《睡袋易燃性试验法》、ASTM D 4151《毯子的易燃性试验方法》、ISO 6941—2003《纺织品 燃烧性能 垂直向试样火焰蔓延性能的测定》、ISO 6940—2004《垂直竖向试样易燃性能》、BS 5438—1976《垂直竖向纺织品及组件阻燃性能》、BS 5438—1989《垂直竖向纺织品及组件底边及边缘点火阻燃性能》、BS 5722—1991《睡衣用织物和织物组合的阻燃性能》、ANSI/NFPA 1975—2009《应急服务用消防员岗位/工作制服的标准》、DB 31/571—1992《地毯阻燃性能试验方法 45°燃烧法》,以及我国的劳动安全行业标准 LD 58—1994《森林防火服》等。

通常测试织物阻燃性能的方法有燃烧法和极限氧指数法;根据试样与火焰的相对位置,燃烧法可以分垂直燃烧法、水平燃烧法、45°燃烧法(倾斜燃烧法),其中垂直燃烧法是被采用较多的一种方法。

四、毛混纺阻燃舒适性面料的设计研发实例

(一)产品开发思路

采用羊毛、芳纶 1313 纤维为原料,开发出阻燃性能优良、穿着舒适、服用性能优异的高档阻燃面料,以满足军队、公安、石化等行业领域的礼服与职业装面料对阻燃性能、安全性能和服用性能等的要求。

(二)产品设计方案

1. 纤维原料混纺比的设计

以羊毛、芳纶 1313 为纤维原料,设计三种混纺比的织物。混纺比对织物阻燃性能的影响见表 6-60。随着芳纶 1313 含量的增加,织物阻燃性能提高。当芳纶 1313 含量达到 20%,燃烧时无熔滴产生,织物的阻燃特性好,综合考虑织物的服用性能及生产成本,确定羊毛/芳纶 1313 的混纺比例为 80:20。

表 6-60　混纺比例对织物阻燃性能的影响

混纺比例(%)	阴燃时间(s) 经	阴燃时间(s) 纬	续燃时间(s) 经	续燃时间(s) 纬	火焰是否蔓延 经	火焰是否蔓延 纬	是否有熔滴	熔滴物能否引燃脱脂棉	是否形成熔洞
90/10	14	16	0	0	是	是	否	否	是
80/20	4.2	4.4	0	0	否	否	否	否	否
70/30	0	0	0	0	否	否	否	否	否

2. 纱线设计

设计纱线线密度为 9.1 tex×2(110 Nm/2),分别设计单纱捻系数为 80、85、90,股线捻系数为 110、130、150,捻向分别为 Z/S 捻和 Z/Z 捻,纱线捻系数、捻向对织物阻燃性能的影响见表 6-61。

表 6-61　纱线捻系数和捻向对织物阻燃性能的影响

捻系数 单纱	捻系数 股线	纱线捻向 单纱	纱线捻向 股线	阴燃时间(s)	续燃时间(s)	火焰是否蔓延	是否有熔滴	熔滴物能否引燃脱脂棉	是否形成熔洞
80	110	Z	S	4.8	0	否	否	否	否
85	130	Z	S	4.4	0	否	否	否	否
90	150	Z	S	4.2	0	否	否	否	否
80	110	Z	Z	4.7	0	否	否	否	否

由表 6-61 可知:纱线的捻系数越大,纱线结构越紧密,织物的阻燃效果越好。单纱与股纱捻向相同时,纱线结构较紧密,阻燃效果好,但单纱与股线同向捻时,股线外观光洁度

较差,且加工生产难度较高,不利于生产。当单纱捻系数为 90、Z 捻,股线捻系数为 150、S 捻所制织织物的阻燃性能最好。故最终设计单纱捻系数为 90、捻度为 95 捻/10 cm,股线捻系数为 150、捻度为 111 捻/10 cm,单纱为 Z 捻、股线为 S 捻。

3. 织物组织及紧度的设计

综合考虑织物外观(如光泽、纹路、平整度、悬垂性等)以及织物品质要求(如质地、轻重、厚薄、弹性、强力、耐磨等),本次开发产品的主要技术参数见表 6-62。

表 6-62　织物主要技术参数

产品编号	原料	线密度(tex)	总紧度(%)	纬经比	织物组织
1#	羊毛/芳纶 1313(80/20)	9.1×2	136	0.65	2/2 斜纹
2#	羊毛/芳纶 1313(80/20)	9.1×2	105	0.84	2/1 斜纹

(三)毛混纺阻燃舒适性面料的生产

1. 生产工艺流程

染色芳纶 1313 条/染色羊毛条→并和→针梳 1#→针梳 2#→针梳 3#→精梳 4#→针梳 5#→针梳 6#→针梳 7#→针梳 8#→针梳 9#→粗纱→细纱→蒸纱→络筒→并线→倍捻→蒸纱→整经→穿结经、穿综→织造→了机→烧毛→平洗→平洗→柔烘→中修→定型→刷剪→给湿→连蒸→罐蒸→成品

2. 前纺工艺研究

芳纶 1313 纤维表面光滑、无卷曲,且比电阻大,静电较大,故抱合力差,在前纺生产中易出现毛条发毛、产生浮毛、浮游纤维,造成毛粒毛片增多、落毛率高、芳纶消耗大,成本增加等问题。为了解决这些生产问题,分别对精梳设备和针梳设备进行技术改造。

(1)精梳设备技术研究。通过调整滚花旋钮和备紧螺母实现对挤压活门的控制,将出条口对辊罗拉的间距由常规的 4.0 mm 调小至 2.5 mm,以加强纤维的集聚抱合力。此外,在锡林的盖板中间加入一组吹风装置,配合两侧的吹风装置,将毛网两边的散纤维吹向中间,并使其平顺服帖于毛条的表面,避免纤维的发散,加大毛条中纤维的紧密抱合程度,使毛条的连续性和强度增加,输出的毛条纤维更集中。有效解决了芳纶 1313 纤维抱合力差、成条困难以及成条过程中毛粒、毛片多的问题。

(2)针梳设备改造。在针梳机进条口处改用小号集合器,以加强毛条中纤维的集聚作用,使毛条中各纤维更集中,提高纤维间的摩擦力,从而增加纤维间的抱合力。此外,在集合器上方加装金属材质的抗静电压辊,与小号集合器组成针梳集合装置,该装置的使用可减轻由毛条与设备之间以及毛条中纤维之间摩擦引起的静电导致毛条发毛的现象,同时还有利于增加毛条中纤维的集聚度,使毛条表面纤维贴附于毛条上,让输出的毛条更光滑,从而有效解决了毛条发毛现象。

(3)前纺工艺参数。复精梳及前纺工艺参数见表 6-63。

表 6-63 复精梳及前纺工艺参数

工序	并合(根)	牵伸倍数(理论/实际)	条重(g/m)理论/实际	隔距(mm)	车速(m/min)
1♯	6	5.6/5.2	28/27.94	50	150
2♯	6	6.0/6.0	28/27.83	50	170
3♯	4	8.0/8.0	14/13.95	45	190
4♯(精梳)	24	—	26/25.82	34	220
5♯	6	7.8/6.0	20/19.55	40	150
6♯	8	8.4/8.0	19/19.90	40	200
7♯	8	8.4/8.6	18/17.82	40	190
8♯	3	8.0/7.6	6.8/6.56	40	200
9♯	4	7.8/8.15	3.5/3.42	27.5	210
10♯	4	5.8/6.16	2.4/2.32	25	260
11♯(粗纱)	1	12.0/11.5	0.2/0.20	26	150

（4）前纺关键技术点。将针梳机的车速由常规的 150 m/min 降低至 120 m/min；加大毛条喂入量，同时调节出条光罗拉与龙头对辊间的张力，增加下机条重。在梳理 1 针 7♯ 加入 0.15% 的润滑油、0.3% 的抗静电剂和 1.05% 的水以增加毛条的回潮，减轻静电现象，减少纤维蓬松度，增加纤维的抱合力，减少浮毛，便于后道工序的顺利进行。降低精梳机的车速（220 钳次/min 以下），可使毛条的牵伸张力降低，以此来改善因纤维抱合力差导致成条困难的问题，同时减少浮游纤维的产生，降低毛条中毛粒毛片的含量。经过上述关键技术的把控，梳理末针毛条毛粒的控制水平均在 0.3 个/g（企业内控标准为 0.4 个/g 以下）以下，未出现毛片、束纤维等现象。

3. 后纺工艺研究

（1）后纺工艺参数确定。后纺包括细纱、络筒、倍捻、蒸纱等，工艺参数见表 6-64 至表 6-67。

表 6-64 细纱工艺参数

纱线编号	牵伸倍数	捻向	负压(kPa)	级升(mm)	锭速(r/min)
01J	23.60	Z	23	0.13	7000

表 6-65 络筒工艺参数

纱线编号	实纺纱线线密度(tex)	张力盘张力(cN)	防脱圈	车速(m/min)	清纱参数 N	S	L	T
01J	9.09	5	0.2	650	77.0	34.8	4.7	10.0

表 6-66　倍捻工艺参数

纱线编号	线密度(tex)	定量(g/50 m)	捻度(捻/m)	捻向	捻牙				车速(r/min)	倍捻次数
					Z1/S1	Z2/S2	Z3/W1	Z4/W2		
01J	18.2	0.909	111	S	31	63	67	63	8000	一次

表 6-67　蒸纱工艺参数

纱线编号	蒸纱工艺		饱和蒸汽
01J	单纱	85 ℃　10 min	2 个循环
	股线	85 ℃　15 min	2 个循环

（2）纱线质量检测结果。纱线质量测试结果见表 6-68 和表 6-69 所示，细纱的 USTER 波谱图见图 6-37。由这些图表可以看出，纺制出的纱线质量符合国标一等品要求，生产过程稳定。

表 6-68　细纱检测结果

实测线密度(tex)	强力(cN)	强力不匀率(%)	伸长率(%)	伸长不匀率(%)	CV(%)	—50(%)	50(%)	200(%)	I 值	H 值
9.09	76.8	14.67	8.28	30.45	20.68	556.5	136.5	30.3	1.13	2.71

表 6-69　成纱质量检测结果

线密度(tex)(Nm)	强力(cN)	强力不匀率(%)	伸长率(%)	伸长不匀率(%)	捻系数
9.09×2(110/2)	177.7	10.75	13.98	22.41	150

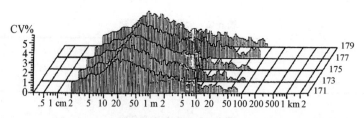

图 6-37　细纱波谱图

4. 织造工艺

本次开发羊毛/芳纶阻燃多功能缎背哔叽和羊毛/芳纶阻燃多功能哔叽两个产品，产品代号为 1♯ 和 2♯，产品的规格及上机工艺参数见表 6-70，织机参数见表 6-71。

表 6-70　产品的规格及上机工艺参数

品名	品号		成品紧度（%）	纬经比	组织	目标市场	风格	
1♯/2♯	683012/683085		136/105	0.65/0.84	2/2 斜纹/2/1 斜纹	高端秋冬面料 高端春夏面料	光面风格 呢面细洁	
成品密度（根/10 cm）	经	626/383	下机密度（根/10 cm）	经	610/360	上机密度（根/10 cm）	经	580/339
	纬	397/322		纬	393/325		纬	378/336
成品幅宽(cm)	152/152		坯布幅宽(cm)		156/161.7	上机幅宽(cm)		164/172
成品匹长(m)	19.1/19.54		坯布匹长(m)		19.5/19.74	整经长度(m)		21/21
成品面密度(g/m²)	194.1/164.5		坯布面密度(g/m²)		197.8/161.9	箱号(齿/10 cm)		116/113
总经根数	9340/5730		边纱根数		48×2/32×2	每箱穿入数(根)		5/3
织长缩(%)	93/94		染长缩(%)		99/99	染整重耗(%)		95.6/95.3
织幅缩(%)	95.1/94		染幅缩(%)		97.4/94	—		—

表 6-71　织机参数

产品编号	单纱张力（cN）	车速（r/min）	后梁高度（cm）	后梁深度（cm）	停经架高度（cm）	停经架深度（cm）	后梁弹簧
1♯	0.24	320	0	3	0	2	3
2♯	0.29	340	0	3	0	5	3

5. 后整理工艺

工艺流程为烧毛→平洗→平洗→柔烘→中修→定型→刷剪→给湿→连蒸→罐蒸→成品。

折痕是毛纺染整工序常见的一种疵点，由于芳纶 1313 纤维刚性大，故羊毛/芳纶 1313 混纺织物整理过程产生的折痕会更明显更顽固，同时芳纶/羊毛混纺织物普遍存在手感偏硬粗糙的问题。在热湿及张力作用下，羊毛分子化学键之间的交联会削弱，甚至被拆散，如果毛织物在张力作用下经受较高温度和较长时间的处理，纤维分子之间会在新的位置上重新建立起比较稳定的交联，从而获得定型的效果。在经过常规 CIMI 绳状洗呢后，羊毛纤维发生膨胀，织物受到机械的揉搓摩擦后，出现部分折痕，形状无规则乱折。因此，为了不影响织物的阻燃效果、物理性能、外观和手感，故采用作用力比较缓和的后整理方案，即烧毛后采用平洗→平洗→柔烘→中修→干布撞击→预缩→定型→刷剪→给湿→连蒸→罐蒸的工艺流程。

平洗：加入净洗剂 NF208，温度 45 ℃，可减轻折痕的产生，充分洗去织物表面的毛灰等；柔烘：温度 120 ℃，车速 40 m/min；干布撞击：其作用原理是织物由高速旋转的大滚筒带动，在高温和负压条件下高速反复撞击挡板，这种高速撞击作用可使织物中的纤维蓬松、柔软，达到改善织物手感的目的，干布撞击车速 800 m/min，温度 120 ℃，作用时间20 min，布匹圈长 75 m；预缩：经过干布撞击后的织物，再经预缩处理，有利于消除织物内应力，去除织物折痕,蒸汽量 100 kg/h,蒸汽温度 143 ℃,蒸汽压力 400 kPa,车速20 m/min;热定型:温度 165 ℃,车速 40 m/min,采用超喂形式,弥补在湿整理过程中由张力引起的伸长,幅宽为 158 cm;给湿:赋予织物一定的回潮率,改善织物的手感与光泽,以提高蒸呢效果;连蒸和罐蒸:增加织物的光泽、手感、弹性以及尺寸稳定性,赋予织物柔和自然的光泽。

整理后的织物呢面光洁,无折痕出现,纹路清晰,手感挺括,有弹性,具有挺、滑、爽的风格,其风格可以和全毛织物相媲美。

(四)毛混纺阻燃舒适性面料的性能测试

1. 织物的阻燃性能

织物的阻燃性能测试结果见表 6-72。由测试结果可知,两种羊毛/芳纶 1313(80/20)混纺毛织物的各项阻燃性能均可达到 GB/T 17591—2006《阻燃织物》标准要求。

表 6-72　织物阻燃性能检测结果

织物编号	检测项目		B1 级标准值	实测结果	单项判定
1#	撕毁长度(mm)	经向	≤150	58.4	合格
		纬向		68.0	
	续燃时间(s)	经向	≤5	0	
		纬向	≤5	0	
	阴燃时间(s)	经向	≤5	2.4	
		纬向	≤5	2.8	
	燃烧状态	经向	不允许	炭化	
		纬向	熔滴、滴落	炭化	
2#	撕毁长度(mm)	经向	≤150	40.8	合格
		纬向		50.4	
	续燃时间(s)	经向	≤5	0	
		纬向	≤5	0	
	阴燃时间(s)	经向	≤5	4.0	
		纬向	≤5	4.0	
	燃烧状态	经向	不允许	炭化	
		纬向	熔滴、滴落	炭化	

2. 织物的服用性能

(1) 织物的坚牢度测试。表 6-73 是织物坚牢度测试结果,由表中数据可知,两种织物的各项坚牢度指标均满足 GB/T 26382—2011《精梳毛织品》标准中规定优等品要求。

表 6-73　织物坚牢度测试结果

织物编号	拉伸断裂强力(N)		拉伸断裂伸长率(%)		撕破强力(N)		耐磨性(次)
	经向	纬向	经向	纬向	经向	纬向	
1#	657	340	29.7	43.1	22.0	23.0	>20 000
2#	406	333	34.7	37.0	25.3	24.7	>20 000

（2）织物的外观保持性测试。表 6-74 是织物外观保持性测试结果。两种织物的抗起毛起球性能达到 GB/T 26382—2011《精梳毛织品》标准规定的优等品等级；织物的折皱回复性能与其他精纺毛混纺织物相当；织物的汽蒸收缩率值远小于标准规定的－1.0％～＋1.5％变化范围。

表 6-74　织物外观保持性测试结果

织物编号	起毛起球等级	急弹性回复角（°）			缓弹性回复角（°）			汽蒸尺寸变化率（％）	
		经向	纬向	总	经向	纬向	总	经向	纬向
1♯	4-5	153.5	151.6	305.1	161.1	160.0	321	0.3	－0.4
2♯	4-5	152.5	150.1	302.6	162.6	161.9	324.5	0.6	－0.6

第五节　拒水拒油织物的设计与生产

一、拒水拒油织物的功能与用途

随着人们生活品质的提高，生活节奏的加快，许多场所的服装面料需要具有拒水拒油功能，例如日常生活中的水、油对纺织服装面料的玷污很常见，既不容易清洗，也影响服装的美观。在户外运动或工作的人们遭遇风雨天气时对服装面料拒水性的要求，以及石油开采工人会受到油渍的污染，且不容易清洗等。因此，拒水拒油纺织品研发与生产越来越迅速，应用领域也十分广泛，特别是在服装面料、厨房和餐桌用布、产业和军队用布、劳保用布等领域。

二、拒水拒油防护的作用机理

（一）接触角

液体在固体表面不能铺展时，液体以一种形状停留在固体表面，在固体表面和液体边缘切线之间形成一个夹角 θ。此角称为接触角，用来表示液体对固体的润湿性能，图 6-38 为接触角示意图。

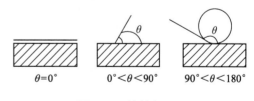

$\theta=0°$　　$0°<\theta<90°$　　$90°<\theta<180°$

图 6-38　接触角

当 $\theta=0°$ 时，液体全部铺展在固体表面，液体完全润湿固体。

当 $0°<\theta<90°$ 时，液体部分润湿固体。

当 $90°<\theta<180°$ 时，液体不润湿固体。接触角越大，拒水能力就越强。

（二）杨氏方程

一滴液体滴在固体表面，假设此表面理想平整，液滴重力集中于一点，并且忽略液滴的质量。因为固体和气体间的表面张力（γ_{SG}）、液体和气体间的表面张力（γ_{LG}）及液体和固体间的表面张力(γ_{SL})相互作用的结果,会形成不同形状的液滴。当液滴在固体表面上受到下列平衡力作用,固、液、气三相交界点的合力为零,可满足以下方程。

$$\gamma_{SL} - \gamma_{SG} + \gamma_{LG}\cos\theta = 0 \tag{6-3}$$

(三)粗糙度理论

杨式方程均是在理想状态下给出的,而实际的润湿情况往往发生在非理想的条件下。为了说明液体在粗糙表面的润湿,R.N.Wenzel 提出了粗糙表面接触角的解释。

$$r = \frac{A_0}{Ar} = \frac{\cos\theta'}{\cos\theta} \tag{6-4}$$

式中：r ——粗糙度或粗糙因子；

θ ——液体在理想光滑表面上的真实接触角,(°)；

θ' ——液体在粗糙表面上的静观接触角,(°)；

A_0 ——液滴在表面上的表观(或宏观)接触面积,mm^2；

Ar ——液滴在表面上的微观接触面积,mm^2。

其中,$r \geqslant 1$,$\theta \neq 90°$。

从式(6-4)得知：当 $\theta > 90°$ 时,因为 $r \geqslant 1$,所以 $\theta' > \theta$；当 $\theta < 90°$ 时,因为 $r \geqslant 1$,所以 $\theta' < \theta$。这说明当液滴在光滑表面接触角 $\theta > 90°$ 时,则在其粗糙表面上的接触角将更大；当液滴在光滑表面接触角 $\theta < 90°$ 时,则在其粗糙表面上的接触角将更小。

三、拒水拒油织物的加工及测试评价方法

目前,拒水拒油织物的加工技术主要是以后整理为主,常见的拒水拒油整理剂主要有以下三种：第一种是有机硅类拒水拒油整理剂。它可在催化剂的作用下,于 150～160 ℃下经交联,在纤维表面形成一层具有三维空间的网状树脂的弹性防水薄膜,拒水性好但拒油效果较差；第二种是有机氟类拒水拒油整理剂。它可以赋予织物良好的拒水、拒油功能,是一种特效助剂,具有良好的化学稳定性和热稳定性,不易变质,并能使织物具有良好的柔软手感和优异的透气性能,因而被广泛使用。第三类是环保型拒水拒油整理剂。它是今后拒水拒油整理剂研发的方向。

织物拒水拒油测试项目有接触角、拒油性、沾水性、耐久性等。参照 ASTMD 5725—1999 标准测试接触角,参照 AATCC 标准 118—2009 测试拒油性,参照 GB/T 4745—1997《纺织织物表面抗湿性测试沾水试验》测试沾水性,参照 GB/T 12490—2007《纺织品色牢度试验：耐家庭和商业洗涤色牢度》测试耐久性。

四、多功能拒水拒油纺织品的设计研发实例

(一)设计思路

以腈纶膨体纱、发热腈纶纤维、黏胶纤维、CoolMax 纤维为原料,对腈纶膨体纱作拒水拒油处理,采用双层组织结构合理配置拒水拒油纱线与其他纱线,开发兼具拒水拒油、吸湿导湿功能的户外轻质保暖面料,为普通消费者、户外运动者、石油开采工作者等提供舒适、

方便的服装面料。

(二) 纱线设计与纺制

1. 纱线纺制

分别纺制腈纶膨体纱、CoolMax 纯纺纱、发热腈纶/黏胶(50/50)的吸湿发热纱,纱线线密度均为 14.76 tex×2。纱线的各项性能指标均达到标准要求。

2. 拒水拒油腈纶膨体纱的制备

采用浸轧焙工艺对腈纶膨体纱作拒水拒油处理,工艺流程为腈纶膨体纱→整理液(50 g/L的三防环保型整理剂 SK-1005＋2 g/L 的交联剂 SK-FM)→一浸一轧(轧液率70%～80%)→预烘(90 ℃,30 s)→烘焙。

3. 焙烘温度对拒水拒油效果的影响

设计焙烘温度为100 ℃、110 ℃、120 ℃、130 ℃、140 ℃,焙烘时间为60 s,拒水拒油整理前试样对应以 1♯、2♯、3♯、4♯、5♯ 表示,整理后试样以 Z-1♯、Z-2♯、Z-3♯、Z-4♯、Z-5♯ 表示,不同温度下腈纶膨体纱的膨胀程度如图 6-39。由图可知,原膨体纱表面毛羽较多且无膨胀现象,随着焙烘温度的升高,位于纱线芯部的高收缩腈纶纤维产生收缩形成纱线轴心,位于纱线外部的普通腈纶纤维不收缩在纱线外层蓬松形成膨体纱,膨胀程度逐渐增加。经拒水拒油整理后的膨体纱则随着焙烘温度的升高,其膨胀程度呈先基本不膨胀后逐渐增大膨胀的趋势。Z-1♯纱线较为蓬松,此时焙烘温度较低,整理剂与纱线纤维之间无法有效聚合成膜;随着焙烘温度的升高,整理剂和交联剂与纤维之间结合增加,使其纤维处于完全束缚状态,使得纱线表面的拒水拒油薄膜更加紧密,此时纱线的膨胀程度较小,如 Z-2♯ 和 Z-3♯;当焙烘温度继续升高,纱线芯部的高收缩纤维逐渐收缩,而外部的普通纤维在纱线外部蓬松,进而增加纱线的膨胀程度,过多的膨胀会导致拒水拒油膜破裂,如 Z-4♯ 和 Z-5♯。因此,可选 Z-2♯纱线作为织物表层经纬纱来实现拒水拒油功能。

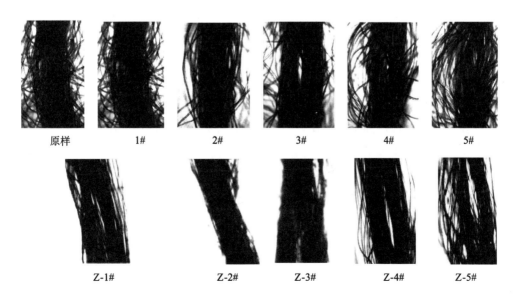

| 原样 | 1# | 2# | 3# | 4# | 5# |

| Z-1# | Z-2# | Z-3# | Z-4# | Z-5# |

图 6-39 不同温度下腈纶膨体纱的膨胀程度

（三）组织结构设计与试织

表、里层基础组织均为五枚三飞的缎纹，接结组织为一上四下斜纹组织构作的里经接结双层组织。织物组织图如图6-40所示。织物的经向紧度为55%，纬向紧度为42%，表层经纬纱均采用拒水拒油的腈纶膨体纱来实现拒水拒油功能，里层经纱CoolMax纯纺纱、纬纱为黏胶/发热腈纶混纺纱，实现吸湿发热导湿排汗功能。上机织造时表经与里经的穿纱比为1：1、表纬与里纬的引纬比为1：1。

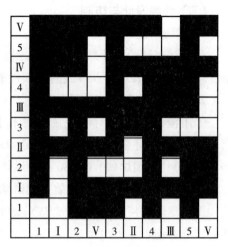

图6-40 织物组织图

（四）多功能拒水拒油织物的性能

1. 拒水拒油性能

织物的接触角、拒油等级测试结果如表6-75所示。洗涤之后，织物的接触角和拒油等级均有所减小，但减小幅度有限，仍具有较好的拒水拒油性能。

表6-75　织物的接触角和拒油等级

接触角（°）			拒油等级		
未水洗	水洗5次	水洗10次	未水洗	水洗5次	水洗10次
143.1	138.1	134.4	5	4.5	4

2. 吸湿导湿性能

织物的浸湿时间、吸水速率、液体扩散速度和透湿量测试结果见表6-76。

表6-76　织物的浸湿时间、吸水速率、液体扩散速度和透湿量

浸湿时间（s）	吸水速率（%/s）	液体扩散速度（mm/s）	透湿量（g/m² · d）
4.62	30.215	3.46	5 311.29

由表6-76中数据可知，织物的浸湿时间达到4级（快速），吸湿速率达到3级（快），液体扩散速度在达到4级，透湿量较大，故该织物具有较好的吸湿导湿速干性。

3. 吸湿发热性和保暖性

织物的吸湿发热性和保暖性见表6-77。

表6-77　织物的吸湿发热性和保暖性

相对湿度70%		相对湿度90%		保温率（%）	克罗值（clo）	热传导系数（W/m² · ℃）
T_{max}（℃）	T_{ave}（℃）	T_{max}（℃）	T_{ave}（℃）			
4.1	3.0	5.1	3.7	39.93	0.582	11.038

根据FZ/T 73036—2010标准可知，在30 min内织物的最大温升值大于4.0 ℃、平均温

升大于 3.0 ℃即可称为吸湿发热性产品。由表中数据可知,该织物具有吸湿发热功能;织物的保温率较高,保暖性能好。

(五) 后整理温度对织物各项性能的影响

设计后整理时的汽蒸温度分别为 115 ℃、120 ℃、125 ℃和 130 ℃,对织物进行整理,织物编号为 Z1、Z2、Z3、Z4,整理前织物以 Y 表示,测试织物的拒水拒油、吸湿导湿以及保暖性能等,测试结果见表 6-78。

表 6-78　整理后织物的各项性能

织物编号	收缩率(%)		接触角(°)	拒油等级(级)	吸水速率(%/s)	液体扩散速度(mm/s)	透湿量(g/m²·d)	最高升温(℃)	平均升温(℃)	保温率(%)
	经向	纬向								
Y			143.1	5	30.215	3.460	5311.29	5.1	3.7	39.93
Z1	5.33	4	145.9	5.5	30.215	3.460	5279.62	5.0	3.7	41.13
Z2	5.67	6	147.1	5.5	30.216	3.461	5201.29	5.1	3.7	42.89
Z3	7	8	149.8	6.5	30.214	3.463	5134.75	5.1	3.7	44.39
Z4	8.33	8.67	147.9	6	30.216	3.462	5081.26	5.2	3.7	44.12

由表 6-78 中数据可知,整理导致织物产生收缩,使织物致密程度提高,增强了拒水拒油能力,增强了保暖性能,但透湿性有所下降。吸水速率以及吸湿发热性能基本不发生变化。

将本次开发的拒水拒油多功能面料与市场现有保暖面料的质量和保暖性进行比较,如表 6-79,由表中数据可知,该面料的厚度与现有其他保暖面料相近,但平方米克重均小于现有保暖面料,保温率均远高于现有其他保暖面料,说明该面料在同等表观厚度下质量更轻,保暖性能更好,具有较好的轻质保暖特征。

表 6-79　保暖织物基本性能对比测试结果

织物名称	厚度(mm)	平方米克重(g/m²)	保温率(%)
Z1	2.06	281.13	41.13
Z2	2.19	286.79	42.89
Z3	2.32	291.05	44.39
Z4	2.41	297.41	44.12
腈/棉罗纹空气层服装面料	2.53	396.38	34.12
竹炭/羊毛保暖服装面料	2.20	363.90	31.3
羊驼经平绒保暖服装面料	2.40	351.00	31.8
轻质保暖绒类服装面料	2.62	323.51	33.45

参考文献

[1] 刘杰.防紫外、抗静电纺织品的开发与性能测试[D].西安:西安工程大学,2004:15-25.

[2] 詹建朝.基于化学镀的电磁波屏蔽织物的研究[D].西安:西安工程大学,2006:20-31.

[3] 陈晓棠.基于镀银纤维的复合功能精纺毛织物生产技术研究[D].西安:西安工程大学,2013:34-45.

[4] 张慧.芳纶基导电纤维复合多功能织物的开发及性能研究[D].西安:西安工程大学,2014:37-50.

58-61.

［5］余雪满.防毡缩、抗静电粗纺毛织物的研究与开发[D].西安：西安工程大学,2008：13-38.

［6］赵丽丽.毛混纺精梳阻燃舒适性面料的研究与开发技术[D].西安：西安工程大学,2013：23-32,
58-62.

［7］龙晶,沈兰萍.拒水拒油腈纶膨腰带纱的整理温度及其织物开发[J].纺织高校基础学学报,2019,32
(2)：220-224.

［8］龙晶,沈兰萍.织物紧度对拒水拒油型保暖织物性能的影响及研究[J].印染,2019(11)：39-42.

［9］Chattopadhyay S N，Pan N C. Ecofriendly printing of jute fabric with natural dyes and thickener[J].
Journal of Natural Fibers，2019(16)：1077-1088.

第七章　卫生保健功能织物的设计与生产

第一节　远红外织物的设计与生产

一、远红外织物的功能与用途

远红外纺织品是将微细陶瓷粉末与纺织技术有效融合的产物。由于陶瓷粉末具有吸收外界的远红外线，并向人体辐射远红外线的功能。因此纺织品具备了促进血液循环、调节新陈代谢、减小水分子缔合度、提高细胞活性的保温保健功能。有些远红外物质还具有吸收紫外线、抗菌、消臭的保健功能。

通常，处在绝对零度以上的任何物体都在发射远红外线，因而，普通纺织品在常温下也具有一定的远红外辐射作用。通常将常温下远红外发射率大于65％的织物称为远红外织物，大于80％的织物称为性能优良的远红外织物。在纤维中加入红外辐射性陶瓷粉可制得远红外纤维，远红外纤维又分为保暖型和保健型两种。保暖型属于保温蓄热纤维，主要是用于保暖功能方面的产品；保健型主要是增加微循环功能。

（一）保温功能

远红外纺织品保暖功能的产生，主要是由于其吸收外界电磁波辐射的能量后，能放射出远红外线以及反射人体散发出的远红外线。因此，用远红外纺织品制成服装后可以阻止人体热量向外部的散发，起到高效保温作用。用于服装方面的保温材料可分为两类：一类是单纯阻止人体的热量向外散失的消极保温材料，如使用棉絮、羽绒等材料达到保暖效果；另一类是通过吸收外界的热量（如太阳能等）并储存起来，再向人体放射，从而使人体有温热感，这一类材料称为积极保温材料，远红外织物就属于这一类。

（二）保健作用

远红外纺织品之所以具有多种多样的保健性能，一般认为是，远红外物质能够在常温下辐射出波长为 $4\sim14\ \mu m$ 的远红外线，该波长范围内的远红外线与人体的远红外辐射波长相匹配，容易被皮肤吸收，从而对人体的皮肤表皮下组织产生一系列的作用，起到保温及保健的效果。远红外纤维促进微循环的作用，则是基于其吸收以可见光为主的外界电磁辐射后，发出的远红外线及反射人体发出的远红外线作用于人体表面细胞，因振动频率相吻合而增强分子的热运动、促进皮下组织的微循环和新陈代谢。

从物理学角度看，人体是一个天然红外辐射源。无论肤色如何，皮肤的发射率均为0.98。人体表面的热辐射波长在 $2.5\sim15\ \mu m$，峰值波长约在 $9.3\ \mu m$，其中 $8\sim14\ \mu m$ 波段的辐射约占人体总辐射能量的46％。人体细胞生长繁殖以脱氧核糖核酸的合成复制为基础，其双螺旋结构中含有大量氢键。这些氢键的断裂和结合需要相应的远红外光子能量。在远红外光的照射下,生物体内的分子能级被激发而处在较高振动能态下,这便激活了这些引起生物大分子的活性,补充了生物能量,形成了调节机体代谢和免疫功能的能力。另一方面,远红外线作用于皮肤,被皮肤吸收转化为热能,引起温度升高,刺激皮肤内热感受器,通过丘脑反射使血管平滑肌松弛,血管扩张,血液循环特别是微循环加速,增加组织营养,改善供氧状态,加强了细胞的再生能力,加速有害物质的排泄,减轻神经末梢的化学刺激和机械刺激。因此,远红外线通过热效应实现其保健理疗功能,能够促进伤口愈合和炎症消失。

(三)抗菌作用

远红外织物对细菌有明显的抑制作用。我国开发出远红外涤纶的抑菌率为白色念珠菌 99.98％;金黄葡萄球菌 99.85％;大肠杆菌 77.27％。适宜于制作卫生用品,如医院病房用床单、医疗用衣、纱布,以及食品和包装行业用品等。

二、远红外物质的作用机理

人体既是远红外的辐射源,又能吸收远红外辐射。由于人体 60％～70％为水,故人体对红外辐射吸收近似于水,人体组织所拥有的特定振动频率和回转周波数与人体组织中的 $O-H$ 和 $C-H$ 键伸展,$C-C$、$C=C$、$C-O$、$C=O$、$C-H$ 及 $O-H$ 键弯曲振动对应的波长大部分在 $3\sim6\ \mu m$ 波段。根据匹配吸收理论,当红外辐射的波长和被辐照的物体吸收波长相对应时,物体分子共振吸收。也就是说远红外纤维的分子振动频率与人体组织中相同振动数的水分子相遇,水分子的能量吸收又激起另一次振动,结果就引起共鸣共振的作用。$4\sim14\ \mu m$ 波长的远红外线具有一定的渗透力,能够深入皮下组织,引起生物体中偶极子和自由电荷在电磁场作用下发生排序振动,进而引发分子、原子的无规则运动加剧,于是产生了热反应,使皮下组织升温,进而改善微循环,加强细胞的再生能力,提高免疫细胞的吞噬功能,促进生物体的代谢及生长发育。

(一)远红外物质的生热原理

通过对远红外线辐射原理的分析可知,构成物质基本质点的能级跃迁,将导致这些基本质点以光量子的形式向外辐射电磁波。电磁波的传播过程叫做“辐射”,电磁波所载运的能量称为“辐射能”。电磁波在空间传播过程中一旦碰到另一物体,将可能引起该物体基本质点的谐振运动,使电磁场所载运的辐射能部分被吸收,转变为该物体内部基本粒子微观运动的动能——热能。

不同波长的电磁波所载运的辐射能差别很大,绝大部分的辐射能载运的波长在 $0.1\sim1\ 000\ \mu m$。该范围的电磁波被物体吸收时可显著地转变为热能,也称该范围内的电磁波为“热射线”。红外线是热射线中的一种,通过热射线的传热过程就是“热辐射”。

构成物质的基本质点、电子、原子或分子,即使处于基态,也在不停地运动——振动或转动,这些运动都有自己的固有频率。当遇到具有某个振动数的红外线辐照时,如果红外线的振动数与基本质点的固有频率相等,则会发生与振动学中的共振运动相似的情况,质点会吸收红外线并使运动进一步激化。如果两者频率相差较大,那么红外线就不会被吸收而可能穿过。

对红外线不敏感性的物质,红外线的光量子不被吸收,则一穿而过,也称红外线对该物质有透过性。对红外线敏感性的物质,其分子、原子能吸收与自身固有频率相当的红外线,不仅发生转动能级的跃迁,也扩大了以平衡位置为中心的各种运动幅度。质点的内能量加大,微观结构质点运动加剧的宏观反映就是物体温度升高。通俗来说,物质吸收了特定波长的红外线后,能产生自发热效应。由于这种效应直接产生在物体内部,所以能快速有效地加热物体。由此可知,物质吸收红外线产生热现象并不是对所有物质均有效,只是对红外线敏感的物质才有效。

(二)远红外辐射对人体保温的作用机理

1. 人体皮肤在红外区的吸收特性

因远红外纺织品与人体皮肤直接接触,为了探讨其保温机理,需研究人体皮肤对红外线的吸收情况。

大多数物质在红外区都有一定的吸收特性,一般用红外光谱来表示物质在红外区的吸收特性。图7-1为人体的红外吸收光谱。横坐标表示波数(cm^{-1})或波长(μm),纵坐标表示透射率。

从图7-1可以看出,人体在波长为6 μm以上的远红外区有强烈的吸收,特别是在2~4 μm,6~7 μm及12 μm以上有比较强的吸收峰存在。人体皮肤对远红外线比较敏感,在远红外区,有强烈的吸收性质。

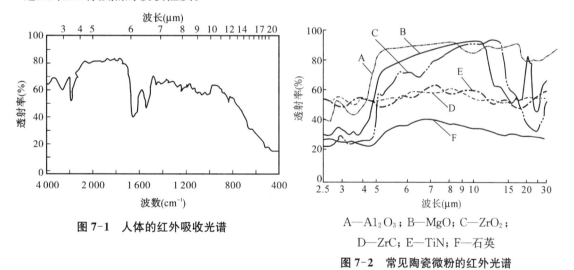

图7-1　人体的红外吸收光谱

A—Al$_2$O$_3$;B—MgO;C—ZrO$_2$;
D—ZrC;E—TiN;F—石英

图7-2　常见陶瓷微粉的红外光谱

2. 远红外物质的红外光谱

图7-2是一些常见陶瓷微粉的红外光谱。可以看出,这几种陶瓷微粉的红外光谱与人体的很相似,都是在远红外区有强烈的吸收,且明显的吸收峰发生在2.5~5 μm和12 μm以上,这与人体的吸收峰非常符合。另外,陶瓷微粉在常温下的透射率都比较高,通常都在80%以上。

3. 远红外物质对人体保温作用的机理

远红外物质通过吸收太阳光中的远红外线,将其转化为自身的热能储存起来,根据基尔霍夫定律,好的吸收体也是好的辐射体。并且根据斯忒藩—玻尔兹曼定律,温度高于绝对零度的物体都能不断辐射能量,因此远红外物质除了强烈的吸收太阳光中的远红外线之外,也不断地积极向外辐射远红外线,而人体也是远红外线的敏感物质,对远红外线具有强烈的吸收作用。因此,当人体皮肤遇到远红外物质辐射出的远红外线时,会发生与振动学中共振运动相似的情况,吸收远红外线并使运动进一步激化,转化为自身的热能,皮肤表面的温度就相应升高。这样,远红外纺织品就通过远红外物质达到了积极的保温作用,如图7-3所示。

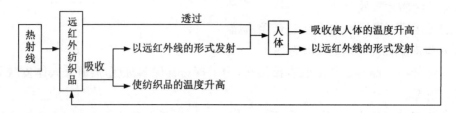

图7-3 远红外纺织品与人体的热量交换

(三) 远红外纺织品的保健机理探讨

根据生物医学研究,人体血液循环系统作为人体重要的一个组成部分,担负着向人体各器官输送氧气和养料,并带走废弃物的重任。因此,保持人体的血液循环系统通畅是维持人体健康的一个重要因素。

血液是由血浆和血细胞组成的一种黏稠状的液体。血液所具有的黏度一方面保证了血液在人体内以一定的速度流动,另一方面也是一种内在的、对抗流动与形态改变的力。血液黏度增高,血液循环不通畅,会引发人体诸多病变,对人体会造成许多不良的后果。将血液黏度保持在一个适当的水平,防止血液黏度增高对人体健康是有益的。

远红外纺织品就是利用远红外线的频率与构成生物体细胞的分子、原子间的振动频率一致的特征。当远红外线作用于皮肤时,其能量易被生物细胞吸收,使分子内的振动加大,活化组织细胞,引起温度升高,血管扩张,降低血液黏度,使血液循环特别是微循环加速,及时供给人体器官及组织适当的氧气及养料,加强细胞的再生能力,加速机体有害物质的排泄,促进新陈代谢。此外,红外辐射还能使生物体分子产生共振吸收效应,在红外光的作用下,使物体的分子能级被激发而处于较高的振动能级,有利于改善核酸蛋白质等生物大分子的活性,从而发挥其调节机体代谢、免疫等活动的功能。

此外,许多远红外物质除了具有基本的发射远红外线的功能外,还具有诸如吸收紫外线、抗菌消臭、导电等性能。因此通过选择合适的远红外物质,进行适当的混配,可以开发出具有多种保健功能的产品。

三、远红外织物的加工及测试评价方法

将远红外物质与纺织品结合起来,通常有两种方法。一种是后整理技术,把远红外微粉和溶剂、黏合剂、助剂按一定比例配制成远红外整理剂对纺织品进行浸轧、涂层或喷雾。另一种是制造远红外纤维,向纤维基材中掺入远红外微粉,纤维基材可以是聚酯、聚酰胺、聚丙烯、聚丙烯腈等常用合成纤维,远红外物质掺加量多在5%～30%(质量分数)。

远红外纺织品的性能测试方法一般有温升法（红外测温仪法和不锈钢锅法）、远红外线发射率法和人体试验法（血液流速测定法和皮肤温度测定法）。

四、远红外多功能保健纺织品的设计研发实例

基于远红外纺织品的保温保健机理，拟开发具有抗菌、保温、保健复合功能的远红外多功能保健纺织品。

（一）试验材料的选择

1. 远红外物质及混配比的选择

（1）远红外物质的选择。选择氧化镁及氧化锌物微粉为远红外物质，图7-4为远红外物质的红外光谱。

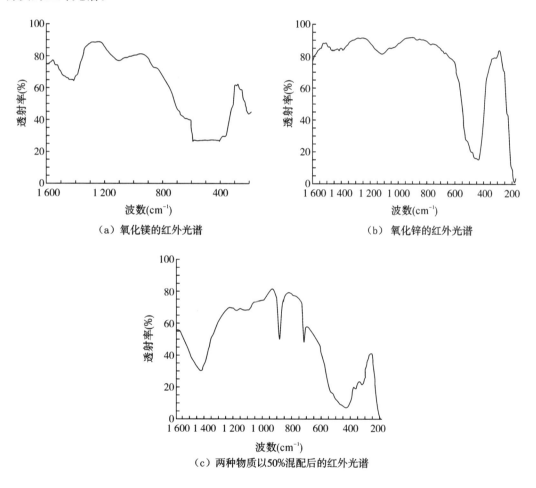

（a）氧化镁的红外光谱　　（b）氧化锌的红外光谱

（c）两种物质以50%混配后的红外光谱

图7-4　远红外物质的红外光谱

通过对比远红外物质红外光谱与人体红外光谱可以看出，氧化镁、氧化锌的吸收峰都在远红外区，其中氧化镁的吸收峰在6.7～8 μm、8.7～10 μm及12.5 μm以上，氧化锌的吸收峰发生在7.1 μm、8.3～10 μm及15 μm以上，与人体的红外光谱对比可知它们的吸收峰非常接近。混配后的吸收峰发生在6.7～7.7 μm、8.3～9.5 μm、10.5～11.8 μm、13.3～

14.3 μm 及 16.7 μm 以上。可以看出,比起单独的氧化镁及氧化锌,峰值的出现次数及范围都有所增大,反映出混配后物质的远红外辐射性能比单独使用氧化镁或氧化锌的远红外辐射性能要好。

此外,氧化锌在药理上还有轻度的收敛、防腐和保护作用,能吸着皮肤与创口渗出液,能用于治疗湿疹及其他皮肤炎症。当氧化锌粒子达到一定细度时,由于比表面积增大,还具有吸收紫外线、抗菌消臭的作用。

(2)远红外物质混配比的确定。以全棉纬平针织物为试验样品,纱线的线密度为18.5 tex,织物横密为75圈/5 cm,纵密为88圈/5 cm,织物面密度为130.9 g/m^2。设计氧化锌与氧化镁的混配方案,1#：100%ZnO;2#：80% ZnO、20%MgO;3#：60%ZnO、40%MgO;4#：40%ZnO、60%MgO;5#：20%ZnO、80%MgO;6#：100%MgO;0#为未经处理织物。采用红外测温仪法对处理前后的织物进行升温时间测试,升温区间为20～50 ℃,测试结果见表7-1。

表7-1　织物升温时间

织物编号	0#	1#	2#	3#	4#	5#	6#
升温时间(s)	769.91	696.42	646.04	648.82	568.50	605.94	684.66

由表7-1可知,经过氧化锌与氧化镁整理后织物的升温时间均有所缩短,且4#试样升温所需时间最短,这是因为氧化镁的辐射率比氧化锌高的缘故,当混配比在 MgO：ZnO＝60%：40%左右时远红外辐射效果最佳。

2. 抗菌剂的选择

中药制剂中有许多都具有良好的抗菌和消炎的作用,且副作用小、来源广、价格低廉。本产品采用黄连、连翘、艾叶和甘草按1：1：1：1配制的混合液作为抗菌剂。中药制剂的抗菌作用强弱与浓度有关,高浓度可杀菌,低浓度可抑菌。

黄连具有广谱抗菌作用,在体外对格兰氏阳性及阴性菌、葡萄球菌、链球菌、肺炎双球菌、脑膜炎双球菌等均有抗菌作用。连翘具有清热解毒、消痈散结、抗菌、消炎的作用,其抗菌有效成分为连翘酚。艾叶对伤寒杆菌、痢疾杆菌、金黄色葡萄球菌等及常见致病性皮肤真菌等有抑制作用。甘草具有消炎、抗过敏作用,有效成分是甘草次酸或甘草甜素,甘草次酸及其衍化物可制成消炎抗过敏制剂,用于风湿性关节炎、气喘、过敏性及职业性皮炎、皮肤及五官炎症与溃痛。

3. 分散剂的选择

分散剂的作用主要是防止已经分散的粒子再凝聚,在分散介质中防止粒子凝聚而沉降,保持悬浮液状态稳定存在。根据分散剂的选择依据,选择十二烷基苯磺酸钠、十二烷基硫酸钠和多聚磷酸钠三种分散剂。

通过试验对比,十二烷基硫酸钠的分散效果差,且易产生泡沫;多聚磷酸钠的分散效果一般,粒子有凝聚现象;十二烷基苯磺酸钠的分散效果较好,能够将远红外粉充分分散,但易产生泡沫,可通过加入少量消泡剂来消除。本产品开发确定使用十二烷基苯磺酸钠为远红外物质的分散剂。通过试验可知,当分散剂用量为远红外物质的20%时,分散效果最好。

4. 消泡剂的选择

由于使用十二烷基苯磺酸钠作为分散剂会产生大量的泡沫,影响到后续的加工,因此需要加入适量的消泡剂来减少泡沫的产生。消泡剂用量为处理液的 0.1% 即可。

5. 黏合剂的选择

因所使用的远红外物质为无机氧化物,微粒不溶于水,因此需要使用黏合剂将它与纺织品紧密结合起来。黏合剂为成膜性的高分子物质,由单体聚合而成,最终产品中远红外物质附着的牢度有很大一部分是由黏合剂决定的。经多种黏合剂的对比实验,确定使用 121 网印黏合剂,这种黏合剂的特点是黏度适中,结成的薄膜弹性较好,手感柔软,耐磨性也较好。

(二) 整理工艺的研究

1. 织物的预处理

为了使中药药液充分进入织物内部,需要预先用药液对织物进行预处理,处理采用浸轧工艺的方法。

2. 整理液中各组分含量的确定

经前期研究可知,分散剂用量确定为远红外粉的 20%,消泡剂用量确定为整理液的 0.1%,还需确定远红外物质及黏合剂的用量,本次开发采用正交试验方法来确定这两种组分的用量。

(1) 试验方案的确定及试验结果。综合考虑远红外物质用量 A 与黏合剂用量 B 这两个因素的影响,确定的因素水平见表7-2,设刚柔性为 x,升温时间为 y。正交试验测试结果见表 7-3。

表 7-2　因素水平表

整理液用量: 200 mL

因　素	水　平			
	1	2	3	4
A. 远红外物质用量(g)	5	10	15	20
B. 黏合剂用量(mL)	10	20	30	40

表 7-3　正交试验织物刚柔性及升温时间的测试结果

列号(j)	1	2	3	4	5	数据(x_i)	数据(y_i)
水平 试验号	水　平						
	A	B	空	空	空		
1	1	1	1	1	1	2.55	759.97
2	1	2	2	2	2	2.55	733.35
3	1	3	3	3	3	2.88	722.47
4	1	4	4	4	4	3.00	715.12
5	2	1	2	4	4	2.60	599.69

列号(j)	1	2	3	4	5	数据(x_j)	数据(y_i)
水平 试验号	水 平						
	A	B	空	空	空		
6	2	2	1	3	3	2.75	581.10
7	2	3	4	1	2	3.03	579.67
8	2	4	3	2	1	3.13	570.31
9	3	1	3	4	2	2.75	569.65
10	3	2	4	3	1	2.90	559.90
11	3	3	1	2	4	3.15	561.74
12	3	4	2	1	3	3.53	557.47
13	4	1	4	2	3	2.75	579.04
14	4	2	3	1	4	2.98	569.64
15	4	3	2	4	1	3.43	569.65
16	4	4	1	3	2	3.70	562.21
M_{x1j}	10.98	10.65	12.15	12.09	12.01		
M_{x2j}	11.51	11.18	12.11	11.58	12.03		
M_{x3j}	12.33	12.49	11.74	12.08	11.91		
M_{x4j}	12.86	13.36	11.68	11.93	11.73		
m_{x1j}	2.7450	2.6625	3.0375	3.0225	3.0025		
m_{x2j}	2.8775	2.7950	3.0275	2.8950	3.0075		
m_{x3j}	3.0825	3.1225	2.9350	3.0200	2.9775		
m_{x4j}	3.2150	3.3400	2.9200	2.9825	2.9325		
极差 R_{xj}	1.88	2.71	0.47	0.51	0.30		
M_{y1j}	2469.09	2891.65	2934.98	2933.25	2940.17		
M_{y2j}	3069.23	2956.01	2939.84	2955.56	2955.12		
M_{y3j}	3151.24	2966.47	2967.93	2955.73	2959.92		
M_{y4j}	3119.46	2994.89	2966.27	2964.48	2953.81		
m_{y1j}	617.27	722.91	733.75	733.31	735.04		
m_{y2j}	767.31	739.00	734.96	738.89	738.78		
m_{y3j}	787.81	741.62	741.98	738.93	739.98		
m_{y4j}	779.87	748.72	741.57	741.12	738.45		
极差 R_{yj}	650.37	103.24	32.95	31.23	19.75		

注：升温时间测试结果为织物经五次洗涤后的测试数据。

（2）远红外物质与黏合剂最佳用量的确定。由表 7-3 可知，A 列 m_{ij} 的各值与 B 列 m_{ij} 的各值均有较大差异，说明远红外物质及黏合剂的用量对织物的刚柔性均有影响，且因素的主次顺序为 B→A，对织物的升温时间也均有影响，且因素的主次顺序为 A→B。就织物的刚柔性而言，因素 A 与因素 B 均应为取量越少越好，但就升温时间而言，则因素 A 与因素 B 又均为取量越大时间越短。因此，需要找出一个最佳的结合点。由表 7-3 还可知，x_j 列中因素 A 从水平 1 变为水平 2 时，刚柔性开始变差，变为水平 3 和水平 4 时，刚柔性变差的程度就更大了；y_i 列中的 M_{21} 比 M_{11} 大得多，M_{31} 比 M_{21} 大得并不太多，而 M_{41} 比 M_{31} 甚至又变小了。说明当 A 因素从水平 1 变为水平 2 时，升温时间得到较大的缩短，但从水平 2 变到水平 3 时，升温时间没有得到太大的缩短，变为水平 4 时，升温时间反而有所增加。

通过正交试验及结果分析，可以确定 200 mL 整理液中各组分的最佳含量：远红外物质 10 g，分散剂 2 g，黏合剂 20 mL；中药药液 168 mL；消泡剂适量。即 1 份整理液中，各组份的最佳比例为远红外物质 5%、分散剂 1%、黏合剂 10%、中药药液 84%、消泡剂适量。

3. 整理工艺的确定

采用传统的轧→烘→焙工艺，整理工艺：浸润（中药液）→轧干→浸润（远红外整理液）→轧干→烘干（90 ℃）→焙烘（150 ℃，3 min）→水洗→烘干（90 ℃）。

（三）远红外多功能保健纺织品的性能测试

1. 功能性测试

（1）升温时间的测试。采用红外测温仪进行测试。辐射端的电源电压为 20 V 即可。起始温度为 20 ℃，终止温度为 50 ℃，试样距热源距离为 13.5 cm。每隔 30 s 读取接收端的温度值，直至温度达到仪器设定的终止温度为止。

测试试样 1♯ 为远红外整理织物，2♯ 为未经整理织物，3♯ 为经 5 次皂洗的远红外整理织物，时间-温度曲线见图 7-5。

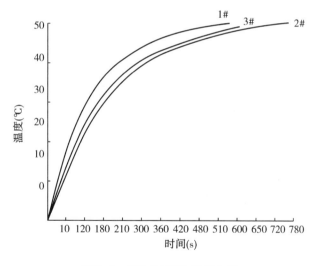

图 7-5　织物的时间-温度曲线

从图 7-5 中曲线的形态可以看出，经远红外整理的 1♯ 织物比未经整理的 2♯ 织物到达 50 ℃ 所用的时间要短得多。当红外光源发出的光线照射到 1♯ 织物时，一部分热量透过织物到达接收端，另一部分被织物上的远红外物质充分的吸收，远红外物质再将吸收到的热量向外辐射出去。这样接收端接收到的热量是透过和远红外织物再次辐射两部分，故升温到 50 ℃ 所需的时间就要短些；3♯ 是经 5 次水洗的远红外试样，其到达终止温度 50 ℃ 时所需的时间较 1♯ 略长些，但增长不多，说明本次研制的远红外多功能保健纺织品的耐洗牢度比较好。

（2）织物表面温度的测定。为了进一步验证远红外多功能保健纺织品的保温性能,利用上海医用仪表厂生产的 WMYO1 型数字温度计对织物的表面温度进行测定,测试结果见表 7-4。

表 7-4　织物的表面温度

织物编号	1#	2#	3#
表面温度（℃）	21.7	20.7	21.6

表中的数据反映出,所研制的远红外多功能保健纺织品具有良好的保温作用,能够吸收外界的热量并储备起来,使织物的表面温度比未经过远红外整理的织物高出 0.6～1 ℃。经 5 次皂洗后织物的表面温度并没有降低太多,故织物的耐水洗性能较好。

（3）抗菌性测试。制备四个试样：A1# 为未经整理织物；A2# 为经远红外整理；A3# 为经中药制剂整理；A4# 为经远红外物质及中药制剂整理。测试织物的抑菌环宽度,测试结果见表 7-5。

表 7-5　抗菌性测试结果

试样编号	抑菌环宽度（mm）	备注
A1#	0	无杀菌作用
A2#	0.25	有杀菌作用较弱
A3#	1.19	有杀菌作用较强
A4#	1.51	有杀菌作用最强

由表 7-5 中测试结果可知,单独使用远红外物质整理的织物也具有一定的杀菌效果,但作用很弱,这说明远红外物质中的氧化锌有一定的抗菌作用。单独使用中药制剂整理的织物杀菌作用较强,这说明织物的抗菌性主要来源于中药制剂的作用。将远红外物质与中药制剂一起使用,抗菌效果最佳。

2. 相关服用性能测试

整理前后织物的透气性、悬垂性见表 7-6。

表 7-6　织物透气性、悬垂性测试结果

织物类别	透气量（L/m² · s）	悬垂系数（%）
整理前织物	352.88	41.8
整理后织物	341.44	41.7

处理前后织物的透气性和悬垂系数均变化不大,说明后整理对织物的透气性和柔软度影响不大。

综上所述,本次开发的远红外多功能保健纺织品具有良好的保温性和抗菌性,整理前后织物的服用性能变化不大,且远红外物质的辐射波长与人体的远红外辐射波长相匹配,可对人体的皮肤表皮下组织产生一系列作用,起到保温及保健的效果,达到了开发的预期目标。

第二节　抗菌织物的设计与生产

一、抗菌织物的功能与用途

(一) 医护用品

医院环境中有许多漂浮细菌,医患双方的服装及医用纺织品上都有很大的带菌可能性,不仅会造成患者之间的交叉感染,还会把病菌带给健康人群,或把病菌传染到医院以外的环境中。因此使用抗菌织物制成的医用纺织品非常必要。使用抗菌织物可制成医院专用床单、被褥、手术服、医用缝合线、绷带、纱布、口罩、拖鞋、护士服、病员服以及包覆材料等,这类抗菌织物对金黄色葡萄球菌、大肠杆菌、肺炎杆菌、沙门氏菌、枯草杆菌、黑霉、青霉等多种细菌具有抗菌性,可以大大减少医院的细菌浓度。

(二) 服装与家用纺织品

服装与被褥内的微气候可为细菌的滋生繁殖创造良好的条件。这些细菌有金黄色葡萄球菌、大肠杆菌、黑曲霉菌等,即使有些细菌是非致病菌类,也会产生一定的病理刺激。尤其当服装与被褥沾有人体分泌的汗液和皮脂时,由于细菌的分解作用,会产生氨气等异臭。这些异臭给人们的生活增加了许多烦恼,因此抗菌织物是创造舒适干净的生活环境的有效途径。用抗菌织物制成的内衣裤和鞋袜,可防止贴身衣裤、睡衣、袜子和鞋垫等产生恶臭,并可防止袜子上的脚癣菌繁殖。用抗菌织物制成的尿布,可防止婴儿因接触尿布而产生的红斑现象,提高老人和卧床病人的免疫能力。使用抗菌织物还可以制作抗菌家居纺织品、防螨家居纺织品、芳香家居纺织品等,可有效抑制和杀灭多种致病菌,对预防交叉感染具有特殊作用。此外,使用抗菌织物制作的家用纺织品还有如毛巾、手套、坐垫、抹布、卫生间用品、布玩具、地毯、窗帘和垫子等。

(三) 产业用纺织品

对于食品加工厂、制药厂、餐厅、厨房等工作人员的工作服、围裙、抹布、食品覆盖布等纺织品必须具有抗菌又无害的功能,这样才能做到食品安全。除食品、制药行业的食品覆盖布、工作服,餐厅、厨房的围裙、抹布等外,诸如帐篷、地毯、广告布、遮阳布、过滤布、各类军用布、绳带、布袋、过滤器(家用吸尘器、空调等) 和包装材料等产业用纺织品已开始使用抗菌织物。比如使用抗菌织物制成的过滤介质,可以使一些物质经过滤后细菌不增加、不繁殖,甚至减少;再比如使用抗菌织物制成的汽车内部装饰布,可获得全新概念的抗菌汽车,这对于出租车驾驶员非常有意义。

二、抗菌剂的分类及抗菌机理

抗菌剂按作用类型和原理可分为有机抗菌剂、无机抗菌剂和天然生物抗菌剂。

(一) 有机抗菌剂

有机抗菌剂的抗菌机理主要为破坏细胞壁的形成;或者与细胞内蛋白酶发生化学反应,破坏蛋白质结构,造成微生物死亡或产生功能障碍等。

1. 有机硅季胺盐类抗菌剂

抗菌机理为季胺盐阳离子与微生物细胞表面的阴离子部位通过静电场的吸附作用,再加上疏水性作用,可以破坏细胞表层结构,使细菌的细胞壁破裂而杀死细菌。

2. 季胺盐类抗菌剂

主要是脂肪族季胺盐,如聚环氧乙烷三烷基氯化铵,其抗菌机理为由于表面吸附作用引起细菌组织的变化,损伤细胞膜和细胞壁,并与细胞内的酶蛋白发生化学反应,使酶蛋白发生变性,破坏其机能,从而抑制细菌生长。该抗菌剂的特点是安全性比较高。

3. 双胍类抗菌剂

这类抗菌剂的抗菌机理与季胺盐类抗菌剂类似,也是通过损伤细胞膜,使酶蛋白和核酸发生变性而达到杀死细菌的目的。该类抗菌剂毒性较低,安全性较高,对热稳定,但耐光性稍差。

(二)无机类抗菌剂

无机抗菌剂的抗菌机理主要为阻碍电子转移系统及氨基酸转酯的生成;或破坏孢子的发芽,阻断 DNA 合成,从而抑制细菌的生长;或与细胞内蛋白酶发生化学反应,破坏蛋白质结构,造成微生物死亡或产生功能障碍等。

1. 抗菌沸石

这类抗菌剂具有吸附和离子交换的功能。其抗菌机理为活性氧以及银离子慢慢地溶出扩散并进入细菌的细胞内部,破坏细菌内蛋白质的结构,从而引起代谢障碍。

2. 金属类抗菌剂

这类抗菌剂常见的有 Ag^+、Cu^{2+}、Zn^{2+} 等,其中银离子的抗菌作用经实践证明是最好的。金属离子抗菌机理主要有两方面:一方面是由于金属离子阻碍细菌电子传递系统及氨基酸转酯的生成,从而破坏细胞内蛋白质的结构,引起代谢的障碍;另一方面是金属离子与 DNA 反应,抑制孢子的生成。这两方面的作用结合在一起,可以达到杀死细菌的目的。

3. 铜化合物类抗菌剂

这类抗菌剂主要是铜硫化合物。其抗菌机理主要是铜离子可以破坏微生物的细胞膜,与细胞内酶的巯基(—SH)结合在一起,形成不可逆的硫铜化合物,束缚了巯基,从而降低了酶的活性,阻碍其代谢功能,干扰微生物的呼吸作用,从而导致细菌死亡。该类抗菌剂的安全性能比较高。

(三)天然类抗菌剂

天然类抗菌剂的抗菌机理主要为破坏细胞壁的形成;或与细胞内蛋白酶发生化学反应,破坏蛋白质结构,造成微生物死亡或产生功能障碍等。目前常用的天然生物抗菌剂有壳聚糖、氨基葡糖苷、日扁柏醇等。

1. 壳聚糖

它的抗菌机理为由于壳聚糖分子内含有带正电荷的氨基,它可以吸附细菌,与细胞壁上的阴离子成分结合在一起,阻碍细胞的生长合成,并阻止细胞壁内外物质的主动传递,同时还可以切断壳聚糖分子的葡糖苷结合。

2. 氨基葡糖苷

它的抗菌机理是当它作用于对细菌的核糖核蛋白质,就能阻碍 mRNA 的密码因子和 tRNA 的反密码因子之间的相互作用,合成异常蛋白质而使细菌死亡。氨基葡糖苷抗菌剂不仅安全性高,而且对革兰氏阳性菌、革兰氏阴性菌具有广谱抗菌作用。

3. 日扁柏醇

它的抗菌机理为螯合剂中氧的螯合作用和抗体内蛋白质的变性。该抗菌剂抗菌效果好,具有广谱抗菌性,并且对皮肤刺激很小。

三、抗菌织物的加工及测试评价方法

目前,制备抗菌织物主要有两种基本方法:后整理加工和抗菌纤维。相比较而言,第一种方法加工处理的过程比较简单,但制得织物的抗菌效果和耐洗性较差。第二种方法制得织物的抗菌效果比较持久,即耐洗性较好,但是抗菌纤维的生产过程比较复杂,对抗菌剂的要求也比较高。

纺织品抗菌性能的测试方法可分为定量测试法和定性测试法。

(一)定量测试法

定量测试方法及标准有 AATCC Test Method 100—1999《抗菌整理纺织材料的评定》、JISL 1902—2002《纺织产品抗菌活性和效果的试验》中的定量试验"菌液吸收法"、FZ/T 02021—1992《织物抗菌性能试验方法》中的奎因试验法等。这些方法包括织物的准备、接种测试菌、菌培养、对残留的菌落计数等,它适用于非溶出性抗菌整理织物的测试。其优点是定量、准确、客观,缺点是时间长、费用高。

(二)定性测试方法

定性测试方法及标准有 AATCC Test Method 90《Halo Test,晕圈法,也叫琼脂平皿法》、AATCC Test Method 124《平行划线法》、JISZ 2911—1981《抗微生物性实验法》、中国卫生部发布的《消毒技术规范》中的抑菌环试验法等。这些方法包括在织物上接种测试菌、用肉眼观察织物上微生物的生长情况及抑菌环等。它适用于溶出型抗菌整理,其优点是费用低、速度快,缺点是不能定量测定抗菌活性,结果不精确。

四、微胶囊化抗菌织物的设计研发实例

(一)抗菌微胶囊的制备

1. 微胶囊的制备方法

传统的微胶囊制备方法从原理上大致可分为化学方法、物理方法和物理化学方法三类。其中以界面聚合法、原位聚合法、凝聚法应用最广。本次织物研发采用界面聚合法,利用单体小分子发生聚合反应生成高分子成膜材料并将芯材包覆。其基本步骤如图 7-6 所示。若芯材为液态,而微胶囊化所用介质也为液态,则可应用乳化方法,即可采用机械搅拌、超声振动或其他方式,使芯材分散成微小液滴。

(1)界面聚合法制备微胶囊的工艺流程。首先把芯材及溶于分散相的单体 A 溶于分散相溶剂中,然后把分散相溶剂与连续相溶剂混合,在加入乳化剂和机械搅拌作用下形成

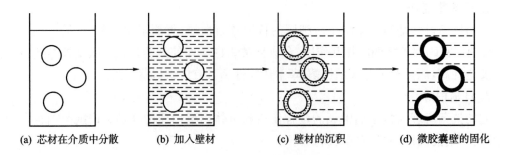

图7-6 微胶囊化的基本步骤

乳状分散体系。然后在乳化体系中加入溶于连续相溶剂的另一种单体B,此时降低搅拌速度有利于微胶囊的形成。最后把得到的微胶囊过滤、洗涤。图7-7为微胶囊制备工艺流程。

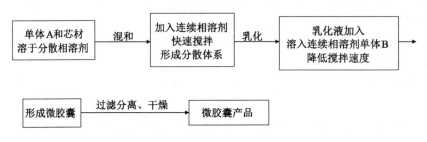

图7-7 微胶囊制备工艺流程

(2) 界面聚合法制备微胶囊的技术关键。

① 乳化。在微胶囊的制备过程中,水相和油相混在一起时,单凭机械搅拌作用只能形成极不稳定的分散液,当停止搅拌后,很快油水就会分层。被分开的芯材又会凝聚,使成壁过程无法进行,而且被分散的芯材粒径很大,无法达到微胶囊粒径的要求。因此必须加入乳化剂,以形成粒径大小合适的较稳定的乳液。乳化剂有降低界面张力的作用,便于被分散相分散成细小的液滴;在液滴表面形成保护层,防止凝聚,使乳液稳定,以及增溶作用,使部分芯材溶于胶束内。影响乳状液稳定性的因素有界面张力、界面膜的性质、乳状液分散介质的黏度、液滴大小及分布、乳化剂的加入方法等。

② 过滤分离。过滤分离是制备微胶囊工艺流程的最后一步,也是关键环节。在过滤分离中,不仅要防止微胶囊再次凝聚黏连,而且要最大程度地去除有机溶剂以及未反应的化学试剂。分离不彻底,会影响后序的试验结果;分离过度,则造成原料的浪费。过滤分离时,先用表面活性剂的水溶液洗涤微胶囊,将微胶囊悬浮在20%浓度的表面活性剂中去除有机溶剂,再用生理盐水多次洗涤去除表面活性剂,最后贮存在盐水中待用。

(3) 界面聚合法的技术特点。利用界面聚合法既可制备含水溶性芯材,也可制备含油溶性芯材的微胶囊。在乳化分散过程中,根据芯材的溶解性能选择水相与有机相的比例。数量较少的一种作分散相,数量较多的作连续相,芯材溶解在分散相,如水溶性芯材分散时,形成油包水型(W/O)乳液,而油溶性芯材则形成水包油(O/W)型乳液。这种制备微胶囊的工艺方便、简单,反应速度快,效果好,不需要昂贵复杂的设备,可以在常温下进行。

2. 抗菌微胶囊的制备

（1）微胶囊的材料及其选择。

① 芯材的选择。本次开发选用纯天然抗菌物质蕺菜。蕺菜为多年草本植物,茎和叶有鱼腥气,也叫鱼腥草。鱼腥草提取液为无色透明水溶性液体,pH 值 4.0～6.0,呈微酸性。蕺菜的主要成分及效果见表 7-7。

表 7-7　蕺菜成分及其作用

成　分	作　用
癸酰基乙醛、甲基壬基酮、月桂酸	抗葡萄球菌、线状病等
黄酮系成分、栋苷、异栋苷	有利尿缓泻作用,可使脆弱的毛细血管变结实
矿物质、钾、叶绿素	有调整生物功能的作用,消肿、再生肉芽组织

② 壁材的选择。由于芯材是水溶性物质,须选择亲水性固化剂作为聚合反应中的分散相,选环氧树脂E-44为壁材。

③ 溶剂的选择。一般高分子包囊材料都是固态或黏稠的液体,不易进行化学反应。溶剂的主要作用就是降低高分子包囊材料的黏度,使其便于反应,同时还可增加高分子材料的分子活动能力。通常极性相近的物质具有良好的相溶性,可以参照溶剂和高分子材料的溶度参数 SP 值来选择溶剂。此外,为得到 W/O 乳化液,溶剂还需充当油相。综合考虑这些因素,本次开发选择甲苯作为稀释溶剂(环氧树脂 SP 值为 9.7,甲苯 SP 值为 8.9)。

④ 乳化剂的选择。常用的乳化剂多为表面活性剂,表面活性剂可分为阴、阳、两性和非离子型。非离子型表面活性剂在溶液中不是离子状态,所以稳定性高,不易受强电解质无机盐类的影响,也不易受酸、碱的影响。它与其他类型表面活性剂的兼容性好,在水及有机溶剂中皆有较好的溶解性能。本次开发选用 SPAN80 和 TWEEN80 非离子表面活性剂。SPAN 系列和 TWEEN 系列具有良好的热稳定性、水解稳定性、纯度高、无毒。

（2）微胶囊的制备。先将乳化剂溶于水中,边剧烈搅拌边慢慢加入油相(甲苯),加入的油相开始以细小粒子分散于水中,呈 O/W 型;继续加油相,乳液变稀,最后黏度急剧下降,转相成为 W/O 型,见图 7-8。其优点在于有利于控制反应速度和保证得到的微胶囊粒径符合要求。图 7-8(a)为表面活性剂在油—水界面形成界面膜,形成 O/W 型;图 7-8(b)为继续加入油相,界面膜重新排列导致形状不规则的水滴形成;图 7-8(c)为油珠聚结成连续相,形成W/O 型。

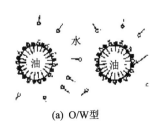  

（a）O/W型　　　　　（b）继续加入油相　　　　　（c）W/O型

图 7-8　转相示意

① 制备用试剂与仪器。制备用试剂与仪器有鱼腥草注射液、环氧树脂 E-44、二乙烯三胺、甲苯、YB-121 氨基有机硅、SPAN-80、TWEEN-80、氯化钠,光学显微镜、D25-2F 型电动搅拌机调速器、HHS21-8 电热恒温水浴锅和 XSP-16A800 型低速离心机。

② 制备步骤与过程。制备步骤与过程见图 7-9。

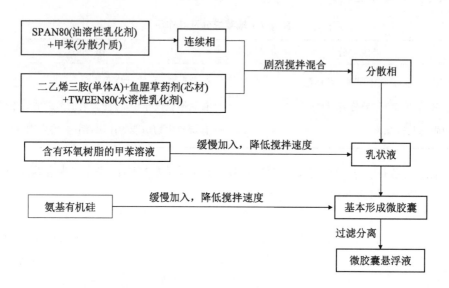

图 7-9　微胶囊制备过程

③ 制备方案确定。通过前期实验,选取因素 A 为环氧树脂 E-44、B 为甲苯、C 为 SPAN80 以及 D 搅拌速度进行正交分析,测试微胶囊的平均粒径和粒径分布两个指标。正交实验 L9(3^4)的因素水平与试验结果见表 7-8 和表 7-9。

表 7-8　因素水平设计方案

水平	因　素			
	A(g)	B(mL)	C(mL)	D(r/min)
1	8	18	0	1000
2	10	20	1	2000
3	12	25	3	2500

注:试验条件为二乙烯三胺 1 mL,鱼腥草药剂 5 mL,乳化时间 10 min,预固化温度室温×20 min,后固化温度80 ℃×1～3 h。

表 7-9　不同工艺条件下的正交试验结果

试验号	因　素				平均粒径(μm)	粒径分布(σ)
	A	B	C	D		
1	1	1	1	1	5.20	3.09
2	1	2	2	2	5.67	2.72

试验号	因　素				平均粒径（μm）	粒径分布（σ）
	A	B	C	D		
3	1	3	3	3	4.79	1.74
4	2	1	2	3	3.70	1.24
5	2	2	3	1	3.80	2.25
6	2	3	1	2	3.84	1.70
7	3	1	3	2	2.53	1.00
8	3	2	1	3	2.80	0.89
9	3	3	2	1	3.92	1.36
S1	15.6601	11.4278	13.2991	12.9233		
S2	11.3459	12.2742	12.5535	12.0432		
S3	9.2495	12.5535	11.1121	11.289		
M1	5.220 033	3.809 267	4.433 033	4.307 767		
M2	3.781 967	4.0914	3.9481	4.0144		
M3	3.083 167	4.1845	3.704 033	3.763		
R	6.41	1.13	2.19	1.63		

分析正交试验结果可知,各因素对微胶囊的粒径大小和分布影响是不同的。各因素的重要性顺序为 A＞C＞D＞B。考虑到微胶囊应用于织物后整理时的实用性要求,即要使微胶囊渗入织物结构的内部而不仅仅是附着于织物结构的表面,并在一定程度上能够承受外界对织物施加的压力而不至于破裂,使整理后的织物因而经得起洗涤,微胶囊应小而均匀,故 A、C 和 D 三个因素均取 3 水平,B 因素取 1 水平,即 $A_3B_1C_3D_3$ 为最佳工艺条件。因此,得到制备方案及工艺条件:环氧树脂 E-44 为 12 g、甲苯为 18 mL、SPAN80 为 3 mL、二乙烯三胺为 1 mL、鱼腥草药剂为 5 mL、乳化时间为 10 min、预固化温度为室温×20 min、后固化温度为 80 ℃×1～3 h、搅拌速度为 2500 r/min。

3. 影响微胶囊粒径大小和分布的因素分析

（1）两种反应单体的相对用量对微胶囊性能的影响。环氧树脂的固化反应主要是通过环氧基的开环反应完成。它以快速反应的较高分子环氧树脂为核心,先在体系中产生不均一的微凝胶体。这种微凝胶体逐步长大,最后形成大凝胶体,直至生成凝胶状聚合物。这种聚合物是网络结构的高分子,具有不溶的特性。脂肪族胺类属于反应型固化剂,它是通过其分子中的极性基团与环氧树脂分子中的环氧基起化学反应生成网状高分子化合物。环氧树脂与固化剂二乙烯三胺应当有一定的相对用量,如果以等当量配比,则环氧树脂固化物的交联密度最高;偏离等当量比越远,交联密度也就越低,壁膜的物理力学性能也会受到影响,尤其在胺类固化剂用量大的情况下,残存在树脂中的游离氨基会使固化产物耐水性降低。

分别选用环氧树脂:二乙烯三胺为 8:1、10:1、12:1 的比例进行试验,微胶囊的显微照片见图 7-10。

图 7-10(a)所显示的合成微胶囊数量很少,这是由于环氧树脂和二乙烯三胺的当量比

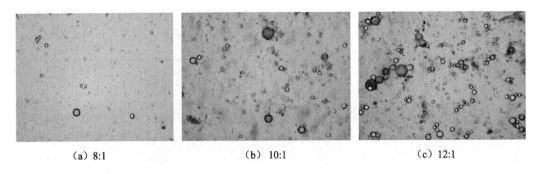

(a) 8:1   (b) 10:1   (c) 12:1

图 7-10   环氧树脂与二乙烯三胺不同质量比合成微胶囊显微照片

为 8:1,环氧树脂的用量低于理论计算用量,造成环氧树脂不足,两种反应单体未能充分反应,合成高分子壁材少,微胶囊包裹不完全,未包裹的芯材以未反应的二乙烯三残留在甲苯溶剂中,通过过滤分离而被除去。图 7-10(b)中是环氧树脂:二乙烯三胺的当量比为 10:1,接近理论计算量,合成的微胶囊数量明显增多。图 7-10(c)中,环氧树脂:二乙烯三胺的当量比为12:1,图中微胶囊的数量进一步增加,但有粘连现象,这是由于当固化反应完全后,溶液中已没有二乙烯三胺,增加的环氧树脂会黏附在微胶囊的表面,引起微胶囊的粘连,导致微胶囊的平均粒径增大。因此,本次制备取环氧树脂:二乙烯三胺的当量比为 10:1。

(2)芯材与壁材的用量比对微胶囊性能的影响。图 7-11 是芯材鱼腥草药剂用量为 5 mL,环氧树脂用量分别为 8 g、10 g、12 g 时的微胶囊平均粒径变化及粒径分布曲线。从图 7-11(a)可以看出,当固定芯材的用量,随着环氧树脂的用量增加,微胶囊的平均粒径在减小。从图 7-11(b)中可以看出,a 曲线(环氧树脂用量为 8 g)平而宽,即微胶囊的粒径分布范围较大,粒径大小不均匀。c 曲线(环氧树脂用量为 12 g)尖而窄,即微胶囊的粒径分布集中,大小比较均匀,分布集中在 1~5 μm。b 曲线的形状介于两者之间,微胶囊的粒径主要分布于 2~6 μm。由此可知,固定芯材不变,随着环氧树脂的用量增加,芯材在整个体系的比重减少,在相同的乳化时间和搅拌速度下,芯材被分散成足够小的颗粒,且被分散的芯材颗粒较均匀,从而使得微胶囊的粒径分布范围变窄、平均粒径减小。

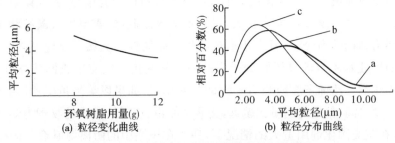

图 7-11   环氧树脂用量对微胶囊粒径的影响

(3)搅拌速度对微胶囊性能的影响。微胶囊颗粒的大小取决于乳化分散液滴的大小。图 7-12 是不同搅拌速度下微胶囊平均粒径变化及粒径分布曲线。从图 7-12(a)可知,随着搅拌速度的增加,微胶囊平均粒径在逐渐变小,原因是随着搅拌速度增加,芯材受到的剪切力增加,使其液滴粒径迅速减小,芯材在体系中分散比较彻底,从而导致微胶囊的平均粒径变小。当搅拌速度由 1500 r/min 增加到 2000 r/min 时,微胶囊平均粒径曲线下降很快。搅拌速度继续增加,微胶囊平均粒径曲线趋于平缓。说明当搅拌速度增加到一定程度后,芯材已经充分分散成微小液滴,继续增加搅拌速度则对粒径的影响不大。图 7-12(b)中的 a 曲线(1500 r/min)的粒径分布范围最宽,c 曲线(2500 r/min)分布最窄,且粒径分布在 2～5 μm 范围内;b 曲线分布状态介于 a 曲线和 c 曲线之间。这说明随着搅拌速度的增加,粒径分布范围变窄,微胶囊的平均粒径集中而均匀。

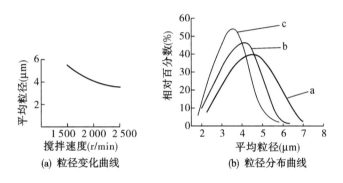

(a) 粒径变化曲线　　　　(b) 粒径分布曲线

图 7-12　搅拌速度对微胶囊粒径的影响

图 7-13 为不同搅拌速度下微胶囊的显微镜照片,图中(a)、(b)、(c)分别对应的搅拌速度为 1500 r/min、2000 r/min 和 2500 r/min。从图中可以看出,随着搅拌速度的增加,微胶囊颗粒的粒径逐渐变小,且均匀程度变好。值得注意的是当达到乳化时间,在后固化阶段,搅拌速度应适当减慢。因此时芯材已经分散成微小液滴,高分子聚合物开始包裹液滴,如若搅拌力太大,反而不利于高分子聚合物在微胶囊表面沉积,会导致微胶囊形成时间延长,壁膜较薄。

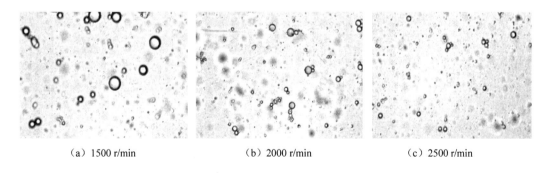

（a）1500 r/min　　　　　（b）2000 r/min　　　　　（c）2500 r/min

图 7-13　搅拌速度不同的显微照片

(4) 乳化剂用量对微胶囊性能影响。图 7-14 是不同乳化剂用量的微胶囊显微照片。图 7-14(a)中为不加乳化剂合成的微胶囊。其微胶囊的大小不一,形状也不规则,且微胶囊的壁膜很薄,说明油相和水相放在一起搅拌,通过强作用力,迫使一相以微滴状分散于另一相中。此时,相界面的面积增大,体系的稳定性降低,当停止搅拌后,很快油水就会分层,以使两相界面达到最小,被分开的芯材又会凝聚,使成壁过程无法进行。另外,由于分散体系受外来振动搅拌及其他因素的影响,会增加微粒的碰撞而凝聚,造成已形成的微胶囊的粘连。图 7-14(b)和(c)的乳化剂用量分别为 1 mL 和 3 mL,它们的微胶囊形状比较规则,大小较为均一。说明加入乳化剂后能有效降低界面张力,并在两相界面发生界面吸附而形成界面膜,保护了分散相,防止已分散的芯材重新聚合,稳定了整个体系。同时还可看出,图 7-14(b)中微胶囊数量较少,这是因为乳化剂用量较少时,两相界面上乳化剂吸附分子较少,分子定向排列较差,表面膜强度较低,因而当分子间发生碰撞时,界面膜很易破裂,导致分散相分子接触而聚集,乳液稳定性受破坏,因此形成的微胶囊个数较少。

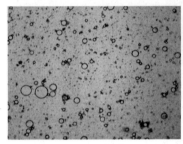 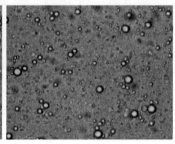

（a）不加乳化剂　　　　　（b）乳化剂用量为1 mL　　　　（c）乳化剂用量为3 mL

图 7-14　乳化剂用量对微胶囊影响的显微照片

图 7-15 是不同乳化剂用量下微胶囊平均粒径分布曲线,图中 a、b、c 三条曲线分别对应乳化剂用量为 0 mL、1 mL、3 mL。图中 c 曲线的顶点明显高于其他两条曲线,且曲线呈瘦窄状,这说明随着乳化剂的增加,粒径分布范围变窄,微胶囊的平均粒径集中而均匀。

（5）氨基有机硅对微胶囊性能的影响。氨基改性有机硅是非离子型的亲水性乳液。它是在聚二甲基硅氧烷即有机硅的骨架上,引入了氨基官能团,可充当环氧树脂固化剂的一部分,使形成的微胶囊壁材中具有与纺织纤维相互作用的极性基团,为提高微胶囊与纤维的结合力打下了基础。

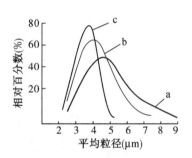

图 7-15　不同乳化剂用量下微胶囊粒径分布曲线

氨基有机硅的化学分子中有许多极性基团,如—NH_2、—NH—$(CH_2)_2$—NH_2 等,这些极性基团与纺织材料产生分子间作用力,即范德华力或产生静电吸附的相互作用,能与棉、麻、丝、毛等天然纤维织物和涤纶、锦纶、腈纶等化纤及其混纺织物更好地结合,使织物滑爽、透气、丰满。另外,硅氧烷呈阳离子性($—NH^{3+}$)也能被织物中阴离子基团强烈吸引,这些作用力都使经微胶囊整理的织物具有一定耐洗性。

图 7-16 为加入氨基有机硅前后微胶囊的显微照片。从图中可看出:加入氨基有机硅后,微胶囊的数量和膜厚都有所增加。这是因为在环氧树脂稍有剩余时,氨基有机硅可和

这部分环氧树脂发生反应,聚合生成的高分子壁材增加,微胶囊的数量和膜厚就会相应地增加。

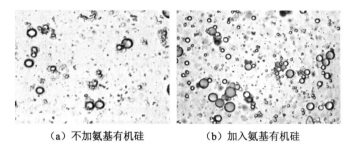

（a）不加氨基有机硅　　　　　（b）加入氨基有机硅

图 7-16　加入氨基有机硅前后的微胶囊显微照片

（6）甲苯用量的确定。甲苯是一种常用的化学溶剂,它在微胶囊制备反应体系中是不参与反应的,其主要作用是在形成乳状液时充当油相,即连续相。它和芯材、乳化剂共同构成乳化体系,是形成乳状液必不可少的一个组成部分。甲苯还作为稀释剂溶解环氧树脂。

根据相体积理论,假设乳状液的液珠是大小相同的圆球且圆球为刚性。在最密堆积时,液珠的相体积分数只能占总体积的 74.02%,若液珠的相体积分数大于 74.2%,乳状液就会发生变型或被破坏。也就是说,若油的相体积分数大于 74.02%,乳状液只能形成 W/O 型乳状液;若油的相体积分数少于 25.98% 时就只能形成 O/W 型,乳状液中若油的相体积分数在 25.98%～74.02% 时,有可能形成 O/W 和 W/O 中的一种。因此,为了制备出 W/O 乳状液,必须保证两相的体积比小于 1:2.9。本次开发中的水相为 6.2 mL（二乙烯三胺为 1.2 mL,鱼腥草药剂为 5 mL）,甲苯的用量必须大于 17.9 mL,最终确定甲苯用量为 18 mL 较为合适。

综上所述,微胶囊制备的最佳工艺条件:环氧树脂 E-44 用量为 12 g,甲苯用量为 18 mL,SPAN-80 用量为 3 mL,二乙烯三胺用量为 1.2 mL,鱼腥草药剂用量为 5 mL,氨基有机硅用量为 1～5 mL,乳化时间为 10 min,预固化工艺为室温×20 min,后固化工艺为 80 ℃×1～3 h,搅拌速度为 2500 r/min。

（二）微胶囊抗菌织物的后整理

本次产品开发采用浸轧法。浸轧整理液由微胶囊悬浮液、交联剂、柔软剂及其他助剂组成。

工艺流程为浸轧（二浸二轧,室温,轧液率 85%）→预烘→焙烘。

整理液的组成为 YB-121 氨基硅 2～5 mL,微胶囊悬浮液 40～50 g/mL,交联剂 EH 20～30 mL,水,冰醋酸调节 pH 值至 5～7。

配液过程为在微胶囊悬浮液中加入少量水→加入氨基硅（搅拌）→加入交联剂→冰醋酸调节 pH 值→加水至定量（搅拌）。配制好的整理液经静置 24 h,无破浮现象,均匀不分层,溶液稳定,视为达到理想效果。

采用正交试验法对加工工艺条件进行优化。表 7-10 为因素水平设计表,表 7-11 为正交试验结果。

表 7-10　因素水平设计方案

水平	因　素			
	微胶囊悬浮液浓度 A （g/mL）	焙烘温度 B（℃）	交联剂 EH 用量 C （mL）	焙烘时间 D （min）
1	40	110	20	2
2	45	120	25	2.5
3	50	130	30	3

注：试验条件为 pH 值 6.5，YB-121 氨基硅用量 3 mL，预烘温度 80 ℃，预烘时间 10 min。

表 7-11　正交试验结果与分析

试验号	因　素				结果评分
	A	B	C	D	
1＃	1	1	1	1	5.0
2＃	1	2	2	2	7.0
3＃	1	3	3	3	7.0
4＃	2	1	2	3	7.5
5＃	2	2	3	1	8.0
6＃	2	3	1	2	7.5
7＃	3	1	3	2	8.0
8＃	3	2	1	3	8.5
9＃	3	3	2	1	8.5
S1	20.0	21.0	20.0	21.0	
S2	22.0	22.5	23.0	22.5	
S3	25.0	23.5	24.0	23.5	
A1	6.67	7.00	6.67	7.00	
A2	7.33	7.50	7.67	7.50	
A3	8.33	7.83	8.00	7.83	
R	5.0	2.5	4.0	2.5	

注：效果评分 1→10 表示差→好，评价依据由布样外观、手感、抗菌效果和水洗后抗菌效果等综合效果而定。

根据表 7-11 中 R 值大小排列得出因素主次顺序为 ACBD；根据表 7-11 中 S 值大小分析，最优整理条件应为 $A_3 C_1 B_2 D_3$，即微胶囊悬浮液用量为 50 mL，交联剂 EH 用量为 20 mL，焙烘温度为 120 ℃，焙烘时间为 3 min。

（三）织物的抗菌性测试

1. 试验材料及仪器

（1）试验用织物：经过微胶囊抗菌整理的纯棉织物，未经整理的纯棉织物。

（2）药品：牛肉膏、蛋白胨、NaCl、琼脂、蒸馏水、氢氧化钠溶液。

营养琼脂培养基（用于细菌培养）：在锥形瓶内倒入 100 mL 蒸馏水，将牛肉膏 0.3 g、蛋白胨 1.0 g、NaCl 0.5 g 溶解于其中，加热搅拌使各成分溶解。用 pH 试纸测试培养液 pH 值，并用 15％NaOH 溶液校正，使培养液 pH 值至 7.6（因经高压灭菌，培养液 pH 值略有降低，故在调整培养液 pH 值时，一般比配方要求的 pH 值高出 0.2）。再加入 2 g 琼脂，加热煮沸并不断搅拌，使琼脂完全溶化，此时需防止沸腾的培养液从瓶口溢出，塞上棉塞，并用牛皮纸包扎住瓶口,以待灭菌。

（3）仪器:电热恒温培养箱、立式高压蒸汽灭菌锅、普通摇床、电炉、冰箱、无菌室及微生物试验仪器。

2. 测试评价标准

GB/T 20944.1—2007《纺织品　抗菌性能的评价　第1部分:琼脂平皿扩散法》和GB/T 20944.3—2007《纺织品　抗菌性能的评价　第3部分:振荡法》。

3. 测试结果与分析

（1）抑菌圈的测试结果。不同菌种、不同整理工艺下织物的抑菌情况见图7-17～图7-19。

（a）试样周围抑菌带　　　　　　　　　　（b）试样下方细菌生长情况

图7-17　试样抑制大肠杆菌的试验结果

（a）试样周围抑菌带　　　　　　　　　　（b）试样下方细菌生长情况

图7-18　试样抑制金黄色葡萄球菌的试验结果

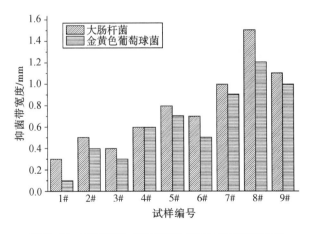

图7-19　不同菌种、不同整理工艺下的抑菌带宽度

此三图中1#～9#试样为不同整理工艺下的织物,0#试样为未经抗菌整理的织物。可以看出,未经整理的织物周围未出现抑菌带,经过整理的织物周围均有抑菌带生成,且织

物反面无细菌生长,整理工艺不同,织物周围出现的抑菌带宽度也不同,整理剂浓度越大,织物表面吸附的抗菌微胶囊越多,有效的抗菌成分也就越多,可杀死更多细菌,形成的抑菌带宽,抗菌性好。根据标准评价,整理后的试样对大肠杆菌和金黄色葡萄球菌均有较好的抗菌效果。

对比两种菌种的抑菌接带宽度可知,在相同的整理工艺条件下,织物在大肠杆菌中生成的抑菌带宽度均略大于在金黄色葡萄球菌中产生抑菌带宽度。

(2)抑菌率的测试结果。表 7-12 所示是织物的抑菌率,经抗菌整理后织物具有了抗菌功能,且整理工艺对抗菌功能有影响。

表 7-12　不同整理工艺下试样对不同菌种的抑菌率

试样编号	抑菌率(%)	
	大肠杆菌	金黄色葡萄球菌
1#	81.05	80.20
2#	83.50	81.91
3#	83.16	82.25
4#	85.96	86.01
5#	89.12	88.74
6#	89.47	88.05
7#	91.39	90.89
8#	94.39	92.26
9#	93.33	92.83
0#	0	0

4. 抗菌耐久性测试

选择最优试样(8#织物),参考 GB/T 8629—2001《纺织品　试验用家庭洗涤和干燥程序》,将洗衣液用蒸馏水配成 3 g/L 洗涤液,织物与洗涤液的浴比为 1∶30,常温下洗涤10 min,再用清水漂净作为一次洗涤。

水洗前后抑菌圈的宽度见图 7-20。织物经过多次水洗后周围仍有抑菌圈产生,水洗对织物的抗菌性影响不大,说明抗菌织物有稳定持久的抗菌性。

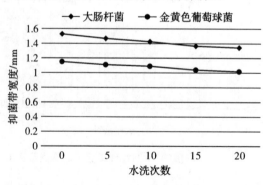

图 7-20　水洗后织物抑菌带宽度

第三节 空气净化织物的设计与生产

一、空气净化织物的功能与用途

随着经济的发展和人们生活水平的提高,室内装修释放的污染物越来越严重,由室内空气污染所引发的诸多问题也已引起人们广泛关注。室内空气污染按污染物的种类不同可以分为物理污染(包括噪声、光污染、电磁辐射等),化学污染源(包括甲醛、苯等有机污染物和 NO_2、CO 等无机污染物),放射性污染(如石材放射性污染、铅污染、氡污染),微生物污染(如细菌和病毒)以及环境烟雾污染等。

造成室内空气污染的主要来源有以下六个方面。一是人体呼吸、烟气;二是装修材料、日常用品;三是厨房油烟;四是微生物、病毒、细菌;五是家用电器;六是建筑物。这些污染物随着呼吸进入人体内部,长期积累,严重危害着人体健康。

目前,应用于室内空气净化的新技术主要有活性炭纤维吸附技术、负载型金属催化剂、生物吸附剂、生物过滤技术、绿色植物自然吸附法、膜分离净化技术、空气负离子技术、臭氧技术、光催化氧化空气净化技术以及光催化氧化与其他技术相结合的技术。光催化氧化技术净化室内空气的原理是采用 TiO_2 进行催化,直接利用包括太阳能在内的各种来源的紫外光,在常温下对各种有机和无机污染物进行分解或氧化,使其分解成为 H_2O 和 CO_2,达到净化空气的目的。光催化氧化的优点是操作简单、能耗低、无二次污染;缺点是对太阳光的利用效率低、反应速度比较慢。

能用于生产空气净化纺织品的高吸附材料主要有活性炭、活性炭纤维、碳纳米纤维、碳纳米管、石墨烯等碳质材料。它们大体可分为两大类,即传统的碳质材料和纳米碳质材料。传统碳质材料以活性炭、活性炭纤维为代表。纳米碳质材料以碳纳米纤维、碳纳米管、石墨烯为代表。

(一) 活性炭

活性炭是利用木屑、橄榄石、核桃壳等果壳及煤炭、石油焦等为原料,经高温炭化,并通过物理或化学活化制备成黑色粉末状或颗粒状碳质材料。制备活性炭所采用的原材料、生产工艺 (活化技术)、后处理方法 (改性技术),对活性炭的物理特性(如活性炭孔隙结构、比表面积等)与化学特性(如活性炭表面的官能团等)具有重要影响。活化技术是指活性炭的生产工艺,包括物理活化和化学活化,物理活化即先炭化再用氧化性气体加热活化形成发达微孔结构;化学活化即在原料中加入活化剂,再炭化与活化以调节孔结构。改性技术是指活性炭的后处理方法,包括物理改性和化学改性,物理改性即通过高温加热改变活性炭比表面积、孔结构等。化学改性即通过氧化改性、还原改性、负载改性、等离子体改性等手段改变活性炭表面官能团等。

活性炭比表面积大(约 500~1700 m^2/g),孔隙结构丰富,吸附作用强。当活性炭接触气体污染物时,其孔周围强大的吸附力场将会吸入气体污染物,达到净化空气的作用。传统活性炭是水处理或空气净化中常见的吸附剂。活性炭复合材料是在活性炭吸附的基础上增加光催化剂 TiO_2,制备的复合材料,可提高其对污染物的吸附性能。而改性活性炭则可用于吸附 SO_2、NO_2、H_2S、CO_2 等有害气体以及挥发性有机化合物(VOCs)等有害物质,在环境保护、空气净化方面应用广泛。

(二)活性炭纤维

活性炭纤维可由有机纤维、树脂、天然植物纤维等经炭化制得,表面具有孔径分布窄而均匀的微孔结构,可用于污水处理、废气吸附、空气净化等。与粉末状和颗粒状的活性炭相比,活性炭纤维具有更高的比表面积、更快的吸附速度且易于处理等特点。活性炭纤维对无机气体如 H_2S、NO、NO_2、SO_2 等以及有机气体如苯、丙酮、环乙烷等 VOCs 均有良好的吸附能力。改性活性炭纤维是通过氧化还原改性、等离子体改性或负载改性等方法改变活性炭纤维的比表面积、含氧官能团、物理化学性能来提高其催化效率及空气净化能力。

(三)碳纳米纤维

碳纳米纤维具有孔隙大、比表面积大、表面可调控性好、尺寸稳定性好及传输特性优越的特点。目前制备碳纳米纤维的方法主要有化学气相沉积(CVD)法、静电纺丝法、电弧法和激光烧蚀法等。碳纳米纤维可直接用于气体(SO_2、甲苯、NO、$HCHO$、CH_3CHO)的吸附与降解。碳纳米纤维膜由于具有高比表面积及多孔结构而广泛应用于气体的吸附及分离领域。

(四)碳纳米管

碳纳米管是一种典型的一维纳米材料,具有无缝管状结构。其管壁上的碳原子均通过 sp^2 杂化或少量 sp^3 杂化与周围的三个碳原子形成六边环。碳纳米管按结构可分为单壁碳纳米管与多壁碳纳米管。制备方法为电弧放电法、激光蒸发法、化学气相沉积(CVD)法、模版法、溶剂热法和电化学合成法等。由于碳纳米管具有多孔中空结构、比表面积大、密度小、与污染气体分子间有强连接作用。因此,单壁/多壁碳纳米管可直接用于气体(香烟烟雾、NO_2、CO_2、苯等)的吸附。

(五)石墨烯

石墨烯是由单层 sp^2 杂化的碳原子紧密堆叠而成的二维蜂窝状晶体结构。石墨烯的制备方法主要有机械剥离法、化学气相沉积(CVD)法、氧化还原法、外延生长法、超声分散法、有机合成法和溶剂热法等。石墨烯的二维单原子结构、高比表面积、良好化学稳定性及机械性能等特点使其成为一种理想的吸附材料,可吸附重金属离子、染料粒子、有机物及污染气体等,被广泛应用于水处理及空气净化等领域。在空气净化方面,石墨烯直接用于气体(CH_4、NH_3、CO、NO_2、SO_2、H_2S、$HCHO$)的吸附。

常用的高吸附功能纤维主要有碳纳米纤维、椰炭纤维以及活性炭纤维,包括黏胶基活性炭纤维(VACF)、聚丙烯腈基活性炭纤维(PAN-ACF)、沥青基活性炭纤维(FACF)、酚醛基活性炭纤维(PACF)、聚乙烯醇基活性炭纤维、天然纤维基活性炭纤维(如剑麻基活性炭纤维)和木质素基活性炭纤维(焦木素)等类型。使用活性炭负载催化剂是开发空气净化纺织品的主要方法。活性炭负载的催化剂主要有 TiO_2、MnO_2、ZnO 等。

二、空气净化织物的性能测试与评价方法

室内装修材料、家具等释放的甲醛、氨、甲苯等气体是室内空气中的主要污染物,其中甲醛对人体的危害最大。空气中甲醛含量的测试方法主要有化学法、仪器法和化学与仪器联合法。其中化学法包括变色酸比色法、乙酰丙酮比色法、酚试剂比色法等;仪器法有气相色谱法、高效液相色谱法和电化学法;化学与仪器联合法有酚试剂分光光度剂法、乙酰丙酮分光光度剂法等。

(一)酚试剂分光光度计测试法

使用空气甲醛快速检测试剂盒中的酚试剂作为检测试剂进行检测空气中的甲醛时,首先要对检测试剂的最大吸收波长及甲醛吸收标准曲线进行测定。试验参照标准 GB/T 18204.26 进行。

1. 最大吸收波长的测定

最大吸收波长即在吸收光谱曲线上最大吸光度所对应的波长。在最大吸收波长处,溶液的浓度与吸光度有很好的线性关系。

2. 甲醛溶液标准曲线

甲醛溶液标准曲线是以甲醛待测液的浓度为横坐标,吸光度(A)为纵坐标,相互对应的标准曲线。

(二)乙酰丙酮分光光度法

吸收液中甲醛含量的测定依据 GB 13197—1991《水质　甲醛的测定　乙酰丙酮分光光度法》执行。其测试原理是甲醛在过量铵盐存在下,与乙酰丙酮生成黄色的化合物,该有色物质在 414 nm 波长处有最大吸收,且 3 h 内吸光度基本不变。

(三)甲醛吸附降解测试方法

由于甲醛有毒且易挥发,因此选择在自制的密闭试验台上进行试验。密闭试验台是 100 cm×60 cm×60 cm 的长方体箱体,由密闭箱体、轴流风扇、试样夹等组成。试样夹采用抽拉式,可以有效避免试样放入时箱体中的甲醛泄露及试样对甲醛产生预吸附。试验台如图7-21所示。

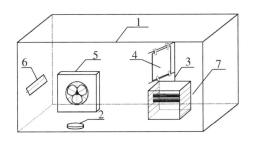

1—密封箱体;2—测试点;3—试样夹;4—试样;5—轴流风扇;6—侧边窗口;7—紫外灯

图 7-21　甲醛吸附降解试验台

试验步骤：

（1）检测装置气密性；取一定量的甲醛溶液，从侧边窗口放入密闭试验台内，将试验台密闭。

（2）在箱体外侧打开轴流风扇开关，使密闭试验台内形成循环气流，加快甲醛的挥发，并使其挥发均匀。待甲醛溶液充分挥发后，关闭轴流风扇开关（大概 1 h）。

（3）将测试试样放入试样夹中固定好，开启紫外灯（测试织物吸附性能时，不开启紫外灯），分别在所需测试时间内将甲醛快速检测试剂配好并在室外空气中静置 10 min，从试验舱侧边入口处放入，静置。

（4）30 min 后，取出检测试剂，加入反应液静置 10 min，然后放入吸收皿，在分光光度计上测定其在波长为 380 nm 处的吸光度（A），并根据结果计算甲醛吸附（或降解）率。

$$吸附（或降解）率 = \frac{原样甲醛快速检测试剂的吸光度 - 试样甲醛快速检测试剂的吸光度}{原样甲醛快速检测试剂的吸光度}$$

（5）测试完后，打开风扇，将试验台内甲醛散发出去，确保下次试验的准确性。

三、椰炭/棉交织空气净化装饰织物的设计研实例

（一）设计思路

由于椰炭纤维具有优异的吸附性能，可以吸附室内有害气体，因此可利用椰炭/棉混纺纱线开发装饰织物，并对该装饰织物进行负载纳米 TiO_2 整理，使该装饰织物具有吸附降解室内有害气体的作用。

（二）织物结构与生产工艺设计

1. 织物结构设计

设计平纹、$\frac{3}{1}$ 斜纹、$\frac{8}{3}$ 缎纹三种组织，织物经纬向密度均为 268 根/10 cm，纬纱为 18.2 tex 椰炭/棉（50/50）混纺纱，经纱采用 18.2 tex 椰炭/棉（50/50）混纺纱和 18.2 tex 纯棉纱以不同排列比交替排列，设计椰炭纤维含量为 25%、35%、45%，所开发织物的主要参数见表 7-13。

表 7-13　织物主要参数表

织物编号	织物组织	经纱排列比	椰炭纤维含量（%）
1#	平纹	纯棉纱	25
2#	平纹	3∶2	35
3#	平纹	1∶4	45
4#	三上一下斜纹	纯棉纱	25
5#	三上一下斜纹	3∶2	35
6#	三上一下斜纹	1∶4	45
7#	八枚三飞缎纹	纯棉纱	25

织物编号	织物组织	经纱排列比	椰炭纤维含量(%)
8#	八枚三飞缎纹	3∶2	35
9#	八枚三飞缎纹	1∶4	45

注:经纱排列比是指纯棉纱线与椰炭/棉混纺纱线的比例。纬纱全部采用椰炭/棉(50/50)混纺纱线。

2. 织物后整理工艺设计

后整理工艺流程:退浆→煮练→漂白→浸轧纳米 TiO_2 整理液(二浸二轧)→预烘→焙烘。

(1)碱退浆工艺条件。碱退浆工艺条件为渗透剂 JFC 用量 1 g/L,NaOH 用量 10 g/L,浴比 1∶50,时间 30 min,温度 100 ℃。

(2)煮练工艺条件。煮练工艺条件为高效精练剂 KRD-1 用量 1 g/L,NaOH 用量 20 g/L,浴比 1∶30,煮练时间120 min,煮练温度 100 ℃。

(3)漂白工艺条件。漂白工艺条件为 35% 双氧水用量 5 g/L,400Be 硅酸钠用量 7 g/L,漂白时间 60 min,漂白温度 90 ℃,NaOH 用量 10 g/L,用于调节 pH 值,调节溶液 pH 值至 10.5～11.0。

(4)椰炭/棉交织物的纳米 TiO_2 整理。

① 试验用试剂。试验用试剂有纳米 TiO_2(平均粒径＜20 nm),月桂酸钠,交联剂 UN125F,去离子水。实验用仪器有 BME 100LX 高剪切混合乳化机,SY2200-T 超声波仪,JA2003 型天平,MU505T 型轧车,101C-2B 型电热鼓风干燥箱,KYKY2800B 扫描电子显微镜,美国 Nicolet5700 智能型傅立叶变换红外光谱-红外显微镜,VIS-7220N 型可见分光光度计以及自制试验装置。

② 试验方法。取一定量的月桂酸钠(浓度为1%)溶于水后,加入一定量的纳米 TiO_2,混合均匀后,由低速到高速剪切 30 min 后,超声波分散 10 min 后再高速剪切 30 min,制备出纳米 TiO_2 分散液。将分散好的纳米粒子分散液与交联剂按质量比 1∶4 混合,搅拌均匀后,用二浸二轧方式处理经预处理的织物(浴比 1∶20),然后在 90 ℃下预烘 30 min,再经焙烘,即制得椰炭/棉交织空气净化装饰织物。

(三)椰炭/棉空气净化装饰织物甲醛吸附降解性能测试

采用甲醛吸附降解测试装置对织物进行甲醛吸附率测试,结果见图 7-22。

由图 7-22 可以看出,三种组织织物对甲醛的吸附率均为随着时间的延长而增加,但 150 min 之后,吸附速率的增加值逐渐变小。故当织物在含有甲醛的测试仪中放置 150 min 时,织物对甲醛的吸附趋近饱和。

在相同时间内,织物对甲醛的吸附率随着织物中椰炭纤维含量的增加而增加,但当椰炭纤维含量到达一定含量(35%)后吸附率趋于稳定。这是因为椰炭纤维是一种具有大孔、中孔、微孔的多孔性材料,当织物中椰炭纤维含量不断增加,织物中分布的孔隙数量也不断增多,故吸附率迅速随之增大,当增到一定值后,由于空气分子与甲醛分子相互扩散的速率是一定的,所以在相同的时间内平均吸附率不再随之增大并趋于稳定。

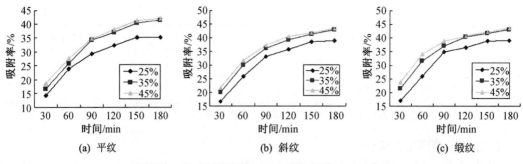

图 7-22 椰炭纤维含量对织物吸附甲醛性能的影响

在时间相同、椰炭纤维含量相同时，三种组织对甲醛的吸附性能由高到低依次为缎纹、斜纹、平纹，但吸附性能的差异很小。

（四）椰炭/棉空气净化装饰织物最佳整理工艺优选

采用正交试验对后整理工艺进行优选，将椰炭纤维含量、纳米 TiO_2 分散液浓度、焙烘温度作为影响因素，设计正交试验参数（表 7-14），织物对甲醛的吸附降解率试验结果见表 7-15。

表 7-14 正交试验因素水平设计方案

因素	水平 1	水平 2	水平 3
（A）椰炭纤维含量（%）	25	35	45
（B）分散液浓度（g/L）	65	75	85
（C）焙烘温度（℃）	178	180	182

表 7-15 织物对甲醛吸附降解率的实验结果

试验号	A	B	C	吸附降解率（%）
1	1	1	1	82.79
2	1	2	2	88.36
3	1	3	3	90.21
4	2	1	2	89.31
5	2	2	3	97.01
6	2	3	1	96.37
7	3	1	3	91.70
8	3	2	1	93.20
9	3	3	2	98.70
K_1	261.36	263.80	272.36	
K_2	282.69	278.57	276.37	
K_3	283.60	285.28	278.92	
k_1	87.12	87.93	90.79	

（续表）

试验号	A	B	C	吸附降解率(%)
k_2	94.23	92.86	92.12	
k_3	94.53	95.09	92.97	
R	22.24	21.48	6.17	

由表 7-15 可知,各因素的重要性从大到小依次为椰炭纤维含量＞分散液浓度＞焙烘温度。在该试验中 $A_3B_3C_2$ 方案和 $A_2B_2C_3$ 方案甲醛的吸附降解率分别为 98.70% 和 97.01%,均为较好方案。综合考虑成本等因素,最终确定 $A_2B_2C_3$ 方案,即椰炭纤维含量 35%、分散液浓度 75 g/L、焙烘温度 182 ℃为后整理最优工艺。

四、纳米 TiO_2/活性炭整理棉织物的设计研实例

(一)设计思路

以纯棉织物为基布,采用纳米 TiO_2 和活性炭混合液对其进行整理,利用活性炭的高吸附性能使整理后的织物具有良好的吸附性能,再利用纳米 TiO_2 的光催化性能,降解吸附在织物表面的甲醛气体。

(二)试验原料及试剂

试验原料为纯棉平纹机织物,织物规格为 18.2 tex×18.2 tex×268 根/10 cm×268 根/10 cm。试验用试剂及仪器有活性炭粉,以及椰炭/棉交织空气净化装饰实例中所用试剂及仪器。

(三)试验方法

取一定量的月桂酸钠(浓度为 1%)溶于水后,加入一定量的纳米 TiO_2,按不同比例加入活性炭粉,混合均匀后,由低速到高速剪切 30 min 后,超声波分散 10 min 后再高速剪切 30 min 制得分散液。将制得的纳米粒子分散液与交联剂按质量比 1∶4 混合,搅拌均匀后,用二浸二轧方式处理织物(浴比 1∶20),然后在 90 ℃下预烘 30 min,再经焙烘即制成试样。

(四)影响织物吸附降解甲醛性能的因素分析

1. 分散液浓度对织物吸附降解甲醛性能的影响

活性炭和纳米 TiO_2 的比例为 0.25∶1,分别配制浓度为 15 g/L、45 g/L、75 g/L、105 g/L、135 g/L 的整理液对织物进行整理。180 ℃下焙烘 3 min,在密闭箱体中测试 180 min 内织物的甲醛吸附降解率,如图 7-23 所示。

从图 7-23 中可知,随着分散液浓度的增

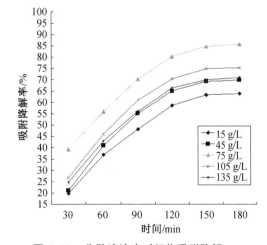

图 7-23　分散液浓度对织物吸附降解甲醛性能的影响

213

加,织物对甲醛的净化能力呈先增加后降低的趋势,当分散液浓度达 75 g/L 时,织物对甲醛的吸附降解率最高。原因为随着分散液浓度的增加,附着在纤维上的纳米 TiO_2 粒子和活性炭数量增多,从而提高了光催化反应效率,但浓度过大,则会使较多的纳米 TiO_2 粒子和活性炭粒子形成大颗粒,加剧了在纤维表面的团聚现象,限制了光催化反应性能,反而不利于甲醛的去除。

2. 活性炭含量对织物吸附降解甲醛性能的影响

分散液浓度为 75 g/L 时,配制不同活性炭含量(用活性炭占纳米 TiO_2 的比例来表示)的整理液对织物进行整理,180 ℃焙烘 3 min,在密闭箱体中测试 180 min 内织物的甲醛吸附降解率,如图 7-24。

由图 7-24 可知,随着活性炭含量的增加,织物对甲醛的净化效率逐渐提高,在活性炭含量为 35% 时,织物对甲醛的净化效率达到最高。此后活性炭含量继续增加,织物对甲醛的净化效率趋于稳定。因为活性炭是一种多孔性材料,具有超强的吸附性能,随着活性炭含量的不断增加,织物中分布的孔隙也不断增多,吸附率随之增大,织物对甲醛的净化率也随之增大。当活性炭含量达到一定值后,由于空气与甲醛分子相互扩散的速率保持恒定,故吸附率不再增大,在相同时间内的甲醛平均净化率也不再增大,而是趋于稳定。

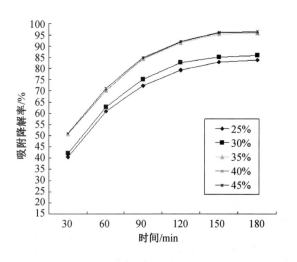

图 7-24　活性炭含量对织物吸附降解
甲醛性能的影响

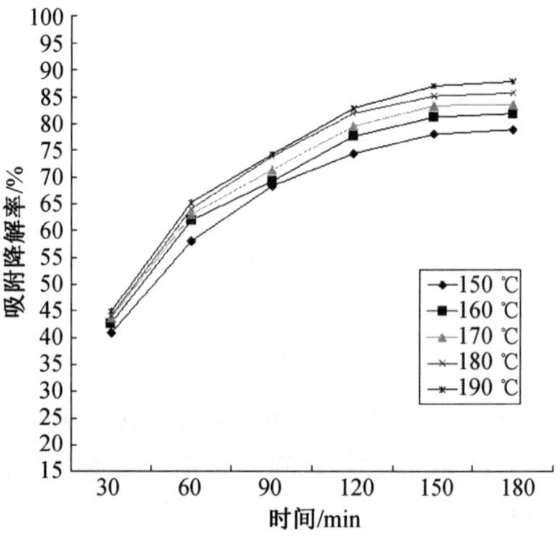

图 7-25　焙烘温度对织物吸附降解
甲醛性能的影响

3. 焙烘温度对织物吸附降解甲醛性能的影响

活性炭与纳米 TiO_2 的比例为 0.35∶1,分散液浓度为 75 g/L 的整理液,对织物进行整理,分别在不同的温度下焙烘 3 min,在密闭箱体中测试 180 min 内织物的甲醛吸附降解率,如图 7-25 所示。

由图 7-25 可知,在 150～190 ℃范围内,随着焙烘温度的升高,织物对甲醛的吸附降解率增大。焙烘处理可使交联剂自身发生交联反应,同时对纳米 TiO_2 进行热处理,TiO_2 粉体从干态到湿态再到干态,其最终状态会受到一定影响,这种影响与焙烘温度有一定的关系。由于基材选用的是纯棉织物,过高的温度会影响织物的手感和性能,因此本研发选择焙烘温度为 180 ℃。

4. 焙烘时间对织物吸附降解甲醛性能的影响

活性炭与纳米 TiO_2 的比例为 0.35：1,分散液浓度为 75 g/L 的整理液,对织物进行整理,在 180 ℃下焙烘不同时间,在密闭箱体中测试 180 min 内织物的甲醛吸附降解率,结果如图 7-26 所示。

由图 7-26 可以看出,随着焙烘时间的延长,织物对甲醛的净化能力逐渐提高,120 s

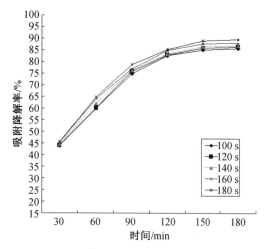

图 7-26　焙烘时间对织物吸附降解
甲醛性能的影响

后趋于稳定。从织物在焙烘过程中接受的总热量来看,总热量一定,焙烘温度和焙烘时间是此消彼长的,故两者对织物吸附降解甲醛性能的影响机理是一致的。

综上所述,纳米 TiO_2/活性炭整理棉织物的整理工艺参数:活性炭与纳米 TiO_2 的比例为 0.35：1,分散液浓度为 75 g/L,焙烘温度为 180 ℃,焙烘时间 120 s。

第四节　负离子织物的设计与生产

一、负离子织物的功能与用途

(一)负离子的功能

早在 20 世纪 80 年代德国科学家就证明了空气中的负离子对人体健康的益处,在森林、瀑布等植被茂密、水源丰富的地方,空气中的负离子含量较多,各类疾病的发病率较低。而在都市、室内等空气正离子含量较多的环境中,人们患慢性疾病的概率较大。随着各国各界对空气负离子研究的深入,人们对负离子的认可度也越来越高,负离子被赋予"空气维生素"和"长生素"的称号。

负离子对治疗疾病的辅助功效主要表现在调节体液的酸碱平衡,提高人体免疫力,治疗呼吸道疾病和缓解各类疼痛等。此外空气负离子还可以中和空气中带正电荷的灰尘、废气、病毒和细菌等有害物质。研究表明,负离子对于室内装饰材料挥发出的甲醛、酮、苯系物、氨等刺激性气体也能起到明显的净化作用。此外空气中的负离子具有较高的氧化还原活性,对沙门氏菌、葡萄球菌和霍乱弧菌等有明显的抑制作用。空气中负离子含量与空气清新程度和人体健康的关系见表 7-16。

表 7-16　人体健康状况与空气中负离子含量的关系

环　境	负离子浓度(个/cm³)	等级(级)	空气清新程度	与健康关系程度
森林、瀑布区	10 万~50 万			具有自然痊愈能力
高山、海边	5 万~10 万	1	非常清新	杀菌,减少疾病传染
田野	2000~5 万			
城市郊外	1500~2000	2	清新	增强人体免疫力
都市公园里	1000~1500	3	较清新	维持健康的基本需要
都市中心公园	500~1000	4	一般	维持健康的基本需要
街道绿化区	100~500			容易诱发生理障碍(头疼、失眠、神经衰弱、倦怠等),引发"空调病"症状
都市封闭住宅	40~50	5	不清新	
长时间空调室内	0~25			

(二) 负离子材料的分类及组分结构

自然界中能够释放负离子的主要天然晶体材料有蛋白石、奇才石、奇冰石和电气石,其中较为常用的为电气石。电气石是一种含水、氟等环状硅酸盐矿物质,日本称其为托玛琳,即 Tourmaline 的音译名。电气石是电气石矿物族矿物的总称,是一类天然矿石晶体,具有玻璃光泽。电气石的组分及结构非常复杂,其通式可以表示为 $XY_3Z_6[Si_6O_{18}](BO_3)_3W_4$。其中,X、Y、Z 三个位置的原子或离子种类不同会影响电气石的颜色。常见的电气石有铁电气石(Schorl)、锂电气石(Elbaite)和镁电气石(Dravite)三种。

(三) 负离子纺织品的应用

市场上的负离子纺织品能够在释放负离子的同时,兼顾柔软舒适、耐水洗等优点,从而被广泛应用于服装、袜子、室内窗饰用品、床上用品、汽车座椅、医用纺织品及医疗纺织品的内芯等领域。典型的代表性产品如下:

(1) 服装及家用纺织品,如保健服、保健袜、保暖内衣、内衣、内裤、床上用品、毛绒玩具等,具有增强细胞代谢,减轻疲劳,使人精力充沛,促进新陈代谢,增强人体免疫力,净化血液,降低血压等功效。

(2) 医用非织造布,如手术衣、护理服、病床用品等,具有有效防止细菌交叉感染及医源性交叉感染,净化病房空气的功效。

(3) 汽车内装饰织物,具有消除车内异味,净化空气,有效缓解疲劳驾驶,减少交通事故发生的功效。

(4) 室内装饰材料,如负离子壁布、窗帘等具有消除室内装潢材料挥发的苯、甲醛、酮、氨等各种刺激性气体,生活中剩饭剩菜的酸臭味和香烟烟雾等,营造室内清新空气的功能。

(5) 过滤材料,如负离子空调过滤网、饮水机过滤芯及负离子浴室毛巾等。

二、负离子产生的机理

常见产生负离子的机理有电解水机理、光催化机理和大气电离机理。

（一）电解水机理

水由两个氢原子(2H)和一个氧原子(O)组成。水分子(H_2O)一旦接触到能放出负电子(e^-)的电气石,瞬间就会放电。周围的水分子立即发生轻微的电解,水分子(H_2O)就会分解成带有正电的氢离子(H^+)和带有负电的羟基,即氢氧基(OH^-)。而氢离子(H^+)马上与电气石放出的负电子(e^-)相结合而被中和,成为氢原子(H)放入空气中,剩下的羟基(OH^-)与周围的水分子结合成为羟离子($H_3O_2^-$),即带负电荷的负离子。其化学式如下:

$$H_2O + e^- \longrightarrow H^+ + OH^-$$
$$H^+ + e^- \longrightarrow H$$
$$OH^- + H_2O \longrightarrow H_3O_2^-$$

（二）光催化机理

电气石中的 Fe^{2+} 和 Fe^{3+} 具有较强的光催化作用。当电气石微细粒子受到自然光辐射后,其周围形成空穴(h^+)和电子(e^-),与空气中的氧及水分作用产生羟基自由基·OH。具体反应如下:

$$Tourmaline + h\nu \longrightarrow e^- + h^+$$
$$e^- + O_2 \longrightarrow \cdot O_2^-$$
$$h^+ + H_2O \longrightarrow \cdot OH + H^+$$

在具有光催化作用的 Fe^{2+} 和 Fe^{3+} 的协同作用下:

$$Fe^{3+} + \cdot O_2^- \longrightarrow Fe^{2+} + O_2$$
$$Fe^{2+} + \cdot OH \longrightarrow Fe^{3+} + OH^-$$

将上述两个反应式相加,得如下反应:

$$\cdot O_2^- + \cdot OH \longrightarrow OH^- + O_2$$
$$OH^- + H_2O \longrightarrow H_3O_2^-$$

即过渡金属离子 Fe^{2+} 和 Fe^{3+} 在相互转化的过程中将羟基自由基·OH 转化为 OH^- 进而变成负离子 $H_3O_2^-$。

（三）大气电离机理

当较强的大气能量作用于气体分子逐出电子时,就形成了空气离子,被击下的电子附着于邻近分子,并使它转化为负离子,已失去电子的原先分子就成了正离子。空气中气体分子电离的机理主要为外界催离素对气体的作用,催离素有宇宙射线、紫外线、放射线、水喷雾、光电效应、闪电等。空气的主要成分是氮和氧,氮占 78.05%,氧占 20.9%,氮的外层电子有 5 个,氧的外层电子有 6 个,氧的外层电子较多,易于逸出或吸收电子而成为正、负氧离子($O_2 \longrightarrow O_2^+ + e^-$、$O_2 + e^- \longrightarrow O_2^-$),而氮则难与或根本不与电子结合,不形成空气离子。空气中负离子的浓度与空气分子处于电离和激发的状态有很大关系。所谓电离,就是大气中形成带正电荷或负电荷粒子的过程。所谓激发,就是原子从外界吸取一定的能量,使原子的价电子跃迁到较高能级去的过程。电子获得外界一定动能与空气中分子碰撞,是造成空气分子激发和电离的重要条件。

综上所述,电气石产生负离子的三个途径均与电气石的电学特性,特别是负电特性有关,且离不开能量和气态水这两个重要条件。

三、负离子织物的生产及测试评价方法

国内外研究开发的负离子纤维或纺织品大都借助某种含有微量放射性的稀土类矿石或天然矿物质,采用不同技术添加到纺织材料中,使之具有发生负离子的功效。这种稀土类矿石所释放的微弱放射线不断将空气中的微粒离子化,产生负离子。

负离子织物的加工生产方法主要有负离子纤维法和织物后整理法两种。

负离子纤维的生产方法分为共混纺丝法、共聚法和表面涂层改性法三种,其中使用较广泛的为共混纺丝法。

后整理法是指通过浸轧——烘燥将含有无机物微粒的处理液固着在织物表面,从而使织物具有负离子性能的方法。将负离子发生材料经粉碎成超微粉体(一般要求至少一半以上微粒粒径小于 $1~\mu m$,最大颗粒粒径不大于 $5~\mu m$),按照一定的比例与助剂混合均匀,配制成一定浓度的负离子功能整理剂,通过浸轧、浸渍或印花的方式将整理剂固着在织物表面,从而赋予织物负离子功能。为使天然矿石微粉在整理剂中分散均匀并牢固的固着在织物表面,常在整理剂中加入适量的分散剂和黏合剂。

目前对纺织品负离子发生量的测试方法主要有手搓法和机械法两种。采用空气离子测试仪测量负离子的发生量,空气离子测量仪主要有 AIC、ITC-201A、SD9901 和 DLY-2 等。负离子发生量是指纺织品受机械摩擦作用时激发出负离子的个数,以个/cm³ 为单位,作为负离子释放功能强弱的评价指标。若负离子浓度<550 个/cm³ 时,评价为负离子发生量偏低,负离子浓度为 550~1000 个/cm³ 时,评价为负离子发生量中等,负离子浓度>1000 个/cm³ 时,评价为负离子发生量较高。

(一)手搓式测试法

采用手搓摩擦作为激发装置,其方法简单便捷,能够达到激发负离子的目的。但测试者手掌温度和湿度会影响测试结果,虽规定操作者需佩戴绝缘手套并经过一定培训,但仍无法保证每次手搓力大小相同,不同的测试者之间结果会有所偏差。因此这种方法的测试结果存在一定的偶然性。

两手戴专用乳胶手套,将织物放在负离子测试仪的下方区域,将织物对折,用双手大拇指和食指抓住被测织物,以 100 个往复/min 的速度匀速匀力往复搓动织物,记录一定时间内负离子测试仪上最大读数,每个试样测量 50 次求得平均值,即为织物的负离子释放量。

(二)机械式测试法

1. 平摩式

用已有的色牢度摩擦仪作为激发装置,根据 GB/T 30128—2013《纺织品　负离子发生量的检测和评价》标准,将待测试样分别安装在摩擦头和试样台上,将负离子浓度测试仪置于摩擦动程上方,测量摩擦一定时间后,单位体积空间内激发的负离子个数,并记录试样负离子发生量随时间变化的曲线。与手搓法相比,平摩式激发装置解决了摩擦压力、摩擦面

积、摩擦速度无法量化的问题。

2. 悬垂摆动式(又称振动式)

由一台装有调速器的异步电动机作为动力装置,凸轮机构作为传动装置,振动部件由可以旋转的杆件组成。通过调节调速器获得不同的振动频率,测量在不同振动频率下纺织品产生负离子的效果。可以模拟窗帘摆动、人在行走和运动过程中衣服摆动摩擦产生的负离子情况。

四、负离子空气净化织物的设计研发实例

以普通涤纶织物为基布,采用纳米 TiO_2 与电气石微粉,通过浸渍焙烘法研发负离子空气净化复合功能家纺织物。

(一)研发用材料与仪器

实验用材料有 TiO_2、无水乙醇、盐酸、氢氧化钠、聚丙烯酰胺、三乙醇胺、吐温 -80、十二烷基氨基丙酸、聚乙二醇 -400、去离子水、甲醛、冰乙酸、乙酸铵、乙酰丙酮、电气石粉等几种。

涤纶织物的经纬向密度分别为 279、198 根/10 cm,纱线线密度为 18 tex×2,平纹组织。

实验用仪器有超声波清洗器、磁力搅拌器、高速剪切乳化机、扫描电子显微镜、马尔文激光粒度仪、空气离子测定仪、行星球磨机(氧化锆球)、恒温水浴锅和紫外可见分光光度计等。

(二)整理剂的制备工艺研究

1. 电气石粉研磨效果表征

对电气石粉样品分别进行湿磨和干磨处理,研磨前后粉体的粒径见表 7-17。

表 7-17　电气石粉研磨前后粒径对比

项目	磨前	干磨后	湿磨后
$d_{50}(\mu m)$	0.93	0.61	0.31
$d_{90}(\mu m)$	1.45	1.07	0.56

d_{50} 指一个样品的累计粒度分布百分数达到 50% 时所对应的粒径。它的物理意义是粒径大于它的颗粒占 50%,小于它的颗粒也占 50%。d_{50} 也叫中位粒径或中值粒径,d_{50} 常用来表示粉体的平均粒度。

d_{90} 指一个样品的累计粒度分布数达到 90% 时所对应的粒径。它的物理意义是粒径小于它的颗粒占 90%。d_{90} 常用来表示粉体粗端的粒度指标。

研磨试验结果表明,在干磨状态和湿磨状态下,d_{50} 和 d_{90} 较磨前都有明显降低。这说明研磨是有效的,但在干磨状态下,粉体集中在磨罐底部,而磨球在粉体的上部,磨球对粉体的作用并不很充分。在湿磨状态下,粉体能够附着在磨球上,研磨更为均匀和充分,研磨效果明显好于干磨。

2. 纳米 TiO₂ 与电气石微粉质量比的确定

选取纳米 TiO_2 和电气石微粉的比例为 3∶1、2∶1、1∶1、1∶2、1∶3,分散剂聚乙二醇-400 用量与粉体质量比为 1∶2,整理剂浓度 20 g/L,黏合剂用量 6 g/L,浴比 1∶50,浸渍温度 50 ℃,浸渍时间 30 min,焙烘温度 130 ℃,焙烘时间 3 min。测试负离子发生量和甲醛降解率,如图 7-27 所示,以确定两种粉体的比例。

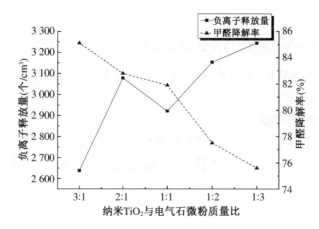

图 7-27　纳米 TiO₂ 与电气石微粉质量比对织物功能性的影响

由图中可知,随着纳米 TiO_2 与电气石微粉比例的减小,织物的负离子发生量大体呈增加趋势,在粉体比例 1∶1 时出现转折点,而甲醛降解率则呈持续减小趋势。在纳米 TiO_2 与电气石微粉比例为 2∶1 时,织物负离子释放量和甲醛降解率同时达到相对较好指标,此时负离子发生量为 3100 个/cm³,甲醛降解率为 82.5%。最终确定纳米 TiO_2 与电气石微粉的比例为 2∶1。

3. 分散剂的确定

分散剂有阴离子型、阳离子性、非离子型、两性型和高分子型。本次产品研发选用五种不同类型分散剂对纳米 TiO_2 与电气石微粉的混合整理剂进行分散。分散剂种类及用量对分散效率的影响见图 7-28。

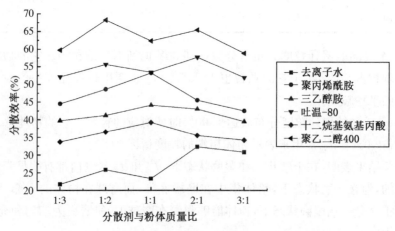

图 7-28　分散剂种类及用量对整理剂分散效率的影响

从图中可以看出,采用聚乙二醇-400 为分散剂,分散剂与纳米 TiO_2 和电气石混合粉体的质量比为 1∶2 时分散效果最好,静止 24 h 后分散效率可达 68.2%。聚乙二醇-400 是一种小分子量的非离子型分散剂,主要是通过增大空间位阻产生分散效果,因此用量对分散效果的影响十分明显。当分散剂浓度较低时,空间位阻增大效果不明显,故分散效果不明显;当分散剂浓度超过某一值时,会出现过饱和吸附状况,固体表面亲水性反而下降,也不利于空间位阻的增大。

4. 整理液浓度的确定

选取整理剂浓度为 5 g/L、10 g/L、15 g/L、20 g/L、25 g/L,纳米 TiO_2 与电气石微粉比例为 2∶1,分散剂用量与混合粉体的质量比 1∶2,黏合剂用量 6 g/L,浴比 1∶50,浸渍温度 50 ℃,浸渍时间 30 min,焙烘温度 130 ℃,焙烘时间 3 min 对织物进行整理,整理液浓度对织物空气净化功能的影响见图 7-29。

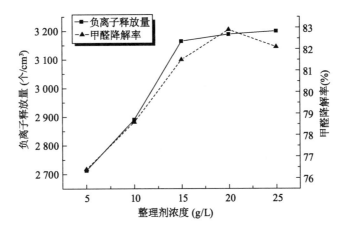

图 7-29　整理剂浓度对织物空气净化功能的影响

由图 7-29 可知,织物的负离子发生量随整理剂浓度的增大而增大,当整理剂浓度大于 15 g/L,负离子发生量的增大程度趋于平缓。因为整理剂浓度的增加意味着整理剂中的电气石微粉增加,织物的负离子发生功能随之提高。而当整理剂浓度增大到一定量时,织物上负载的粉体达到饱和,负离子发生量趋于稳定。随着整理剂浓度的增大,织物的甲醛降解率呈先增大后减小的趋势,当整理剂浓度大于 20 g/L,甲醛降解率开始下降。这是由于整理剂浓度增加即纳米 TiO_2 增加,织物的甲醛降解功能随之提高,而当整理剂浓度增大到一定程度时,织物上负载的纳米 TiO_2 达到饱和,继续增加整理剂浓度,则会使纳米 TiO_2 发生团聚,导致其比表面积减小,光催化活性降低,甲醛降解率出现下降。综合考虑功能和成本因素,确定整理剂浓度为 20 g/L。

5. 黏合剂用量的确定

选取黏合剂用量为 2 g/L、4 g/L、6 g/L、8 g/L、10 g/L,纳米 TiO_2 与电气石微粉比例为 2∶1,分散剂用量与混合粉体的质量比 1∶2,整理剂浓度 20 g/L,浴比 1∶50,浸渍温度 50 ℃,浸渍时间 30 min,焙烘温度 130 ℃,焙烘时间 3 min 对织物进行整理,黏合剂用量对织物空气净化功能的影响见图 7-30。

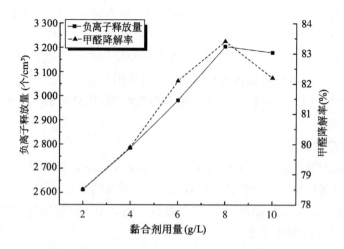

图 7-30　黏合剂用量对织物空气净化功能的影响

由图中可知,随着黏合剂用量的增加,织物的负离子发生量和甲醛降解率均呈先增大后减小的趋势。当黏合剂用量达到 8 g/L 时,织物的负离子发生量和甲醛降解率均达到最大值。究其原因是黏合剂用量在合适范围内会使整理剂中的电气石粉和纳米 TiO_2 在织物上的负载稳固,黏合剂用量过大,会导致电气石微粉和纳米 TiO_2 发生团聚,比表面积减小,反而使负离子发生量和甲醛降解率有所下降。故选取黏合剂用量为 8 g/L。

通过上述研究,确定整理剂配方为纳米 TiO_2 与电气石微粉质量比为 2∶1,分散剂聚乙二醇-400 与纳米 TiO_2 和电气石混合粉体的质量比为 1∶2,黏合剂用量为 8 g/L,整理剂浓度 20 g/L。

(三) 整理工艺的研究

1. 涤纶基布的前处理

前处理工艺:纯碱用量 3~4 g/L,皂片用量 2 g/L,保险粉用量 0.5 g/L,浴比 1∶30,于 98~100 ℃下处理 30~40 min。精练后用热水洗→酸洗→冷水洗→脱水→烘干。

2. 浴比的确定

选取整理液浴比为 1∶20、1∶30、1∶40、1∶50、1∶60,浸渍温度 50 ℃,浸渍时间 30 min,焙烘温度 130 ℃,焙烘时间 3 min 对织物进行整理,测试织物的负离子发生量和甲醛降解率,如图 7-31 所示。

从图中可知,随着浴比的减小,织物的负离子发生量大体呈上升趋势,当浴比小于 1∶30 时,负离子发生量的变化幅度较小。因为随着浴比减小,织物在整理剂中浸渍更加充分,电气石微粉在织物上负载更加均匀,则负离子释放量增加。当浴比为 1∶60 时,整理剂中有效成分减少,故负离子释放量有所下降。随着浴比的减小,织物的甲醛降解率呈先增大后减小。其原因是当浴比达到 1∶30 时,织物在整理中负载的纳米 TiO_2 达到饱和,继续减小浴比,则整理剂中有效成分减少,导致织物的负离子释放量下降。

故后续选取浴比 1∶30、1∶40、1∶50 为正交试验水平,做进一步优化研究。

3. 浸渍温度的研究

选取浸渍温度为 30 ℃、40 ℃、50 ℃、60 ℃、70 ℃,浴比为 1∶30,浸渍时间为 30 min,

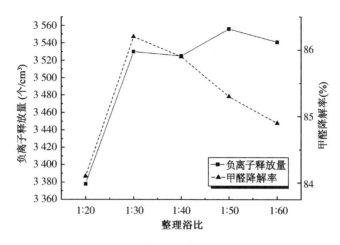

图 7-31　浴比对织物空气净化功能的影响

焙烘温度为130 ℃,焙烘时间 3 min 对织物进行整理,测试织物的负离子发生量和甲醛降解率,结果如图7-32 所示。

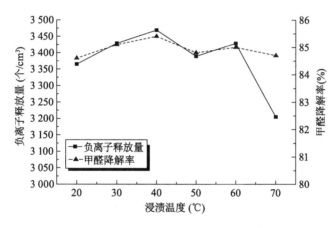

图 7-32　浸渍温度对织物空气净化功能的影响

　　图中显示随着浸渍温度的升高,织物的负离子发生量呈先平稳后下降的趋势,70 ℃时下降幅度增大,说明温度过高对织物的负离子功能有影响;随着浸渍温度的升高,织物的甲醛降解率变化不大,这说明浸渍温度对织物的甲醛降解功能影响不大。故浸渍温度确定为室温 25 ℃左右。

4. 浸渍时间的研究

　　选取浸渍时间为 30 min、45 min、60 min、75 min、90 min,浴比为 1∶30,浸渍温度为25 ℃,焙烘温度为130 ℃,焙烘时间 3 min 对织物进行整理,测试织物的负离子发生量和甲醛降解率,结果如图7-33 所示。

　　图中显示随着浸渍时间的增加,织物的负离子发生量和甲醛降解率均呈现先上升后小幅下降的趋势,但两者的拐点不同,负离子发生量拐点发生在 45 min 附近,而甲醛降解率的拐点发生在 75 min 附近。这是由于在浸渍初期,随着浸渍时间的增加,织物上负载的电气

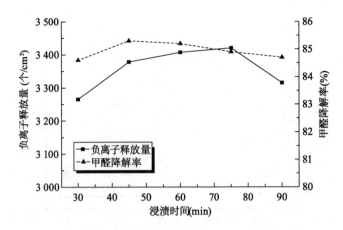

图 7-33 浸渍时间对织物空气净化功能的影响

石微粉和纳米 TiO_2 增加,织物的负离子发生量和甲醛降解率随之上升,浸渍时间过长会出现粉体团聚或脱落,导致织物的负离子发生量和甲醛降解率下降。故后续选取整理时间 30 min、45 min、60 min 为正交试验水平,做进一步优化研究。

5. 焙烘温度的研究

选取焙烘温度为 120 ℃、130 ℃、140 ℃、150 ℃、160 ℃,浴比为 1:30,浸渍时间为 30 min,浸渍温度为 30 ℃,焙烘时间 3 min 对织物进行整理,测试织物的负离子发生量和甲醛降解率,测试结果如图 7-34 所示。

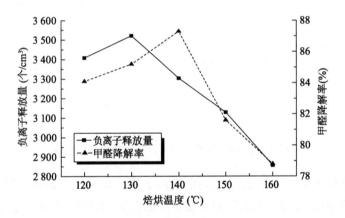

图 7-34 焙烘温度对织物空气净化功能的影响

由图中可知,随着焙烘温度的升高,织物的负离子发生量和甲醛降解率均呈先增大后减小的趋势,其拐点分别发生在 130 ℃和 140 ℃,且纳米 TiO_2 比电气石粉更耐高温。其原因为当焙烘温度升至一定值时,电气石粉和纳米 TiO_2 在织物上已固着稳固,继续升高温度,会使电气石粉和纳米 TiO_2 结构和功能受到损伤,导致负离子发生量和甲醛降解率持续下降。故后续选取温度 120 ℃、130 ℃和 140 ℃做进一步优化研究。

6. 焙烘时间的研究

选取焙烘时间为 1 min、2 min、3 min、4 min、5 min,浴比 1:30,浸渍时间为

30 min,浸渍温度为30 ℃,焙烘温度130 ℃对织物进行整理,测试织物的负离子发生量和甲醛降解率,结果如图7-35。

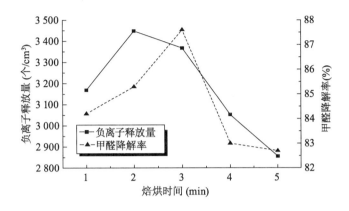

图 7-35　焙烘时间对织物功能性的影响

由图中可知,随着焙烘时间的增加,织物的负离子发生量和甲醛降解率均呈先增后减的趋势,拐点分别在 2 min 和 3 min 处,纳米 TiO_2 对高温焙烘的耐受时间比电气石微粉长。因为短时间的高温即可使电气石粉和纳米 TiO_2 在织物上稳定固着,时间过长则电气石粉或纳米 TiO_2 的结构受到损伤,导致负离子发生量和甲醛降解率明显下降。故后续选取焙烘时间 1 min、2 min、3 min 作为水平,做进一步优化研究。

7. 整理工艺参数的优化试验

选整理浴比、浸渍时间、焙烘温度和焙烘时间作为优化试验的因素,设计四因素三水平正交试验,正交试验设计及试验结果见表 7-18 和表 7-19。

表 7-18　正交试验设计

因素水平	A 浴比	B 浸渍时间(min)	C 焙烘温度(℃)	D 焙烘时间(min)
1	1∶30	30	120	1
2	1∶40	45	130	2
3	1∶50	60	140	3

表 7-19　正交试验结果直观分析

序号	A 浴比	B 浸渍时间(min)	C 焙烘温度(℃)	D 焙烘时间(min)	负离子释放量(个/cm³)	甲醛降解率(%)
1	1	1	1	1	3046	80.6
2	1	2	2	2	3265	81.0
3	1	3	3	3	3302	82.3
4	2	1	2	3	3367	82.5
5	2	2	3	1	3205	80.9

序号	A 浴比	B 浸渍时间 （min）	C 焙烘温度 （℃）	D 焙烘时间 （min）	负离子释放量 （个/cm³）	甲醛降解率 （%）
6	2	3	1	2	3458	83.5
7	3	1	3	2	3020	79.2
8	3	2	1	3	3159	80.8
9	3	3	2	1	3236	81.2
K_1	3 204.3	3 144.3	3 221.0	3 162.3		
K_2	3343.3	3209.7	3289.3	3247.7		
K_3	3138.3	3332.0	3175.7	3276.0		
K_1	205.0	187.7	113.7	113.6		
k_1	83.5	80.9	82.1	81.2		
k_2	82.9	82.1	82.1	82.3		
k_3	80.4	83.9	82.6	83.4		
R_2	3.1	3.0	0.5	2.2		

表 7-19 中 K_1、K_2、K_3 为负离子发生量的均值，k_1、k_2、k_3 为甲醛降解率的均值。综合考虑织物的负离子发生量和甲醛降解率两个指标可知，优化工艺参数为 $A_2B_3C_1D_2$，即浴比 1∶40，浸渍时间 60 min，焙烘温度 120 ℃，焙烘时间 2 min。

（四）负离子空气净化织物的性能测试

1. 水洗对织物功能性的影响

参照 GB/T 8629—2001《纺织品　试验用家庭洗涤和干燥程序》洗涤织物，测试织物功能性，见图 7-36。

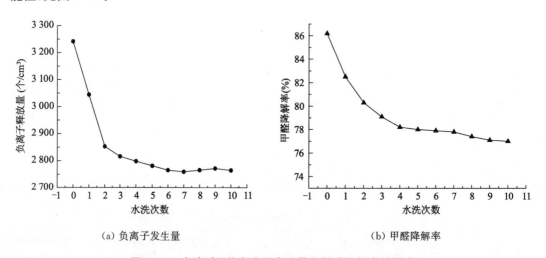

（a）负离子发生量　　　　　　　　（b）甲醛降解率

图 7-36　水洗对织物负离子发生量和甲醛降解率的影响

由图 7-36 可知，随着水洗次数的增加，负离子发生量和甲醛降解率均呈现先减少后趋于稳定的态势。其原因是前几次水洗时，织物表面附着的不稳固粉体大量脱落，继续水洗，原本附着稳固的粉体不会再受水洗的影响，使负离子发生量和甲醛降解率呈先下降后保持在相对稳定的水平。

2. 日晒对织物功能性的影响

采用 LFY-302 日晒牢度试验仪,模拟日晒一周,测试织物的负离子释放量和甲醛降解率,见表 7-20。

表 7-20　日晒对织物负离子发生量和甲醛降解率的影响

指标	日晒前	日晒后	变化率(%)
负离子发生量(个/cm^3)	3250	3479	+7.0
甲醛降解率(%)	86.2	89.6	+3.9

经历模拟日晒后,织物的负离子释放量和甲醛降解率均有一定程度的提高。这是由于日晒可以激发电气石微粉和纳米 TiO_2 的活性,使原本的功能得到促进。故该类织物作为窗帘作用更为合适。

3. 织物拉伸性能和悬垂性的测试

织物的拉伸性能和悬垂性测试结果见表 7-21 所示。

表 7-21　织物的拉伸性和悬垂性能测试结果

织物类别	断裂强力(N)	断裂伸长率(%)	悬垂系数(%)
整理前涤纶织物	764	12.7	41.4
整理后功能织物	809	10.3	49.5

测试结果表明,后整理使织物的断裂强力增大 5.9%,断裂伸长率减小 18.9%,悬垂系数下降 16.4%。这是因为整理使涤纶织物负载了整理剂粉体,部分整理剂浸渍织物内部,通过黏合剂的作用,使织物结构变得紧密,脆性增强,故断裂强力增大,悬垂性下降,断裂伸长率明显减小。

第五节　竹炭纤维织物的设计与生产

一、竹炭纤维织物的功能及用途

竹炭纤维织物是由竹炭纤维纯纺纱或竹炭纤维与其他纤维的混纺纱制织而成。目前常见的竹炭纤维有竹炭涤纶纤维和竹炭黏胶纤维。

竹炭纤维具有吸湿速干、抗静电、抗菌抑菌、防霉、超强吸附、发射远红外、释放负离子、屏蔽电磁波辐射、调节湿度等功能,可以与各种纺织原料以不同混纺比进行混纺。如与 PTT、天丝、精梳棉、长绒棉、涤纶、黏胶、莫代尔等混纺,纺织出不同混纺比、不同纱支的织物。目前竹炭纤维可用于制作各种服装,如衬衣、内衣、文胸、马甲、袜子、鞋垫以及老年、婴幼及孕妇保健防护服等;床上用品如床垫、枕头、床罩、被单等;家用纺织品如窗帘、隔屏、毛巾等;具有超强吸附、导电、抗静电辐射等功能需求的如导弹发射、火箭发射、矿山、石油、天然气操作等工作人员的防护服等;交通旅游产品,如车、船、飞机等交通工具中的座椅面料和内饰用品,以及宾馆、礼堂等的装饰用品。

二、竹炭纤维织物的生产及测试评价方法

竹炭纤维织物的加工生产方法同样也是主要有竹炭纤维生产法和织物后整理法。

竹炭纤维的功能性添加物主要是竹炭,竹炭是以多年生的毛竹等各类竹子为原料,采用纯氧高温及氮气阻隔延时的煅烧新工艺和新技术,经1200 ℃的高温煅烧生成具有极细蜂窝化微孔的竹炭,再运用纳米技术将竹炭微粉化,将纳米级竹炭微粉经过高科技工艺加工,然后采用传统的化纤制备工艺流程,制备出竹炭纤维,其生产方法主要有:

(1)在纺丝过程中将纳米级竹炭粉末加入到纺丝流体中,制成竹炭纤维。一般选用黏胶基材或聚聚酯基材,在纺丝过程中加入其他功能助剂可开发出具有保健功能的竹炭纤维。

(2)在涤纶、丙纶、腈纶、黏胶等纤维表面涂上超细竹炭添加剂,即将天然植物添加剂移植于纤维。

后整理法是指通过浸轧—烘燥将含有竹炭超细微粉的处理液固着在织物的表面。与其他功能织物的后整理加工技术相似,用后整理加工赋予织物竹炭各种功能的方法有许多,例如喷雾法、浸渍法、浸轧法、涂层法、层压法和印花法等。这些方法利用常规的染整设备就可进行生产,工艺简单,操作方便,因而为人们广泛采用。后整理法的优点是加工路线短、成本低,但织物手感、风格及耐洗涤性均不如功能纤维加工法。

竹炭纤维织物的功能主要体现在抗菌抑菌、防霉、超强吸附、发射远红外、释放负离子、调节湿度等。因此其测试评价方法可参照前面已阐述过的织物远红外性能的测试与评价方法、织物抗菌性能的测试与评价方法、织物负离子发生量的测试与评价方法、空气净化织物的性能测试与评价方法对竹炭纤维进行测试。

三、竹炭纤维织物的设计研发实例

(一)设计思路

根据市场对竹炭机织物的功能性需求,通过改变竹炭纤维在竹炭机织物中的含量、织物组织、纱支粗细等因素,试织不同规格参数的竹炭织物,通过测试竹炭机织物的远红外性能、舒适性能和服用性能,获得开发具有良好远红外功能且织物服用舒适性能良好的竹炭机织物的设计开发方法。

(二)竹炭纤维织物的设计与生产

1. 织物结构参数设计

本次开发产品为服用织物,故采用平纹和四枚斜纹组织设计纯竹炭纤维织物和竹炭/涤纶(50/50)混纺织物,经纬纱线密度为 14.5 tex×2 和 18.2 tex×2,织物经纬密分别为296、260 根/10 cm,通过纯织和交织获得 6 种不同竹炭纤维含量的织物;同时以 14.5 tex×2的纯棉平纹织物为对比试样。织物规格参数见表 7-22。

表 7-22　织物规格参数表

试样编号	经纱		纬纱		组织
	原料	纱线线密度(tex)	原料	纱线线密度(tex)	
1#	竹炭纤维	14.5×2	竹炭纤维	14.5×2	平纹
2#	竹炭纤维	14.5×2	竹炭纤维	14.5×2	3/1↗
3#	竹炭/涤纶(50/50)	14.5×2	竹炭/涤纶(50/50)	14.5×2	平纹
4#	竹炭/涤纶(50/50)	14.5×2	竹炭/涤纶(50/50)	14.5×2	3/1↗
5#	竹炭/涤纶(50/50)	18.2×2	竹炭纤维	18.2×2	平纹
6#	竹炭/涤纶(50/50)	18.2×2	竹炭纤维	18.2×2	3/1↗
7#	棉	14.5×2	棉	14.5×2	平纹

2. 织物生产工艺

织物的生产工艺流程如下：

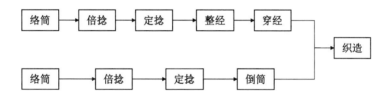

（三）竹炭纤维机织物远红外性能的测定

1. 测试仪器

5DX 傅立叶变换红外光谱仪(美国 NICOLET 公司生产)及其光谱比辐射率测量附件，光谱波数范围 4600～400cm^{-1}，波数精度 0.01 cm^{-1}，分辨率 4 cm^{-1}，噪声<0.7%，附件噪声<3%；JD-1 黑体炉(吉林大学生产)有效发射率>0.998，孔径 10 mm；样品尺寸 Φ20 mm，恒温 100 ℃，环境温度 20 ℃。

2. 测试步骤

取 Φ25 mm 布样粘在铜片上；在 50 ℃校正黑体炉辐射曲线；将样品放入黑体炉内，加热至原黑体炉恒温 50 ℃；测试样品辐射曲线；光谱仪显示发射率曲线及发射率(波长为 8～15 μm 远红外波段法向发射率)。

3. 测试结果与分析

织物的远红外发射率测试结果见表 7-23。

表 7-23　织物的远红外发射率

织物编号	1#	2#	3#	4#	5#	6#	7#
发射率(%)	93	91	84	84	87	85	67

从测试结果可知：竹炭纤维织物具有较高的远红外发射率，且竹炭纤维含量越大，远红外发射率越高，这是竹炭纤维含有的竹炭颗粒具有良好的发射远红外功能造成的。纯棉织

物的远红外发射率远低于竹炭纤维织物。通常将在常温下远红外发射率大于 80% 的织物被称为性能优良、能起到保健作用的远红外织物。

4. 影响竹炭纤维织物远红外发射率的因素分析

由斯特藩-玻尔兹曼定律 $W = \varepsilon\sigma T^4 S$ 可知,提高总辐射效率有三条途径。第一,提高辐射体表面温度 T。这一条对于纺织品而言是不可行,且织物的表面温度过高会影响织物的穿着舒适性。第二,提高发射率 ε。假定常态下织物的温度为 31 ℃,则常规纺织品的发射率为 0.70 左右,单位面积上的辐射功率大约为 $3.5 \times 10^{-2}\,\mathrm{W/cm^2}$。而竹炭纤维织物的发射率为 0.85 左右,则单位面积上的辐射功率大约为 $4.1 \times 10^{-2}\,\mathrm{W/cm^2}$,这相当于常规纺织品在 43 ℃时的辐射率。第三,增大表面积 S。竹炭纤维织物作为服用织物包裹于人体,则作用于人体的表面积很大且作用时间很长,这无疑对辐射效率的提高是有利的。

由此可知,织物的结构参数会对竹炭纤维的远红外功能产生影响。织物中竹炭纤维纱线的含量、纱线的粗细、织物组织会对发射率有一定程度的影响,故将这三个因素作为影响因子,正交设计见表 7-24,试验方案及结果见表 7-25,方差表见表 7-26。

表 7-24 正交设计表

因 素	水 平	
	1	2
织物组织(A)	平纹	斜纹 3/1
经纱竹炭纤维含量(B)	100%	50%
纬纱竹炭纤维含量(C)	100%	50%
纱线的线密度(D)	14.5×2	18.2×2

表 7-25 竹炭织物远红外发射率试验方案及结果

列号	因 素				发射率
	A	B	C	D	
1	1	1	1	1	0.93
2	1	1	2	2	0.87
3	1	2	1	2	0.87
4	1	2	2	1	0.84
5	2	1	1	1	0.91
6	2	1	2	2	0.85
7	2	2	1	2	0.85
8	2	2	2	1	0.84
Ⅰ	3.51	3.56	3.56	3.55	平均值
Ⅱ	3.48	3.43	3.43	3.44	0.874

表 7-26　竹炭织物远红外发射率方差表

方差来源	平方和	自由度	均方离差	F 值	显著性
A	0.000 113	1	0.000 113	1.299	
B	0.002 113	1	0.002 113	24.29	**
C	0.002 113	1	0.002 113	24.29	**
D	0.001 513	1	0.001 513	17.39	*
误差(Q)	0.002 076	24	0.000 087		

由表 7-26 可知,织物经纱和纬纱中竹炭纤维含量 B 和 C 对织物的远红外发射率影响高度显著,纱线线密度 D 对发射率的影响显著,织物组织 A 对远红外发射率几乎没有影响。因此,当织物的经纬向密度一定时,为更好发挥竹炭织物的远红外功能,应重点考虑织物中竹炭纤维的含量和纱线线密度两个因素。

(四) 竹炭纤维织物的其他性能测试

竹炭纤维机织物的透湿性和保暖性能测试结果见表 7-27。

表 7-27　织物透湿性测试结果

织物编号	1#	2#	3#	4#	5#	6#	7#
G 前(g)	68.65	69.84	71.70	73.26	154.33	150.52	144.22
G 后(g)	69.61	71.04	72.58	74.27	155.11	151.46	145.28
Δm(g)	0.96	1.2	0.88	1.01	0.78	0.94	1.06
WVT($g/m^2 \cdot h$)	3993.2	4991.5	3660.4	4201.2	3244.5	3910.1	4409.2
保温率(%)	16.91	14.51	14.58	12.13	20.88	15.85	11.99
热传系数($W/m^2 \cdot ℃$)	36.02	43.45	44.33	53.12	29.19	38.85	54.42
克罗值(clo)	0.18	0.15	0.15	0.13	0.22	0.20	0.12

从表 7-28 可知,竹炭纤维织物具有较好的透湿性,其透湿性与纯棉织物相当,主要原因是织物中竹炭颗粒有很好吸附作用的缘故。当织物组织、纱线线密度相同时,随着织物中竹炭含量的增加,织物的透湿量增大。在原料、纱线、织物密度相同时,斜纹织物的透湿性好于平纹织物,其原因是在单位面积内斜纹织物较平纹织物的交织次数少,织物较稀松,纱线间的缝隙较大,有利于湿气透过。

在织物紧度、纱线线密度、织物组织相同时,竹炭纤维织物的保暖性优于纯棉织物,且竹炭纤维含量越高,保暖性越好。其原因是竹炭纤维中的竹炭颗粒具有良好的远红外功能。在原料、纱线、织物密度相同时,平纹织物的保暖性优于斜纹织物,这是平纹织物较斜纹织物紧密所致。

参考文献

［1］梁晓朦. 远红外多功能保健纺织品的研制与性能研究［D］.西安：西安工程大学,2000:19-23,26-56.

［2］闫玉霄. 微胶囊化抗菌防臭纺织品的研究与开发［D］.西安：西安工程大学,2003:18-39.

［3］王静静. 高吸附光催化自清洁装饰织物的研发［D］.西安：西安工程大学,2013:29-50.

［4］董飞逸. 负离子空气净化装饰织物的开发与性能研究［D］.西安：西安工程大学,2016:33-48.

［5］李宁. 竹炭纺织品远红外性能的研究及产品开发［D］.西安：西安工程大学,2009:19-31,43-45.

第八章　舒适功能织物的设计与生产

第一节　吸湿导湿织物的设计与生产

一、吸湿导湿织物的功能与用途

随着科技的进步和社会的发展，服装穿着的舒适性越来越受到人们关注。然而，服装穿着舒适性的关键是织物面料的舒适性，而织物的热湿舒适性又是织物舒适性的重要方面。热湿舒适性主要包括吸湿性、导湿性、保水性、透水性、透气性、保暖性等方面。

人们的穿衣状态有不出汗的干燥状态、少量出汗状态和大量出汗状态三种。吸湿导湿织物就是希望人们无论在何种状态穿着都能感到舒适。也就是说，在不出汗时穿着，要求织物柔软、不起静电、不起毛、不起球、亲肤性好；在少量出汗状态下穿着，织物要能将肌肤表面的水分快速吸收并传导至织物外表面，使皮肤表面保持干燥；在大量出汗状态下穿着，织物的贴皮肤面具有强的吸湿功能，能够迅速将皮肤表层的水分吸收，使人体表面保持干爽，而织物外表面则具有强的导湿功能，可将织物贴肤层吸收的水分导出至外层并在空气中蒸发，使水分在织物中滞留的时间尽可能短，以减少出汗后织物与皮肤之间粘连而导致的不舒适感。

吸湿导湿织物可以用于炎热夏季的服装面料、运动装面料、户外运动的内衣面料等。

二、织物吸湿导湿的作用机理

水分从人体皮肤向外扩散的途径主要有两种，即透湿扩散和吸湿扩散。透湿扩散是指人体散发的汗气中少量直接从纱线或纤维间的孔隙排散出去；吸湿扩散是指人体散发的汗气中大部分被织物中的纤维吸附后再扩散到织物表面。

（一）水在织物中的存在形式

由于织物中纤维本身的形态结构和化学组分不同，纱线的排列方式迥异，因此它们的吸水速率和吸湿量差别也很大。水分在织物中以三种形式存在，即结合水、中间水和自由水。

结合水是靠氢键或者分子间作用力与纤维分子紧密结合的，织物中结合水的多少与纤维的分子结构和化学组成密切相关。织物中的结合水并不能让人体有潮湿感，此时人体的肌肤干爽。

中间水是由于与结合水分子间存在氢键作用，而被吸附在结合水周围的水分子并没有与织物直接接触，只是依附结合水而存在于织物表面。当织物与皮肤接触时，皮肤会不断释放热量。中间水吸收热量后脱离织物，按照中间水—结合水—皮肤之间作用力的不同而重新分配。由于中间水是从皮肤表面吸收热量而与结合水脱离，因此，中间水的存在会使皮肤有凉感。

自由水是由于淋湿、浸泡、人体大量出汗等原因而暂时被吸附于织物上并且分布在中间水之外的水。这些水分子与织物间的作用力非常微弱，当含有自由水的织物与皮肤接触时，这些水分很容易迅速分布到皮肤表面，从而使人体感到湿润。织物中水分的传输方式以自由水为主，在沿纤维轴向上按毛细管方式传输，而在垂直纤维轴向上基本按非线性扩散的方式传输。因水分沿纤维轴向的毛细作用比垂直纤维轴的扩散要快得多，而皮肤与服装的接触则是面接触方式，因而水分最先是靠纤维间的扩散而非沿纤维轴向的毛细管传输。因此，要让皮肤与织物之间以及织物中的水分迅速传输，就必须具备两个条件：一是纤维材料的润湿性好，二是服装面料厚度方向有水分传输的孔道。

（二）水分在人体-服装-外界空间的传导方式

人体皮肤出汗经服装（织物）传导至外界空间的湿通道主要有三种方法。第一种是汗液在人体与服装的微气候区中蒸发成水汽，气态水经织物的纱线间和纤维间的缝隙孔洞扩散运移至外层空间。第二种是汗液在人体与服装的微气候区蒸发成水汽后，气态水在织物内表面的纤维孔洞和纤维表面凝结成液态水，经纤维内孔洞或纤维间空隙毛细运输到织物外表面，再重新蒸发成水汽扩散至外界空气中。第三种是汗液通过直接接触以液相水的形式进入织物内表面，再通过织物的纱线间、纤维间的缝隙孔洞等的毛细作用将液相水运输至织物外表面，再蒸发成水汽，扩散运移至外界空气中。当人体皮肤表面无感出汗时，汗液在汗腺孔周围甚至在汗腺孔内就已经蒸发成水汽，皮肤表面看不到汗液。此时，湿传导的初始状态是水汽，其传递方式以第一种和第二种方式为主。而当人体皮肤表面有感出汗时，汗液分布在皮肤表面，此时汗液通过服装湿传导的初始状态是液态水，水分的传递方式则以第二种和第三种方式为主。

（三）织物的吸湿机理

织物的吸湿过程可分为对气态水的吸收和对液态水的吸收。

气态水的吸收与纤维的性能有关。天然纤维含有纤维素和极性基团，使气态水可以在纤维内部与纤维紧紧结合在一起，能够较快的吸收气态水；合成纤维在湿度较低时，够在很短的时间内吸附气态水，但随着湿度升高，结合水已吸附饱和，那些没有被纤维吸收的水则在纤维中形成中间水，使织物产生湿凉感。

液态水的吸收有三种途径：一是纤维对水分子的吸收，主要以自由水的形式被织物纤维吸附；二是织物的润湿和渗透，主要是纤维及纱线间的毛细管作用；三是一定的附加压力差迫使水分透过织物。

通常纤维及织物表面的亲水性越好，织物的吸湿能力就越好；织物密度小、结构蓬松，储水空间就大，织物的吸水性就好；轻薄织物有利于水分透过，但其吸水量不如厚织物，在被完全浸润的情况下，会造成穿着的不适感。

（四）织物的导湿机理

1. 差动毛细管效应

差动毛细管效应又称杉树效应，利用杉树吸水的毛细管效应，采用毛细管直径由下到上逐渐变细的形态来解决芯吸高度和传输速率的矛盾。单向导湿织物由里层到外层毛细管细度逐渐减小,在厚度方向形成孔隙梯度,使液体只能沿一个方向传导。利用织物中表、里层纱线线密度、纱线捻度、织物密度等差异,改变织物表里层纤维与纤维间、纱线与纱线间的孔径大小,即毛细管的当量半径,当两个当量半径不同的毛细管连贯相通时,在它们的界面处就会出现附加压力差,将会加速引导毛细管中的液态水从当量半径大的一侧流向当量半径小的一侧,且液体流动的方向不可逆,这就是差动毛细效应。织物贴皮肤层的纤维细度大于外层,以及纱线捻度、织物密度等小于外层时,均能够加强差动毛细效应,从而进一步加强织物的单向导湿能力。

2. 润湿梯度效应

当一个物体的表面具有疏水区和亲水区两个区域时,由于表面具有湿润梯度,疏水区从空气中收集的水分会自发向亲水区移动,并汇聚在一起,则物体具有收集水分的能力。依据这一原理,当织物具有亲水性和疏水性双侧结构时,在织物厚度方向将形成湿润性梯度,并且产生附加压力差,水分受到力的作用产生单向导湿效应。

3. 蒸腾效应

植物的蒸腾效应表现出特别强的吸湿导湿能力,植物将根部从土壤中吸收的水分经过木质部导管运输到叶部,并从气孔排出,其排放水蒸气的速率要远远大于自由水表面的蒸发速率,并且整个过程不需要耗费能量。依据蒸腾效应可以将织物设计为多层结构,使其发挥渗透作用及毛细管作用,产生明显的单向导湿能力。

三、吸湿导湿织物的加工方法

(一)织物正反两面采用亲/疏水差异化整理

根据润湿梯度效应理论,将经过疏水性整理和未经整理的纤维素纤维纱线(如棉或黏胶等)分别作为经纱和纬纱,通过交织方法制成亲/疏水双侧结构的织物,或者通过印花方式对棉织物一面进行疏水整理来实现亲/疏水双侧结构的织物,或者采用复合整理法对织物的正反两面分别做亲水和疏水整理,当水分接触到织物时产生附加压力,以不可逆的姿态将水分传递到织物的外表面。

(二)采用吸湿、导湿性能有差异的纱线构成织物正反两面

将吸湿能力强的纱线和导湿能力强的纱线分别构成织物的正反两面,使织物具有一个亲水表面和一个导水表面,由于织物厚度方向具有湿润梯度及差动毛细效应产生附加压力差,导水表面收集的水分会向亲水区移动,或者亲水表面吸收的水分由导湿表面引导出去。这样水分受到力的作用产生单向导湿效应。

导湿功能纤维有 H 形、Y 形、十字形、W 形、工字形等异形截面化学纤维和中空结构化学纤维。吸湿功能纤维有吸湿性好的纤维素类纤维以及皮芯结构复合纤维。

(三)利用织物结构在织物厚度方向设计差动毛细结构

利用粗细不同的纤维或纱线,结合织物组织使织物厚度方向形成差动毛细效应,或者将织物的正反两面设计为不同的紧密度,使织物厚度方向形成孔隙梯度,形成差动毛细效应,使织物具有单向导湿功能,如使织物内外层所用纤维的线密度、异形度不同,或者纱线

线密度、织物密度不同。内外层的纤维线密度、纱线线密度、织物密度差异增大,则织物内外层形成的附加压力差变大,芯吸速率加快,导湿性能变好。

四、织物吸湿导湿性能的测试与评价方法

目前吸湿导湿织物的测试方法及评价指标主要有织物吸水的毛细高度、吸水率、滴水润湿面积、滴水渗透体积、滴水扩散时间、自然干燥率、透湿量、湿阻、水分蒸发率等。参照标准有 GB/T 21655.1—2008《纺织品 吸湿速干性的评价 第 1 部分:单项组合试验法》、GB/T 21665.2—2009《纺织品 吸湿速干性的评定 第 2 部分:动态水分传递法》、GB/T 11048—2008《纺织品 生理舒适性稳态条件下热阻和湿阻的测定》、GB/T 12704—1991《织物透湿量测试方法 透湿杯法》、FZ/T 01071—2008《纺织品 毛细效应试验方法》、AATCC TM 195—2009《织物的液态水分管理特征》等。

五、吸湿导湿纺织品的设计研发实例

(一)棉/化纤复合导湿织物的设计与生产

1. 棉/化纤复合导湿织物的设计

(1)产品设计思路

将棉纤维设计为织物反面(接触人体皮肤面),超细涤纶纤维设计为织物正面(织物外表面)。该设计可使人体在干燥状态下穿着舒适,在出汗时,利用两种纤维的细度差异以及吸湿、导湿性能差异形成的毛细效应,将汗液由棉纤维快速吸收,再由超细涤纶迅速导到织物外表面,利用超细涤纶较大的比表面积,迅速将水分散在空气中,确保人们在任何穿着环境下皮肤表面舒适干爽。

(2)原料纱线设计

本次开发选用超细涤纶长丝、超细涤纶低弹网络丝和棉为原料。超细涤纶长丝和超细涤纶低弹网络丝开纤前线密度分别为 95 dtex/35 f 和 190 dtex/70 f,单纤维线密度约为 2.7 dtex,开纤后单纤维裂离为 8 根,则线密度降低至 0.34 dtex 以下;长绒棉平均细度在 1.3 dtex,所纺纱线线密度为 9.7 tex×2 和 7.3 tex×2。

本次开发所用超细涤纶为涤锦超细复合纤维,其开纤前的截面形态如图 8-1 所示。由图中

 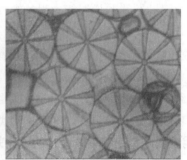

(a)放大25倍   (b)放大1000倍

图 8-1 超细涤纶纤维开纤前截面形态

可知,纤维由两种组分组成,米字形为 PA-6,米字形间隙的三角形为 PET。由于该纤维以 PET 成分为主,主要表现涤纶超细纤维的特性,故简称为超细涤纶纤维。

（3）织物组织设计。设计织物组织图,如图 8-2 所示。

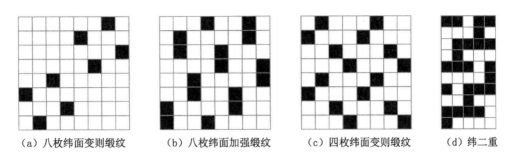

　（a）八枚纬面变则缎纹　　（b）八枚纬面加强缎纹　　（c）四枚纬面变则缎纹　　（d）纬二重

图 8-2　织物组织图

（4）织物规格参数设计。设计织物组织、纱线原料及线密度、织物密度及紧度不同的 12 种织物,规格参数见表 8-1。

表 8-1　织物规格参数

织物编号	组织	纱线原料		纱线线密度(tex)		织物密度(根/10 cm)		织物紧度(%)	
		经	纬	经	纬	经	纬	经	纬
1#	a	棉	涤纶	9.7×2	19.0	430	320	70.15	51.61
2#	a	棉	涤纶	9.7×2	19.0	430	360	70.15	58.07
3#	a	棉	涤纶	9.7×2	19.0	430	400	70.15	64.52
4#	b	棉	涤纶	9.7×2	19.0	430	320	70.15	51.61
5#	b	棉	涤纶	9.7×2	19.0	430	360	70.15	58.07
6#	b	棉	涤纶	9.7×2	19.0	430	400	70.15	64.52
7#	c	棉	涤纶	9.7×2	19.0	430	320	70.15	51.61
8#	c	棉	涤纶	9.7×2	19.0	430	360	70.15	58.07
9#	c	棉	涤纶	9.7×2	19.0	430	400	70.15	64.52
10#	d	棉	棉1涤1	7.3×2	7.3×2/9.5	450	400	63.58	51.06
11#	d	棉	棉1涤1	7.3×2	7.3×2/9.5	450	450	63.58	57.44
12#	d	棉	棉1涤1	7.3×2	7.3×2/9.5	450	500	63.58	63.83

2. 棉/化纤复合导湿织物的加工

（1）织造。织物上机织造参数见表 8-2。

表8-2 上机织造参数

项目	参数	项目	参数	项目	参数
穿综方式	顺穿	经纱张力(N)	2156	边撑垫片(mm)	4
综框高度(mm)	140	开口时间(°)	300	喷射时间(°)	80
后梁高度(mm)	10	松经时间(°)	290	喷射时间(°)	230
停经架高度(mm)	−160	松经量(mm)	4	开口量(°)	30

(2)漂白。为了去除超细涤纶纤维表面的油剂以及织物上残留的杂质,在浴比1:30、浴液温度100 ℃的条件下,使用2 g/L的NaOH、2 g/L的精练剂、1 g/L的除油剂、5 mL/L的H_2O_2,将织物煮练0.5 h,然后水洗、烘干。

(3)开纤

将涤锦复合超细纤维织物浸入沸腾的NaOH溶液中。由于涤纶和锦纶的热性能不同,它们在沸水中的收缩性能不同,从而产生裂离。在热稀碱液中涤锦复合超细纤维中的涤纶会发生水解反应,涤纶表面会被一层层腐蚀并剥落下来,造成纤维的失重和强度的下降,即"碱减量",涤纶表面被烧碱腐蚀后自然会与锦纶纤维分离,使纤维变细。

使用5 g/L的NaOH,在浴比1:40、温度100 ℃的条件下,将织物煮练1.5 h。在煮练过程中不断对织物进行搅动,有利于提高涤纶长丝的开纤效果。开纤碱液冷却到65 ℃左右,使用稀醋酸进行中和,使浴液pH=7~8,待其冷却后对织物进行水洗并烘干。织物开纤工艺曲线如图8-3所示。开纤前后超细涤纶纤维的形态结构见图8-4,开纤前纤维纵向

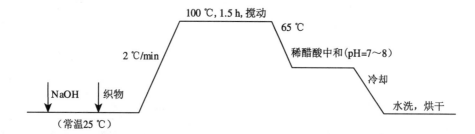

图8-3 开纤工艺曲线

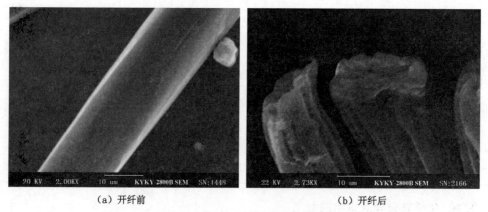

(a)开纤前　　　　　　　　　　　　　　　　(b)开纤后

图8-4 超细涤纶纤维开纤前后的形态结构

与普通涤纶一样,呈光滑的圆柱状;经高温碱液开纤之后,纤维沿纵向裂离,但仍保持束状,纤维束表面形成不光滑的沟槽,这种形状更有利于水分在纤维上的传输。

（4）染色。

① 超细涤纶的染色方法及工艺。选用分散翠蓝染料(用量1.2％),浴比为1:15,使用纯碱调节 pH 值为 9.5 左右,加入分散剂 1 g/L,40 ℃入染,以 1.5 ℃/min 速率升温至 120 ℃,保温 35 min,自然冷却,然后进行水洗并烘干。染色工艺曲线见图8-5。

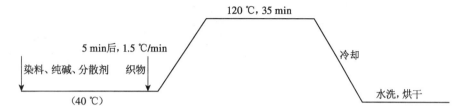

图 8-5 超细涤纶染色工艺曲线

② 棉的染色方法与工艺。选用 R 型活性红染料,染料用量为 2.5％,元明粉用量 60 g/L,浴比为 1:30,60 ℃下保持30 min,并且在温度升至 60 ℃时加入纯碱 25 g/L,调节染浴的 pH 值。染色工艺曲线见图8-6。

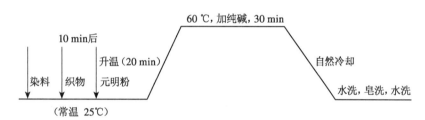

图 8-6 棉染色工艺曲线

3. 棉/化纤复合导湿织物的性能测试

（1）滴水扩散时间。依据 GB/T 21655.1—2008《纺织品 吸湿速干性的评定 第 1 部分:单项组合试验法》测试织物的滴水扩散时间,见表8-3。

表 8-3 织物滴水扩散时间的平均值

织物编号	1♯	2♯	3♯	4♯	5♯	6♯	7♯	8♯	9♯	10♯	11♯	12♯
扩散时间(s)	2.43	2.77	3.12	3.15	3.40	3.46	6.35	6.93	7.67	3.92	4.46	5.87

由表8-3可知,组织相同时,随着织物密度（紧度）的增加,织物中纱线之间的空隙减小,水分渗透的通道变窄,水分由纤维间的孔道传输变为纤维与纤维间的扩散,水分在织物中的传输速度大大降低,织物的滴水扩散时间也就相应增加,如1♯和3♯;织物密度相同时,组织中浮长越长,交织点就越少,织物越稀松,水分沿纤维轴向传输时遇到的阻力越小,传递的速度越快,其滴水扩散时间就越短,如1♯和7♯。10♯～12♯虽是重纬组织,但由于纱线线密度较小,故紧度并不大,所以其滴水扩散时间也不是最大,在3.9～5.9 s。

（2）织物正、反面滴水湿润面积及最大直径。将水滴在试样上完成滴水扩散后，测量织物正、反面水分浸润部分的最大直径，两者之差即为单向导湿度。织物的单向导湿度见表8-4。图8-7所示为2#织物滴水湿润后织物正反面的水分扩散形态。

图8-7（a）为织物反面（贴皮肤面），主要由棉纱构成；（b）为织物正面（外表面），主要由超细涤纶长丝构成。由图8-7（a）可知，织物反面滴水后，中间深色的圆圈是水分在棉纱上的润湿和扩散痕迹，在深色周围的椭圆形浅色水痕则为同一时间水分在超细涤纶上的润湿和扩散痕迹；图8-7（b）为织物正面滴水后水分润湿和扩散的状态，其水分扩散面积明显比图8-7（a）中深色

（a）织物反面　　　　（b）织物正面

图8-7　滴水润湿后织物正反面水分扩散形态

部分大，且水分扩散的痕迹为椭圆形，这是因为织物的纬纱采用超细涤纶，水分沿纤维轴向的传输速度大于水分在纤维之间的扩散速度以及水分沿棉经纱的传输速度。因此，水分扩散痕迹呈椭圆形。由此可知：织物正反两面的吸湿导湿性能存在差异，所开发织物的吸湿导湿性能具有单向性，即水分在织物正面比在织物反面扩散得快。因此，人体在出汗的状态下，水分被织物反面的棉吸收后能迅速地被织物表面的超细涤纶吸收，再由表面积较大的超细涤纶迅速将水分扩散至空气中去，形成"吸湿-导湿-扩散"的水分传输通道。

表8-4　织物的单向导湿度、吸水率、透湿量和芯吸高度测试结果

织物编号	正面最大直径（mm）	反面最大直径（mm）	单向导湿度（mm）	吸水量（g）	吸水率（%）	透湿量（g/m²·d）	芯吸高度值（mm）
1#	63.5	51.5	12	2.5884	199	6640	214.8
2#	60.0	51.0	9	2.5429	198	6090	207.8
3#	56.5	50.0	7	2.5765	188	5250	201.2
4#	59.0	50.5	9	2.175	172	7210	211.4
5#	55.0	47.0	8	2.2586	152	6010	202.2
6#	52.5	46.5	6	2.2107	144	5390	193.0
7#	47.5	42.0	6	1.7397	117	6540	184.4
8#	45.5	41.5	5	1.691	109	5490	174.6
9#	44.5	41.0	4	1.6544	101	5200	159.0
10#	58.0	50.5	8	1.8565	166	6260	176.6
11#	56.5	49.5	7	2.0488	173	6150	167.9
12#	55.0	48.5	7	2.2134	178	5750	158.3

由表 8-4 可知,织物正、反面的滴水润湿最大直径与织物组织、织物密度有密切的联系。在织物组织相同时,随着织物密度的增加,滴水润湿最大直径和单向导湿度不断减小;在织物密度相同时,随着组织平均浮长的减小,织物的紧密度增加,织物的滴水润湿最大直径和单向导湿度不断减小。

（3）吸水率。依据 GB/T 21655.1—2008《纺织品　吸湿速干性的评定　第 1 部分:单项组合试验法》测试织物的吸水率,测试结果如表 8-4。对于单层织物而言,在组织相同时,随着织物纬密的增加,纱线间的空隙减小,水分在织物中的储存空间减小,吸水率呈下降的趋势;在织物密度相同时,组织的平均浮长越短,交织点越多,织物越紧密,纱线间的空隙越小,水分的储存空间也越小,吸水率呈直降趋势。而纬二重组织的 10♯～12♯ 织物则呈现出随着织物纬密的增加,吸水率增大的趋势,且吸水率值均较大。原因一,重纬组织织物的纬纱按棉:超细涤纶＝1:1 的比例制织。与单层织物相比较,织物中含棉的成分加大,故吸水性能加强。原因二,重纬组织织物的总紧度与单层织物相差不大,因其为重纬结构,使得织物的单层纬密减小,使纱线间的缝隙太大,水分在织物中的储存空间增大,吸水率随之增大。

（4）透湿量

依据 GB/T 12704.1—2009《纺织品　织物透湿性试验方法　第 1 部分:吸湿法》测试织物的透湿量,测试结果见表 8-4。在织物原料和组织相同的条件下,织物透湿量随着织物密度的增加而减小。在织物密度和原料相同的条件下,八枚不规则缎纹织物的透湿量相对大些,透湿效果好。

（5）芯吸高度

依据 FZ/T 01071—2008《纺织品　毛细效应试验方法》测试织物的芯吸高度,见表 8-4。当织物组织和纱线原料相同时,随着密度的增大,织物中纱线间的空隙减小,水分传输的通道变窄,阻力变大,故毛细高度减小。当纱线原料和织物密度相同时,组织中的浮长线越长,织物越松软,又因水分在纱线上的传递为沿纤维轴向多于纤维间或纱线间的扩散,故水分传递的速度会更快,单位时间内传递的距离更远,毛细高度值更大。因经纬纱所用原料不同,导致织物的纬向芯吸高度大于经向芯吸高度。

（6）蒸发速率

依据 GB/T 21655.1—2008《纺织品　吸湿速干性的评定　第 1 部分:单项组合试验法》测试织物中水分随时间变化的蒸发量,如图 8-8 所示。图 8-9 为各织物的水分平均蒸发速率。

从图 8-8 可以看出,这些曲线在某点之后的蒸发量变化会明显趋缓。在该点之前的曲线上作最接近直线部分的切线,求切线的斜率即为水分蒸发速率 E_v(g/h),见图 8-9。由图可知,织物的水分蒸发速率与织物紧度和厚度密切相关。由于 10♯ 织物为纬二重组织,且总紧度最小,因此其水分蒸发速率也最小。

4. 后整理对织物吸湿导湿性能的影响

涤纶纤维在开纤前,不具备超细纤维超强的吸湿导湿功能,只有对其进行有效开纤处理,使一根纤维裂离为八根,纤维细度显著降低,才能发挥超细纤维的作用。开纤工艺中烧碱用量和煮练时间是至关重要的因素。

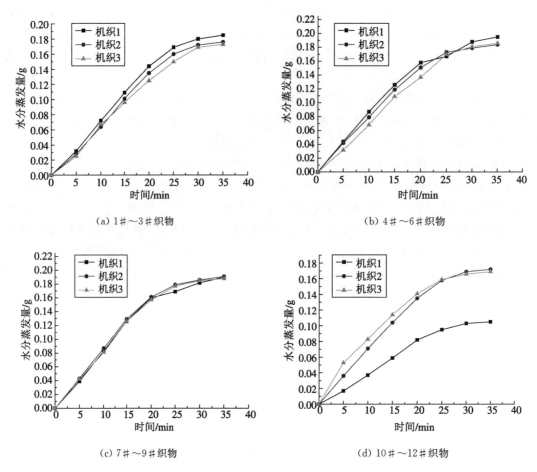

（a）1#～3#织物

（b）4#～6#织物

（c）7#～9#织物

（d）10#～12#织物

图 8-8　织物中水分的蒸发量-时间曲线

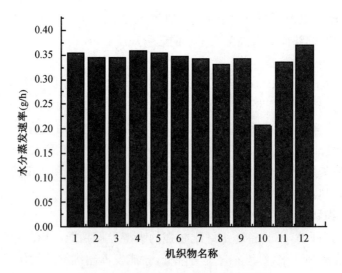

图 8-9　各织物的水分平均蒸发速率

(1)烧碱浓度对织物吸湿导湿性能的影响。以1#织物为整理用坯布,将开纤时间定为1.5 h,开纤时烧碱用量分别取2 g/L、6 g/L、10 g/L,对应织物编号为Ⅰ#、Ⅱ#、Ⅲ#。织物的吸湿导湿性能测试结果见表8-5。

表8-5 烧碱浓度对织物吸湿导湿性能的影响

织物编号	滴水扩散时间 (s)	单向导湿度 (mm)	吸水率 (%)	蒸发速率 (%)	透湿量 (g/m² · d)	芯吸高度 (mm)
Ⅰ#	8.42	3	118	0.287	4950	103.5
Ⅱ#	2.43	12	197	0.355	6090	214.8
Ⅲ#	3.15	6	182	0.303	6120	210.0

从表8-5可知,烧碱用量为6 g/L时,织物的滴水扩散时间最短,单向导湿度、吸水率、水分蒸发速率和芯吸高度值均最大,仅透湿量值略低于烧碱用量为10 g/L。

(2)开纤时间对织物吸湿导湿性能的影响。烧碱浓度定为6 g/L,开纤时间分别取0.5 h、1.0 h、1.5 h,对应的织物编号为标为Ⅰ-1#、Ⅱ-1#、Ⅲ-1#。织物的吸湿导湿性能测试结果见表8-6。

表8-6 开纤时间对织物吸湿导湿性能的影响

织物编号	滴水扩散时间 (s)	单向导湿度 (mm)	吸水率 (%)	蒸发速率 (%)	透湿量 (g/m² · d)	芯吸高度 (mm)
Ⅰ-1#	6.54	4	121	0.307	5120	110.5
Ⅱ-1#	2.38	12	197	0.355	6090	214.8
Ⅲ-1#	2.43	12	189	0.364	6210	213.7

由表8-6中数据可知,随着开纤时间的增加,织物的吸湿导湿性能变好,但开纤时间达1.0 h之后,织物的各项吸湿导湿性能变化不大,考虑到生产效率,生产中确定开纤时间为1.0 h。

(3)柔软整理对织物吸湿导湿性能的影响。采用亲水柔软整理剂 Kinsoft P100 为柔软剂,浓度分别取10 g/L、15 g/L和20 g/L,对应织物编号为Ⅰ-3#、Ⅱ-3#、Ⅲ-3#。织物的吸湿导湿性能测试结果见表8-7。

表8-7 柔软剂浓度对织物吸湿导湿性能的影响

织物 编号	滴水扩散时间 (s)	单向导湿度 (mm)	吸水率 (%)	蒸发速率 (%)	透湿量 (g/m² · d)	芯吸高度 (mm)	织物 手感
Ⅰ-3#	4.23	9	178	0.353	6010	195.7	较柔滑
Ⅱ-3#	3.55	13	192	0.346	6210	204.9	柔滑
Ⅲ-3#	3.54	11	189	0.339	6190	205.7	柔滑

由表8-7可知,随着整理剂浓度增大,织物的吸湿导湿性能呈上升趋势,手感变柔滑,但当浓度大于15 g/L后,织物的吸湿导湿性能则呈不上升或略下降的趋势。

综上所述,本次开发的后整理工艺条件为开纤用烧碱浓度为 6 g/L,开纤时间为 1.0 h,亲水柔软整理剂 P100 浓度为 15 g/L。

(二)双层舒适性吸湿导湿织物的设计与开发

1. 舒适性吸湿导湿织物的设计

(1)产品设计思路。织物贴皮肤面选用吸湿性好的纤维素类纤维,外表面选用导湿性能好的异形化学纤维。设计织物正反面为不同线密度纱线,使织物厚度方向形成导湿梯度,开发一款舒适性吸湿导湿织物。纤维素类纤维有助于使人体在织物干态下拥有良好的肌肤接触感,在少量出汗后减少织物与皮肤发生粘贴,而当大量出汗时,能吸收汗水并被外表层的导湿纤维快速导出,进而在大气中蒸发,达到穿着舒适的目的。

(2)原料及纱线设计。依据产品设计思路,选择麻赛尔纤维、棉纤维和 Coolmax 纤维为原料,纺制 Coolmax 纯纺纱,纱线线密度为 14.5 tex,麻赛尔/棉(50/50)混纺纱,纱线线密度分别为 14.5 tex、18.2 tex 和 27.7 tex。

(3)织物结构参数设计。设计以平纹为基础组织的接结双层组织,接结方式为"上接下",如图 8-10 所示。织物经向紧度为 75%、纬向紧度为 70%。织物中纱线线密度的配合见表 8-8。

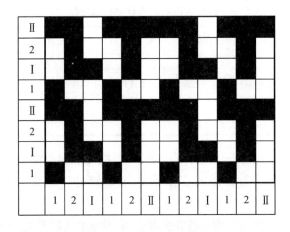

图 8-10 双层织物组织图

表 8-8 表里层纱线线密度的配合

织物编号	经纱的线密度(tex)		纬纱的线密度(tex)		表、里层纱线线密度的差异率(%)
	表层	里层	表层	里层	
1#	14.5	14.5	14.5	14.5	0
2#	14.5	18.2	14.5	18.2	−20.3
3#	14.5	27.7	14.5	27.7	−47.7
4#	14.5	18.2×2	14.5	18.2×2	−60.2
5#	14.5	27.7×2	14.5	27.7×2	−73.8

2. 舒适性吸湿导湿织物的上机织造

织物的上机工艺参数见表8-9。

表8-9 织物上机工艺参数

织物编号	纱线线密度(tex)		上机密度(根/10 cm)		筘号(齿/10 cm)	穿入数(根)
	经	纬	经	纬		
1#	(表/里)14.5/14.5	(表/里)14.5/14.5	474	466	158	3
2#	(表/里)14.5/18.2	(表/里)14.5/18.2	462	420	154	3
3#	(表/里)14.5/27.7	(表/里)14.5/27.7	420	370	140	3
4#	(表/里)14.5/18.2×2	(表/里)14.5/18.2×2	390	336	130	3
5#	(表/里)14.5/27.7×2	(表/里)14.5/27.7×2	342	288	114	3

3. 舒适性吸湿导湿织物的性能测试

（1）织物的吸湿导湿性能测试。织物的吸水性、芯吸高度、湿阻和透湿量测试结果见表8-10,液态水分管理测试结果见表8-11。

表8-10 织物的吸水性、芯吸高度、湿阻和透湿量测试结果

织物编号	吸水率(%)	芯吸高度(mm)		湿阻(Pa·m²/W)	透湿量(g/m²·d)
		经向	纬向		
1#	287.10	112	135	5.937	6080
2#	299.25	120	144	6.036	6900
3#	330.78	158	167	6.975	7800
4#	321.66	149	156	7.552	6120
5#	319.09	137	151	7.556	6040

由表8-10可知,各织物的吸水率大于国标规定的100%,芯吸高度超过吸湿织物国标规定的90 mm,说明织物的吸水吸湿能力强。织物的吸水率、芯吸高度和透湿量均随表里层纱线线密度差异率的增加呈先增大后减小的趋势,纱线线密度差异率为47.7%时,达到最大值。因为随着表里层纱线线密度差异率的增大,织物表里层纱线与纱线间的孔径差异增大,表里两层界面处就会出现附加压力差,会加速引导毛细管中的液态水的吸收,吸水率增加;但当织物表里层纱线与纱线间的孔径相差过大时,差动毛细效应减弱,吸水率反而下降。

随着双层织物表里层纱线线密度差异率的增大,织物的湿阻呈增长的趋势。这是因为织物的湿阻与厚度之间有着密切的关系,纱线线密度越大,织物越厚,对湿传递的阻力越大,湿阻越大。

表 8-11　舒适性吸湿导湿织物的液态水分管理测试结果

织物编号	润湿时间（s）		吸水速率（%）		最大润湿半径（mm）		液态水扩散速度（mm/s）		单向水分传输指数	水分管理综合能力指数
	上表面	下表面	上表面	下表面	上表面	下表面	上表面	下表面		
1♯	2.15	2.16	42.07	16.16	12.50	20.00	2.97	4.95	1109.32	0.5989
2♯	2.55	3.11	44.01	17.78	15.00	19.50	2.99	4.04	1188.77	0.6390
3♯	2.34	2.91	44.50	17.27	15.00	20.00	1.96	4.31	1225.12	0.6779
4♯	3.09	3.38	30.02	27.21	15.00	20.00	3.75	3.71	1196.53	0.6000
5♯	2.16	4.41	30.65	33.75	20.00	25.00	2.97	4.93	111.01	0.6121

注：表中上表面指织物的贴皮肤面，下表面指织物的外表面。

表 8-11 中润湿时间和吸水速率表征织物的吸湿能力，最大润湿半径和液态水扩散速度表征导湿能力。单向水分传输表征吸湿导湿的综合指标和水分管理综合能力表征织物控制液态水分传输的总能力的数值越大，织物的吸湿导湿性越好。织物贴皮肤面的润湿时间比外表面短，吸水速率比外表面大，则贴皮肤面吸收水较快，能快速吸收汗水；水分要顺利从织物贴皮肤面传递到外表面，就要使贴皮肤面的最大润湿半径、液态水扩散速度小于外表面，这样水分在贴皮肤面才不易扩散，而被快速传递到外表面并在空气中蒸发。根据 AATCC TM 195—2009《织物的液态水分管理特性》等级评级标准，本次开发织物的单向水分传输值均大于 400，等级为 5 级，水分管理综合能力指数 OMMC 值在 0.60～0.80，等级为 4 级，织物的导湿性能优良。

（2）其他服用性能测试

舒适性吸湿导湿织物的其他服用性能测试见表 8-12。

表 8-12　舒适性吸湿导湿织物的其他服用性能测试结果

织物编号	悬垂系数（%）	保温率（%）	克罗值（clo）	热阻（C·m²/W）	透气量（L/m²·s）
1♯	35.1	20.59	0.35	0.0298	500.91
2♯	36.2	18.57	0.34	0.0331	509.96
3♯	36.9	20.36	0.37	0.0357	578.71
4♯	38.7	20.80	0.38	0.0359	601.29
5♯	39.3	21.07	0.39	0.0371	630.47

从表 8-12 中可知，随着织物表里层纱线线密度差异率的增大，织物的保温性能变好，悬垂性能变差，主要是织物变厚所致。随着织物表里层纱线线密度差异率的增大，透气量也随之增大，其原因是纱线变粗导致经纱与纬纱交织时的直通孔隙变大。

第二节　温度调节织物的设计与生产

一、温度调节织物的功能与用途

近年来，随着对蓄热调温纺织品研究的不断深入，其应用领域也在不断扩大，在人们的生活中发挥越来越重要的作用。目前,蓄热调温纺织品主要应用于以下领域。

(一)服装领域

可制成滑雪服、滑雪靴、手套、袜类以及鞋帽等。当人们处于运动状态时,会大量排汗,且体温升高。温度调节产品可以迅速吸收体表热量,降低体表温度;而当人们处于严寒环境时,又可释放热量,保持人体舒适体表温度,使人体穿着舒适。此外,还可制作衬衫、裤子以及内衣面料等。

(二)医疗用品

通过采用不同的相变材料制成多种温度段和适合人体部位形态的热敷袋、湿热毯、治疗垫、服装等,可以根据环境以及人体温度的变化,吸收存储和重新释放热量,对病人的病情起到良好的辅助、治疗作用。

(三)床上用品

人们在睡眠时需要有适宜的温湿度,被子薄了会感到寒冷,厚了不仅会有压迫感,而且会固热、出汗,使人体感到不适。温度调节织物应用于床上用品,可将床上的温度保持在理想范围内,改善睡眠状态,提高睡眠质量。它主要用在开发生产床垫、床垫褥、棉被芯和毛毯等领域。

(四)军事用途

用调温纤维可生产飞行保暖手套、潜水服、军用冷热作战靴、冬季服装、海军陆战队微气候冷却服装等军事用纺织产品。除此之外,利用调温纤维及纺织品能够缓冲人体所散发的热量,进而降低热红外辐射的功能。生产红外线伪装服可用于减少或消除目标与背景的亮度差别,达到防伪的目的。

(五)防护性装置用

在头盔、膝盖护垫等保护性装置中应用调温纤维材料,通过调温纤维中微胶囊相变材料可以调节身体等部位的温度平衡,从而减少湿热产生,为人体头、膝盖等部位提供适当的冷却度。

二、温度调节织物的作用机理

温度调节织物所用纤维材料最典型的是 Outlast 调温纤维,其保温机理与传统纤维不同。传统纤维主要通过绝热的方法进行保温,即把皮肤与外界尽可能隔离起来,从而避免人体皮肤温度过多地降低,保温效果主要由织物的厚度和密度决定。而 Outlast 调温纤维一种是由相变蓄热材料与纺织材料相结合的纤维材料,具有双向调节温度的作用,温度调节的关键在于植入纤维中的相变材料(Phase Change Materials,PCMs)。相变材料是一种能够通过相变潜热来贮能、放能的化学材料,这种材料的特点就在于能够随外界温度的变化来吸收或释放热量,从而实现调节温度的功能,创造出舒适的环境。相变调温是指某物质在一定条件下可发生相变,在相变过程中,其自身温度基本不变,由于分子间作用力发生了变化,导致相态发生变化。整个物质通过吸收或者释放一定的能量而实现调温,这个能量被称作相变热或相变潜热。在这个相变过程中,物质由一种物理性质的均一态转变成为另一种物理性质的均一态,即通常所说的固体、气体及液体三态的转化。

当人体皮肤温度或外界环境温度达到服装内相变材料的熔点时，相变材料吸收热量，此热量可能来自人体，也可能来自外界环境。此时，相变材料从固态转化为液态，当完全熔融时，贮能结束，在服装的内层产生一个短暂的制冷效果。而当人体皮肤温度或外界环境温度低于相变温度时，液态的相变材料便会向固态转化，转化过程中释放贮存的热量，从而达到加热的效果。这种相变过程是可逆的、自动的、无限次的。因此，含有相变材料的纺织制品可以为人体与外界环境之间营造出一个温度缓冲区，从而实现调温的作用。

三、织物温度调节的测试与评价方法

常用 Outlast 调温织物温度调节性能的测试方法是热分析方法和暖体假人法测试。在纺织材料研究中最常用的热分析方法有热差分析（DTA）、差示扫描热量法（DSC）和热重分析（TG）三种。差示扫描量热法（DSC）可以测试纺织品的相变温度、热稳定性、结晶度、纯度、玻璃化转变温度、沸点和比热等，故常用该方法测试调温织物的相变温度和相变焓，用以表示相变材料的相变能力。

常用测试仪器为德国 NETZSCH 公司 DSC204F1。测试条件：气氛为高纯氮气；流速为 25 mL/min；温度为 -40 ℃～80 ℃～-40 ℃；升降温速率为 10 K/min。测试指标为相变起始温度、相变终止温度、相变焓。

四、温度调节纺织品的设计研发实例

（一）设计思路

利用 Outlast 调温纤维可自动调节温度这一优良特性，通过改变 Outlast 调温纤维在调温织物中的含量以及组织结构等因素，开发出具有良好调温功能且服用性能优良的婴幼儿睡袋、床单等床上用品。

（二）织物设计

1. 纤维原料设计与选用

原料为黏胶型 Outlast 调温纤维以及不同细度的普通黏胶纤维，纤维规格及力学性能见表 8-13。

表 8-13　混纺纤维原料规格及性能

纤维类型	纤度(den)	长度(mm)	断裂强度(cN/dtex)	断裂伸长率(%)	静摩擦系数	动摩擦系数
调温纤维	1.7	38	1.11	13.56	0.4182	0.2956
普通黏胶纤维 I	1.2	38	1.65	16.82	0.3387	0.2935
普通黏胶纤维 II	1.7	38	1.68	15.87	0.3888	0.2921
普通黏胶纤维 III	2.2	38	1.63	20.09	0.3813	0.2936

微胶囊的加入导致黏胶基 Outlast 调温纤维的结晶度下降，进而使断裂强度和断裂伸长率均有明显下降，静摩擦系数明显变大，说明微胶囊在纤维表层散乱分布，使纤维表面变得粗糙。

2. 混纺纱规格设计

设计 Outlast 调温纤维/黏胶的混纺比为 40/60,线密度为 18.2 tex,捻度为 628 捻/m。通过不同细度普通黏胶纤维的混入,实现 Outlast 调温纤维在混纺纱中选择性地趋向于分布在外层、内层和均匀分布。

3. 织物组织设计

设计织物组织如图 8-11。

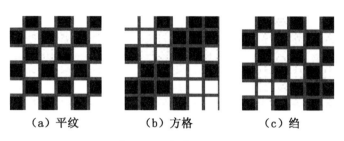

　（a）平纹　　　　　（b）方格　　　　　（c）绉

图 8-11　织物组织图

(三)纺纱工艺设计与生产

1. 生产工艺流程

生产工艺流程为 DHU AS201 清梳联合机→AS271 并条机→FA498 粗纱机→AS511A 细纱机。

2. 各工序工艺参数确定

(1) 清梳工艺。打手速度 $V_1=560$ r/min, $V_2=800$ r/min, $V_3=900$ r/min,刺辊转速 564.48 r/min,锡林转速 504 r/min,道夫转速 6.5 r/min,刺辊-锡林隔距 0.26 mm,锡林-道夫隔距0.20 mm,道夫-剥棉罗拉隔距0.20 mm。下机条子定量见表 8-14。

表 8-14　各种混纺纤维生条定量

纤维种类	Outlast 调温纤维	1.2 den 黏胶纤维	1.7 den 黏胶纤维	2.2 den 黏胶纤维
下机定量(g/5 m)	21.00	18.87	22.12	17.63

(2) 条并工艺。

Outlast 调温纤维　头并(8 根)→二并(6 根)

黏胶纤维　头并(8 根)→二并(6 根)

}→混并一(8 根,各 4 根)→混并二(8 根)

→混并三(6 根)

罗拉中心距 45×43×54(mm)。混并下机熟条定量见表 8-15。

表 8-15　下机熟条定量

混纺纱编号	1#（混入 1.2 den 黏胶纤维）	2#（混入 1.7 den 黏胶纤维）	3#（混入 2.2 den 黏胶纤维）
下机定量(g/5 m)	15.00	15.06	15.04

（3）粗纱工艺。罗拉中心距 $40\times53\times61$(mm)，罗拉加压 $120\times150\times100\times150$(N/双锭)，后区牵伸1.26 倍，捻度 60 捻/m。粗纱下机定量见表 8-16。

表 8-16　混纺粗纱下机定量

混纺纱编号	1#	2#	3#
下机定量(g/10 m)	4.86	5.25	5.22

（4）细纱工艺。罗拉中心距 $48\times51\times72$(mm)，罗拉加压 $100\times130\times110\times160$(N/双锭)；后区牵伸 2.63 倍，中区牵伸 1.15 倍，捻度 627.3 捻/m。混纺细纱下机定量见表 8-17。

表 8-17　混纺细纱下机定量

混纺纱编号	1#	2#	3#
下机定量(g/100 m)	1.84	1.84	1.84

3. 调温纤维在纱线中的分布状况研究

（1）混纺纱的纤维分布理论。采用两种不同组分的纤维混纺，充分混合的最佳效果便是两种纤维在混纺纱线的纵向和横向都呈随机状态分布，不可能达到理想状态分布。理想状态分布是，在混纺纱线的任一横截面上，两种混纺纤维既保持相同的混纺比例，又在分布状态上完全趋于均匀分布。因为随着某种纤维组分在混纺纱中的含量增多，此种纤维在混纺纱线中会出现集束现象，从而不可能实现在混纺纱任一截面中的均匀分布。在纱线加捻过程中，纱线中的纤维会因受力不均匀而发生内外转移现象，混纺用纤维性质差异越大，转移规律越明显；混纺纱线中两种纤维的细度、长度以及混纺比例不同时，会出现纤维组分的优先分布，一般长而细的纤维会趋于向混纺纱线的中心转移，短而粗的纤维则更趋向于向混纺纱线的表面转移。

人们通常采用汉密尔顿（Hamilton）转移指数法表示混纺纱中纤维组分的转移情况。汉密尔顿转移指数是以计算纤维在混纺纱线截面中的分布矩为基础，求出两种纤维中的某一纤维向外或是向内转移分布的参数。它是测定和分析混纺纱线中纤维径向分布的常用方法，其计算结果用 M 表示。一般 M 值在 $-100\%\sim+100\%$。$M=0$ 表示该组分纤维在混纺纱线中是均匀分布的；$M<0$ 表示该组分纤维优先向混纺纱线内部转移；$M>0$ 表示该组分纤维优先向混纺纱线外部转移，且 M 的绝对值越大表示该种纤维的转移程度越明显。

（2）Outlast 调温纤维在混纺纱中的分布情况。采用汉密尔顿转移指数法来探讨混纺纱中 Outlast 调温纤维的分布状态及转移规律。Outlast 调温纤维与不同细度普通黏胶混纺纱的横截面如图 8-12 所示，图中亮度较暗且呈现多孔结构的纤维即 Outlast 调温纤维。汉密尔顿转移指数计算结果见表 8-18。

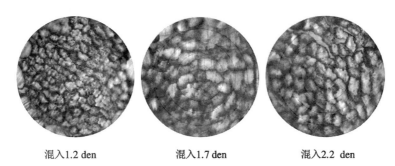

混入1.2 den　　　　　混入1.7 den　　　　　混入2.2 den

图 8-12　不同细度普通黏胶的混纺纱横截面

表 8-18　混纺纱中 Outlast 调温纤维汉密尔顿转移指数计算结果

混纺纱编号	Outlast 与黏胶的混纺比例	黏胶纤维纤度（den）	汉密尔顿转移指数（%）
1#	40/60	1.2	28.88
2#	40/60	1.7	1.94
3#	40/60	2.2	−17.08

由表 8-18 可知：采用纤度为 1.2 den 的普通黏胶与 Outlast 调温纤维进行混纺，所纺制混纺纱中 Outlast 调温纤维的汉密尔顿转移指数计算结果为＋28.88%，表明 Outlast 调温纤维在混纺纱中优先向纱线外部转移；采用纤度为 1.7 den 的普通黏胶所纺制的混纺纱中 Outlast 调温纤维的汉密尔顿转移指数的绝对值接近于 0，表明 Outlast 调温纤维在混纺纱中是趋近于均匀分布；采用纤度为 2.2 den 的普通黏胶与 Outlast 调温纤维纺制的混纺纱中 Outlast 调温纤维的汉密尔顿转移指数计算结果为−17.08%，表明 Outlast 调温纤维在混纺纱中优先向纱线内部转移。

综上所述，通过采用不同细度的普通黏胶与 Outlast 调温纤维进行混纺，可使 Outlast 调温纤维在混纺纱中有选择性的分布，即 Outlast 调温纤维趋于外层分布、均匀分布以及趋于内层分布。

4. 混纺纱线性能测试结果及分析

（1）DSC 分析。分别对 1#、2#、3# 纱线进行 DSC 分析，测试仪器采用德国 NETZSCH 公司 DSC204F1；高纯氩气；流速 25 mL/min；温度范围为−40 ℃～80 ℃～−40 ℃；升降温速率为 10 K/min。测试结果见图 8-13。

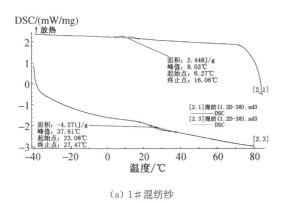

（a）1# 混纺纱

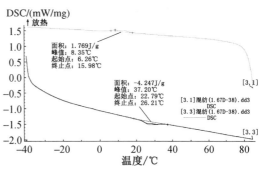

（b）2# 混纺纱

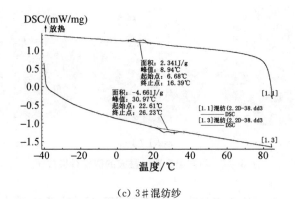

（c）3#混纺纱

图 8-13　三种混纺纱的 DSC 测试结果

对比三种纱线的 DSC 测试结果可知：Outlast 调温纤维在外层分布纱线的相变放热起始温度为 6.26 ℃，与均匀分布纱线的相当，较内层分布纱线的低，相变吸热终止温度为 27.47 ℃，较均匀分布和内层分布纱线的高，说明 Outlast 调温纤维趋于外层分布的纱线，其对外界环境温度的变化相对于均匀分布和内层分布的纱线更为敏感，相变温度区域更宽，但三种混纺纱线的储能量基本趋于一致。由此可知，Outlast 调温纤维在混纺纱中的分布状态会对其温度调节功能的发挥产生一定的影响，但对纱线吸收或释放热的总量影响不显著。相比而言，Outlast 调温纤维趋于混纺纱外层分布的 1#纱结构相对更为合理。

（2）纱线条干测试。使用 YG136 条干均匀度分析仪测试纱线条干，测试结果见表 8-19。

表 8-19　细纱条干测试结果

混纺纱编号	CV（%）	细节（个/km）	粗节（个/km）	棉结（个/km）
1#	21.06	110	55	55
2#	23.74	430	430	660
3#	26.02	1040	1150	1500

由测试结果可知，采用 1.2 den 普通黏胶纤维纺制的 1#混纺纱，无论细纱条干，还是细节、粗节及棉结指标，均优于其他两种混纺纱。

（3）纱线强伸性和毛羽值测试。使用 YG061F 电子单纱强力仪测纱线强伸性，使用 YG173 型毛羽仪测纱线毛羽，结果见表 8-20。

表 8-20　混纺纱的强伸性和毛羽值

混纺纱编号	断裂强度（cN/tex）	断裂伸长率（%）	毛羽值	毛羽值 CV（%）	3 mm 毛羽指数
1#	10.34	11.99	4.5	5.67	9.18
2#	9.15	10.62	4.68	4.45	11.59
3#	8.95	7.39	6.31	5.91	19.89

由测试结果可知,采用 1.2 den 普通黏胶纤维混纺的 1♯纱线具有更优异的强伸性能,这是因为其单纤维较细,在同比例混纺的情况下纤维间接触面积相对更大,增加了混纺纱中各纤维间的抱合力。又因其纤维间抱合力好,故使其纱线表面毛羽少,纱线更为光滑。而采用 2.2 den 普通黏胶纤维的 3♯混纺纱,由于纤维较粗,模量较大,弯曲性能较差,在混纺过程中会造成更多的纤维头端露在纱线的表面形成毛羽。

5. 混纺比对纱线调温性能的影响

设计 Outlast 调温/黏胶纤维的混纺比分别为 0/100、15/85、25/75、30/70、35/65、40/60、45/55、50/50、60/40、100/0,纺制线密度为 18.2 tex 的混纺纱。对纱线进行 DSC 分析,将各混纺比纱线的吸热与放热测试结果绘制成曲线,如图 8-14 所示。

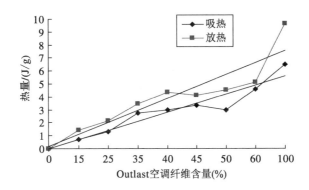

图 8-14 各混纺比纱线的吸热与放热测试结果

由图 8-14 可知,混纺纱所储存的热量主要与 Outlast 调温纤维的含量有关。随着 Outlast 调温纤维含量的增加,每克混纺纱线所存储的能量,既相变时吸收或者放出的能量均基本成正比关系增长。当混纺比大于 45/55 时,混纺纱的储能效果虽能基本保持增长趋势,但增长量有所下降,图中显示为实测值在趋势线下方,且偏离趋势线较远;当纱线为 Outlast 调温纤维纯纺纱时,实测值在趋势线上方,且偏离趋势线较远。导致这些现象的原因是纺纱过程中 Outlast 调温纤维静电现象严重,飞毛较多。随着混纺比例的增加,其混纺纱的可纺性能下降,Outlast 调温纤维的损耗加大,影响混纺纱中 Outlast 调温纤维混纺比的准确性,进而影响纱线的调温效果。因此,Outlast 调温纤维不适合开发高比例的混纺纱线。

(四)织造工艺参数

织物主要规格及上机参数见表 8-21。

表 8-21 织物主要规格及上机参数

织物编号	成品密度(根/10 cm)		上机密度(根/10 cm)		织造缩率(%)		箱号(齿/10 cm)	总经根数
	经向	纬向	经向	纬向	经向	纬向		
Z1♯	374	374	328	332	12	10	82	5610
Z2♯	365	359	328	325	9	8.5	82	7300
Z3♯	374	359	336	325	9	8.5	82	7480

（五）织物性能测试

1. 服用性能测试

服用性能测试结果如表 8-22 所示。

表 8-22　织物的服用性能测试结果

织物编号	面密度（g/m²）	厚度（mm）	光泽度（%）	透气量（L/m²·s）	耐磨次数	悬垂系数（%）	保暖率（%）	热传导系数（W/m²·℃）	克罗值（clo）
Z1♯	122.0	0.57	10.8	240	96	51.0	22.10	25.22	0.28
Z2♯	116.2	0.52	10.6	243	48	34.4	9.86	48.64	0.10
Z3♯	120.0	0.67	10.58	274	53	42.6	9.24	50.36	0.09

由表 8-22 可知，织物的各项服用性能与织物组织有关。织物表面比较平整、密实的织物，光泽度较好；表面有褶皱、结构较稀疏的织物，光泽度较差。经纬纱交织次数越多、密度越大的织物，其透气性和悬垂性越差，而耐磨性越好。织物组织的浮长越长，织物中的空隙越多，保暖性越差。

2. 调温性能测试

（1）组织对调温性能的影响。对三种织物进行调温性能的测试，结果见图 8-15。

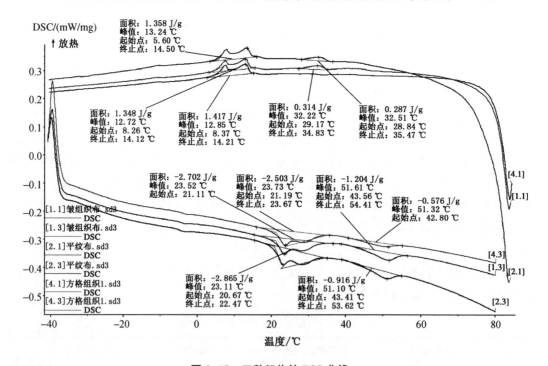

图 8-15　三种织物的 DSC 曲线

由图 8-15 可知，调温织物的调温性能与织物组织有密切关系。在放热阶段，Z1♯（平纹）和 Z3♯（绉组织）有两个相变过程，而 Z2♯（方格）只有一个相变过程。Z3♯的相变焓总值为 1.662 J/g，是最大的。Z1♯为 1.645 J/g，Z2♯为 1.417 J/g，这是因为 Z2♯织物的方格组织中经纬间交织点较少,浮长较长,织物表面空隙较大,影响了调温性能的发挥。在吸热过程中,这三种织物均有两个相变过程,但相对于其他两种织物,Z3♯的相变范围比较大,且相变焓值仍最大,为 3.906 J/g。Z1♯为 3.781 J/g,Z2♯为 3.084 J/g。因此,Z3♯织物的调温性能优于其他两种组织织物。

（2）洗涤对调温性能的影响测试。选择 Z3♯织物,分别洗涤 50 次、100 次后进行调温性能测试,结果见图 8-16。

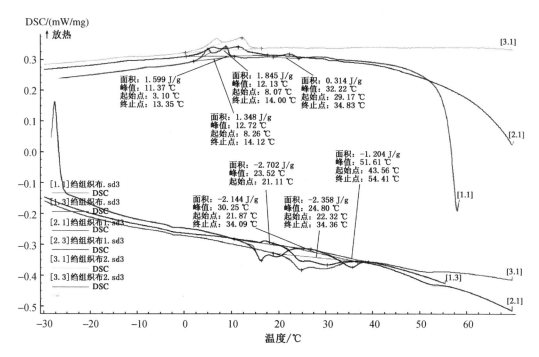

图 8-16　Z3♯织物未经洗涤、洗涤 50 及 100 次的 DSC 曲线

由图 8-16 可知,随着洗涤次数的增加,织物的相变温度范围变窄,相变焓变小,调温性能逐渐降低。洗涤 50 次后,其相变焓总值由未洗涤的 5.568 J/g 下降为 4.203 J/g,下降率为 24.5%。洗涤 100 次后,相变焓总值下降为 3.743 J/g,下降率为 10.9%。可见,随着洗涤次数的增加,调温性能的下降程度趋于变小;洗涤虽使织物的调温性能下降,但织物仍具有较高的相变焓,调温性能较好。

第三节　干爽型调温织物的设计与生产

一、干爽型调温织物的功能与用途

相对于单一功能的纺织品,复合功能纺织品可以更好地适应当代的消费理念,特别是对于特种用途的服装,只满足一种功能或性能已很难兼顾到人们实际穿着的需求。因此,

255

需要多种功能复合附加于同一织物,才能满足人们对服用织物的要求。尤其是服装穿着环境相对密闭的行业领域,例如高压线路检修工人在检修线路时所穿的绝缘服,是采用纯橡胶制作而成,厚度为 20 mm,穿着时几乎不透气;冷库搬运工在工作时穿着的厚重防寒服也形成相对密闭的穿着微环境;再如冰球运动员在竞赛中穿着的运动服采用轻体硬质塑料为外壳,内衬海绵或泡沫塑料软垫作为防护用具,服装体积庞大。这些特殊用途服装无法满足穿着者在高排汗量的同时仍保持舒适,而干爽型调温织物可保证穿着者在高温、低温等工作环境、或在剧烈运动时的穿着舒适性。

二、干爽型调温织物的作用机理

建立一种能够体现干爽调温功能的织物结构,该种结构的织物应具备导湿、吸湿及调温功能,使处在高温、低温或剧烈运动状态的人群穿着舒适。这种织物结构可以是单层、双层及多层。织物的接触皮肤层具有导湿性能,可将皮肤表面的水分迅速传导至外表层,使皮肤保持干爽,织物的外表层具有良好的吸湿性,可迅速将接触皮肤层导出的水分吸收掉。为实现调温性能,可在接触皮肤层加入调温功能纤维,而不是织物外表层。这样首先可使调温功能在接触皮肤层充分发挥调温功能,避免调温功能从织物外层向内层或在层与层传递中减弱效果。其次调温功能置于接触皮肤层,可为外表层留有足够的空间,增加吸湿纤维的含量,提升织物的吸湿效果。设计纱线时,需选用不同细度的纤维或者纱线分别作为织物的接触皮肤面和外表面。设计织物密度时,将接触皮肤面和外表面的密度设计为不同。设计组织时,将接触皮肤面和外表面组织的平均浮长设计为不同,以使织物获得差动毛细效应,使接触皮肤面的水分自发的导向外表面,且因织物两侧压强差的存在,外表面积蓄的水分不会倒流回接触皮肤面。

三、干爽型调温织物的测试与评价方法

(一)水分传导性能

参照标准 GB/T 12704.1—2009《纺织品　织物透湿性试验方法　第 1 部分:吸湿法》、AATCC TM 195—2009《织物的液态水分管理特性》、GB/T 21665.2—2009《纺织品　吸湿速干性的评定　第 2 部分:动态水分传递法》。

(二)水分吸储性能

参照标准 GB/T 9995—1997《纺织材料　含水率和回潮率的测定　烘箱干燥法》、GB/T 21655.1—2008《纺织品　吸湿速干性的评定　第 1 部分:单项组合试验法》。

(三)温度调节性能

使用 Mettler-Toledo DSC822 型差式扫描量热仪进行测试。试验气氛为氮气,流速为 25 mL/min,温度范围设定 $-40\ ℃\sim-80\ ℃\sim-40\ ℃$,升温速度为 10 K/min。测试指标为相变起始温度、相变终止温度、相变焓。

四、干爽型调温织物的设计研发实例

(一)设计思路

选用调温功能纤维、导湿功能纤维和吸湿功能纤维,配合织物组织结构的设计,开发一种可调温、导湿吸湿的织物,以解决相对密闭穿着环境下的湿热、湿冷问题,获得干爽、温度适宜的舒适穿着微环境。

(二)织物设计

1. 纤维原料选择

用 CoolMax 纤维的细度为 1.63 dtex,长度为 38 mm;黏胶纤维的细度为 1.58 dtex,长度为 38 mm;Outlast 空调纤维的细度为 1.89 dtex,长度为 38 mm;棉纤维的细度为 1.43 dtex,长度为 32 mm。

2. 纱线设计

设计导湿功能纱为 CoolMax/棉(50/50)混纺纱,350 捻/m,线密度 18.2 tex;调温功能纱为棉/Outlast(70/30)混纺纱,400 捻/m,线密度 25 tex;吸湿功能纱线为黏胶纯纺纱,550 捻/m,线密度 18.2 tex。

3. 组织结构设计

设计外表层为吸湿层,接触皮肤层为导湿和调温层,接结双层组织见图 8-17。表里

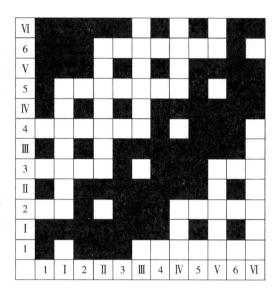

图 8-17　接结双层织物组织图

层纱线排列、织物中四种纤维的含量比如表8-23,表中 Co 代表 CoolMax,Out 代表 Outlast。织物经纬紧度均为80%。

表 8-23　双层织物的经纬纱排列比及纤维含量比

织物编号	经纱排列比			纬纱排列比			纤维含量比/% 黏胶:Co:棉:Out
	黏胶纱	Co/棉纱	棉/Out 纱	黏胶纱	Co/棉纱	棉/Out 纱	
1#	2	1	1	1	1	0	50:20:27:3
2#	2	1	1	5	4	1	50:17.5:28:4.5
3#	2	1	1	3	2	1	50:15:29:6
4#	2	1	1	2	1	1	50:12.5:30:7.5
5#	2	1	1	3	1	2	50:10:31:9

(三)织物性能测试

1. 水分传导性能

(1)导湿性能。织物的透湿率测试结果见表 8-24。

表 8-24　织物的透湿率

织物编号	1#	2#	3#	4#	5#
透湿率(g/m² · h)	307	291	257	212	153

由表 8-24 可知,织物的透湿率随着 CoolMax 含量的增加、棉纤维含量的减少而增大。其原因是 CoolMax 为疏水性纤维,当气态水遇到含有 CoolMax 纤维的织物表面时,将从纤维间缝隙和织物中的空隙穿过,不会像棉纤维那样接触水后会迅速与纤维内部亲水性基团结合、润湿织物表面,从而阻碍气态水的通过。

(2)导水性能。使用锡莱亚太拉斯(深圳)有限公司生产的 M290-MMT 液态水分管理测试仪,参照 GB/T 21665.2—2009《纺织品　吸湿速干性的评定　第 2 部分:动态水分传递法》进行测试,测试结果见图 8-18。

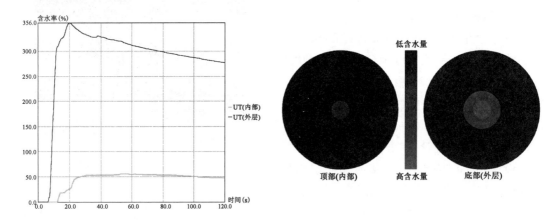

(a) 1#织物

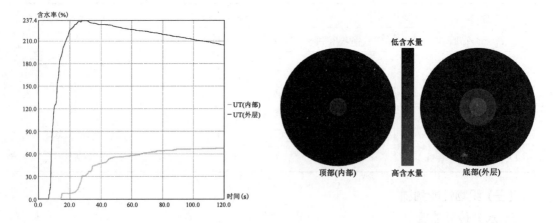

(b) 2#织物

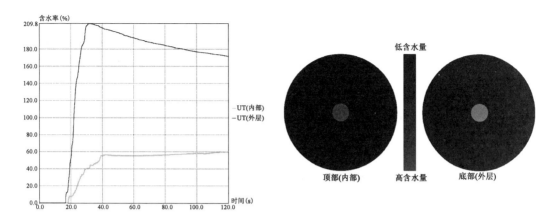

（c）3＃织物

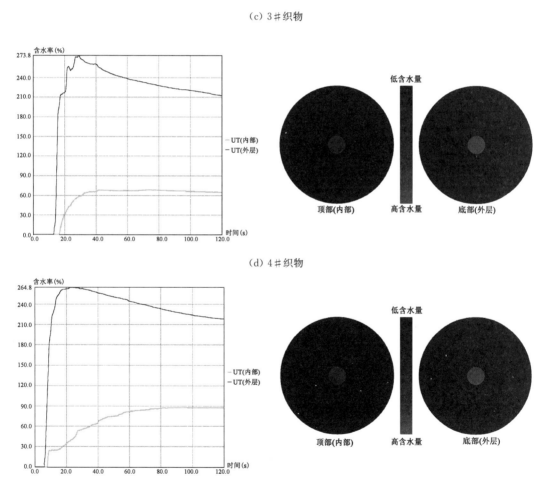

（d）4＃织物

（e）5＃织物

图 8-18　织物的水分含量及浸湿半径

由图 8-18 可知,织物接触皮肤层的 CoolMax 纤维含量越高,对水的传导效果越好,外表层黏胶纤维含量越高,吸水速率就越快。因接触皮肤层 CoolMax 纤维含量越高,棉纤维含量就越低,皮肤接触层的含水量就越少,织物皮肤接触面就越干爽。具体表现在织物皮肤接触层的润湿面积小于外表层,因为当水滴入织物时,大部分被接触皮肤层的导水纤维 CoolMax 快速传递至外表层,小部分被接触皮肤层的棉纤维吸收,导出至外表层的水被黏胶纤维吸收,故在双层织物的皮肤接触面有较小的润湿面积,而在外表面形成较大的润湿面积。当棉纤维含量增大时,内外两面吸收水分的差异变小,浸湿面积差异也减小。

2. 水分吸储性能

织物的吸湿率和吸水性测试结果见表 8-25。

表 8-25　干爽型调温织物的吸湿率和吸水性

织物编号	1#	2#	3#	4#	5#
吸湿率(%)	15.67	15.75	15.88	15.98	16.04
吸水率(%)	425.789	477.138	481.590	490.949	521.157

干爽型调温织物的吸湿率和吸水率均呈随着织物中黏胶和棉纤维含量的增加而增大。

3. 温度调节性能

试验使用 Mettler-Toledo DSC822 型差式扫描量热仪进行测试。试验气氛为氮气;流速为 25 mL/min;温度范围设定为 $-40\ ℃\sim-80\ ℃\sim-40\ ℃$;升温速度为 10 K/min。测试结果见图 8-19。

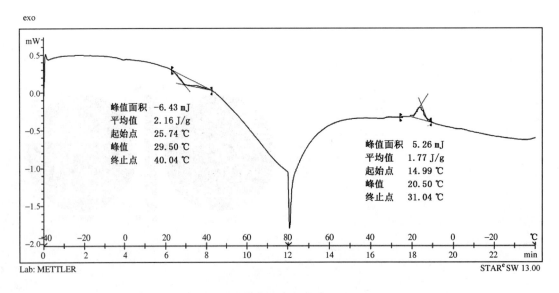

（a）1#织物

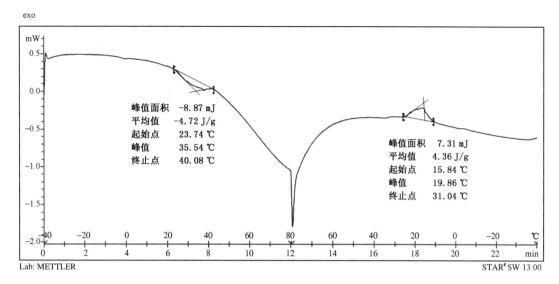

（b）3#织物

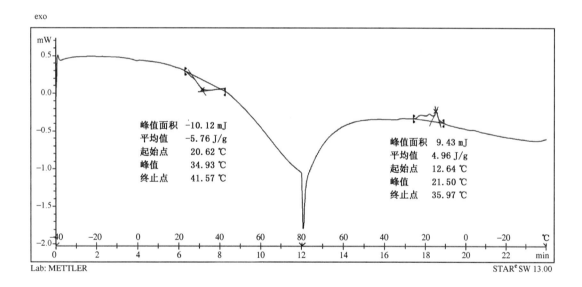

（c）5#织物

图 8-19　干爽型调温织物的 DSC 曲线

从图 8-19 中 DSC 曲线可知,三种织物在升温和降温过程中均经历一次相变过程。在升温过程中,相变材料开始吸热,由固态逐步转变为液态。随着 Outlast 纤维含量的增加,相变起始温度变小(由 25.74 ℃减小到 20.62 ℃),即相变开始温度降低,结束温度变大(由 40.04 ℃增大到 41.57 ℃),即相变结束温度升高,相变温度变化范围增大。在降温过程中,相变材料开始释放热量,由液态转变为固态,随着 Outlast 纤维含量的增加,相变起始温度变大(由 31.04 ℃增大到 35.97 ℃),即相变开始温度升高,结束温度变小(由 14.99 ℃减小到 12.64 ℃),即相变结束温度降低,相变温度变化范围同样增大。两个相变过程吸收和释放的焓值总量则随着 Outlast 纤维含量的增加而增大,调温能力增大。

4. 织物的耐磨性和悬垂性

织物的耐磨性和悬垂性测试结果见表 8-26。

表 8-26　双层干爽型调温织物耐磨性测试结果

织物编号		1#	2#	3#	4#	5#
耐磨次数	外表面	95	94	92	93	92
	接触皮肤面	205	196	188	171	162
悬垂系数(%)		40.5	42.3	41.9	43.8	42.5

由表 8-26 可以看出,因织物外表面为黏胶纤维纱,易磨损,故耐磨次数小于接触皮肤层。接触皮肤层的耐磨次数随 CoolMax 纤维降低、棉和 Outlast 纤维的增加而下降。由此可知,CoolMax 纤维的耐磨性好。因系双层织物,故悬垂系数均较大,织物较硬挺。

参考文献

［1］岳莉. 棉/化纤复合导湿织物的开发及其测试评价方法［D］.西安:西安工程大学,2014:8-15,22-24,29-44.

［2］郑晓晴. 吸湿导湿织物的开发及结构研究［D］.西安:西安工程大学,2019:7-13,27-36.

［3］杨仲成. Outlast 空调纤维混纺纱结构对其性能影响的研究［D］.西安:西安工程大学,2012:18-27.

［4］赵雪婷. Outlast 空调纤维织物的设计及应用研究［D］.西安:西安工程大学,2011:34-46.

［5］李成卓. 干爽型调温织物的开发与研究［D］.西安:西安工程大学,2016:22-45.

第九章 特殊功能织物的设计与生产

第一节 智能纺织品的设计与生产

一、智能纺织品的特征与分类

（一）智能纺织品的特征

通常智能纺织品应具备功能的复合和仿生两大要素，故智能纺织品应包含以下智能功能和生命特征。

（1）传感功能。能感知自身所处的环境与条件。

（2）反馈功能。可利用传感比照输入与输出系统的信息，并把其实际结果反馈给控制系统。

（3）信息识别与积累功能。能辨明传感系统获得的多种信息并将其积攒起来。

（4）响应功能。随外界条件的改变及时做出反应。

（5）自诊断能力。能自动分析比较系统现在和之前的状况，进行自诊断并给以校正。

（6）自修复能力。能通过自繁殖、自生长、原位复合等再生机制来修补某些局部损坏。

（7）自适应能力。根据不断变化的外部环境和条件能实时自动调整自身结构和功能，并做出相应改变，从而使材料系统始终以一种优化方式对外界变化作出恰当的响应。

（二）智能纺织品的分类

智能纺织品可分为被动智能、主动智能和高级智能三类。

（1）被动智能纺织品。此类纺织品仅可以感受外界条件和环境的改变。如光导纤维、士兵工作服、导电纺织品以及压敏织物等都是典型代表。

（2）主动智能纺织品。此类纺织品中不仅能感知刺激和外界环境的改变，还可以做出相应改变以配合外界环境的改变。如形状记忆织物、变色织物、芳香纺织品等都是其典型代表。

（3）高级智能纺织品。此类纺织品不仅能够感受到外界条件并作以相应改变，还能体现出动态的自适应性。如柔性传感材料、柔性自动显示材料等，以实现智能监测人体体温和心率、报警、定位以及温度的调节。

二、基于检测地板电压的智能绝缘鞋用柔性传感元件的设计与研发

（一）设计思路

设计一款柔性传感元件，它被应用于能自动检测地板电压的智能绝缘鞋中。当鞋底探

头触地后,通过柔性传感元件、变压系统和灯带形成一个闭合回路,根据探头测得的地面电压显示不同颜色,当地面电压经变压系统转换后在安全电压范围内,灯带显绿色,若超过安全电压范围,则灯带呈红色,发出危险警报。

(二)柔性传感元件的制备与开发

1. 导电纤维材料的选择

常用导电纤维的性能见表 9-1。

表 9-1 常用导电材料的强伸性及电阻率

导电纱种类	伸长率(%)	强度(cN/dtex)	模量(cN/dtex)	电阻率($\Omega \cdot cm$)
不锈钢纤维	36.32	2.2	20.82	4.21×10^{-5}
镀银纤维	42.9	2.85	12.6	6.02×10^{-4}
铜纤维	32.6	4.2	9.0	3.0×10^{-1}
炭黑导电纤维	63.5	2.4	3.62	22.1

从表 9-1 可知,四种导电材料中,不锈钢纤维的拉伸强度最低,为 2.2 cN/dtex,但也已远大于普通纺织纤维,能满足上机织造对强度的要求。由于不锈钢纤维的模量大,易脆断,故上机织造时要配以合理的工艺参数,且不锈钢纤维的电阻率最小,导电性能最好,故本次开发选不锈钢纤维为导电纤维材料。

2. 柔性传感元件的开发

(1)柔性传感元件的结构设计。使用不锈钢纤维,设计针织物结构的柔性传感织物。针织物是由许多相同的线圈穿套而成,其电阻会随着线圈形态的变化而发生改变。假设针织物的线圈长度与实际长度相当,针织物中所有线圈的外观形态和线圈大小相同,组成针织物的纱线除交叠处为曲线外,其余均为直线。因导电纱线的半径足够小,其半径与线圈长度之比不超过 $1 : 25$,那么,可用电阻六角模型模拟针织物结构的等效电阻,如图 9-1所示。

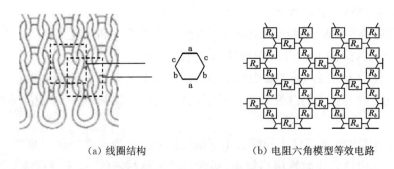

(a)线圈结构　　　　　　　(b)电阻六角模型等效电路

图 9-1 单位线圈结构和电阻六角模型等效电路

由图 9-1 可知,针织物由 n 个同样的线圈组成,其电路可被看作是由纱线间接触电阻和许多小段纱线电阻形成的串并联复杂电路。R_a 代表长度几乎相等的针编弧和沉降弧的等效电阻,R_b 代表圈柱的等效电阻,R_c 代表纱线间接触电阻。R_a、R_b 只与导电纱线本身有关,忽略交叠处纱线长度对应的电阻值,假定 R_c 只与两纱段接触的正压力有关,那么上图的电阻六角模型就可将整体线圈结构电阻看成是由 R_a、R_b、R_c 组成的复杂的串并联电路。

（2）柔性传感元件的编织。设计三种针织物组织，进行柔性传感元件的编织，组织及织物结构参数见表 9-2。

表 9-2　柔性传感元件的组织及结构参数

织物组织	横密（纵行/50 mm）	纵密（横列/50 mm）	厚度（mm）
纬平针	22	26	0.49
1+1 罗纹	19	20	0.67
2+2 罗纹	18	21	0.83

（三）柔性传感元件的性能测试项目与评价指标

柔性传感元件在绝缘鞋的制作和使用过程中会受到高温、反复拉伸、压缩、弯曲等作用的影响。

1. 拉伸状态下的电学性能测试

使用美国 Instron 织物拉伸测试仪、Agilent 34401A 数字万用表，参照 GB/T 13773.1—2008《纺织品　织物及其制品的接缝拉伸性能　第 1 部分：条样法》测试柔性传感元件在不同拉伸状态下的电阻值。

（1）不同拉伸速率状态下的电阻测量。在 50 mm/min、100 mm/min、200 mm/min、400 mm/min 的速率下测量电阻值。

（2）循环拉伸状态下的电阻测量。将拉伸速率设置为 100 mm/min，拉伸动程为 25 mm，循环周期为 20 次，测量每个拉伸循环的电阻值。

（3）满载后电阻测量。将拉伸伸长率定为 25%，测量 5 min 的拉伸时间内电阻值的变化情况，通过记录该时间段内电阻的最大值和最小值，分析柔性传感元件的应力松弛特性。

2. 不同温度下的电学性能测试

测试 25～250 ℃范围内电阻值的变化情况。

3. 柔性传感元件传感特性的评价指标

根据 GB/T 13992—1992 国家标准，传感性能的评价指标有灵敏度、线性度、重复性、拉伸松弛性等四种。

（1）灵敏度。指输出增量与输入增量的比值。本例中，输出增量为试样电阻值的变化量，输入增量为所施拉力的变化值。

（2）线性度。指试样电阻与其形变（伸长率）的线性相关性。

（3）重复性。反映试样在相同负荷下被反复作用过程中，其输出量所产生的误差大小。误差越小，重复性越好。用于反映试样传感特性的相对稳定性。

（4）拉伸松弛性。试样在恒定条件下被拉伸变形，随时间逐渐增加而表现出松弛疲劳的现象。

（四）柔性传感元件的传感性能研究

1. 组织结构对柔性传感元件传感性能的影响

三种结构柔性传感元件的电阻与伸长率的关系如图 9-2 所示。

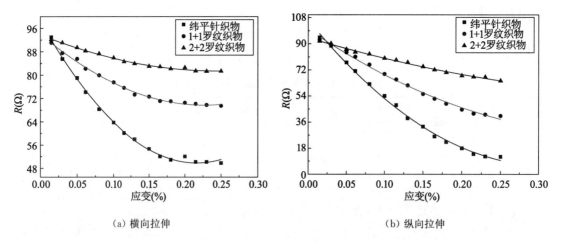

（a）横向拉伸　　　　　　　　　　　　　　（b）纵向拉伸

图9-2　不同组织结构试样电阻随应变变化

为了能准确发现柔性传感元件试样电阻与对应形变的关系,对二者分别进行线性回归和二次多项式回归,得到回归相关系数R^2。R^2反映了柔性传感元件电阻与伸长率之间的线性相关程度,结果见表9-3。R^2越趋近于1,表明拟合程度越好。柔性传感元件的灵敏度用GF表示。GF越大,灵敏度越高,其计算公式:

$$GF = \frac{(R - R_0)/R_0}{\Delta L/L} = \frac{\Delta R/R_0}{\varepsilon} \tag{9-1}$$

式中:R——柔性传感元件被拉伸后的电阻值,Ω;

$\quad\quad R_0$——原始电阻值,Ω;

$\quad\quad \varepsilon$——柔性传感元件的伸长率,%。

表9-3　柔性传感元件的拉伸电阻-伸长率拟合结果

试样	电阻与伸长率线性拟合直线	R^2	电阻与伸长率二次拟合曲线	R^2	GF
纬平针（横向）	$y=-176.377x+85.96$	0.862	$y=1042.296x^2-450.54x+98.531$	0.996	1.858
1+1罗纹（横向）	$y=-90.508x+88.378$	0.886	$y=467.977x^2-213.612x+94.053$	0.994	0.949
2+2罗纹（横向）	$y=-46.860x+91.328$	0.916	$y=502.173x^2-100.827x+93.803$	0.993	0.915
纬平针（纵向）	$y=-374.198x+93.938$	0.964	$y=1032.781x^2-645.859x+106.393$	0.997	4.494
1+1罗纹（纵向）	$y=-263.147x+96.346$	0.992	$y=439.147x^2-358.374x+100.081$	0.995	3.635
2+2罗纹（纵向）	$y=-116.613x+92.372$	0.988	$y=151.755x^2-156.530x+94.202$	0.994	1.31

从图9-2和表9-3可知,三种结构柔性传感元件的电阻均随伸长率的增加而呈下降趋势,二次回归拟合后的R^2均大于0.99,表明拟合程度都很高。虽然电阻整体都呈下降趋势,但横向拉伸时电阻变化较小,纵向拉伸时电阻变化较大,故纵向拉伸时柔性传感元件的灵敏度较横向的要高,这是针织物的结构所致。三种柔性传感元件中纬平针结构的灵敏度最高。

2. 不同拉伸速度对柔性传感元件传感性能的影响

不同拉伸速率下三种结构柔性传感元件电阻与伸长率的关系见图9-3和表9-4。

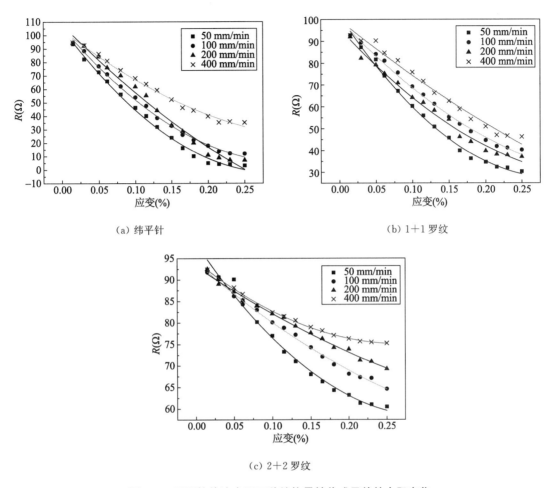

（a）纬平针　　　　　　　　　　　　　　　（b）1＋1 罗纹

（c）2＋2 罗纹

图 9-3　不同拉伸速率下三种结构柔性传感元件的电阻变化

表 9-4　不同拉伸速度下各试样电阻-伸长率的二次项拟合结果

试样	拉伸速率（mm/min）	二次项拟合方程	R^2	GF	导函数值
纬平针	50	$y=432.195x^2-263.854x+98.574$	0.984	4.490	−155.805
纬平针	100	$y=151.755x^2-156.530x+94.202$	0.995	4.480	−118.591
纬平针	200	$y=103.259x^2-121.040x+93.204$	0.993	4.486	−95.225
纬平针	400	$y=269.259x^2-144.318x+94.454$	0.998	4.474	−77.003
1＋1 罗纹	50	$y=868.482x^2-508.546x+102.018$	0.995	3.630	−291.425
1＋1 罗纹	100	$y=439.147x^2-358.374x+100.081$	0.994	3.622	−248.587
1＋1 罗纹	200	$y=490.141x^2-368.103x+96.093$	0.988	3.625	−245.568
1＋1 罗纹	400	$y=175.321x^2-272.324x+99.834$	0.983	3.619	−228.494
2＋2 罗纹	50	$y=432.195x^2-263.954x+98.575$	0.984	1.306	−155.905
2＋2 罗纹	100	$y=151.755x^2-156.530x+94.202$	0.995	1.303	−118.591
2＋2 罗纹	200	$y=103.259x^2-121.041x+93.204$	0.993	1.301	−95.226
2＋2 罗纹	400	$y=269.259x^2-144.318x+94.455$	0.997	1.294	−137.00

从上图和表中可知,无论哪种结构的传感元件,拉伸速度越低,电阻值变化量越大。这是因为低速拉伸时,试样可以随应力的缓慢增加而快速作出响应,相应的电阻阻值也会随即发生改变。若拉伸速率过快,试样来不及作出响应,电阻阻值也不会立即发生改变,从而表现出较低的灵敏度。比较三种结构柔性传感元件的灵敏度可知,在不同拉伸速度下,纬平针结构灵敏度最高。

3. 循环拉伸对柔性传感元件传感性能的影响

三种结构柔性传感元件反复拉伸 20 次的电阻变化见图 9-4。

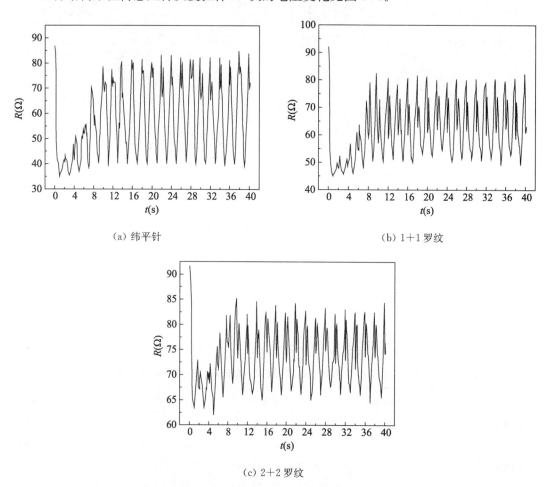

(a) 纬平针   (b) 1+1 罗纹

(c) 2+2 罗纹

图 9-4　三种柔性传感元件循环拉伸过程中电阻的变化

图 9-4 表明,三种结构柔性传感元件在 20 次循环拉伸过程中,其电阻变化均为拉伸时降低,回复时增加,且在初次循环拉伸时电阻值非常大,返回时电阻值却很小。之后,随着循环拉伸过程的进行,回复过程中的电阻值慢慢增大。因为在施加外力过程中,柔性传感元件的伸长主要为圈柱向圈弧部分移动,当作用力移除后,纱线反向移动,克服摩擦阻力使柔性传感元件得以回复,在开始进行拉伸时,试样间的接触压力很小,随着拉伸力的增加,接触力渐渐增加,由公式 $R_c = \dfrac{\rho}{2}\sqrt{\dfrac{\pi H}{nP}}$ 知,电阻呈下降趋势,但在回复阶段,线圈因为没有

完全克服摩擦阻力,导致柔性传感元件发生小部分塑性变形而无法返回到初始形态。即使回到初始形态其接触压力也比未拉伸前要大,所以柔性传感元件电阻会比刚开始拉伸时的电阻小很多。

(1)三种结构柔性传感元件反复拉伸时的灵敏度。20 次循环拉伸后三种结构柔性传感元件的灵敏度见表 9-5。

表 9-5 三种结构柔性传感元件的传感灵敏度

试样	$R_{max}(\Omega)$	$R_0(\Omega)$	$\Delta R(\Omega)$	$L_0(mm)$	$\Delta L(mm)$	GF
纬平针	83.828	39.601	44.227	100	25	4.466
1+1 罗纹	83.616	47.002	36.614	100	25	3.116
2+2 罗纹	84.504	64.891	19.613	100	25	1.209

由表 9-5 可知,三种柔性传感元件中,灵敏度最高的是纬平针结构,最低的是 2+2 罗纹。

(2)三种结构柔性传感元件反复拉伸时的稳定性。稳定性反映一段时间后,传感元件输出结果的差异性,用 δ 表示。δ 越小代表相应的稳定性越好,按式(9-2)计算。三种柔性传感元件的稳定性计算结果见表 9-6。

$$\delta = \left| \frac{(R_N - R_{N_0}) - (R - R_0)}{R - R_0} \right| \tag{9-2}$$

式中:R_N——N 次拉伸作用后的电阻值,Ω;

R_{N_0}——N 次拉伸前电阻值,Ω;

表 9-6 三种柔性传感元件试样稳定性结果

试样	第 1 次拉伸 $\Delta R_1(\Omega)$	第 20 次拉伸 $\Delta R_N(\Omega)$	δ
纬平针	41.362	9.904	0.761
1+1 罗纹	40.154	8.125	0.797
2+2 罗纹	19.268	4.646	0.759

三种结构柔性传感元件的 δ 值差别不大,但纬平针和 2+2 罗纹结构的 δ 值小些,稳定性要好些。

(3)三种结构柔性传感元件反复拉伸时的重复性。重复性可以间接评价传感元件传感性能的耐用性。在 20 次循环测试中,选取前一个 3 次和最后一个 3 次循环的电阻值,比较其电阻差值的大小,值越小,重复性好,见表 9-7。

表 9-7 三种结构柔性传感元件重复性结果

试样	前 3 次循环 $R_0(max)(\Omega)$	前 3 次循环 $R_0(min)(\Omega)$	差值 $\Delta R_0(\Omega)$	后 3 次循环 $R(max)(\Omega)$	后 3 次循环 $R(min)(\Omega)$	差值 $\Delta R(\Omega)$	$\Delta R_0 - \Delta R$ (Ω)
纬平针	86.621	34.964	51.657	84.668	39.455	45.123	6.444
1+1 罗纹	91.524	45.054	46.470	81.920	51.821	30.099	16.371
2+2 罗纹	91.626	62.023	29.603	81.053	64.460	16.593	13.010

在三种结构柔性传感元件中,纬平针结构传感元件的电阻差异值最小,即重复性最好。

4. 三种结构柔性传感元件的应力松弛性

柔性传感元件在拉伸变形停留一段时间后,尺寸形态会有所改变,表现出疲劳松弛现象。通过计算柔性传感元件满载后 5 min 内电阻最大值和最小值的差值与最大值的比值来作为应力松弛特性参数,值越大,表明应力松弛特性越差,结果见表 9-8。

表 9-8 应力松弛特性分析表

试样	$R_{max}(\Omega)$	$R_{min}(\Omega)$	应力松弛参数(%)
纬平针	80.251	51.200	36.2
1+1 罗纹	91.028	42.969	52.8
2+2 罗纹	84.182	52.243	37.9

由表 9-8 可看出,纬平针柔性传感元件的应力松弛特性比其他两种罗纹组织的好。其原因是纬平针组织结构密实,线圈间力的作用比较大,外力作用下产生较小的蠕变,故表现出较好的应力松弛特性。

5. 温度对柔性传感元件传感性能的影响

因鞋底加工需在高温下完成,故研究温度对柔性传感元件传感特性的影响,见图 9-5。

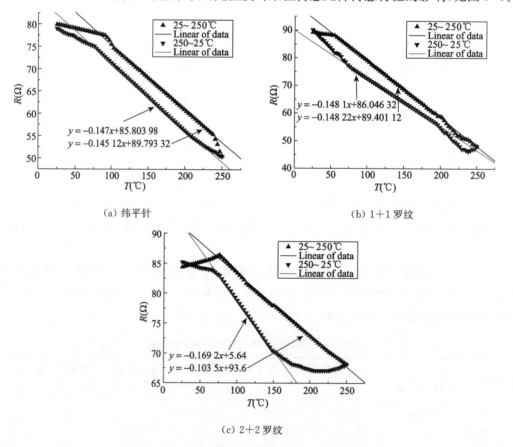

图 9-5 三种结构柔性传感元件电阻随温度变化

图中表明三种结构柔性传感元件的电阻均随温度的增加而减小,在某一区间内电阻值与温度呈线性关系,升温曲线与降温曲线不重合且斜率不同,升温曲线在降温曲线之上。这是因为在升温过程中,纱线自身会因热膨胀而发生形态变化,从而改变线圈结构的接触状态。接触电阻 $R_c = \dfrac{\rho}{2}\sqrt{\dfrac{\pi H}{nP}}$,在温度上升过程中,$\rho$ 有所增加,同时由于纱线发生热膨胀,n 和 P 也会有所增加,而 H 会有所下降。在几个变量中,ρ 的影响较小,故接触电阻 R_c 会随着温度上升而减小。

(1)温度对柔性传感元件灵敏度的影响。高温后经 20 次循环拉伸,柔性传感元件的灵敏度见表 9-9。

表 9-9 高温后柔性传感元件的灵敏度

试样	$R_{max}(\Omega)$	$R_0(\Omega)$	$\Delta R(\Omega)$	GF	与常温下的偏差(%)
纬平针	83.213	39.686	43.527	4.387	1.765
1+1 罗纹	83.812	47.879	35.933	3.002	3.658
2+2 罗纹	83.214	64.432	18.782	1.166	3.556

与常温下柔性传感元件的灵敏度相比,三种结构的灵敏度均有所下降,但下降率较小,不超过 5%,纬平针传感元件的灵敏度下降率最小,灵敏度最高。

(2)温度对柔性传感元件稳定性的影响。高温后柔性传感元件的稳定性见表 9-10。

表 9-10 高温后柔性传感元件的稳定性

试样	第 1 次拉伸 $\Delta R(\Omega)$	第 20 次拉伸 $\Delta R_N(\Omega)$	δ	与常温下的偏差(%)
纬平针	41.218	8.944	0.783	2.891
1+1 罗纹	40.003	6.560	0.836	4.893
2+2 罗纹	19.452	4.280	0.780	2.767

高温后三种传感元件的 δ 值均增大,即稳定性有所下降,纬平针和 2+2 罗纹结构的稳定性较好。

(3)温度对柔性传感元件重复性的影响。高温后柔性传感元件的重复性见表 9-11。

表 9-11 高温后柔性传感元件的重复性

试样	前 3 次循环 $R_0(max)$ (Ω)	前 3 次循环 $R_0(min)$ (Ω)	差值 ΔR_0 (Ω)	后 3 次循环 $R(max)$ (Ω)	后 3 次循环 $R(min)$ (Ω)	差值 ΔR (Ω)	$\Delta R_0 - \Delta R(\Omega)$	与常温下偏差(%)
纬平针	85.544	33.298	52.246	82.364	36.687	45.677	6.569	1.940
1+1 罗纹	89.760	46.329	43.431	80.047	53.614	26.433	16.998	3.830
2+2 罗纹	90.136	61.132	29.004	75.643	60.301	15.342	13.662	5.012

经过高温后三种结构柔性传感元件的电阻差值虽有所变大,但与常温下的偏差不大。

(4)温度对柔性传感元件应力松弛性的影响。高温后柔性传感元件的应力松弛特性见

271

表 9-12。

表 9-12　应力松弛特性

试样	$R_{max}(\Omega)$	$R_{min}(\Omega)$	应力松弛参数(%)	与常温下偏差(%)
纬平针	80.042	50.660	36.708	1.381
1+1 罗纹	89.986	41.587	53.785	1.839
2+2 罗纹	80.127	48.847	39.038	2.894

三种柔性传感元件经高温后,应力松弛特性参数变化都比较小,其中纬平针传感元件的变化量最小。

综上所述,在高温加工过程中柔性传感元件的电阻会因纱线间接触电阻的变化而发生变化,经循环拉伸实验可知,三种结构柔性传感元件仍然具备良好的传感性能,尤其是纬平针结构。

三、用于机器人手的柔性压敏传感系统的设计与研发

(一) 设计思路

设计双层袋状结构针织物,将柔性电极置于针织物中,以导电纱为导线与电极相连并引出,以黏合的方式将聚氨酯发泡海绵柔性衬底与置有柔性电极材料的袋状针织物黏合构成柔性电极复合材料,将柔性压电传感薄膜置于两层柔性电极复合材料中间搭建一个完整的柔性传感电路,构建用于机器人手的柔性压敏传感系统。

(二) 柔性层状复合结构的压力传感系统的研发

1. 柔性电极的设计

(1) 柔性电极基布与电极材料的设计。以纬平针为基础设计双层袋状结构作为柔性电极基布,选用镀银导电织物为电极材料(表面电阻率为 1.81×10^{-1} Ω),基布结构如图 9-6所示。

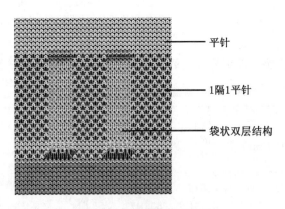

图中标注:平针　1隔1平针　袋状双层结构

图 9-6　双层袋状针织结构

(2) 机器人手参数设计。柔性压敏传感系统的传感电路需要在机器人手上设计,机器人手的参数见表 9-13。

表 9-13　机器人手的参数

食指及小指长 （mm）	拇指长 （mm）	其余手指 长度（mm）	手指间间距 （mm）	手腕周长 （mm）	手指周长 （mm）	手指直径 （mm）	关节最大 弯曲（°）
102	70	105	12	204	66	21	45°

（3）柔性电极尺寸与电路分布设计。人类手指有着中间厚两边薄的生理结构特点，在触碰感知物体时属正压力接触，即指头中尖部分最先接触感知、感觉最为灵敏。选取机器人手单根手指为研究对象，设计压力传感电路如图 9-7 所示。图中方形块为电极材料，边长可设计为 6 mm、7 mm、8 mm，材料的电阻率与边长成反比，"L"形线为导线，三个椭圆区为手指三个接触压力传感区域的最敏感部位，每个传感区分布两对电极传感电路，正负电极对称、导线从电极两边呈 L 型引出，将电极材料嵌入双层袋状针织结构中，能较好地采集手指三个指关节部位的应力应变信号。

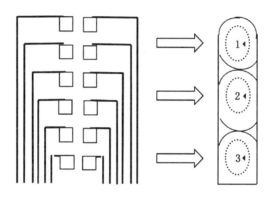

图 9-7　手指压力感应区和压力采集模块的传感电路

（4）导线排布设计。采用镀银尼龙股线为导线材料，线密度为 32 tex×2。为了保证在较大应变弯曲状态下相邻导线间不会发生位移接触和导线脱落现象，以"之"字形刺绣走线方式将导线由电极材料处引出，并使导电线与电极和基布形成一个稳定而牢固的整体，如图 9-8 所示。

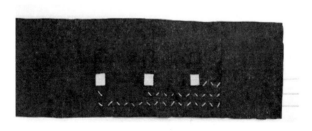

图 9-8　导线"之"字形排布

2. 柔性衬底的选择

选用聚氨酯发泡海绵作为柔性层状复合结构压力传感系统的柔性衬底。该材料为多孔蓬松结构，密度低于 18 g/cm³，具有很高的弹性模量和优良的拉伸、压缩、弯曲、扭曲形变能力,它的表面黏附能很高,黏合效果较强。

3. 柔性压电式传感器薄膜

柔性压电传感器薄膜是一种在聚偏氟乙烯(PVDF)薄膜基体表层采用频射溅控技术均匀覆盖银粉的复合材料。它材质柔韧、密度低、声阻抗低、耐冲击不易破碎、稳定性好、采集频带宽,表面比电阻为 $1.2\ \Omega/cm$,介电常数为 1.1×10^{-10}。图 9-9 所示为 PVDF 压电传感器薄膜结构模型和其弯曲状态。

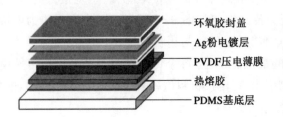

图 9-9　PVDF 压电薄膜结构模型与弯曲状态

4. 柔性压敏传感系统的制备

将柔性电极、柔性衬底和柔性压电式传感器薄膜采用黏合的方式集成于一体,制成柔性压敏传感系统,集成方式见图 9-10。先将柔性电极与柔性衬底黏合形成电极复合体,再将压电传感器薄膜置于上下两个电极复合体中间,并与上下电极连接搭桥形成一个压敏传感采集电路,柔性压电传感器薄膜相当于一个电容器,受压时会在其上下极板表面产生等量正负电荷与正负电极连接形成导通电路。集成好的柔性压敏传感系统及在机器手上的应用效果见图 9-11。

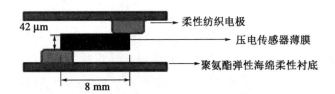

图 9-10　柔性压电传感系统的集成方式

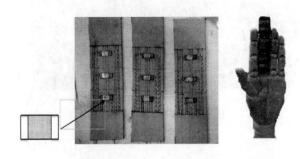

图 9-11　集成好的柔性压电传感器系统及应用效果

（三）柔性层状压敏传感系统的压力传感测试

在 1.25 Hz 低频率动态压力负载下,测试柔性层状压敏传感系统的电压信号变化如图 9-12。

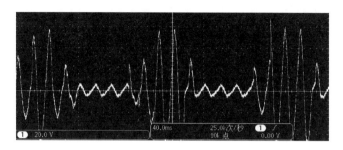

图 9-12　1.25 Hz 低频动态压力负载下的柔性层状压敏传感系统的电压信号波动

图 9-12 中截取了示波器在 4 s 内接收采集到的 3 次相同负载压力下的脉冲振荡,受到冲击时其电压信号的峰-峰值幅度迅速增大,平均电压峰-峰值为 118 V,非线性灵敏偏差为 1.67%,小于 2%,压力感应灵敏性优异。每个波段周期重复与变化基本相同,可重复完整的采集和反馈每次振荡脉冲负载信号的作用,没有出现明显的不规则波形振荡,输出电压信号的电压峰-峰幅度没有出现衰减和失真现象,有较好的重复性和稳定性。就动态响应效果来看,它有较明显的动态响应延迟性,延迟时间在 10～15 ms,其综合压力传感性能可满足试验设计的感应灵敏程度和稳定性要求。

第二节　耐污发光柔性复合材料的设计与生产

一、柔性复合材料的功能与用途

柔性复合材料在承受外力时可以表现出较宽的形变能力,即高应力时具有很好的刚度和强度,低应力时又具有低刚度性能。因此,被广泛用作篷面建筑材料、遮篷类材料、运输用柔性复合材料及灯箱广告布等的建筑材料。

建筑用纺织柔性复合材料可分为三类。第一类为 PVC 柔性复合材料,以涤纶基布为增强体进行 PVC 树脂涂层复合而成。这类材料的柔软性较好,但在日光曝晒下耐久性差,易受损,且 PVC 树脂增塑剂易向表面迁移,使表面易沾污,自洁性差,使用寿命较短,常应用在易拆卸展览会、博览会等临时性建筑或可更换膜面的建筑上。第二类为 ETEF(乙烯-四氟乙烯共聚物)纺织柔性复合材料。这类材料的抗紫外线性能优越,透光性好,环保,密度小,常用于体育馆、音乐厅、候机大厅等大型设施。第三类为 PTFE 纺织柔性复合材料。该类产品属于永久性建筑柔性复合材料,具有自洁、高透光、防火、耐腐蚀、耐久、高强度、抗紫外线等优异性能,且安装简易,使用寿命长,常应用于体育场馆、候机大厅等大空间结构建筑,以及城市景观等标志性、永久性建筑。

二、耐污发光柔性复合材料的设计思路

耐污发光柔性复合材料的设计常以涤纶长丝为原料,糊状聚氯乙烯(PVC)树脂为涂层剂,采用涂层法制备 PVC 柔性复合材料。在此基础上,采用对 PVC 柔性复合材料进行纳米 TiO_2 及发光材料的表面改性处理,使改性后的 PVC 柔性复合材料具有发光、耐污性能和重复利用等功能。

三、PVC 柔性复合材料的研发及性能研究

(一) PVC 柔性复合材料的制备

1. 基布结构参数

所用原料为工业用涤纶长丝,线密度为 600 dtex,经向密度为 203 根/10 cm,纬向密度为 124 根/10 cm,织物厚度为 0.42 mm,基布面密度为 220 g/m²。

2. 涂层浆料制备

(1) 聚氯乙烯(PVC)浆料配方设计。聚氯乙烯(PVC)浆料配方中各组分的质量份数: PVC 溶液 100 份,邻苯二甲酸二辛脂(DOP)50 份,亚磷酸三苯酯(TPP)1 份,过氧化二异丙苯(DCP)1.5 份,硬脂酸钙 3 份,氢氧化铝($Al(OH)_3$)2 份。

(2) PVC 树脂浆料的制备。在 PVC 溶液制备中,聚氯乙烯(PVC)粉末的溶解是关键环节,当添加的溶剂(N-N-二甲基甲酰胺,DMF)用量过少时,PVC 粉末不能完全溶解,所制备的 PVC 薄膜表面存在突起的白色颗粒;而当溶剂(N-N-二甲基甲酰胺,DMF)过多时,PVC 溶液粘度下降,流动性增强,导致在制备相同厚度薄膜时,涂层次数增加;当 PVC 粉末与溶剂(N-N-二甲基甲酰胺,DMF)比例为 1:6 时,制备的浆料最适合涂层。此外,适当加热有助于提高 PVC 粉末的溶解性,但温度不宜过高,温度过高会加快溶剂(N-N-二甲基甲酰胺,DMF)的蒸发,加热温度以 30 ℃为宜。

涂层浆料制备时,各助剂的添加顺序为增塑剂(DOP)、抗氧剂(TPP)、交联剂(DCP)、阻燃剂($Al(OH)_3$)、热稳定剂(硬脂酸钙),最后将聚氯乙烯(PVC)溶液用高剪切乳化机进行充分混合。高剪切乳化机转速为 1500 r/min,混合时间为 10 min 左右,即制得涂层加工用半透明糊状聚氯乙烯(PVC)树脂浆料。

3. PVC 柔性复合材料的制备工艺

采用涂层法制备 PVC 柔性复合材料的工艺流程:

调制浆料→织物正面涂层→烘干(110 ℃,10 min)→织物反面涂层→烘干(110 ℃,10 min)→焙烘(3.5 min)

(二) PVC 柔性复合材料力学性能测试

参照 FZ/T 64014—2009《膜结构用涂层织物》,使用 YG(B)026D-500 型等速伸长试验仪进行拉伸断裂强力测试,使用 Instron 万能强力机进行撕裂强力和剥离强力的测试。测试结果见表 9-14 和图 9-13。

表 9-14　涂层前后材料的拉伸断裂强力和撕破强力

织物	拉伸断裂强力(N/5 cm)	撕破强力(N)	剥离强力(N/5 cm)
涂层前	1587	495	
涂层后	2594	182	62.6

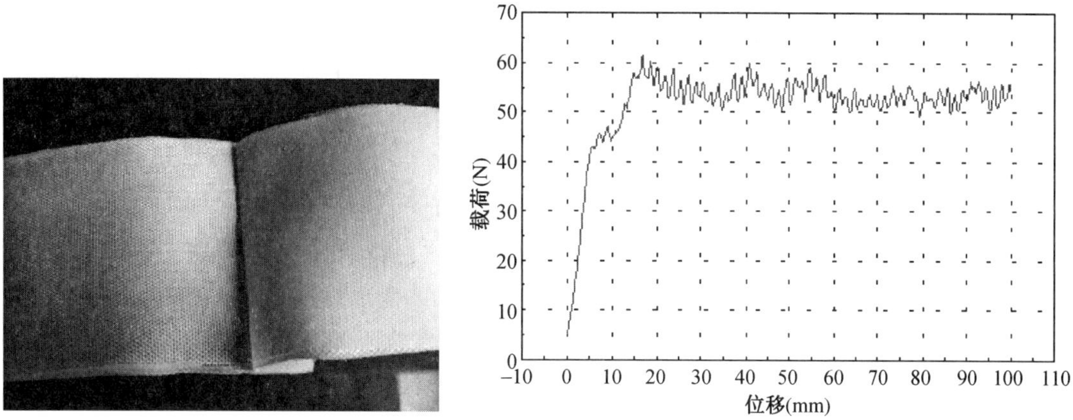

（a）剥离状况　　　　　　　　　　　（b）剥离曲线

图 9-13　PVC 柔性复合材料剥离状况和剥离曲线

由表 9-14 可知,涂层后材料的拉伸断裂强力明显提高,撕破强力明显下降。这是因为涂层后聚氯乙烯浆料渗透到纱线及纤维中,使得纱线和纤维相互黏结。同时聚氯乙烯浆料经塑化和交联反应后与纱线和纤维一起成膜,形成一个整体,受到外力拉伸作用时,纱线不易相互滑移,且聚氯乙烯(PVC)基质将外力均匀地传递至织物,减少了材料中局部应力产生的现象,材料整体受力性增强,从而提高了材料的承载能力;又由于涂层后浆料渗透到每根纱线内并填补了纱线与纱线间的间隙,浆料将相邻纱线黏结在一起,导致纱线不易伸长,且纱线间很难相互滑移聚集,几乎无法形成撕裂受力三角形,导致同时受力的纱线根数极少,基本上表现为单根纱线受力并逐根断裂,因此织物撕破强力大大降低。

（三）PVC 柔性复合材料性能的影响因素研究

1. 焙烘温度对 PVC 柔性复合材料性能的影响

设计焙烘温度为 140 ℃、150 ℃、160 ℃、170 ℃、180 ℃,对应试样编号为 W1♯、W2♯、W3♯、W4♯、W5♯,涂层厚度为 0.580 mm,增塑剂(DOP)为 50 份,涂层浆料浓度为 16.7％,焙烘时间为 3.5 min。试验结果见表 9-15。

表 9-15　不同焙烘温度下材料的强力变化

试样编号	拉伸断裂强力(N/5 cm)	撕破强力(N)	剥离强力(N/5 cm)
W1♯	2334	222	60.4
W2♯	2510	231	76.5
W3♯	2743	239	89.2
W4♯	2605	175	69.3
W5♯	2408	169	61.5

由表 9-15 可知,PVC 柔性复合材料的拉伸强力、撕破强力和剥离强力均随焙烘温度的升高而先增大后降低。当焙烘温度为 160 ℃时,PVC 柔性复合材料的强力值达到最高。其原因是温度升高,PVC 树脂的流动性增强,渗透性能提高,从而使得更多的 PVC 浆料充分渗透到纱线内,进而单纱的断裂强力得以提高,故使 PVC 柔性复合材料的拉伸和撕破强力有所增加,同时,更多的浆料渗透使得 PVC 薄膜与基布的黏结力提高,故复合膜材的剥离强力随之增加;当温度继续升高时,PVC 大分子链取向度降低,且 PVC 树脂受热发生分解作用,聚氯乙烯的成膜性下降,PVC 柔性复合材料的拉伸和撕破强力反而降低,同时因温度过高,PVC 树脂分解,影响 PVC 树脂的固化成膜,从而导致复合材料的剥离强力降低。当焙烘温度达到 180 ℃时,薄膜表面出现明显发黄现象。

2. 涂层厚度对 PVC 柔性复合材料拉伸性能的影响

设计涂层厚度为 0.582 mm、0.685 mm、0.783 mm、0.882 mm,试样编号依次为 H1♯、H2♯、H3♯、H4♯。焙烘温度为 160 ℃,增塑剂(DOP)为 50 份,浆料浓度为 16.7%,焙烘时间为 3.5 min。试验结果见表 9-16。

表 9-16　不同涂层厚度材料的强力变化

试样编号	拉伸断裂强力(N/5 cm)	撕破强力(N)	剥离强力(N/5 cm)
H1♯	2743	239	89.2
H2♯	2902	210	85.4
H3♯	3028	215	61.5
H4♯	3217	195	49.9

PVC 柔性复合材料的拉伸断裂强力随涂层厚度的增加而增大,撕破强力和剥离强力则随涂层厚度的增加而减小。究其原因是随着涂层厚度增加,PVC 薄膜基质在复合材料中的比例随之增大,受外力拉伸时 PVC 薄膜所能承载的外力能力增加,复合材料整体的承载拉伸能力增强,但 PVC 薄膜基质在复合材料中的比例增大,使撕裂过程中纱线不易移动聚集,受力三角形中纱线根数减少,故复合材料的撕裂强力减小;当涂层厚度增大,PVC 树脂过多地堆积在两块复合材料表面,反而影响了复合材料的剥离强力。

3. 增塑剂(DOP)份数对 PVC 柔性复合材料拉伸性能的影响

设计增塑剂(DOP)份数为 50、60、70,对应试样编号为 Z1♯、Z2♯、Z3♯,焙烘温度为 160 ℃,涂层厚度为 0.580 mm,浆料浓度为 16.7%,焙烘时间为 3.5 min。试验结果见表 9-17。

表 9-17　增塑剂数量对材料强力的影响

试样编号	拉伸断裂强力(N/5 cm)	撕破强力(N)	剥离强力(N/5 cm)
Z1♯	2743	239	89.2
Z2♯	2680	195	62.6
Z3♯	2474	192	58.2

随着增塑剂份数的增加,PVC 柔性复合材料的拉伸强力、撕破强力和剥离强力均呈下降趋势。其原因是随着增塑剂(DOP)的增加,交联剂(DCP)的诱导期延长,交联反应效率

降低,在相同时间内聚氯乙烯交联反应不充分,影响 PVC 树脂的成膜性,复合材料的拉伸断裂强力和撕破强力降低;增塑剂(DOP)用量增加,对交联反应产生的抑制作用增强,阻碍了基布内以及基布表面聚氯乙烯树脂间的交联反应,导致基布与 PVC 薄膜间的黏结力减小,复合材料的剥离性能降低。

4. 浆料浓度对 PVC 柔性复合材料拉伸性能的影响

设计浆料浓度为 12.5%、14.3%、16.7%,对应试样编号为 N1♯、N2♯、N3♯。焙烘温度为 160 ℃,涂层厚度为 0.58 mm,增塑剂(DOP)份数为 50 份,焙烘时间为 3.5 min。试验结果见表 9-18。

表 9-18　浆料浓度对复合材料强力的影响

试样编号	拉伸断裂强力(N/5 cm)	撕破强力(N)	剥离强力(N/5 cm)
N1♯	2627	286	86.3
N2♯	2713	250	86.7
N3♯	2743	239	89.2

随着浆料浓度的降低,复合材料的拉伸强力减小,撕破强力增大,剥离强力变化不大。PVC 浆料浓度较低,会导致成膜厚度减小,故制备相同厚度涂层所需的涂层次数增加,烘干次数增多,溶剂挥发量增多,导致 PVC 薄膜产生较多的微孔,影响 PVC 树脂的成膜性,致使复合材料的拉伸断裂强力下降;PVC 浆料浓度降低,浆料黏度随之下降,使 PVC 浆料更易浸入纱线内部,使单纱强力提高,故复合材料的撕裂强力随之增大。

四、耐污发光 PVC 柔性复合材料的研发及性能研究

(一)耐污发光柔性复合材料的制备

试验原料为纳米二氧化钛(10 nm),长余辉蓄能发光材料($Sr_4Al_{14}O_{25}$:Eu,Dy 单斜晶系)、蓝绿光。

1. 纳米 TiO_2/PVC 树脂复合涂料的制备

首先将纳米 TiO_2 粉和分散剂溶于有机溶剂无水乙醇中,其次将该溶液在超声波清洗机中分散 30 min,随即用高剪切乳化机在 3500 r/min 的条件下分散 50 min,制成纳米 TiO_2 溶液。再次将 PVC 树脂溶解于有机溶剂 N-N-二甲基甲酰胺中,将纳米 TiO_2 溶液与 PVC 树脂浆料混合,用高速分散机在 3500 r/min 转速下混合 50 min。最后获得纳米 TiO_2/PVC 树脂复合涂料。研究获得纳米 TiO_2 与 PVC 树脂的质量比为 1:0.6。

2. 纳米 TiO_2/发光材料/PVC 树脂复合涂料的制备

因发光粉在高速条件下与金属接触后会发黑,影响材料外观,所以不可以将发光粉直接加入 PVC 溶液。应将发光粉加入纳米 TiO_2/PVC 树脂复合涂料中,用 JJ-1 型精密增力电动搅拌器在 1000 r/min 条件下搅拌 1 h,使纳米 TiO_2、发光粉和 PVC 树脂混合均匀,从而获得纳米 TiO_2/发光材料/PVC 树脂复合涂料。

3. 涂层工艺流程

涂层工艺流程为清洁试样表面(丙酮、蒸馏水)→烘干→分散纳米 TiO_2→制备纳米

TiO_2/发光材料/PVC 树脂复合涂料→表面涂层→烘干（获得耐污发光 PVC 复合材料）。

（二）耐污发光 PVC 柔性复合材料的性能研究

1. 耐污发光 PVC 柔性复合材料的耐污性能

（1）耐污发光 PVC 柔性复合材料的光降解油酸性能。采用失重法测试复合材料的光降解油酸情况。保持紫外灯与试样距离为 15 cm，将 30 mg（M_0）油酸覆盖于复合材料表面，称取复合材料与油酸的初始总质量（M_1）。在紫外灯的照射下，每隔 1 h 测试并记录复合材料与油酸的质量 M_2，根据 $W=[(M_1-M_2)/M_0]\times100\%$ 计算油酸的降解率。结果见图 9-14。

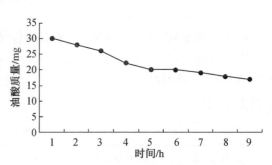

图 9-14　纳米 TiO_2/PVC 薄膜表面油酸光催化失重曲线

从图 9-14 可以看出，随着光照时间延长，油酸质量不断减小。由纳米 TiO_2 光催化原理可知，复合材料表面的纳米 TiO_2 在紫外灯照射下发生光反应，产生强氧化性的自由基（·OH 和 ·O_2），薄膜表面的油酸被这些自由基分解，产生水、二氧化碳等易挥发性物质。故随着光催化反应的不断进行，薄膜表面的油酸重量逐渐减少，使 PVC 柔性复合材料表面保持清洁。光照 9 h 后，纳米 TiO_2/PVC 薄膜对油酸的降解率达 43.0%。

（2）耐污发光 PVC 柔性复合材料的易清洗性。分别取普通 PVC 柔性复合材料和耐污发光 PVC 柔性复合材料，将材料浸入石墨粉悬浮液（石墨粉，300 目，5 g；95%乙醇 445 mL）5 s，取出在标准大气压中放置 2 h，将自来水注满喷淋漏斗，对试样进行喷淋冲洗 5 次。将试样放置于标准大气下至第二天，此为一个循环，共进行三个循环。用 GB250 灰卡评定试样的沾污等级，结果见表 9-19。

表 9-19　沾污等级及清洗后普通 PVC 复材和耐污发光 PVC 复材的外观

污染程度	色差	灰卡等级	普通 PVC 复材清洗后外观	耐污发光 PVC 复材清洗后外观
无污染	无可察觉的色差	5		
很轻微	有可察觉的色差	4		
轻微	有较明显的色差	3		
中等	有很明显的色差	2		
严重	有严重的色差	1		

由表 9-19 可知，普通 PVC 柔性复合材料有很明显的沾灰现象，耐沾污等级为 3 级；耐污发光 PVC 柔性复合材料有可察觉的色差，耐沾污等级为 4～5 级，沾污易清洗性能明显提高。

2. 耐污发光 PVC 柔性复合材料的发光性能

将耐污发光 PVC 柔性复合材料置于紫外灯下，紫外灯（主波长 257.3 nm）与试样的距离为 15 cm，光照 30 min 后将试样置于完全黑暗的环境下，观察并记录其在黑暗中的发光效果，见图 9-15。图 9-15 中(a)所示为复合材料紫外光照 30 min 后在黑暗中的发光效果，其发光亮度在起初的 10 min 衰减较快，随后衰减缓慢，可在黑暗中发光 12 h 以上。将光照半小时后的耐污发光 PVC 柔性复合材料置于淋浴仪 45°斜面上，喷淋漏斗中注满水对其进行喷淋。图 9-15 中(b)所示为将复合材料连续进行 50 h 喷淋后，置于紫外光下照射 30 min 后在黑暗中的发光效果。经肉眼观测，两者的发光亮度差别极小，耐污发光 PVC 柔性复合材料具有持久的耐污及发光功能。

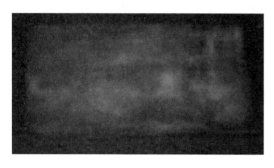　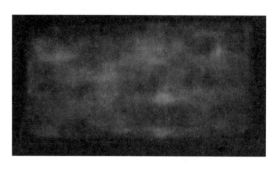

（a）未雨淋　　　　　　　　　　　　　（b）连续进行 50 h 喷淋后

图 9-15　耐污发光 PVC 柔性复合材料在黑暗中的发光效果

第三节　热敏变色织物的设计与生产

一、热敏变色纺织品的应用

　　热敏变色纺织品属于智能纺织品。它的颜色可以随环境温度的改变而变化。很多热敏变色纺织品是通过微胶囊化技术实现的，方法是在织物表面黏附特殊微胶囊，使纤维或织物产生相应的色彩变化，并且这种变化是可逆的。变色功能纺织品具有广阔的应用前景，首先在服用方面它符合人们求新求变的心理，同时具有良好的使用性能并且色彩鲜艳多变，符合广大消费者的时尚与审美要求，因此可用于制作游泳衣、T 恤衫、玩具等产品。此外由于它变色的特殊功能还可以用于制作具有示温功能的儿童服装、窗帘、遮阳伞，也可以用于军事伪装和安全防伪，例如票据、商标等。

二、热敏变色材料的分类及变色原理

　　热敏变色是物质在特定环境温度下由于结构变化而引起的颜色变化，也称"热变色性"或"热致变色性"。热敏变色材料是一种智能材料，在一定温度范围内，受热或冷却的情况下，颜色随温度而发生转变，有可逆与不可逆之分。热敏材料按性质可分为无机类、有机类和液晶类三大类。

无机类热敏变色材料主要是由晶型、配位的几何体或者配位溶剂的分子数变化引起颜色发生变化。此外还有少数无机材料发生的颜色变化，是由溶液中的分子结构或络合平衡以及无机材料的物理化学反应，例如物态变化以及氧化分解而造成的。目前，无机热敏变色材料主要是过渡金属的化合物，一般说来是多种金属氧化物的多晶体。

有机类热敏变色材料根据化合物的种类不同，其颜色变色机理也不相同，具有热敏变色功能的化合物数量较多，可分为螺吡喃类、荧烷类和三芳甲烷类等不同种类。有机热敏材料的颜色可以自由组合，变色温度可以控制。温度反复变化可以使有机热敏材料的颜色反复改变，但是其变色性能并不受影响。有一类有机热敏材料是由三种组分形成的复配物，分别是电子给予体、电子接受体和溶剂。热敏复配物的变色原理为电子得失，复配物中的电子给予体和电子接受体的氧化还原电位相似，而氧化还原电位随着温度变化而变化，由于二者氧化还原电位的变化程度不同，因此在温度发生变化时，二者之间发生电子转移，从而吸收或辐射出某些特定波长的光，使复配物的色彩发生变化。低温时，二者继续相互作用发生电子转移，使其发色结构改变并变色。通常，复配物中溶剂控制着电子转移，也就是复配物的变色温度；当温度升高后，溶剂熔化，电子给予体与电子接受体分离，使电子给予体又回到原来结构，颜色复原。

液晶是一种均质熔融物质，处于固态和液态之间，可按形成条件和光学组织结构进行区分。一般说来，液晶变色可以溶于溶剂产生，也可以通过加热产生。前者称为溶致变色液晶，后者称为热致变色液晶。液晶按结构分为胆甾型、近晶型以及向列型。在热敏变色领域应用较多的是胆甾型，在白光的照射下胆甾型液晶的颜色呈现彩虹状态，随着温度的改变，颜色可以在红色到紫色的范围内发生可逆的变化，这种液晶可以应用到纺织领域。胆甾型液晶的变色原因是此类液晶的螺旋体结构选择性得吸收、反射白光中某些偏振光，使两种不同的颜色出现在液晶表面。当外界温度改变时，胆甾型液晶的螺旋体结构随发生伸缩变化。这种结构变化可引起颜色的变化，进而产生出不同颜色。此外，即使液晶的结构不发生变化，液晶自身所具有的光学各向异性也会使颜色产生变化。

三、热敏微胶囊的制备

（一）热敏变色复配物的制备

1. 热敏微胶囊芯材的选择

选择有机热敏变色复配物作为热敏微胶囊的芯材，热敏变色复配物由电子给予体、电子接受体以及溶剂三部分组成。本次开发采用内酯型化合物结晶紫内酯作为电子给予体，双酚 A 作为电子接受体，这两个物质是复配物的关键组成部分，溶剂的熔融和凝固引起变色体系的显色与消色。选择十六醇和十四醇作为溶剂，十六醇的熔点在 48 ℃，十四醇的熔点在 38 ℃。分别使用这两种溶剂时，可使热敏变色复配物呈现出织物所需要的变色温度梯度。

2. 热敏变色复配物配方的优化

（1）热敏变色复配物各组分对其性能的影响。以十四醇为例合成结晶紫内酯热敏复配物，制备不同配比的复配物，见表 9-20。

表 9-20　结晶紫内酯,双酚 A,十四醇的质量比

编号	1	2	3	4	5
1	1∶1∶10	1∶1∶20	1∶1∶50	1∶1∶70	1∶1∶100
2	1∶2∶10	1∶2∶20	1∶2∶50	1∶2∶70	1∶2∶100
3	1∶3∶10	1∶3∶20	1∶3∶50	1∶3∶70	1∶3∶100
4	1∶4∶10	1∶4∶20	1∶4∶50	1∶4∶70	1∶4∶100
5	1∶5∶10	1∶5∶20	1∶5∶50	1∶5∶70	1∶5∶100

首先,将少量配制好的复配物置于烧杯底部形成薄薄一层。其次,将烧杯在水浴锅中慢慢升温,观察复配物的变色性能,并记录。最后,将烧杯从水浴锅中取出观察降温时复配物的变色性能,并记录。

观察分析当结晶紫内酯与双酚 A 的比例不变时,十四醇的用量对复配物的性能的影响;观察分析当结晶紫内酯和十四醇的比例不变时,双酚 A 的用量对复配物的性能影响。筛选出五组试验中的最佳配比,见表 9-21,最终得出结晶紫内酯,双酚 A、十四醇的质量比为 1∶4∶70 时复配物的变色性能最佳。

表 9-21　对每组中的最佳配比进行比较

编号	最佳配比复配物比例	变色速度	变色效果
1	1∶1∶20	较快	较明显
2	1∶2∶50	快	明显
3	1∶3∶70	非常快	明显
4	1∶4∶70	非常快	非常明显
5	1∶5∶70	快	非常明显

3. 热敏变色复配物的性能测试

(1) 热敏变色复配物的变色性能测试。

① 变色效果。该热敏变色复配物具有良好的变色效果及变色可逆性,其颜色变化为蓝紫色→淡黄色→蓝紫色。

② 变色性能。使用正十四醇作为溶剂时,复配物的变色温度在 36 ℃,与溶剂正十四醇的熔点相同,复色温度为 33 ℃;使用正十六醇作为溶剂时,复配物的变色温度在 47 ℃,与正十六醇的熔点相同,复色温度为 43 ℃;复配物的变色时间为 4.2 s 左右。

(2) 热敏变色复配物的红外光谱测试。

复配物与各组分之间的红外光谱见图 9-16,其中:(a)为双酚 A 的红外光谱,双酚 A 在 3400 cm^{-1} 附近的—OH 特征峰强度降低;(b)、(c)分别为复配物 A(正十六醇为溶剂)、复配物 B(正十四醇为溶剂)与结晶紫内酯的红外光谱。在热敏变色复配物中,双酚 A 是电子接受体,结晶紫内酯开环发生变色,如图 9-16(b)、(c)中的曲线 A,在 1760 cm^{-1} 出现酯羰基

的 $v_{C=O}$ 特征峰,1124 cm^{-1} 和 1091 cm^{-1} 处表现出内酯基的 C—O—C 键的对称伸缩振动,此时结晶紫内酯处于的内酯环处于闭合状态,说明热敏复配物未发生变色;图 9-16(b)、(c) 中的曲线 B 为复配物 A、B 的红外光谱,两种复配物在 3365.8 cm^{-1} 处出现特征峰,这是羧基中形成氢键的 v_{O-H}。1631 cm^{-1} 处的峰是酯羰基的 $v_{C=O}$,而在 1760 cm^{-1} 处的吸收峰消失,说明此时已不是内酯峰,内酯环断裂,发生变色。对比两种复配物的红外光谱可知,两种复配物的特征峰相同,说明溶剂不同并不会对复配物的结构造成影响,只是由于张力效应复配物 A 比复配物 B 的频率稍高。

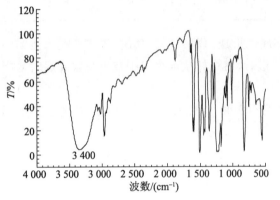

（a）双酚 A 的红外光谱

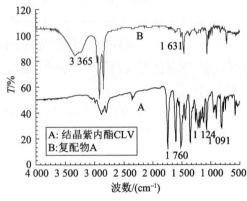

（b）复配物 A 与结晶紫内酯的红外光谱

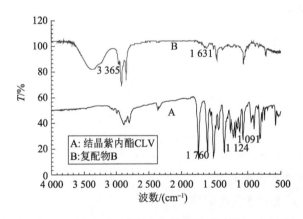

（c）复配物 B 与结晶紫内酯的红外光谱

图 9-16　复配物与各组分之间的红外光谱

(二)热敏微胶囊的制备

微胶囊的芯材为由醇类、双酚 A、结晶紫内酯组成的热敏复配物,其在变色温度以上为非极性油性液体,在变色温度以下表现为固体。因此,需要水溶性的明胶-阿拉伯树胶体系作为壁材,戊二醛为交联剂,采用复凝聚法制备热敏微胶囊。此外,由于戊二醛与甲醛相比更加环保,故采用戊二醛替代甲醛作为交联剂。

1. 微胶囊的制备过程

图 9-17 所示为微胶囊的制备工艺流程。

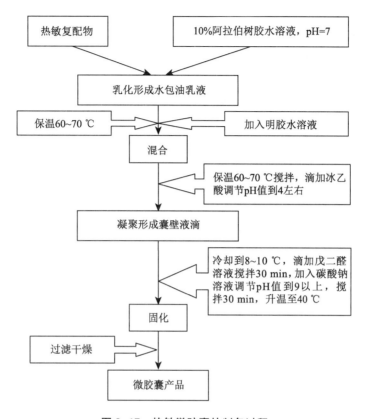

图 9-17　热敏微胶囊的制备过程

2. 热敏微胶囊性能的影响因素研究

（1）壳芯比对微胶囊性能的影响。壳芯比对微胶囊粒径的影响如图 9-18 所示,对变色时间的影响如图 9-19 所示。明胶与芯材的质量比在 0.5～1 时,粒径在 16～19 μm,比较稳定;而质量比在 1.5～2.0 时,粒径明显变小,这是因为当明胶质量过少时,壳材不能完全包覆住芯材,或者微胶囊的外壁较薄,会有小颗粒芯材产生团聚的现象,导致微胶囊的粒

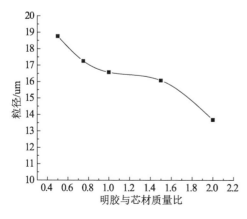

图 9-18　壳芯比对微胶囊粒径的影响

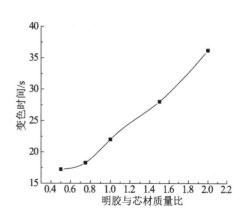

图 9-19　壳芯比对微胶囊变色时间的影响

径分布不匀,平均粒径较大。随着明胶与芯材质量比的增大,小颗粒的芯材凝聚的可能性变小,粒径分布也会较为均匀,平均粒径也会变小。微胶囊的变色时间在壳芯比为 0.5～1 时相差不大,从 1.5 开始有较大上升,这是因为随着明胶与芯材的质量比增大,胶囊的粒径变小,而囊壁厚度却在增加,使得变色时间变长。在 0.5～1 这一区间内,微胶囊的变色时间相差不超过 5 s,变色时间较短且较稳定。说明在这个区间,微胶囊的囊壁厚度适中,有利于发挥微胶囊的变色性能。

(2)戊二醛用量对微胶囊性能的影响。戊二醛用量对粒径的影响如图 9-20 所示,对变色时间的影响如图 9-21 所示。戊二醛与明胶的质量比在 0.75～1.5 时,微胶囊的粒径比较稳定,而质量比为 0.5 时粒径较小,为 2 时粒径较大。因为在 10 ℃左右戊二醛和明胶链中的氨基反应,最后经过升温微胶囊完成固化交联,当交联剂用量过小时,不能与明胶反应完全,而使微胶囊的囊壁固化不完全;随着戊二醛用量增大,其与明胶的反应概率增大,在使囊壁固化完全的同时还会导致微胶囊的外表光滑。质量比超过 1.5 时微胶囊的粒径变大的原因是过多的戊二醛会使胶囊壁过厚,容易发生黏结。戊二醛与明胶的质量比在 0.75～1.5 区间内,变色时间相差不大,但低于 0.75 和高于 1.5 时变色时间都明显变长。这是因为戊二醛的质量过少不能与明胶完全反应,使微胶囊的外壁反应不完全,微胶囊结构不均匀,从而影响热响应能力;当用量过大时,过量的戊二醛使微胶囊的外壁变厚,也会影响微胶囊的热传导,使变色时间变长。

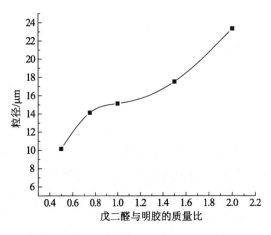

图 9-20　戊二醛用量对微胶囊粒径的影响

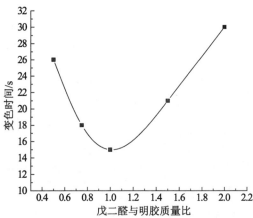

图 9-21　戊二醛用量对微胶囊变色时间的影响

(3)乳化速度对微胶囊性能的影响。乳化速度对粒径的影响如图 9-22 所示,对变色时间的影响如图 9-23 所示。乳化机转速在 2000 r/min 时,微胶囊的粒径最小,大于 2000 r/min 时,微胶囊的粒径开始变大,当升到 4000 r/min 时,在扫描电镜下观察到微胶囊粒径明显分布不匀。因为在分散过程中随着乳化速度的增加,乳化效果变好使得微胶囊的粒径变小,但是当乳化速度超过一定值后,过大的乳化速度会使乳化好的液滴相互碰撞破裂,黏结成块,使胶囊的粒径不匀。在 2000 r/min 时,变色时间最短,在 3000 r/min 以上时变色时间明显变长,但变色温度无明显变化。因为乳化速度过大导致部分微胶囊的发生破乳,并黏连成块形成较大的胶囊,而这些微胶囊由于囊芯芯材较多,变色时间也变长,即微胶囊的结构及粒径不匀,影响到了微胶囊的变色性能。

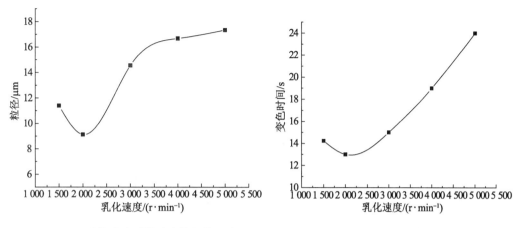

图 9-22　乳化速度对微胶囊粒径的影响　　　图 9-23　乳化速度对微胶囊变色时间的影响

（4）乳化时间对微胶囊性能的影响。乳化时间对微胶囊粒径的影响见图 9-24,对变色时间的影响见图 9-25。乳化时间在5～15 min时,微胶囊的平均粒径随着乳化时间的变长而变小,在 25 min 以后随着乳化时间变长,微胶囊的粒径没有明显变化。原因是分散时间越长,囊芯在阿拉伯树胶溶液中悬浮越稳定,得到的微胶囊的结构越好,粒径分布也越均匀。但当乳化时间到达一定时,乳化液分散充分,此时再延长乳化时间,已无明显影响。随着乳化时间的增加,微胶囊的变色时间变短,在 25 min 后,变色时间无明显变化。因为乳化时间过短时,分散效果不好,导致微胶囊粒径不均匀,平均粒径变大,使得变色时间受到影响。随着乳化时间变长,芯材在阿拉伯胶溶液里分散程度变好,微胶囊结构均匀,提高了微胶囊的变色性能。当乳化时间延长到一定值时,微胶囊分散程度不再改变,微胶囊的结构稳定,变色时间也趋于稳定,且微胶囊的变色温度在15～45 min 这个区间内基本稳定。

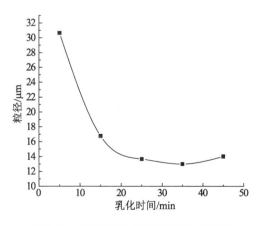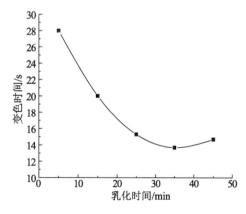

图 9-24　乳化时间对微胶囊粒径的影响　　　图 9-25　乳化时间对微胶囊变色时间的影响

综合考虑各方因素,最终确定微胶囊制备的最佳工艺条件为明胶与芯材质量比为1,戊二醛与明胶质量比为 1.5,乳化速度为 2000 r/min,乳化时间为 25 min。

四、热敏微胶囊颗粒性质的表征与评价

(一)热敏微胶囊的结构

使用尼康显微镜对微胶囊拍照,如图4-1所示。由图9-26(a)可知微胶囊为单核单层结构。图9-26(b)为(a)中微胶囊1的放大图,可以看出微胶囊囊壁和囊芯比例较好,囊壁厚度适中。

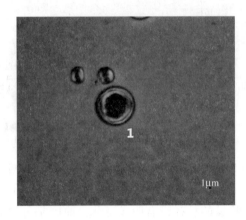

(a) 放大100倍　　　　　　　　　(b) 微胶囊1的形态结构

图 9-26　微胶囊的形态结构

(二)热敏微胶囊的表面形态

通过扫描电子显微镜(SEM)观察微胶囊的表面形态见图9-27,图9-27中:(a)属于结构不完整、微胶囊表面有凹陷、狭缝;(b)则表现出结构不完整,不均匀,并且囊壁过厚;(c)为优化工艺制备的微胶囊,呈球形结构,颗粒饱满、表面比较光滑,在微胶囊轮廓内部由一圈与其同心的亮线,这是光线通过不同介质后产生的衍射环,也可以证明微胶囊的单核单层结构。

(a) 乳化速度过大　　　　　　　　　(b) 戊二醛用量过大

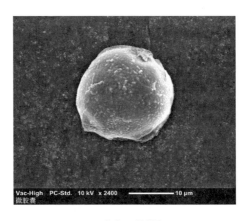

（c）优化工艺制备

图 9-27　微胶囊的表面形态

（三）热敏微胶囊的粒度

微胶囊的粒径分布及状态如图 9-28 所示。图 9-28(a)为微胶囊的粒径分布，微胶囊的粒径分布较为集中，主要集中在 $5\sim10\,\mu m$，平均粒径为 $8.14\,\mu m$。图 9-28(b)(c)为扫描电镜和光学显微镜下微胶囊的分布状况，可以看出微胶囊呈球形，胶囊之间分散较好，黏连的情况较少，团聚现象也很少。

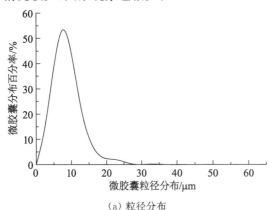

（a）粒径分布

（b）扫描电镜下微胶囊的状态

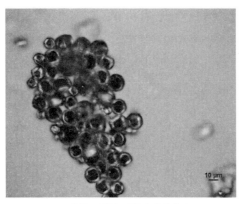

（c）光学显微镜下微胶囊的状态

图 9-28　微胶囊的粒径分布及状态

(四) 微胶囊的变色性能

1. 微胶囊的变色温度

微胶囊与复配物的变色温度见表9-22。微胶囊的变色温度比复配物的变色温度推迟了2~3℃,这是壁材隔热的原因所致。此外,因十六醇的溶点高于十四醇,微胶囊和复配物的变色温度也较高,所以滞后性更加明显。同样,由于壁材的隔热性,微胶囊的复色温度也滞后于复配物的复色温度,且以十六醇为溶剂的微胶囊复色温度滞后性更明显。

表 9-22　微胶囊与复配物的变色温度

变色性能	复配物(十四醇)	微胶囊(十四醇)	复配物(十六醇)	微胶囊(十六醇)
变色温度(℃)	36	38	47	50
复色温度(℃)	33	32	43	41

2. 微胶囊的热响应性能

变色时间(t_c)是变色材料受热达到变色温度后颜色完全转变所需的时间。复色时间(t_f)是温度降低到变色温度 T_c 以下,变色材料恢复到原本颜色所需的时间。变色灵敏度以 $K = t_f/(t_f - t_c)$ 表示。表9-23所示为复配物与微胶囊的热响应能力,由表中可知微胶囊的平均复色时间和变色时间都长于复配物。这是壁材引起的微胶囊变色的滞后,一般说来微胶囊的结构缺陷和外壁薄厚不均匀,都影响微胶囊的变色时间,所以各微胶囊的变色时间会有所不同。相比复配物,包封后的微胶囊的可逆变色灵敏度稍有下降,这也是由壁材引起的;两种微胶囊的可逆变色灵敏度分别为1.96和1.92,说明微胶囊的可逆变色灵敏度较好。

表 9-23　复配物与微胶囊的热响应能力

项目	复配物(十四醇)	微胶囊(十四醇)	复配物(十六醇)	微胶囊(十六醇)
变色时间(s)	4.12	13.56	4.23	15.12
复色时间(s)	7.75	27.68	8.07	31.55
变色灵敏度	2.13	1.96	2.10	1.92

3. 微胶囊变色循环性

反复进行100次变色试验的微胶囊的变色情况见图9-29,由图可知经过100次变色后,热敏微胶囊仍具有良好的变色性能。

(a) 变色前　　　　　　　　　　　　(b) 变色100次后

图 9-29　变色前后的热敏微胶囊

（五）微胶囊的耐受性能

1. 微胶囊的耐光性

将热敏复配物和微胶囊均放在室外两个月,观察变色灵敏度的变化,见表9-24。经过两个月的日晒,复配物的变色性能退化严重,由于胶囊壁有效地保护了芯材,故微胶囊的变色时间、复色时间均略有增大,变色灵敏度略有下降。

表 9-24　微胶囊耐光性能

项目	复配物(十四醇)		微胶囊(十四醇)		复配物(十六醇)		微胶囊(十六醇)	
	未日晒	日晒后	未日晒	日晒后	未日晒	日晒后	未日晒	日晒后
变色时间(s)	4.82	15.12	13.56	14.32	5.01	16.01	15.12	15.98
复色时间(s)	9.02	30.39	27.68	29.71	9.56	32.68	31.55	33.73
变色灵敏度	2.14	1.99	1.96	1.93	2.10	1.96	1.92	1.90

2. 微胶囊的耐热性

将微胶囊放在80 ℃、100 ℃、120 ℃的鼓风干燥箱中处理5 min,观察微胶囊的形态结构见图9-30。

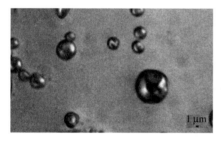  

(a) 80 ℃　　　　　　　　　(b) 100 ℃　　　　　　　　　(c) 120 ℃

图 9-30　不同温度条件下的微胶囊形态结构

由图可知,在三种温度条件下微胶囊的形态结构几乎没有变化,说明微胶囊在进行织物整理时焙烘温度应控制在120 ℃左右。

3. 微胶囊的耐溶剂性

将微胶囊和复配物在常温下分别放置在苯、甲苯、二甲苯、氯仿、丙酮和 0.1 mol/L HCl、0.1 mol/L NaOH 中 30 min,其溶解性见表9-25。没有微胶囊化的复配物不耐机溶剂、不耐酸碱,且失去变色能力为无色。微胶囊在有机溶剂和酸、碱中均不溶解,并仍具有变色性能,说明壁材形成的高分子膜在常温下对有机溶剂和酸碱基本不溶解,可使复配物在壁材的保护下保持变色性能。

表 9-25　微胶囊和复配物在各溶剂中的溶解情况

溶剂	热敏复配物	微胶囊
苯	溶解	不溶
甲苯	溶解	不溶

（续表）

溶剂	热敏复配物	微胶囊
丙酮	溶解	不溶
二甲苯	溶解	不溶
氯仿	溶解	不溶
0.1 mol/L HCl	溶解	不溶
0.1 mol/L NaOH	微量不溶解	不溶

4. 微胶囊的热稳定性

微胶囊和复配物的热失重曲线见图 9-31。比较微胶囊和复配物的热失重可知，微胶囊的热失重温度比复配物有所提升，热稳定性有所提高，说明微胶囊的壁材对芯材起到了一定的保护。

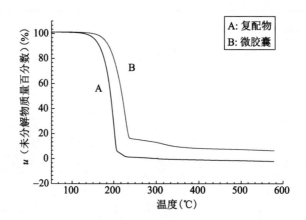

图 9-31　微胶囊和复配物的热失重分析

五、热敏变色织物的生产

(一) 热敏变色织物的制备

1. 生产工艺流程

热敏变色的生产工艺流程为织物前处理→烘干→浸渍微胶囊整理液（1 h）→脱水→烘干（80 ℃）→焙烘（120 ℃，3 min）。

2. 生产用织物规格

生产用织物的基本规格见表 9-26。

表 9-26　织物基本规格

项目	棉	涤纶	锦纶
织物组织	平纹	平纹	平纹
密度（根/10 cm）（经×纬）	500×325	400×294	410×290
纱线线密度（tex）	14.7	8	7.3

3. 微胶囊对织物的黏附性能测试

使用光学显微镜放大 50 倍观察三种织物的整理效果,见图 9-32。结果显示微胶囊对棉织物的整理效果更好,这是因为涤纶与锦纶长丝表面光滑,使微胶囊不易黏附于长丝表面,进而导致微胶囊在织物表面黏附量少,只有少量黏附于织物表面的孔隙中,并且容易分布不均匀,故黏合剂会对整理效果产生影响。

（a）棉织物　　　　　　　（b）涤纶织物　　　　　　　（c）锦纶织物

图 9-32　浸渍微胶囊整理液的织物外观

（二）影响织物整理效果的因素研究

1. 黏合剂用量对织物性能的影响

以溶剂为十四醇的微胶囊为例对织物进行整理,设计黏合剂与微胶囊质量比为 0、0.5、0.75、1、1.5,胶囊浓度为 20%,浴比 1:20,常温浸渍 1 h,80 ℃烘干,120 ℃焙烘 3 min。织物的变色时间、变色温度以及染色深度、色牢度,见图 9-33 和表 9-27。由图中(a)可以看出随着黏合剂用量的增加,微胶囊织物的变色时间变长,织物对热感知滞后。这是因为在织物上存在的聚丙烯酸酯黏合剂有一定的隔热作用,特别是在黏合剂用量大于 1 时,微胶囊比例变小,织物变色滞后性更加明显。随着黏合剂用量的增加,微胶囊织物的 K/S 先增大后减小,黏合剂与微胶囊质量比大于 1 时,织物的 K/S 值快速下降。这是因为黏合剂用量过多,整理液中微胶囊含量相对减少,而聚丙烯酸酯黏合剂本身呈乳白色,使整理液的颜色变浅,进而影响织物的色泽。

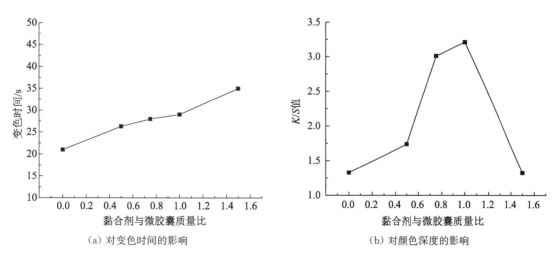

（a）对变色时间的影响　　　　　　　　　　（b）对颜色深度的影响

图 9-33　黏合剂用量对织物变色时间和颜色深度的影响

表 9-27　黏合剂用量对织物变色温度和色牢度的影响

黏合剂与微胶囊质量比	0	0.5	0.75	1	1.5
变色温度(℃)	39	40	41	41	43
沾色牢度(级)	2	2～3	2～3	3	3
褪色牢度(级)	1～2	2	2～3	3～4	3

由表 9-27 可知,织物的变色温度也同样发生滞后,黏合剂用量在 1 以下时变色温度基本平稳,当黏合剂用量在 1.5 时,织物的变色性能滞后幅度增加。随着黏合剂用量的增加,织物的各项色牢度有所提高,当黏合剂与微胶囊的质量比大于 1 时,织物的色牢度没有改进。综合织物的变色性能、颜色深度以及色牢度,确定黏合剂与微胶囊质量比为 1。

2. 微胶囊浓度对织物性能的影响

以十四醇为溶剂的微胶囊为例,设计微胶囊浓度为 5%,10%、20%、30%、40%、50%,微胶囊与黏合剂质量比为 1,浴比 1:20,常温浸渍 1 h,80 ℃烘干,120 ℃焙烘 3 min。织物的变色温度、变色时间、织物颜色深度和色牢度见图 9-34 和表 9-28。

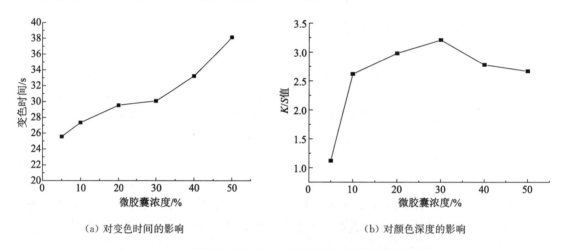

(a) 对变色时间的影响　　　　　　　　(b) 对颜色深度的影响

图 9-34　微胶囊浓度对织物变色时间和颜色深度的影响

表 9-28　微胶囊浓度对织物变色温度和色牢度的影响

微胶囊浓度(%)	5	10	20	30	40	50
变色温度(℃)	41	41	42	42	43	44
沾色牢度(级)	4	4	4	4	3～4	3
褪色牢度(级)	3	3～4	3	3	2～3	2～3

由于微胶囊与黏合剂的质量相同,当微胶囊用量增加时,黏合剂用量也在增加,而黏合剂会影响到微胶囊对热的响应能力。因此随着微胶囊用量的增加,织物的变色时间延长,织物的变色温度逐渐变高。随着微胶囊用量的增加,织物的颜色逐渐变深,当微胶囊浓度大于 30%时,颜色开始变浅,且色牢度变差。所以微胶囊的浓度应控制在20%～30%。

3. 热敏变色织物的其他性能

整理前后织物的透气性和强度见表9-29。

表 9-29　整理前后织物的透气量和强度

项目	透气量(L/m² · s)	断裂强力(N)		断裂伸长(mm)		断裂伸长率(%)	
		经向	纬向	经向	纬向	经向	纬向
整理前	29.221	1032	653	25	15.3	24.7	15.6
整理后	27.677	1021	659	26.1	14.9	25.0	15.1

由表中可知,整理后织物的透气量变小,变化率为-5.21%,变化不大;整理后织物的经纬向的断裂强力和断裂伸长没有明显变化。

参考文献

[1] 翟娅茹.用于检测地板电压的智能绝缘鞋的研究开发[D].西安:西安工程大学学位论文,2019: 32-43.

[2] 伍泓宇.基于纺织结构的柔性机器人压力传感皮肤系统研究[D].西安:西安工程大学学位论文, 2018:22-29.

[3] 周小蓉.耐污发光柔性复合材料的制备与性能研究[D].西安:西安工程大学学位论文,2012:44-60.

[4] 李丹萌.热敏变色抗紫外线多功能织物的制备与工艺研究[D].西安:西安工程大学学位论文,2012: 12-17,20-28,34-43.